纺织服装高等教育"十二五"部委级规划教材

ZHONG GUO FANG ZHI KE JI SHI

—中国纺织科技史—

主　编　曹振宇

副主编　曹秋玲　王业宏

　　　　王　琳　王盛枝

东华大学出版社

内容提要

本书对中国纺织科技史进行系统的研究与探讨,梳理出从古至今我国纺织科学技术发展的历史轨迹,着重使读者了解我国古代纺织科技的辉煌历史及其对世界纺织文化的巨大贡献、近代中国纺织科技的曲折发展和当代中国纺织科技的迅速腾飞,内容上主要涉及纺织原料、纺纱、织造、染整及纺织品服饰等在不同朝代、不同时期的发展变化过程以及发展规律和特点。

本书共分三编,按历史发展进程,第一编为古代部分,第二编为近代部分,第三编为当代部分;结束语部分对纺、织、染、服饰的发展规律进行总结。这是一部较为完整的中国纺织科技发展的学术著作。

本书既可作为高等院校纺织、服装和科技史专业的基础课教材,又是一本内容全面系统、图文并茂、程度适中、深入浅出、具体实用的专业技术读物,适合相关专业的学者、师生、科研人员等参考。

图书在版编目(CIP)数据

中国纺织科技史/曹振宇主编.—
上海:东华大学出版社,2012.7
ISBN 978-7-5669-0098-2

Ⅰ.①中… Ⅱ.①曹… Ⅲ.①纺织工业—工业技术—
技术史—中国 Ⅳ.①TS1-092

中国版本图书馆 CIP 数据核字(2012)第 158109 号

责任编辑:张 静
封面设计:李 博

出　　版:东华大学出版社(上海市延安西路 1882 号,200051)
本社网址:http://www.dhupress.net
淘宝书店:http://dhupress.taobao.com
营销中心:021-62193056　62373056　62379558
印　　刷:苏州望电印刷有限公司
开　　本:787×1 092　1/16　印张 17
字　　数:425 千字
版　　次:2012 年 9 月第 1 版
印　　次:2012 年 9 月第 1 次印刷
书　　号:ISBN 978-7-5669-0098-2/TS·338
定　　价:43.00 元

序

　　当今世界，高速交通已把"天下"大大缩小，互联网络和移动通讯已使"天涯若比邻"变成事实。千变万化的物质产品和五花八门的文化交流，使得人们的生活更加丰富多彩。历史上，我们的祖先曾经为这种交流贡献过"四大发明"：造纸和印刷术提供了廉价的文化传播的介体，火药和指南针则奉献了破除陆上壁垒、指引跨洋航行的利器。今日炎黄子孙正意气风发地探索着中国特色的社会主义道路，让生活更美好，成了人们的共同愿望。

　　最近一届的世界纺织大会以"高品质的纺织品，高品质的生活"为主题。这是因为人们每时每刻都离不开纺织品。回顾过去，大约 2 500 年前，纺织生产开始实现手工业化；大约 250 年前，纺织生产开始实现大工业化。展望明天，已经开始并在今后几十年内，即将实现信息化。它的标志是：原料超真化，设备智能化，工艺集约化，产品功能化，营运信息化，环境优美化。如果年轻一代能够共同努力，研发更为丰富多彩的纺织品，那么，更快地提高美好生活的完满度，必将成为现实。

　　为了发扬前人勤奋创造的优良传统，吸取上代人的创造思维经验，启迪年轻一代奋发向上，成长为纺织生产信息化的骨干力量，急需在纺织类高等院校开设"纺织科技史"选修课。曹振宇、曹秋玲、王业宏等同志为此编写了本书，正适应这一迫切的需要。祝愿纺织科技在年轻一代的努力下，蓬勃发展，帮助全球人民，生活更美好！

东华大学教授 博士生导师　周启澄

2012 年 5 月 10 日

目　　录

第一编　古代部分

第一章　总论 …………………………………………………………………… 3

　　第一节　纺织技术的历史贡献及曲折发展 ………………………………… 3

　　第二节　纺织服饰文化 ……………………………………………………… 5

　　第三节　纺织科技史的历史分期 …………………………………………… 6

　　第四节　学习和研究纺织科技史的意义 …………………………………… 8

第二章　原始手工纺织时期 …………………………………………………… 10

　　第一节　纺织技术的初现 …………………………………………………… 10

　　第二节　纺织原料 …………………………………………………………… 10

　　第三节　纤维的早期前处理技术 …………………………………………… 13

　　第四节　早期的纺纱技术 …………………………………………………… 14

　　第五节　早期的织造技术 …………………………………………………… 18

　　第六节　染色技术的萌芽 …………………………………………………… 22

　　第七节　纺织品与服饰 ……………………………………………………… 23

第三章　手工机器纺织形成时期 ……………………………………………… 25

　　第一节　纺织技术发展概况 ………………………………………………… 25

　　第二节　纺织原料 …………………………………………………………… 26

　　第三节　纤维初加工技术 …………………………………………………… 28

　　第四节　纺纱 ………………………………………………………………… 30

　　第五节　织造 ………………………………………………………………… 32

第六节　染色技术 ································· 35

第七节　纺织品与服饰 ···························· 42

第四章　手工机器纺织发展时期 ·················· 48

第一节　纺织技术发展概况 ························ 48

第二节　纺织原料 ································· 52

第三节　纤维前处理技术的进步 ···················· 58

第四节　纺纱 ···································· 62

第五节　织造 ···································· 77

第六节　练、染、印、整工艺技术 ··················· 91

第七节　织品 ···································· 103

第八节　服饰 ···································· 115

第二编　近代部分

第一章　近代纺织工业 ························· 127

第一节　近代纺织工业的历程 ······················ 127

第二节　近代纺织工业的整体概况 ··················· 141

第二章　近代纺织原料的发展 ··················· 149

第一节　棉 ····································· 149

第二节　丝 ····································· 153

第三节　毛 ····································· 156

第四节　麻 ····································· 158

第三章　近代纺织技术和设备的演进 ··············· 161

第一节　轧棉 ···································· 161

第二节　缫丝 ···································· 163

第三节　纺纱 ···································· 165

第四节　机织 ···································· 169

第五节　针织 ···································· 171

第六节　染整 ···································· 173

第四章　近代纺织产品的发展 ··················· 180

第一节　纱线 ···································· 180

第二节　织物·· 181

第三节　纺织品艺术设计·· 185

第四节　近代服饰·· 187

第三编　当代部分

第一章　当代纺织工业·· 193

　第一节　当代纺织工业的历程··· 193

　第二节　当代纺织工业的整体概况······································ 197

第二章　当代纺织原料的发展··· 209

　第一节　新型天然纤维·· 209

　第二节　化学纤维··· 211

第三章　当代纺织技术与设备的发展···································· 218

　第一节　新型纺纱技术·· 218

　第二节　新型织造技术·· 224

　第三节　针织技术··· 227

　第四节　非织造技术·· 230

　第五节　印染工业的发展··· 234

第四章　当代纺织产品的发展··· 237

　第一节　服装用纺织品·· 237

　第二节　产业用纺织品·· 240

第五章　与时俱进的当代服饰··· 243

　第一节　当代服饰的发展··· 243

　第二节　高科技功能服装··· 246

结束语··· 258

后记··· 265

主要参考文献·· 266

第一编　古代部分

第一章 总 论

中国纺织科技史是中国科技史学科的重要组成部分,是对纺织科学技术历史发展的梳理和总结。几千年来,我国各族人民创造了光辉灿烂的古代科学文化,为我国科学技术的发展做出了突出的贡献。指南针、造纸、印刷术和火药是举世公认的我们的先祖对人类的重大贡献。养蚕、丝织、种茶和制瓷等许多技术,也起源于我国。这些对世界文明,对各国人民的物质生活和文化交流,都曾起过巨大的作用。尽管到了近代,我国在科学技术的发展上落后于西方,但1949年之后,我国科学技术取得了突飞猛进的发展,特别是1978年改革开放以后,许多领域已赶上或超过世界先进水平。我国的纺织技术和生产实践,在世界上,可以说是起源极早、范围极广,对人民的物质生活和精神生活的影响最深远。纺织生产及其科学技术的发展,不仅对我国的经济发展的意义重大,而且对中华民族文化的贡献巨大。

第一节 纺织技术的历史贡献及曲折发展

我国古代不仅具有灿烂的民族文化,而且在科学技术的发展上为世界做出了巨大的贡献。在古代的纺织科学技术方面,以黄河流域作为发祥地的汉族人民做出过贡献,居住在所谓"蛮夷戎狄"地区的少数民族也做出过贡献。在江南的余姚河姆渡、吴县草鞋山、吴兴钱山漾等地的文化遗址中,都发现了4 700年之前的织物残片或织机零件。这些文物证明,约在5 000年之前,江南地区的纺织生产技术已达到一定水平,而且不低于黄河中游地区的半坡遗址所表现的同一时代的技术水平。新疆出土的3 000多年前的古尸上的色彩鲜艳的毛织物、江西岩墓中出土的2 000多年前的成套织机零件与灵巧的纺轮以及云南石寨山出土的2 000年前的铜铸储贝器上的纺织群像等,都证明这些地区在原始社会和奴隶社会已具有很高的纺织技术水平。

根据考古资料,并参考历史传说,可以推断:在原始社会后期,黄河中下游、长江中下游一带的麻和丝,西南、西北少数民族地区的毛,都已具有相当规模的生产和应用,纺织技术也达到了相当高的水平。尽管古时交通不便、信息不畅,但各自因地制宜发展纺织生产,总体水平相差不大。以后,随着交流的扩大和生产的发展,从奴隶社会到封建社会初期,我国纺织技术水平达到了当时的世界高峰。到明末为止,我国的纺织生产技术一直处在世界领先的地位。

在古代,我国劳动人民在纺织领域为世界做出了巨大贡献,被周启澄先生称作纺织十大发明的"育蚕取丝""振荡开松""水转纺车""以缩判捻""组合提综""人工程控""缬染技艺""多种织品""组织劳动"和"公定标准",就是其中著名的代表。

我国古代各族人民从桑树的害虫中选育出家蚕,并独创了缫丝、织帛技术,织造出优良服用性与高度艺术性相结合的优美织品,又运用矿物和植物染料发展了媒染和多种防染技术,创造了染色和整理融为一体的薯莨染整技术。

在纺纱、织造、染整原理方面，我国古代人民也有独到的见解，主要表现在用振荡法开松纤维（弹弓）、用捻缩法判定加捻程度（露地桁架）、织花编制程序法（花本）和微生物利用（猪胰酶脱胶）等方面。

在奴隶社会，开始出现大规模的官方纺织手工业。到了封建社会，官方纺织手工业越办越大，分工越来越细，并借助官府力量征调各地的能工巧匠，集中生产最精美的产品，对纺织技术的提高有一定的促进作用。但是，官方纺织手工业，其原料靠征集，产品靠专用，技术靠世代相传，劳力开始靠官婢，后来靠有"匠籍"的终身制工匠，再加上章服制度，官府规定不允许民间仿造某些高档品种，这些都限制了纺织技术的提高。

到了近代，我国纺织技术的领先优势不复存在。西方国家的经济技术快速发展，而我国的经济技术发展处于徘徊不前的状态。早在 16 世纪初，欧洲人就发现了可到达美洲大陆、绕非洲好望角到达印度以及绕南美洲南端到达亚洲的海上通道，从此开辟了世界范围的商品市场。英国的传统手工业——毛纺织业的产品输出量大增，羊毛价格上涨，导致英国贵族发动了延续200 多年的圈地运动。17 世纪下半叶，英国资产阶级革命取得胜利，进而与贵族合流，实行联合专政，掠夺海外殖民地和市场。到 18 世纪中叶，英国先后侵占印度和澳大利亚，从而获得巨大的棉花和羊毛原料基地，为英国纺织业的进一步发展创造了条件。

在此形势下，纺织及相关的技术发明在英国获得广泛的应用。1733 年，英国钟表匠约翰·凯伊发明了"飞梭"装置；1748 年，罗拉式梳毛机和盖板式梳棉机制成；1779 年，在对手摇和脚踏纺车进行多次革新的基础上，走锭机问世；1785 年，水力驱动的织机试验成功。这一系列的革新为纺织工艺的动力机械化创造了条件。同时，活塞式蒸汽机开始用于纺织生产。由于劳动生产率大大提高，产品质量也逐步赶超手工产品，纺织工厂得到快速发展，挤垮了手工作坊，纺织生产在英国历史上出现第二次飞跃。到 18 世纪末，英国的纺织品已经垄断了当时的世界市场，并且从毛织品开始，逐步打入中国市场。

1850 年，经过产业革命洗礼的英国，其工业生产总值占世界总产值的 39%，在世界贸易总额中占 21%，棉制品占英国出口总额的 40%；1860 年，英国的棉、毛制品出口已占全国总出口额的 58%。纺织对当时的英国经济的促进作用非常巨大。

1840 年的英国侵华战争的直接导火线虽是鸦片贸易，但实际上，英国棉纺织中心——曼彻斯特市早就要求英国政府用武力打开中国纺织品市场。1894 年，日本发动甲午之战，其中就包含日本新兴纺织资本家要求夺取中国的原料、市场以及在中国拥有开设工厂特权的动机。中国的民族纺织工业，是在上述两次战争失败后，在外国的纺织商品及其纺织资本大量进入的情况下诞生的，并在极其艰苦的反复斗争中成长。

1949 年新中国成立，我国的纺织业发展进入一个崭新的天地。新中国成立后，国家把解决几亿人口的穿衣问题和解决几亿人口的吃饭问题，看成是同等重要的大事。1949 年，纺织工业产值占全国工业总产值的 38%，是国民经济中的重要工业。为了加强对纺织工业生产和建设的领导，1949 年 10 月，中央人民政府设立了纺织工业部。纺织工业部当时的职责是管理全国国营和中央公私合营纺织工厂，并对全国纺织工业统筹规划，进行方针政策和业务技术的具体领导。在中央政府的正确决策和几百万纺织职工的努力下，我国纺织工业取得了很大的发展，一些主要行业的设备、规模、年产量已进入世界前列。

第二节 ▶ 纺织服饰文化

从新石器时代起,随着农业生产的发展,逐步形成了农业科学。在以后很长的一段时间内,其他的学科,如天文、地理、数学、水利、医药学等,无一不是在农业生产和农业科学的基础上产生和发展起来的。纺织生产与农业生产几乎是同时开始的,并且在很长的时期内,作为农业的副业而存在。纺织科学也是与农业科学同时形成的,只是纺织科学靠口传身教,其文字资料不如农业科学丰富。所以,纺织科学在中华民族文化中处于特殊的地位。这种地位,从它对汉语词汇的影响中,可看出梗概。

语言是随着社会实践特别是生产实践的发展而发展的。词汇往往反映在它初次出现之前已普遍存在的社会现实中。在汉族语言中,有大量的文字和词汇与纺织生产有关。在已经发现的甲骨文中,"糸"旁的字有100多个;东汉的《说文解字》中,所收"糸"旁的字有267个,"巾"旁的字为75个,"衣"旁的字是120多个,都直接或间接地与纺织有关系;1949年前出版的《辞海》所附的汉字读音表中所收的"糸"旁的字有231个。可见,我国纺织名词发展到汉代已相当完备,从侧面也证明了纺织技术在封建社会前期已经大体成熟。在现代汉语中,无论是各学科的术语,还是常用的形容词、副词,其中都有许多从纺织术语借用过来的字或词。即便是从现代意义上已完全与纺织无关的一些抽象名词和成语,其中也有不少来源于纺织。例如"综合分析""组织机构""成绩""纰漏""青出于蓝""笼络人心""余音绕梁"等等,不胜枚举。这里的"分析""成绩"来源于纺麻工艺,"综合""机构""组织""纰漏"来源于织造工艺,"络"和"绕"来源于编结和缫丝技术,"青"和"蓝"来源于植物染料染色。特别是"青出于蓝"这句成语,已流传了2 000多年。

有关纺织方面的内容,也成为古代诗词中应用或表达的对象。仅有305首诗歌的《诗经》,谈及葛藤者达400余处。《诗经·采葛》中,男子一往情深地唱叹"彼采葛兮,一日不见,如三秋兮"(葛藤是古代重要的纺织原料)。《诗经·陈风·东门之池》中,"东门之池,可以沤麻……东门之池,可以沤苎……"诗句描写的是淖池沤麻的生活情境(沤麻是麻纤维初加工技术)。

服饰与文化的关系更为密切,服饰的意义由文化衍生而来,以文化为载体进行传递,并在各种文化情境中交流变化。中华先民及历代哲人,以与人类生命全方位对话的姿态,以服饰为话题,自铸伟辞,汇聚为烛照幽微、辐射未来的服饰思想源,从而构筑了中国服饰文化信息的生成和传递系统。这一系统深刻地启示着我们:服饰的意义,自古而今,均处在生成与再生成的过程中,服饰总是以一种对文化的新的组合方式传递着文化信息;服饰的外观形式来源于文化可提供的各种抽象意像或表现,服饰作为一种符码在文化情境中被不断解读和传递。事实上,从鸿蒙之初的神话、巫术、礼仪到图腾崇拜,从《周易》《八卦》《周礼》《仪礼》和《礼记》到孔、荀、老、庄、墨、韩,从魏晋风度到隋唐时世妆,从李渔卫泳到中国服装画千古源流……试图展示自古以来源远流长的中国服饰文化长廊。在这历史文化的长廊中,早已积淀为中华民族集体无意识的深层服饰命题,让我们整体领略到中国服饰文化的深刻内涵。

第三节 ▶▶ 纺织科技史的历史分期

我国纺织生产技术水平的发展，基本上与社会生产力的发展相一致，大致可分为三个历史时期，即古代纺织技术发展时期、近代纺织技术发展时期以及当代纺织技术发展时期。

一、古代纺织技术发展时期

按照历史学的分期，1840年鸦片战争之前为我国古代。纺织科技史也照此划分，即1840年之前为古代纺织技术发展时期。纺织技术在这个时期经历了漫长的发展过程。这个时期又分为三个时期——原始手工纺织时期、手工机器纺织形成时期和手工机器纺织发展时期。

（一）原始手工纺织时期（夏代之前的原始社会时期）

此时期可分为两个阶段。

（1）采集原料为主的阶段。在这个阶段，人们依靠采集野生的葛、麻、野蚕丝和猎获的鸟兽羽毛，并全部采用手工进行搓、绩、编或织。原料通常是就地取材，基本不用工具或只利用极简单的工具，所以各个地区所用的原料不同，加工也极其粗糙，劳动生产率低下，产品只供生产者或其亲属用来御寒。

（2）培育原料为主的阶段。随着农牧业的发展，人们已经从采集时的优选，逐步学会人工培育纤维原料，即学会了种麻、养蚕、养羊等。那时已经利用较多的纺织工具，但这些工具基本上都是直接由人力进行操作，还没有出现传动的机构，即还没有构成机械体系或"机器"。由于运用了较多的工具，劳动生产率已有较大的提高，产品已较为精细，除了作为服饰之用外，已具备初级的艺术性，即开始出现花纹、施以色彩。

（二）手工机器纺织形成时期（夏代至春秋战国时期）

在这个时期，原料的培育质量进一步提高，组合工具经过长期酝酿而逐渐演变成具有传动机构的机械体系，缫车、纺车、织机等相继发展成为手工机器，人手参加一部分加工动作，如牵伸、打纬等。另一方面，人力成为机械的动力来源，如用手拨动辘轳式缫车等。这样，劳动生产率进一步大幅度提高，生产者逐步职业化，手艺日益精湛，纺、织、染全套工艺逐步形成，产品的艺术性大大提高。此时的纺织品已成为商品，甚至充当交换媒介，起货币的作用，产品规格和质量上也逐步有了由粗放到细致的标准。

此时期的丝织技术发展迅猛，丝织品已经十分精美，除了有规律的缎纹织纹之外，平纹、斜纹及其变化组织几乎都出现了。多样化的织纹加上丰富的色彩，使丝织品具有很高的艺术性。麻、毛纺织技术水平也有相应的提高。

（三）手工机器纺织发展时期（秦汉至清末时期）

在该阶段，手工纺织机器逐步发展，出现了多种形式，如缫车、纺车从手摇式发展成若干种脚踏式；织机形成普通和提花两大类，提花织机又发展出多综多蹑和线综两种形式；纺车出现复锭（3～5锭）式，后来又出现适应集体化生产的多锭式；在部分地区还出现了利用自然力作为动力的"水力大纺车"，这是动力机器的萌芽。这个时期可分为以下两个阶段：

（1）纺织工艺和手工机器普遍完善的阶段（秦汉至宋代）。正规缎纹的出现使织物组织达到完善的程度，适于一家一户使用的手工纺织机器也已相当完备，有些纺织机器甚至沿用到近代而没有太大变化。在这个阶段,我国的丝织品传播到世界各地,我国作为"丝国"而著称于世。

(2)棉纺织勃兴和动力机器萌芽的阶段(南宋至清末)。部分地区出现了适应集中生产的多锭大纺车,利用畜力或水力拖动,但是织造机器还是一家一户用人力操作的。自然力的利用没有能够普及到全部的纺织领域。在这个阶段,纺织原料构成有了重大变化。棉纺织生产的发展突出,迅速成为全国许多地区的主要纺织力量,棉纺织品成为人们日常衣着的主要材料;葛织品逐步减少,麻织品也逐渐失去作为大宗衣着原料的地位。

二、近代纺织技术发展时期

1840年鸦片战争之后,西方动力纺织机器逐渐输入我国,纺织业进入动力机器纺织大生产时期,但手工机器纺织还在继续发展。1840—1949年为近代纺织技术发展时期,又分为几个阶段。

(一)孕育阶段(1840—1877年)

随着中外交通、贸易的发展以及帝国主义势力的入侵,沿海经济"堤坝"开始溃决,以英国为主的较早形成动力机器纺织的西方机制洋纱、洋布如洪水般大量涌入。中国的廉价劳力和原料以及广阔的市场,吸引着外国人多次企图在中国开办动力机器纺织工厂,但受到中国政府的反对。因此,中国广大土地上的手工机器纺织品虽然受到洋货大量进口的冲击,但仍占据主导地位。

(二)初创阶段(1878—1913年)

首先是洋务派着手从欧洲引进动力纺织机器和技术人员,仿照欧洲的方式建立纺织工厂。1895年清政府被迫签订《马关条约》,允许外国人在中国办厂。自此以后,英国、日本等国的资本家纷纷前来中国兴办纺织工厂。中国民间士绅在"振兴实业,挽回利权"的口号下,也集资办起纺织厂。但是,不管是洋务派还是民间士绅所办的纺织厂,数量都不多,手工机器织的土布仍是全国人民的主要衣料。

(三)成长阶段(1914—1936年)

第一次世界大战期间,欧美列强自顾不暇,放松了对中国的纺织品倾销。这给中国民族资本家带来发展纺织工业的良好时机,华商纺织厂有了很大的发展。日本资本家也趁机扩大其在华的纺织生产能力。第一次世界大战结束后,欧美列强逐步恢复元气,纺织品再度大批输华。此时的中国民族资本纺织业已不像初创阶段那样脆弱,而是在激烈的竞争中初步具备了一定的实力,虽然发展是迂回曲折、时起时落的,但总体还在扩大。到1936年,中外资棉纺织生产能力合计已达到500多万锭的规模,其中民族资本占一半以上。机织布已成为人民衣料的重要来源,但是仍不能满足当时4亿人口的需求,洋布大量进口,而手工机器织的土布是人们日常衣着用料的主要补充。

(四)曲折发展阶段(1937—1949年)

在八年抗日战争时期,由于战争破坏、日本侵夺和搬迁,导致纺织设备损失,纺织工业受到极大的破坏。尽管动力机器纺织生产在大后方有所发展,但许多地区不得不重新依靠手工机器及其改进形式来生产纺织品,以弥补战时纺织品供应严重不足的缺口。抗日战争胜利后,当时的中国政府成立了"中纺公司",接收了大量的日资纺织工厂,最终形成了庞大的官办垄断性纺织集团和数量更大但系统庞杂的大小民营纺织企业共存的局面。由于当时的中国政府腐败和全面内战的干扰,直到1949年,纺织工业的总规模只相当于抗日战争前夕的水平。在中华人民共和国成立初期,由于帝国主义的封锁和朝鲜战争的影响,纺织工业在艰难中进行调整,其生产能力没有得到进一步的发展,手工织的棉布占全国棉布总产量的1/4左右。

三、当代纺织技术发展时期

自1949年中华人民共和国成立,当代纺织工业步入动力机器纺织发展阶段。经过三年的恢复调整和生产关系的改革,纺织生产能力得到充分发挥。从1953年第一个五年计划开始,国家统一规划,大力发展纺织原料生产,并主要依靠自己的力量,进行大规模的新的纺织基地建设,迅速地发展了成套纺织机器制造和化学纤维生产。这样,纺织生产的地区布局渐趋合理,纺织品的产量急剧增长。到20世纪80年代,随着人民生活水平的提高和国际贸易的发展,纺织生产能力有了十分迅猛的增长。经过20世纪90年代初的治理整顿,纺织工业的发展转向依靠科技进步和提高职工素质,生产能力在世界总量中所占的份额持续增长,纺织生产逐步改变劳动密集的旧貌,换上了技术密集的新颜。

第四节▶学习和研究纺织科技史的意义

中国纺织科技史展现了我国纺织科技发展的历史,为我们提供了一幅纺织科技史发展的轨迹图。今天的纺织业和纺织技术的成就,正是由昨天的纺织科学技术的继承发展而来的。了解昨天,是为了认识今天和走向明天。学习和研究纺织科技史,总结前辈们在纺织科学技术领域取得的历史经验,揭示其发展变化的规律,借鉴历史,指导现实,对于今天有着重要的现实意义。

一、学习和研究纺织科技史是纺织领域科技创新的前提与基础

科学技术史表明,科学技术的发展取决于科学知识的积累。发展以继承为前提,突破以积累为基础,继承和积累是创新和突破的重要条件。前人的工作正是我们今天研究的出发点。纺织科技史也是如此。过去的纺织科学家、发明家为我们做了哪些工作,取得了哪些成绩,积累了哪些经验……这些都是我们从事纺织科技工作必须掌握的基本内容。掌握了这些内容,我们才能在此基础上进行创新和突破。

科学技术工作者犹如科学技术跑道上的接力运动员。历史上,在纺织科学技术领域,许多科学家、发明家的重大成果和发明,都是继承了前人的成果,借鉴他人的经验,才跑完了某一科学研究接力赛中具有突破性的一棒。牛顿说过:"假如我能比别人瞭望得略微远些,那是因为我站在巨人的肩膀上。"可见,科技工作者学习和研究科学技术史,特别是本专业的科技发展史,了解科学技术发展的前踪后迹和历史沿革,可以更好地把握科学技术发展的趋势和特点,从而站得更高、看得更远,有助于正确选择研究课题,少走或不走弯路,提高效率,快出成果。

二、学习和研究纺织科技史有助于加强纺织科技队伍建设和纺织人才培养

纺织科学是一门应用性很强的学科,纺织技术是历史上的原始技术之一,纺织的起源和发展与人类的文明息息相关。

伴随着纺织科技的发展，不仅使人们提高了生产力水平，而且使人类文明走上一个新的台阶。如今，纷繁灿烂的服饰装点着社会，使人们的生活更加美好。如果没有纺织科技工作者的努力和辛勤工作，这些是不可能实现的。

学习和研究纺织科技史，就是使人们认识到纺织科技的重要性，要把纺织科学技术作为一项重要技术来看待，充分认识纺织科技工作者的重要意义，注重纺织科技队伍建设以及纺织科技人才的培养。只有纺织科技人才辈出，纺织事业才能兴旺发达。

三、学习和研究纺织科技史有助于提高对纺织科技和纺织工业的管理水平

学习和研究纺织科技史，了解纺织科学技术的发展规律，为正确制定纺织业的发展政策提供依据，有助于管理者提高对纺织科技和纺织工业的管理水平。

管理经济要了解经济规律，管理科学技术也必须了解科学技术的发展规律。纺织科学和纺织业有其自身规律，要管理好我国 14 亿人口的穿衣问题，也需要了解和掌握其发展规律。纺织科学技术的发展变化规律，是随着社会的变化而变化的。特别是当今科学技术突飞猛进，面貌日新月异，科学物化周期不断缩短，呈现出许多新的特点。我们必须了解历史，认识现状，以战略的眼光、系统的观点来看待科学技术的发展，才能弄清它的来龙去脉。只有这样，我们才能在制定国家的纺织科技和纺织业发展的政策时做到胸中有数、客观有效，才能符合科学发展观的要求。

四、学习和研究纺织科技史有助于做好当前工作

学习和研究纺织科技史，了解我国辉煌灿烂的纺织科技成就，有助于我们更加坚定地做好当前工作，为世界纺织科学技术的第三次飞跃做出贡献。

世界纺织科技已经发生了两次飞跃。第一次发生在古代的中国，以纺织手工机器的发展为标志；第二次发生在西方国家，以动力机器的使用为标志。人们预测，随着信息技术的快速发展，纺织科学技术领域对当今科学技术的广泛吸收，第三次飞跃即将实现。如果我国能够奋起直追，在古老的东方大国再次实现纺织科学技术的飞跃，是完全可能的。我国所坚持的科教兴国战略，为纺织科技的发展提供了良好的发展机遇和社会环境。因此，认真学习和研究纺织科技发展的历史规律，充分尊重纺织科技的发展变化规律，制定适应我国的发展战略，以争取纺织科技的第三次飞跃在东方的中国实现。

第二章　原始手工纺织时期

第一节▶纺织技术的初现

原始手工纺织时期大致处在夏代之前的原始社会。这个时期的社会还未产生阶级之分，因为历史条件的限制，此时的生产力水平低下，而随着生产工具的逐步改进，生产力相应地有所提高。这个时期的纺织生产，从完全不用工具到逐步利用简单工具，经过漫长的历史发展，出现了组合工具。因此，此时期属于原始手工纺织时期。

许多民族的纺织技术，都是在有了弓箭但尚未具备制陶技术的时候出现的。我国也是如此。我国的纺织技术渊远流长，大约早在10万年以前的旧石器时代的中期，我们的祖先由于狩猎和采集活动的需要，就能制作简单的初具雏形的绳索和网具；到旧石器时代的晚期，为了抵御大自然的侵袭以保护自己，又创造出缝纫技术，能搓捻符合穿针引线要求的较细的线缕，并利用这样的线缕编制编织物，从而渐渐地产生了原始的布帛。

我国利用工具制作的纺织品的出现也是相当早的。大概在进入新石器时代之后不久，我国就创造出了最早的纺纱工具（纺坠）和原始的织具（腰机）。当时的古人已对一部分天然纤维有了一定的了解，能够利用这些工具加工纤维，织制真正的纺织品。特别是在新石器时代的后半期，由于氏族制度的进一步发展以及男耕女织原始分工的出现，在纺织产品的数量和质量上或纺织原料的利用和原始纺织工具的制造上，都取得了较大的成就，不但能够织制麻、葛和毛的织物，而且创造出了我国在世界古代史上所特有的丝织技术，能抽取蚕丝，并利用蚕丝织制丝织物，从而形成了一个与当时的农牧业生产同样重要的新兴产业——手工纺织业。我国古代学者所设想的"上古之世"——神农氏"身自耕，妻亲织"，就是对于这一情况的比较接近事实的推理。原始手工纺织的出现，不仅使当时的古人完全摆脱了人类早期獉獉狉狉的生活，而且为后来我国各个时期的纺织生产发展奠定了坚实的基础。

第二节▶纺织原料

用于纺织的原料，从现在来看，主要有五类，即棉、麻、毛、丝、化纤。其中，前四种为天然原料；化学纤维为合成原料，出现在近代。天然原料中，棉和麻是植物原料，毛和丝为动物原料。

古代纺织技术的发展是从野生纤维的利用开始的。可以想象，先民们在无所依傍、无所参照的岁月里，对用于服装的原料的想象、搜寻、研制与探索，使其从无到有、从一到多，是多么艰辛，又何其聪慧。我们的祖先早在旧石器时代的中期，就能够充分地利用我国优越的自然条件，广泛地采集可以利用的各种野生植物纤维和可能得到的各种动物毛为原料，制作原始的绳索和织物。这种方式延续了很长时间，进入新石器时代以后，仍然可以常常看到。1975 年，在浙江余姚河姆渡发现一处 6 000 多年前的规模宏大的新石器时代文化遗址，出土了许多十分珍贵的文物，其中有些绳头和草繣所用的纤维与后世常用的不同，显然属于某些野生植物。

随着农业技术的提高，我们的祖先从优选纺织材料逐步进入人工培育纺织材料的阶段——人工种植植物纤维、人工养蚕、人工放牧羊和其他牲畜，从原始散乱阶段进入后期有序的发展过程。

一、植物纤维原料

在新石器时代，使用的植物纤维虽然仍以就地取材、便于采集为主，但是，由于生产的发展以及人们对于衣着除蔽体作用外有了一定的质量要求，已经产生原始的优选定型的倾向，即选用其中少数的优良品种作为主要的纺织原料，多采用葛、纻、汉麻等（以前称大麻，下文同）。

（一）葛

葛又名葛藤（图 1-2-1），是属于豆科的藤本植物，枝长可达 8 米，多生长在丘陵地区的坡

第一编　古代部分

11

图 1-2-1　葛藤

地或丛林中，在全国的许多地方有分布。这个时期使用的葛纤维的数量，可能是相当多的。根据《韩非子·五蠹》记载的传说，生活在这个时代的晚期的部落联盟领袖尧的服装，是"冬日麑裘，夏日葛衣"。1972 年在江苏吴县草鞋山的居民遗址中出土的 3 块织物残片，据上海纺织科学研究院分析，就是用葛纤维织造的。

（二）纻麻

纻麻即苎麻（图 1-2-2），是我国特有的属于荨麻科的多年生草本（或灌木）植物，多生长在比较温暖和雨量充沛的山坡、阴湿地、山沟和路边等地。这个时期的纻纤维，可能也是比较多的。河姆渡出土的一部分草绳，据分析，大部分是用苎麻制造的，而且有完整的苎麻叶同时出土。1958 年在浙江吴兴钱山漾 4 700 年前的居民遗址中出土的一批织物残片，据分析，有些也是用苎麻纤维制造的。

图 1-2-2　纻麻

(三)汉麻

汉麻是属于桑科的一年生草本植物(图1-2-3),在我国从热带到北温带的绝大部分地区均有分布。河南郑州大河村的新石器时代遗址中出土了不少汉麻种籽,证明当时已经开始人工种植汉麻。

图1-2-3 汉麻

图1-2-4 苘麻

(四)苘麻

苘麻是属于锦葵科的一年生草本植物(图1-2-4)。叶似苧而薄,实如汉麻子,在我国的大部分地区都可生长,一般在8月或9月份收割,纤维短而粗,纤维强力因品种、收获期、部位不同而异。河姆渡出土的绳子,也是用苘麻制作的,其纤维截面呈多角形,与现在的苘麻完全相同。

这几种麻纤维都具有较好的纺织性能。其中,以苧麻的质量为最佳,不仅纤维细长、坚韧,而且具有良好的抗湿、耐腐和散热性以及质轻、色洁白和光泽较好等特点,在后来的各个时期的纺织生产中被不断地利用。

二、动物纤维原料

所谓动物纤维,就是取自动物身体上的纤维,包括蚕丝和动物的毛毵。

(一)蚕丝

我国是蚕丝的发源地,早在夏代以前,我国已经开始利用蚕丝。养蚕缫丝是我国古代在纤维利用上最重要的成就,也是对世界纺织技术一项极为重要的贡献。蚕丝是十分优良的纺织原料,具有强韧、弹性高、纤细、光滑、柔软、光泽优、耐酸等特点。

1927年在山西夏县西阴村发现一处4 000年前的居民遗址,出土了一个截断的蚕茧和一个纺坠,蚕茧残长约1.3厘米,最宽处为0.71厘米。1928年,经美国专家鉴定确认是蚕结的茧,有学者甚至认为是后来常见的三眠蚕,其茧形较小的原因可能是地下保存了几千年而引起了严重的收缩。

1921年在辽宁沙锅屯4 000年前的文化遗址中出土了一个长达数厘米的大理石昆虫雕刻。据研究,很像是蚕的形象。这与人们很容易将所喜欢的动物雕刻在器具上的心理相一致。1978年在浙江余姚河姆渡6 000年前的遗址中发现一个象牙盅,上面刻有四条似蠕动的虫纹(图1-2-5),其身上的环节数均与家蚕相同,也有学者认为是对蚕的形象的模拟。

1958年发掘浙江省钱山漾4 700年前的遗址时,除了发现用苧麻制造的织物外,还出土了一段丝带和一小块绢片。经鉴定,纤维截面积为40平方微米,丝素截面呈三角形,全部出于家蚕。

通过对这些材料的分析，可以清楚地了解到，我国早在6 000年前就对蚕的许多特点有了相当深刻的认识，甚至可能加以利用。到距今4 000年前，对于蚕的了解更加深化，利用它的能力也明显提高。特别是，从钱山漾的绢片和丝绳的精细程度及丝的长度来看，当时的缫丝、织绸技术显然已经相当成熟。在生产发展极其缓慢的新石器时代，能达到这样的水平，不经过很长的实践阶段，是非常困难的，所以可以推断蚕丝的利用远早于4 000年前。

图1-2-5　河姆渡出土的"蚕"纹象牙杖首饰(浙江省博物馆收藏)

（二）毛

我国利用毛纤维的历史，也可以追溯至很远的时代。我国的许多地区，从石器时代起，随着狩猎技术的提高和畜牧业的发展，开始使用这一类纤维，但使用的比例稍低于其他纤维。由于毛织物在大部分地区的地下不易保存，因此在历年的考古发掘中，除气候特别干燥的新疆外，很少发现时代较早的有关实物。大概最初使用的毛的种类，和当时使用的植物纤维一样，也是比较少的。凡是能够得到的各种野兽和家禽的毛，皆在采用之列。后来，经过长期的织作实践，为了提高织品的质量，才渐渐地优选出羊毛等少数几种，主要是以羊毛、骆驼毛、马毛、牦牛毛、兔毛、羽毛等动物纤维为原料织成的纺织物，以羊毛为主。早在新石器时代，中国新疆、陕西、甘肃等地区的手工毛纺织生产已经萌芽。约公元前2000年，新疆罗布淖尔地区已将羊毛用于纺织。新疆罗布淖尔遗址出土的约公元前19世纪的毛织物和毛毯，其组织都是平纹，毛织物均为棕色，毛毯是黄色，经纬向密度均较稀。1978年秋，新疆哈密五堡墓地出土了公元前1200年左右的精美毛织物，有斜纹和平纹两种组织。

第三节▶纤维的早期前处理技术

机织物是由经线和纬线交织而成的，而经纬线均应有一定的细度、匀度、柔软的性能和相当的长度。为了使它们合乎这些要求，必须对原料进行一些必要的加工。

一、葛麻纤维的脱胶

植物的茎皮是纤维的来源，茎皮包括表皮层和韧皮层两个部分。韧皮层含有纤维素、木质素、果胶质和其他杂质，可以纺纱的纤维均位于韧皮层内，由果胶黏合在一起。夏代以前，提取植物纤维的方法可能有两种。

一是直接剥取，即用手或石器剥落植物枝茎的表皮，揭取韧皮，经粗略整理，不经脱胶直接利用。这种方法大概在旧石器时代就出现了。

二是自然脱胶，也叫浸沤脱胶。这种方法是人们在长期实践中发现的。葛麻之类的植物，常倒伏在低洼的地方，由于日晒雨淋、水泡等作用，人们捡起这些植物时发现其上的纤维很容易脱落。后来，人们就有意识地采用人工沤渍脱胶的方法。这种方法出现的时间可能比较晚，大约是新石器时代提取植物纤维的最主要的方法。

二、蚕丝的缫取

从蚕茧制取蚕丝，也经历了很长的从自发到自觉的发展过程，大约在新石器时代，我们的祖先已经初步掌握由抽丝演变而来的缫丝技术。

蚕丝的主要成分是丝素和丝胶。丝素是近乎透明的纤维，即蚕丝的本体；丝胶是带黏性的物质，包裹于丝素之外。丝素不溶于水；丝胶易溶于水，而遇冷又会凝固，必须置于一定温度的水中，使之溶解，才能够使丝纤维分离，便于抽引。夏代以前，已经认识到这一点。

最初取得的丝，大概都是比较短的断丝，用纺坠加工成丝线，再用于织造。开始发现蚕茧可以抽丝的原因，估计是多方面的，有人认为可能和当时的人吃蚕蛹有关，也有人认为可能开始利用的是野蚕的蛾口茧。蚕蛹可食，夏代以前可能曾用作食品，当人们剥食蚕蛹时，必须撕掉茧衣，并用唾液湿润和松解茧层，扯破茧壳。在这两个过程中，都能把丝牵引出来。牵引出来的丝，是长短不一的。同样，当野蚕茧壳浸入水中之后，由于日晒雨蚀和微生物的作用，使丝胶分解，也能比较容易地把丝绪牵引出来。在这些现象的启发下，人们逐渐意识到水温对蚕茧解舒的重要性，便形成了原始的利用热水缫丝的技术。不过，开始时可能也是利用蛾口茧（在近代浙江畲族地区和诸暨等地，就是将蚕茧剪出一个小口，取出蚕蛹，将茧壳经过水煮解舒，再利用简单的工具抽引绢纺用丝的），经过相当长的时间后，才发展为利用整茧。我国在新石器时代的晚期，可能已达到这个水平，并且知道了水温宜高不宜低。在钱山漾遗址中，还出土了两把小帚，用草茎制成，柄部用麻绳捆扎，很像后来的丝帚。它可能就是缫丝的一种工具——索绪帚，由于草茎分散，增加了与漂浮于水中的丝绪接触的机会，可以一索即得。索绪帚与丝织品同时出土，是我国新石器时代缫丝技术形成和发展的有力证据。

第四节▶▶早期的纺纱技术

古代的纺纱技术是从手工搓合、绩缉逐步发展起来的。搓和绩完全用人手，纺则开始利用工具。

一、手工搓合

纺纱技术之前，手工搓合应该是增加捻度的原始方法。搓合主要用于搓绳。把准备加工的纤维，略加梳理排比，压紧于两指或两掌之间，以同方向搓转（也可手腿并用，置于腿上，以手掌搓转），利用搓转时产生的力偶，使纤维束扭转，互相抱合，形成单纱；接着将两股单纱并到一处，朝相反方向搓动，使之重合，形成股线；并合多股，即为绳。

搓合技术何时出现，没有文字记载，传说"伏羲氏"生活的旧石器时代就有了，我国最早用于渔猎生产的绳索，应是出现于此时。

考古发现的"投石索"是用植物纤维或皮条编结的绳索和网兜来投掷石球（图1-2-6）、打击野兽的。据此推测，当时人们

图1-2-6　投石索和石球

已经具备搓绳的能力。

我国现有的最早的绳子,是1978年第二次发掘浙江河姆渡6000多年前的居民遗址时出土的一些带芯的植物茎皮捻成的线和一段草绳,就是使用搓合方法制成的。这说明我国早期的搓合技术在进入新石器时代之后已经接近比较成熟的水平。

二、劈绩技术

劈绩技术包括劈分和绩接两个动作。劈分动作,是把经过椎击而松解或经过脱胶的纤维束,劈成尽可能细的条,以便进一步加工;绩接动作,是把已经劈分的一段段较细的纤维束并合和续接在一起。劈绩在现在看来是十分普通的一种操作,但在纺纱技术的发展史上有着十分重要的意义,因为只有把韧皮撕开撕细,并将其松散的纤维捻合在一起,才能使它变为细而长的纱线,供织作之用。

在石器时代的遗址中发现骨针,就隐喻着劈分技术的出现这一史实。时间最早、也是最重要的一枚,是1930年在北京周口店旧石器时代晚期的"山顶洞人"遗址内发现的骨针,距今约18000年(图1-2-7),针身长达82毫米,最粗部分的直径为3.1~3.3毫米,针身相当圆滑,针尖也比较尖锐,针孔(残)直径为1毫米。数量最多的骨针是在陕西西安半坡新石器时代遗址发现的,同时出土的骨针竟达281枚,针孔直径约0.5毫米。通过这些骨针的针孔,可以清楚地看出,我国在这个历史阶段已经具备比较熟练的钻孔技术;同时也可以看出,其所牵引的材料一定不是一般动植物的单根枝茎和皮条,而很可能是已经仔细劈分的植物纤维捻合而成的单纱和股线,其针孔的细度反映了当时制作的专供缝纫和编织的单纱或股线所能达到的细度。

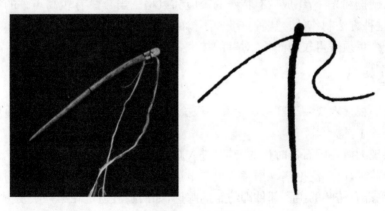

图1-2-7 骨针

绩接是专门加工葛麻类的植物纤维的,是使用葛麻纤维制纱时必不可少的一道工序。在古代的著作里,也有关于这个时期曾经使用绩接技术的传说。根据仍然残存于近代各地农村的绩麻技术来看,当时所用的绩接方法很可能和后来的一样。如图1-2-8所示,先把片状的葛麻纤维用水浸渍,劈分成两头细、中间粗的纤维条,并将其一端的绪头用指甲劈细,分成两绺,取准备与之绩接的纤维,与其中的一绺并合捻转,连成一根,最后将两绺并列,按前述合股方法,先向原来方向捻动,再向反方向回捻,即可接续成纱;或者,也可把两绪平行排列,将其一端以手搓之,使其成为约数厘米的Z捻并合,然后将已经搓捻的绪头折转,与纱身靠拢,再按前述合股方法合捻,即可完成。

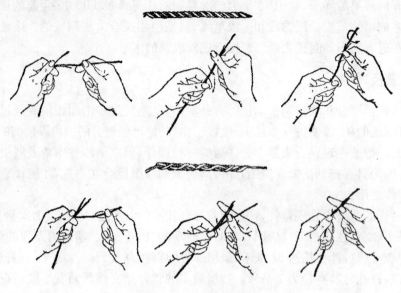

图 1-2-8 绩麻示意图

绩接在历代的葛纱和麻纱的纺制过程中都是非常重要的。历代的葛纱和麻纱,在绩成后一般再经过一道通体加捻的过程,即可用于织造,但也有只绩而不加捻的。二者相比,不加捻的强力较低,但也有优点,因为只在接续处出现捻回,其他地方无捻,呈现扁平状态,可以保持麻纤维原有的硬挺和光泽,织成后有特殊的效应和风格。当今享有较高声誉的浏阳夏布的纱线,就是采用这种方法制作的。这种只绩而不捻的,在制作上,比加捻的工序少,简单易行。但先决条件是纤维束须劈得较匀而长,对劈的技术要求较高。

三、纺坠纺纱

纺坠是由一根横木或一个圆形纺轮和一根捻棍组成的,是我国夏代以前使用过的目前发现的唯一的纺纱工具。

纺坠的出现大概在旧石器时代的晚期,进入新石器时代以后,由于社会生产的发展以及人们对于衣着的需求,已广泛推广。据考古报告报道,在全国 30 多个省市较早的规模较大的居民遗址中,几乎都有纺坠的主要部件即纺轮的踪迹,如河姆渡遗址在第一次发掘中出土了对件纺轮,大汉口出土了引件纺轮,庙底沟仰韶文化出土了 85 个纺轮,东张新石器时代遗址出土了 336 个纺轮,蒲城店出土了上百件纺轮,等等。目前,我国最早的纺轮是在中原地区裴里岗文化表沟遗址和河北磁山遗址内发现的。以上出土的纺轮质地多种多样,不仅有陶质的,也有石质和木制的,甚至有骨质的,从形制上看,有扁圆形、算珠形、截头形等,图 1-2-9 所示为半坡遗址出土的纺轮。

纺坠是利用其自身的质重和连续旋转而工作的工具,最初叫什么已不可知。商周以来叫瓦、纺塼、线垛、旋锥、绵坠等;在近代的各地农村,也叫捻坠、绳拨子、羊骨头棒。

纺坠的形式有两种,一种是单面插杆,一种是串心插杆。

专家认为纺坠的出现是在前面提到的搓转和捻合的基础上,为了提高效率而逐渐完成的。

最初可能只是一根下坠牵拉纤维的木棍，随后，为了便于绕纱，又加上一根垂直木棒，以充当捻杆兼绕纱棒。1958年在陕西华县新石器时代的一座女性墓葬内发现一个用鹿骨加工的纺坠，就是这种形式。后来，为增加其转动的稳定性和转动的速度，又把横棍改为圆盘，才成为"中"字形。

其捻杆一般由木、竹或骨制成，比较早的只是一根杆，战国以后，也有在其顶部增置屈钩，并用铁制成。

圆盘在新石器时代的早期都是用石片或陶片打磨而成的，也有木制的。一般情况下，外径较大，偏于厚重。从出土文物中了解到，最重的可达150克，最轻的不足50克，平均80克左右。稍晚时期的，大都使用黏土专门烧制，外径逐渐缩小，偏于轻薄，有的还加以

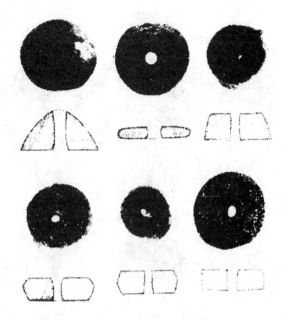

图1-2-9　半坡出土的纺轮

纹饰和彩绘，最重的约60克，最轻的18.4克。在进入新石器时代的晚期以后，随着纺纱技术的发展，在同样的外力情况下，人们想要纺出更精细的纱，纺轮又向比较薄的方向发展，使其侧面呈现扁平或梭子的形状。将纺轮制薄，其目的在于既要减轻质量，以适于纺较细的纱，又要保持适当的转动惯量，使其在加捻时有较大的扭转力矩，所以外径不能减小，这是非常合乎力学原理的。

纺坠的使用方法一般有吊锭法和转锭法两种。

吊锭是把纺坠吊起来使用(图1-2-10)，单面插杆和串心插杆都可使用这种方法。先把松散的纤维放在高处，或抓在左手中，从其中扯出一段纤维，以手指捻合成纱，与捻杆上端连接，然后捻动捻杆的一端，带动纺坠在空中旋转，同时不断地从手中释放纤维，使纺坠边转动边下降，待纺成一段纱后，及时上提，用手把纱缠在捻杆上。捻转捻杆时，一般用右手的拇指和食指。如捻上端，纺坠按顺时针方向转动，成纱得Z捻；如捻下端，纺坠按逆时针方向转动，成纱得S捻。

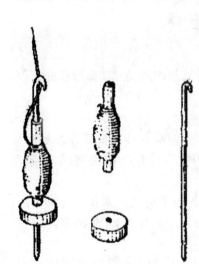

图1-2-10　纺坠

转锭与吊锭大致相似，但纺坠不吊于空中，只适用于串心插杆。转锭的捻杆比较长，圆盘一律置于捻杆的中部。如图1-2-11所示，加捻时，也需要把准备加捻的纤维握于左手之中，同时把纺坠倾斜地倚在腿上，捻杆下端略插于地(也可不插)。自纤维丛中引出一端纤维，与捻杆上端连接，以右手搓动捻杆(圆盘以上部分)，使之做功，最后用手将已纺好的纱缠起，所纺的纱均为S捻。近代山西的个别地区、云南白族、西藏藏族还保留这种方法。

纺坠的结构虽然比较简单，但已具备现代纺机的纺锭

图 1-2-11　转锭纺纱

的部分功能。因而,既能用来加捻,也能起牵伸的作用;既可加工麻、丝、毛原料,也可以纺粗细程度不同的纱。

纺坠的工作效果是由其准备加工的纤维和成纱细度而显现的。纺轮的外径和质量是决定其转动惯量的主要因素,外径和质量较大的,转动惯量比较大,适于纺刚度大的粗硬纤维,成纱较粗;外径和质量较小的,转动惯量也比较小,适于纺经过加工的植物纤维和毛、丝之类刚度比较小的柔软纤维,成纱较细;至于圆盘较薄、外径较大的,则转动延续时间长,成纱支数较高且均匀,操作也比较省力。所有这些,在现在看来,似乎都是微不足道的,但都十分符合科学道理。我国在比较早的时候所用的纤维,都是没有经过良好脱胶的葛麻韧皮纤维束,后来由于出现了沤渍脱胶技术,使用的都是比较细软的纤维。我国夏代以前的纺坠的发展,始终和纤维的这个变化相适应。因此,反映在用它加工的纱上,也显得质量逐渐提高。从出土的文物中,也能看到一些线索。比如在距今 6 000 年的西安半坡遗址出土的陶器上,印有当时的麻织物的印痕,其经纬密度仅为 10 根/厘米;而在距今 4 700 年的浙江钱山漾遗址中发现的麻布,其经密为 30.4 根/厘米,纬密为 20.5 根/厘米。二者的差别非常悬殊。

第五节▶▶早期的织造技术

夏代以前的织造技术,是经过很长的历史发展过程,从编结、编织逐步演变而形成的。

一、编织技术的出现和发展

编织技术最初经历了从编结捕捉鱼和鸟的网罗发展到编制筐席,再由编制筐席发展到编织织物的发展过程。它们的编制方法基本相同,区别在于使用的原料不同,成品的结构、紧密程度和用途也不同。

在我国编结技术何时出现,目前还无法推断,但不会晚于旧石器时代。据我国史料记载,在伏羲氏时期就已"作结绳而为网罟,以佃以渔"。网罟是一种用于捕鱼、捕鸟兽的罗网,毫无疑问是编结而成的。

我国新石器时代出土的陶器上,编织物的印痕非常多,这表明编织在当时的生产活动中占着重要地位。人们把这些几何花纹印在陶器上作为装饰。出土的新石器时代的陶器上,几乎都有各种这样的编织品的花纹,常见的有篮纹、叶脉纹、方格纹、席纹、曲折纹、回纹等。在我国新石器时代早期的河姆渡文化遗址中,保存了一块芦席残片,尽管已经腐烂,其上的席纹仍然规整、均匀、结构紧密,可以看到当时娴熟的编织技巧。

图 1-2-12 半坡遗址出土的席纹图(半坡遗址博物馆)

值得注意的是,我国新石器时代遗址中出土的还有编织物的印痕和实物。半坡遗址中出土的陶器底部(图 1-2-12)有大量的编织物印痕,线较粗,据说可能是用骨针一类的工具编织的。在钱山漾遗址中,除发现了 200 多件竹篾编织的用具外,还有编织的细长丝带。

从出土文物的编织印痕和实物的精细程度来看,我国新石器时代的编织技术已经完全摆脱原始的粗疏状态,所用原料从树皮、芦苇、竹片发展到麻类等植物纤维和柔软的细蚕丝;编织纹从平纹发展到芦席纹、回纹等,编织纹的复杂多样,反映出当时已具有相当高的编织技巧。

二、夏代以前的编织方法

根据编织物的特点和近代尚存于各地的编织方法的分析,可知原始社会的编织方法大概和编席、编发辫一样,有平铺式和吊挂式两种。

平铺式是把两根以上处于平行状态的纱线,按"X"或"+"的形状平铺于地,一端固定在一根横木上,扯动相邻或间隔一定根数的纱线,反复编织;或者利用骨针和骨梭,在经线中一根一根地穿梭,编完一条,再用骨匕一类的工具,沿着织作者的方向,把编入的纱线打紧。国内出土的许多新石器时代的骨针(图 1-2-13)、骨梭和骨匕,应该是当时的编织工具。1977 年,河姆渡遗址第四、第三文化层(距今 7 000~6 000 年)出土的骨针,长 9.0~6.4 厘米,是用较粗大的兽骨裁成细条,然后磨制而成,体形精细小巧,针尾扁平,均有不太圆的针眼,针眼的孔壁不甚光滑,大小、形状与今日缝麻袋的钢针相近,用途

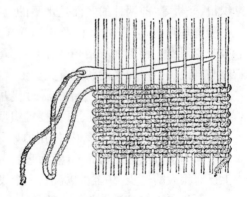

图 1-2-13 骨针使用示意图

也相似,是缝纫工具。骨针后端针眼仅 0.1 厘米,要求缝纫用的线的质量较高,不但要细,而且要软而坚韧。联系到半坡出土的陶片上的编织印痕,可以清楚地看到,平铺式编织方法在我国新石器时代已得到广泛的应用。

吊挂式是把准备织作的纱线垂吊在横杆或圆形物体上,纱线下端系石制或陶制的重锤,使经向纱线张紧(图 1-2-14)。制作时,甩动相邻或固定间隔的重锤,使纱线相互纠缠,形成绞结,逐

根编织。使用重锤的目的是便于操作,利用重锤甩动时产生的力加快织作过程。用这种方法,也能编制出许多不同织纹的带状织物。我国新石器时代的遗址中出土的石制或陶制网坠很多,如西安半坡遗址出土了石制的网坠,其中小而轻的可能是用于吊挂式编制的重锤。近代用这种方法编出了上百种花样。夏以前的编结技术,当然不能和近代相提并论,但完全能够编成简单的纹样。

图 1-2-14　吊挂式编织

三、织造技术和原始腰机

原始的机织技术是指使用简单的织作工具,在织作时能完成开口、引纬和打纬三项主要的织作运动技术。它是伴随着编织技术的发展而出现的。机织品的织纹和编织品的纹样的形成原理是相同的,只是交织方法不同。织机无疑是从编织演变而来的。

人们在编织过程中发现纱线一根一根地编入,速度太慢,且编织品粗疏,达不到所需要的紧密程度。为了解决这些问题,先祖们经过长期的生产实践,逐步形成了原始织机。从编织技术和工具的演变来看,也有着源和流的关系,编织的经向纱线成为织机上的经纱,骨针和骨针上穿引的纱线成为织机上的杼和纬纱,骨匕成为织机的打纬刀。最初的织物自然和编织物十分相像,但效率提高很多,质量逐步提高,所以在古代也常常把编席和编发称为织。

世界上原始织机的结构可能有多种,常见的有原始腰机(图 1-2-15)、综版式织机、竖机等,前两种的经面是水平的,后一种是垂直的,它们的结构都相当简单。很难说明哪一种更为原始,形式的不同可能与当地的生产和生活状态有关。

从出土文物来看,在新石器时代早期,我国已有了原始腰机、原始腰机织罗

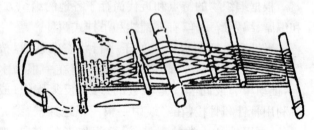

图 1-2-15　原始腰机示意图

技术和综版式织机。应该说,使用原始腰机织造,是我国新石器时代纺织技术的重要成就之一。原始腰机虽然结构简单,然而它展示了构成织物的一些基本原理。倘若和编织比较,技术上已有很大的进步,甚至可以说是一个飞跃。

原始腰机技术最重要的成就是使用了综杆、分经棍和打纬刀,使原始腰机有机械的功能。综杆使需要吊起的经纱能同时起落,纬纱一次引入;打纬刀把纬纱打紧,织造出紧密均匀的产品。织机上的综杆的出现,为织纹的发展开拓了广阔的前景,生产效率比编织高得多。可以说,只有在织造技术出现之后,人类才真正进入穿着纺织品的时代。

根据河姆渡出土的原始腰机制造工具,参照我国少数民族地区保存的同类型的原始织作方法,可以看到这种织机的大致结构,其主要部件有前后两根横木,相当于现代织机上的卷布轴和经轴,另有一把打纬刀、一个纾子、一根比较粗的分经棒和一根较细的综杆。

图 1-2-16 为近当代少数民族地区还在使用的原始腰机。在织造过程中,分经棒把奇偶

数经纱分成上下两层，经纱的一端系在木柱上（或绕成环状），另一端系在制作者的腰部。织造时，织工席地而坐，利用分经棒形成一个自然梭口，通过纡子引纬（纡子可能只是一根木杆，最初也可能是骨针，上面绕着纬纱），用木制砍刀打纬；织第二梭时，提起综杆，下层经纱提起，形成第二梭口；打纬刀放入梭口，立起砍刀，固定梭口，纡子引纬、砍刀打纬。如开口不清，则于上层经纱之上增加一个较粗的压辊，以防上层经纱的浮动（最初可能没有这个压辊，是经过一段时间的发展和实践后增加的）。这样交替织作，不断循环。织造时，经纱张力完全靠织工的腰脊控制。从河姆渡出土的打纬刀残长的长度来看，当时的织品不是很宽，约 30 厘米。

图 1-2-16　黎族腰机

　　这可能是当时最先进的织作方法，沿用的历史悠久。1978 年，在我国江西省贵溪县鱼塘公社仙岩春秋战国崖墓群中也发现了腰机工具，有打纬刀、经轴、杼杆、吊综杆等。我国云南石寨山出土的铜制储贝器盖上，有一组纺织铸像，其中有几具铸像与我国近代少数民族的腰机生产形状十分相像。

　　从出土的这个时期的织品来看，大概还只用上开口的手提单叶综来生产平纹织物。钱山漾的绢片非常细密，织造时须保持一定的经丝张力，否则容易引起纠缠，因此推断腰机可能采用了简单的机架。

四、综版式织机

　　从我国新石器时代编织技术的成熟、编织和原始腰机的结合以及商周时期出土的织品来看，我国新石器时代出现了一种类似编织的织带用的综版式织机。

　　1972 年春，在辽宁省北票丰下商代早期遗址中发现了一小片综版式织机织成的织物。经北京纺织科学研究所分析，织物重叠，结块硬化，呈淡黄色，纱线均匀无捻度，好像是丝织品，织物的结构是上下绞转，纵截面呈椭圆形，圈内残存有纬纱，是一种典型的综版式机织品。1976 年，在山东临淄郎家庄一号东周殉人墓中发现两块为同样结构的综版织机织成的丝织品。图 1-2-17 为综版织机制作图。

　　这种织机的最重要、最巧妙之处，就是利用综版起开口的作用。综版由几片到几十片正方形或六角形皮版组成（图 1-2-18）。正方形皮版的外形尺寸为 7～9 厘米，厚 2～3 厘米。皮版数由织物的宽度决定。在每张皮版上打孔，孔径约 2 毫米，每孔穿一根或多根经纱，视织品的要求而定。正方形和六角形

图 1-2-17　综版织机制作图

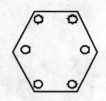

图1-2-18　皮版示意图

皮版可织单层或双层织品。

织造时还需要配备一根横木（系在织工的腰部作卷布棍）、一把打纬砍刀和一个纡子。丰下遗址和郎家庄一号墓出土的丝织品是单层织物，两根经纱为一组，每织一纬，上下交换一次位置，这大概是古代出现的原始的绞纱织品。从丝织品的结构来看，是采用正方形皮版织制的。

织造的方法非常简单，经纱顺次穿入综版，一端系于木桩上，另一端系于织工的腰部，织工手拿皮版，同时沿顺（或逆）时针旋转半周，形成一个梭口，然后引纬、打纬；随后，再次手拿皮版旋转半周，形成另一个新的梭口，引纬、打纬；……不断循环，形成织物。待转至一定次数后，须以相同次数向后反转，以免经纱扭结。这种织机现在仍然能见到，我国西藏民间还广泛用于织制带子。

第六节▶染色技术的萌芽

随着社会的进化，人类对服装的装饰效应的要求不断提高，使染色和纺织发生了密切的联系。

一、染色的起源

人们用色彩装饰衣服、美化自己的情境，应该说经历了漫长的岁月。从现有的出土文物来看，我国最早的染色行为出现在旧石器时代的晚期。在山顶洞文化遗址的洞穴内，发现了一堆赤铁矿的粉末以及用赤铁矿粉涂成红色的石珠、鱼骨、兽牙等装饰品。据当事人记述，发现了完整的人头骨三个、躯干骨一部分，在躯干骨之下有赤铁矿粉粒，还有装饰品和石器。这些装饰品大都经穿孔或加上沟槽，穿孔是为了系带，以便把鱼骨、兽牙等穿成一串挂在胸前。特别值得注意的是，有很大一部分装饰品的穿孔呈红色，因而推断系带以赤铁矿粉染色。

染色应该是源于人类对动植物的图腾。在马家窑文化的彩陶上，有蛙、鸟的图像；在仰韶文化的彩陶上，除鸟、鱼、蛙等图像外，还有人首、虫身等图像，有些是当时氏族的图腾。而我们的祖先利用天然色彩的涂染技术，也随着彩陶上的图腾花纹保存了下来。从这一点看，人们对于天然色彩的利用，已经由单纯的个人装饰引申到与社会活动发生了联系。

从出土的古代彩陶上，知道当时已能运用红、白、黑三种颜色；湖北京山屈家岭遗址出土的彩陶中，开始出现褐色和橙色。更引人注目的是河姆渡遗址第三文化层中发现的一只漆碗——木质，碗壁外均有薄薄一层朱红色的涂料，虽因埋藏年代久远而剥落较严重，但仍然微有光泽，充分表现了当时人们的色彩欣赏能力和涂染技巧。这些涂彩的文物，虽然不是纺织品，但是，从它们所体现的涂彩技巧的提高和色谱的扩展，实际上显示了染色技术的孕育、萌芽和发展的过程。

另外，染色可能与宗教信仰或其他社会活动有联系，推测它是纹身的延伸。起初，染色活动大概只用于祭祀和舞蹈，以后逐步发展为日常的装饰，同时，又往往成为氏族首领、巫卜、战士的标志。随着社会的进步，服装上的色彩和花纹有愈来愈多的含义，成为人类文明中不可缺少的一部分。可惜,目前为止,我们尚未见到或未能确认原始社会的染色织物的出土。也有人推测,是否是人们在摆弄染料或涂料时,偶尔碰撒在衣物上,显现出靓丽的色彩,而后被逐步发展。还有一种推测,是人们为了防止野兽的侵袭,把衣物或身体涂染成其他颜色。

二、早期染料

人类最早用于着色的颜料是矿石和炭黑,这些已经从考古发现得以证明。因为,它们是直观的有色物质,人类能直接地从自然界取得,不需经过复杂的处理就可使用。使人感兴趣的是,人类最早利用的矿石,几乎都是红色。2008 年,河南省文物考古队在许昌灵井遗址发现了大量赭石,数量有 20 多块。这是国内赭石在细石器遗址中第一次集中出现。有人做过调查,在一些现存的原始部落里,除了黑和白以外,红色是最先出现的色彩名。原始人对红色给予特殊的关注,不仅是因为红色能给人强烈的、鲜明的感受,很可能与他们对太阳、火、血液(象征生命)的崇拜有关。我国考古发掘中发现最早的着色颜料也是红色的,除了赤铁矿外,还有朱砂。青海乐都柳湾原始社会墓地(新石器时代中期和晚期)中,一具男尸下撒有朱砂,证明在4 000~5 000 年前,我们的祖先已经挖掘出辰砂矿。辰砂又名朱砂、丹砂,其主要成分是硫化汞,色泽鲜明稳定,后人不仅用于服装着色,还作为药物和炼丹的原料。

可以推测,原始人以矿石原料着色,用的是简单的涂染方法,即把矿石粉末用水调和,涂在衣服上形成条纹和图案。但应该指出,涂色之前必须将矿石粉碎、研磨,颗粒愈细,它的附着力、覆盖力、着色力就愈好。关于这一点,原始社会的先民已有认知。1963 年发掘的江苏邳县四户镇大墩子遗址随葬品中有一些碎石片,装在陶罐和陶瓶内,其中有四块赤铁矿石,表面有研磨的痕迹。1927 年,在山西夏县西阴村遗址(属仰韶文化)中发现了一个下凹的石臼、一个下端为红颜料染透的破石杵。这种研磨颜料的工具,在西安半坡、宝鸡北首岭等新石器时代遗址中也有出现,其中外形最规整的是陕西临潼姜寨遗址出土的一套绘画工具。考古工作者在这个距今 5 000 多年的墓葬中发现了一块石砚,上面还盖着石盖,掀开石盖,砚面凹处有一套完整的彩绘工具。由此推测,墓的主人大概是一位原始社会的"美术家",这套绘画工具是他的随葬品。

关于研磨颗粒的细度,有人曾用显微镜观察了北京平谷刘家河商代墓葬中朱砂的颗粒大小,很多颗粒的长度为 3 微米以下。在当时的条件下,仅有石臼、石杵和石砚,能够将矿物磨得这样细,所下的功夫是惊人的。新石器时代多种类型的文化遗址中出土了众多的研磨工具和涂彩文物,证明这种技术已经普遍与成熟。此后,研磨就成为制造颜料必需的加工工序,为后人广泛利用矿石作为着色材料打下了基础。

第七节 ▶▶ 纺织品与服饰

原始社会是一个漫长的蛮荒时期,思想的蒙昧、机具的简陋、材料的匮乏,本来就不够丰富的纺织品经历了几千年的沉积,大都不复存在。目前的考古发现中,还未见旧石器时代的纺织品,多见一些编结的网绳,一些织物的残片一般出现在新石器时代。1972 年,在江苏吴县草鞋山新石器遗址出土的三块葛布残片,原料用葛麻纤维,经纱为双股 S 捻,经密约为 10 根/厘米,纬密为 26~28 根/厘米,属纬起花罗织物,花纹呈山形,罗孔较规整匀称。1958 年,在浙江钱

**图1-2-19 中国新石器时代
辛店式放牧纹彩陶罐**

山漾新石器时代文化遗址发现的麻布片为平纹组织,此外还出土了一段丝带和一小块绢片,经鉴定,丝线由10多根粗细均匀的单丝紧紧绞捻在一起,经纬密度为48根/厘米,纤维截面积为40平方微米,全部出于家蚕蛾科的蚕。这是距今为止在中国南方发现的最早、最完整的丝织品,足以证明,我国在4 700年前已经掌握较精良的蚕丝缫纺和织绢技术。此外,一些陶器上的印痕也可以揭示这一时期的纺织品的组织结构(图1-2-19)。

中国原始社会从服装史的角度可划分为三个时期。第一个时期为裸态生活期,时间跨度为距今约300万年前~20万年前,这时的原始人也称为直立人,主要靠体毛这种天然的衣服保护自己。第二个时期为天然装饰期,距今约25万年前~1万年前,人类学上称此时的原始人为智人。从考古学的重要证据"骨针",说明此时的人类掌握了简单的缝制技术,体毛逐渐褪化,人类可以选择自然界中的天然材料,经过简单的加工后,用于身体的保护和装饰,南方出现了卉服(即用叶、草、藤皮等编制的服饰),北方出现了皮服(即用野兽的皮制作的衣服)。此外,大量的骨制、石制的项链、额饰、发饰、耳饰等考古发现,说明当时是装饰盛行的时期,也进一步说明人类最早的服饰应该是人体装饰。第三个时期为纤维织物期,距今约1万年前~5 000年前,人类进入了晚期智人阶段,渔猎经济有了发展。根据纺织品的考古发现,可知当时的人类已经掌握一定的纺织技

图1-2-20 早期岩画服饰图

术,可以纺纱织布,甚至缫丝织绸,可以使用纺织面料缝制服装。根据甘肃省嘉峪关市西北黑山岩画中的操练图(图1-2-20),可知当时的服装形式较为简单,以腰衣、贯头衣较为常见,穿夹袍,束腰带。

第三章 手工机器纺织形成时期

第一节 ▶纺织技术发展概况

手工机器纺织形成时期，大约是从公元前21世纪即夏代开始的。这个时期在我国历史上是相当重要的，无论哪一方面，都比氏族公社时期有明显的进步。我国古代的灿烂文明，到这个时候已经逐步形成，我国的文字就是在这个时期创造的。在纺织生产中，蚕桑丝绸业兴起，缫丝、纺纱、织造和染整的整套工艺和手工机器逐步形成。

夏、商、周三代的纺织生产，是当时相当重要的一个行业。这个时期生产的纺织品产量曾有较大的增长，因而遗留下来的有关材料较多。在甘肃临洮大何庄、秦魏家和其他地区的一些较早墓葬和遗址中，发现了不少遗留在陶器上的织物印痕以及供织作用的骨针和骨梭，可能都属于夏代。商周两代的遗存则更多。

这个时期生产的纺织品，已经具有比较广泛的社会性质。大概从夏代起，有些纺织品就成为商品，常常被投入交换的领域，有时甚至具有货币的职能。据说夏末时伊尹曾用丝织品和夏桀换取一百锺粟，商以后更为普遍。据周金《曶鼎》说，当时曾有人用匹马束丝交换五个奴仆。这件事一方面说明当时奴仆的社会地位低下，另一方面说明纺织品在当时的重要性。所以，《诗经》里也有以这样的历史为背景的"抱布贸丝"的诗句。

城市的发展和生产的发展是密切相关的。随着都邑的不断涌现，这个时期出现了一些专以生产纺织品著称的地方。夏末时商人聚居的薄盛产纂组，周代的绛盛产文错之服，春秋以来则以齐能织纨、鲁能织缟驰名。

这个时期的纺织技术有很大的提高，出现了金属的纺织和缝纫工具。在齐家文化遗址中发现了铜锥，在云南江川李家山古墓群中发掘出大量的青铜纺织和缝纫工具以及铁质和铜铁合制的锥子。金属纺织工具以及用金属加工出来的大量高质量的木质纺织工具的使用，使纺织生产和技术得到很大的提高，陆续产生了不少以从事纺织生产为主的氏族和具有比较熟练技巧的劳动者。殷亡后，周曾将殷民六族赐鲁、七族赐卫，其中至少有三族和纺织有关，即索氏（绳工）、施氏（旗工）、繁氏（马缨工），大概都是世袭的纺织工匠。至于散处于各个地方的为数尤多，特别是妇女。大概进入这个时期起就逐渐形成一个不成文的规定，要求所有的劳动妇女在出嫁之前都必须学会纺绂、纺绩和比较熟练地掌握有关技术，既为她们的家庭提供劳动，也为社会创造财富，而且作为不可移易的社会传统和习惯沿袭下来。

与此同时，纺织生产方式也有所变化，出现了由统治阶层直接控制的官府手工纺织作坊，利用熟练的男女劳动者，集中生产。夏商的情况，现在虽然还不清楚，周代则是有史料可证的。

《左传》成公二年载：楚侵鲁，鲁贿之"以执斲、执鍼、织紝皆百人"。其中的织紝，即春秋时鲁国官府手工业中专门从事纺织的工匠。这种作坊不但具有专业化的性质，而且内部的分工具有日渐细密的趋向，常常同时分为若干工种，每一工种均设有专官管理。比如《周礼·考工记》所载的"画、缋、钟、筐、㡛"五职，可能就是周代政府或某个诸侯设置的官纺织作坊所有的"设色"工种。说明在周代的这类作坊里，至少织、染、练都是分别进行的。另据《周礼·天官》和《地官》说，周的官营手工业中曾设有八个专管纺织和征集纺织原料的部门。

另外，最值得注意的是，在这个时期所生产的织物，已不再局限于简单粗糙的产品，而开始出现较多的品种。据考古学家统计，在商代的卜辞里，曾有好几十个从"糸"的字。大概有许多是织物品种的名称，可惜现在还不能全部辨认。周代的品种大部分见于春秋以后的记载，初步统计有十几种。特别是出现了比较复杂的织造方法，能够生产相当精美的织品。

织物的结构和织作方法是衡量纺织技术水平的综合标志，随着社会经济的发展以及纺织技术的提高，大概从夏代起出现了所谓的"章服制度"，规定具有不同政治地位的人必须穿戴不同的衣帽，凡是属于士以下的阶层，都不准穿着带花纹的衣服。这表明夏代的织物已有品级高低的区别。以后，由于上层人物精益求精的要求，织作技术不断提高。通过现有的商周两代的文物看，商代不仅有平纹的织物，而且有简单的几何花纹织物；周代更为进步，不仅能织作小提花的织物，还能织作多彩的和组织相当复杂的大提花织物。所以，周代的著作中常常出现对当时织作精致的织物的赞美，最突出的是《诗经》中关于多彩锦的描绘。比如《小雅·巷伯》所说的"萋兮、斐兮"，《唐风·葛生》"粲兮""烂兮"，就很具体。萋、斐、灿、烂历来是专门用于形容最华丽的花纹和色彩的词汇。看这四个字，就不难想象当时的纺织品已经达到的精美程度。

在这个时期，桑蚕丝绸业兴起。夏至战国时期，我国是世界上唯一的饲育家蚕、缫丝、织绸的国家。这一时期的桑蚕丝绸业在纺织生产中处领先地位，栽桑、育蚕、缫丝、织绸技术有了全面的发展，丝纺织技术水平远高于其他纤维的加工技术。特别在春秋战国时期，随着整个社会经济的发展，出现了蚕桑丝绸业中心。这标志着我国古代手工机器纺织前期蚕桑丝绸业的兴起，为后世整个手工机器纺织的普遍高涨揭开了序幕。

商代甲骨文中有关于蚕桑丝绸生产的丰富资料。甲骨文中有桑、蚕、丝、帛等字，其中丝字又可分为糸、丝、糸糸糸三体，可见蚕桑丝绸业在商代已经相当普遍。在周代，特别是春秋战国时期，蚕桑丝绸的生产有了很大发展，技术上长足进步。刺绣和织锦都是贵重的高级丝织品，织锦的出现说明当时已有了先进的提花织法和提花织机，这是我国丝绸技术水平提高的标志。

周代文献中提到桑蚕丝的事例很多，其地区分布较广。《诗经》所反映的蚕桑丝绸生产地区以黄河中游为主。但战国时期，黄河下游地区的发展迅速，齐鲁逐步发展成为重要的蚕桑丝绸产地。齐地的丝织品的品种、花色富丽繁多，"能织作冰纨绮绣纯丽之物，号为冠带衣履天下"，说明以临淄为中心的齐地的丝织业已达到很高的水平，不仅能自给，而且运往全国各地。

第二节 ▶ 纺 织 原 料

从夏到战国，用于纺织的原料大类没有增加，但植物纺织原料的利用有很大的发展。为了取得质量较好的纤维,并能充分地供应,除了仍然利用一些野生植物外,人工种植的植物材料逐渐增多,到商代时已占据主要地位。蚕丝得到普遍利用,家蚕丝成为较普遍的高贵的纺织原料;多种毛纤维原料也得到了利用。

一、植物纤维原料

这时的植物纤维原料主要是汉麻、苎麻和葛,而且人工培育技术出现,并得到推广。

(1)汉麻。我国在新石器时代晚期就开始出现人工种植汉麻,到商周两代已经非常普遍。汉麻是雌雄异株体,雄花絮呈复总状,雌花絮呈球状或短穗状。雄株茎细长,韧皮纤维产量多,质佳而早熟;雌株茎粗壮,韧皮纤维质量低,成熟较晚;麻子含有一定的油量,可以食用。商周时期对于汉麻的雌雄异株以及它们的纤维质量和麻子的作用,都有了较深的认识。汉麻的栽种和收割的时间已与后世相似,大都在夏历五月收雄麻,九月收雌麻和拾麻子。同时,也了解了雄麻纤维的质量优于雌麻。常用枲麻织较细的布,制作比较高级的衣料;用苴麻织比较粗的布。在福建武夷山船棺及河北藁城台西村商代遗址和墓葬中均有汉麻布出土。

(2)苎麻。据《禹贡》和《周礼》说,周代曾以纻充赋,说明苎麻早已开始人工种植。其分布地区虽不如汉麻广泛,但在长江流域和黄河流域都可以看到它的踪迹。近年在陕西宝鸡和扶风多次发现西周的麻布,经分析都是苎麻织物。福建武夷山船棺、长沙战国楚墓、河北战国时期中山国墓中也出土了一些苎麻织品。

(3)葛。商周时期,葛的利用似乎较普遍。仅205首诗歌的《诗经》中,涉及葛藤者达400余处。古代称细葛布为絺,粗葛布为绤。这个时期所使用的葛纤维有野生的和人工种植的。《诗经》中有采野葛的记载,亦有人工栽培的迹象。《越绝书·越绝外传记越地传第十》中有关于吴越时期种葛的记载"葛山者,勾践罢吴,种葛。使越女织治葛布,献于吴王夫差",明确地记载了葛的人工种植。为了保证制织衣履所需的葛纤维的供应,周代特设专门管制"掌葛","掌以时徵絺、绤之材于山农,凡葛证徵草贡之材于泽农",可见葛的种植、采集和纺织是当时主要的生产活动之一。葛作为纺织纤维原料,在春秋、战国时期占有重要地位,处于鼎盛时期,之后则日趋衰落,为麻等纤维所取代。

这一时期广为利用的其他植物纤维有以下几种:

(1)苘麻。春秋以前的劳动者常用苘麻纤维制作纺织衣料。周的统治阶层有时也采用,制作锦彩衣裳的罩衣,以示俭朴;或者制作丧服,表示不敢穿好的衣服,象征深刻的哀悼。

(2)楮。又叫縠,也写作构,是属于桑科的落叶乔木。楮皮的纤维细而柔软、坚韧,单纤维长达24毫米。据说商代大戊时桑縠共生于朝,可能对楮的特点有了一些了解,到周代时则认识得更加深刻,已经广泛地使用。

(3)薜。又叫山麻。周代时大概用过薜的纤维。据说薜"似人家麻,生山中",好像是野生的汉麻,也有人说是野生的苎麻。究以何者为是?现在还没有定论。

(4)菅。又叫白华,是属于禾本科多年生的草本植物。周代时曾用它的根搓制绳索。据陆玑《诗疏》说,菅纤维很值得重视。如果经过暴晒和浸沤的加工程序,效果更好。

(5)蒯。是属于莎草科的植物,周代时曾用它制作绳索。

二、动物纤维原料

1. 丝纤维

由于纺织技术逐渐发展，这个时期所用的蚕丝种类相当多，有野蚕，也有家蚕，有关记述见于战国晚期著成的《尔雅》，其中的《释虫》说野蚕有四种，种类的划分基本是根据它们所吃的树叶定名的，樗蚕：食樗叶；棘蚕：食棘叶；栾蚕：食栾叶；蚢蚕：食萧叶。前三种又统称为催由。

这些蚕是什么样的蚕？大都已不可考。现在可以说明的，只是樗蚕。樗是现在所说的臭椿。樗蚕无疑就是现在的椿蚕，是属于天蚕蛾科的野蚕。家蚕仅蟓一种，是吃桑叶的，就是现在的家蚕，但不能肯定是什么品种。我国的考古工作者在陕西扶风和辽宁朝阳发现过一些西周的丝织品，经检验，肯定均为家蚕丝，但丝的直径均小于现在的家蚕丝；丝的横切面所呈现的形状，接近于三角形，也与现在的家蚕有一定差异。究竟是什么品种，还有待于进一步研究。这一时期所饲养的蚕，从化性和眠期上看，在北方以"三俯三起"的一化性三眠蚕为多。这种蚕自发蚁后，一般经 21 天即可结茧。此外还有多化性蚕，但尚未见到有关的文字记述。

2. 毛纤维

前文述及毛纤维用于纺织从原始社会时期就开始了。夏周的使用情况，据现知的史料，只有商代的部分出土物和周代的一些记载。1979 年，曾在新疆哈密一个相当于商代的墓葬里发现一批毛织物和毛毡。在文字记载上，以《诗经·豳风·七月》所说的"无衣无褐，何以卒岁"最为重要。据汉初毛亨对这句诗的解说，褐是粗毛织物，是当时劳动群众的主要衣料之一。这个时期里，人们十分重视养羊，关于羊的种类已有许多名称，《尔雅·释畜》中有吴羊、夏羊、羭羊等不同的种类。当时所用的毛，种类比较广泛，除了羊毛，也用其他动物的毛。大概战国以前所用的毛纤维，是包括所有家畜和其他野生动物的比较细的毛，在当时统称为毳毛。1957 年，在青海都兰县诺木洪发现一处周代早期的遗址，曾出土一批毛织物，所用纤维经切片鉴定，可以肯定分辨的除了羊毛还有牦牛毛，说明周代的内陆地区和青海曾经使用牦牛的毛充当纺织原料。

第三节 ▶ 纤维初加工技术

植物纤维在纺、绩前的初加工技术在这个时期有了迅速发展，沤麻、煮葛工艺技术日趋完备；蚕丝得到了普遍利用，特别是家蚕丝，既普遍又高贵，栽桑养蚕已成为普遍现象。

一、沤麻

人们在实践中发现并利用的沤麻技术，到这个时期，对其原理的认识已经相当深刻。这种方法就是利用水中的维生素脱落植物韧皮纤维所含的胶质，所以应用比较普遍。利用这种方法的最早记载见于《诗经·陈风》："东门之池，可以沤麻……，东门之池，可以沤纻……，东门之池，可以沤菅。"沤是利用水中的微生物分泌的果胶酶，分解植物韧皮和茎叶中的胶质，使纤维分散而柔软，所以古人也把沤麻称为柔麻。这是纺纱前必经的初加工工序。诗中说明，向东面的池可以沤麻，这显然是经过长期实践而总结出来的经验。池是地面下凹的积水之处，水面小而浅,流动少,在日光照射下比较温和,有利于促进浸渍发酵的过程。此外,诗中还说明当时沤的不仅有汉麻和苎麻,还有菅等草类纤维(制绳原料),可见当时已经掌握不同植物原料的沤渍时间和脱胶效果之间的关系。因为各类植物的韧皮部分的纤维长度、含量均有差别,因此,各种原料的沤制的方法、时间、效果和纤维最终用途也有差异。这几种原料中,以苎麻纤维为最长,沤制脱胶要求高,所得纤维分散度好,洁白、纤细、软熟,宜于制作较好的产品。

二、煮葛

在这个时期,脱去植物韧皮所含胶质的操作,似乎多在常温的水中进行,但是葛类纤维例外。《诗经·周南》和《毛传》中都有煮葛的记载,即将葛藤割下,盘挽起来,用火煮烂,然后在流水中捶洗干净,取其纤维进行缉绩。这种方法在《诗经》时代可能不限于加工葛藤,对其他野生植物的纤维原料也适用。这类植物的韧皮纤维一般很短,以葛藤为例,大部分在10毫米以下,如果完全脱胶,使其成为单纤维状态,则无纺纱价值。因此,只能用半脱胶的办法,取其束纤维进行纺纱。古时采取煮的办法,作用比较均匀,也易于控制脱胶的程度。与沤的方法比较,煮可以大大缩短脱胶时间。近年曾经有人做过实验,如果将娇嫩的葛藤煮3～4小时,即可将其上的大部分胶质除去;如果沤制,则需10～15天,才能取得同样效果。

三、毛的初加工

这个时期利用动物毛纺纱前的初步加工,未见任何记载。但是,从一些出土文物看,当时也具备了一定的加工能力。1957年,在青海诺木洪发现的周初的毛织物,染有黄、褐、灰黑和相当美丽的红、蓝等颜色;1979年,在新疆哈密出土的商代末期女尸,身穿红、褐、绿、黑四色织成的鲜艳的毛织物。现代在使用毛纤维纺纱、染色之前,均必须经过去土、去杂、开松等基本工序。诺木洪、哈密的毛织物和周师赐予守宫的氂布,大概是商周时期毛织物中的高级产品,它们的染色效果都比较好,很可能经过了去土、洗毛等工序,因为羊汗中含碳酸钾,在热水中洗毛,有助于去除羊毛上的油脂,使染色得以进行。

四、缫丝工艺技术

缫丝,即把蚕丝从蚕茧上牵引出来,绕在框架上,形成丝绞。之后通过络车整理,把丝绞倒在籰子上,按照织造的要求进行并丝、加捻,制成经丝或纬丝。这些都是织造缯帛之前的准备工作。商周时期,这一套工艺已建立起来,形成了完整的体系。

缫丝首先是选茧和剥茧。《礼记·祭义》中说,制作君服的蚕茧,须先经过君的夫人过目认可,献茧备礼,必择其精。这说明在当时,一方面知道蚕茧有粗精之分,同时也知道如何挑拣。现代缫丝工艺中有选茧这一工序,因为质量不好的茧子,如烂茧、霉茧、形体显著小于一般的茧,都会影响丝的质量,必须剔出。周代是进贡献礼而选茧,与现代基于缫丝知识的选茧,两者在目的和要求上不尽相同,但选茧的方法大致相同。周代经过献茧之礼的蚕茧,所得丝的质量将优于一般,所以可制作君服。这也意味着当时已认识到茧质与丝质的关系和选茧的必要性。《周礼·月令》中有"分茧称丝效功,以供郊庙之服"的记载,这进一步说明当时在缫丝之前确有选茧这一道工序,并要求缫出的生丝的质量符合规定,才能供织造祭祖时穿用。

剥茧也是缫丝前必经的一步。每粒茧上都有蚕开始吐丝时的一层乱丝,即茧衣。这层丝的强力低,不适于织作,必须剥掉,使缫丝所需的丝绪暴露出来。剥下的茧衣就是丝絮,可以作为保暖材料。辽宁朝阳发现的西周丝织品中有丝锦袍,说明我国早已认识了茧衣的作用。

缫丝的第二道工序是煮茧和索绪。剥茧之后,要及时缫丝。商周时期,可能还不知道采用蒸、烘、盐渍等办法杀蛹储茧,以防止蛹化为蛾而咬破茧壳,在茧成后数日内便需及时生缫,所以缫丝季节是十分忙碌的。

缫丝的程序在《礼记·祭义》中有记载。这种方法说的是,缫丝之前,必须将茧子置于热水中浸煮,使丝胶软化、蚕丝解舒、丝绪浮出,才能依次地进行索绪、集绪、绕丝。在缫丝的几个步骤中,煮茧(解舒)是关键,而煮茧的关键在于掌握水温和时间。当时没有测温、计时的工具,煮茧要掌握得恰到好处是需要经验和技巧的。煮茧程度不足,丝胶软化不够,缫丝时丝的张力大,茧子吊上,容易断绪;相反,煮茧过度,丝胶溶解过多,茧子之间缺乏丝胶黏合,抱合力差,丝条不匀,也影响丝的质量。《祭义》中描写的煮茧,说明当时用的是"浮煮法",即把蚕茧投入热水中,由于热水一时难以渗透茧壳,茧子浮在水面。这样煮茧,茧子着水部分可能煮得过度,而不着水部分煮得不足,因而缫者必须多次地将大把大把的茧子按到水里(三淹),并用手搅动,帮助热水渗透,并让丝绪浮游在水中(振其出绪),然后进行索绪。此时,如果继续用手指捞取丝绪,则不易捞着,不仅浪费时间,也不利于煮茧。当时的缫丝工学会了用多毛齿的植物草茎代替手指索绪,因为草茎细、毛齿多,增加了与丝绪接触的机会,和钱山漾遗址中出土夏代以前的索绪帚差不多。在先秦时,索绪工具是多种多样的,具体形制要看缫丝人所处的地区、习俗而异。

缫丝时的绕丝工具,最初是简单的"H"字形的架子。这种工具在古时的用途十分广泛,主要用于绕丝、绕线和绕绳。1979年,在江西贵溪崖墓中发掘出一批纺织工具,其中有几块平面呈 H 形的绕纱框,长度为 63~73 厘米,系整块木料制作而成,外表光滑;另有绕线框一件,形状像 X,中间交叉处用竹钉拴住,两头则用榫头嵌入,制作得十分讲究,长度为 36.7 厘米。缫丝后,丝从绕丝框上脱下即成丝绞。

第四节 纺 纱

随着社会的发展,人们对织物的需要在质和量两方面都提出了新的要求,这促使织物的品种、质量不断发展和提高,而且各种纤维原料需要不同的成纱方法,使得这个时期的麻、毛、丝绩纺工艺逐步发展成为相互关联而各具特点的技术分支。

一、麻和葛纤维的绩纺

麻、葛沤煮之后,一般仍是粘连成片,需要进一步劈分,然后进行绩麻纺纱。这在《诗经》和《说文》中都有记载。这里所说的绩,可能不限于那种首尾捻合相续的操作,也包括用纺坠纺纱。因为在先秦的著作中,凡是说到将麻纤维接续成纱的,大都称为绩或绩;而同时期的出土麻缕,绝大部分是纺坠纺成的通体加捻的纱。《诗经·小雅·斯干》:"乃生之女,载弄之瓦。"这个瓦,即指纺坠,意思是,女孩出生后,就应该给她玩弄纺坠,从娃娃抓起,使她习惯于将来的工作。由此可见当时使用纺坠的普遍性。后世也往往以"弄瓦"作为生女的比喻,生女孩为"弄瓦之喜"。

麻纤维绩成的纱线,在古代文献中名为"缕""缋"或"线",似乎缕也包括股线。这样的缕,捻度稳定,表面光滑,制成的织物也比较耐磨。河北藁城商墓出土的麻布,其经纱就是股线。这样就要增加一道合股加捻的手续,纱线也比较粗。后来出土的麻织物大都是单纱的。

纱线的粗细是衡量纺纱技术水平的重要标志之一。商周时期,麻纱的劈绩比较精细,沤麻的技术也相当好。甘肃永靖早商遗址出土的麻布中,有一块比较细,其细密程度几乎可以和现代细麻布相比。商代出土的麻织物中,纱线最细的是藁城出土的麻布,经纱投影宽度为0.8~1.0毫米,纬纱为0.41毫米。可见商代时麻的绩纺水平已经相当高超。

周代的麻布的经纬纱粗细依然相差很大,但投影宽度在0.5毫米以下的比较多见。春秋战国时期,纺织品的生产和贸易已经日趋繁荣。据记载,当时麻缕丝絮等半成品已进入市场,由于品质不同,所以价格悬殊。联系前文所说的商周时期生产的麻缕细度相差颇大这一事实,可推测当时已经出现衡量纱线细度的方法。周代关于布帛的标准(幅度宽狭和密度)已有记载,而麻缕纱线的细度与布的密度是密切相关的。由于提高麻缕的细度,纺纱者付出的劳动量也按比例增加,所以,进行麻缕交易时,细度是决定价格的一个重要因素。细的麻布比丝帛更昂贵,而成为奢侈品。

至于半脱胶的葛纤维,由于葛藤的品质优劣不一,濩煮、劈分、绩纺技术又有高低,成纱与织物的质量会有显著差异。

二、毛纤维的纺纱

古代文献中,记载毳毛之处较多。毳毛成衣与麻类相同,也是用纺坠将散毛加捻的。诺木洪出土的毛织物也许能代表周代初期毛纺的一般水平,其中有一块较细密的织物,经纬投影宽度分别为0.75毫米和1.0毫米,相当于较粗的麻缕,经纱S捻、纬纱Z捻。

虽然同为纺坠加捻,但毛纤维的纺纱与丝的加捻、麻的绩纺有很大的不同。毛纤维较短而且纺前乱成一团,纺纱时,需要通过手指牵伸动作,使毛纤维在同一方向产生滑移,相当于将纤维梳理伸直,从而使纱条细而均匀。这种技巧不同于长纤维的纺坠加捻。因此,毛纤维纺坠纺纱法的形成,标志着纺坠纺纱技巧的进步,为后来更短的棉纤维的纺纱开辟了道路。

三、丝的络、并、捻

如果把缫丝作为纤维的前处理,那么缫丝之后的工作,可称为纺纱的过程。从丝绞到织前的经纬丝,还需经过络丝,即将丝绞经过整理倒在较小的籰子上。《易经》中有关于络丝工具的记载,说的是有一种工具叫柅,其形制是四根垂直的竹竿,竖插在地面上或固装在木框上,将丝绞张开箍在竹竿外面,丝缕通过挂在屋顶的悬钩或横杆绕在籰上,转动籰子即进行络丝。通过络丝,缫丝过程中的一些疵病,如生丝的粘连和断头,都能得到消除,给牵经、络纬以很大的便利。作为商品的束丝,为了保证质量,可能也是经过络丝去掉疵点的。

由于丝织物品种的多样化,要求经纬的粗细有很大的差别(或加捻,或无捻),这需要在络丝之后进行并丝——将两根、三根乃至多根生丝并合在一起。这个工序在商代之前已经建立。例如,藏于瑞典远东古博物馆的商代铜钺,其上面的菱形花纹丝织物的经纬丝为双股的并丝,并经过加捻,而同一钺上的平纹绢的经纬丝为单股丝、无捻。这种结构变化最显著的是藁城商墓出土的几块丝织物,经丝投影宽度为0.1~0.3毫米,纬丝投影宽度为0.1~0.5毫米。这些织物,一般是经丝比纬丝细一些,捻度也大一些,说明当时已经了解到这样捻丝便于织造。藁城商代铜器上的一块丝织物的捻度高达上千捻,说明当时已有强捻丝。因为纺坠的加捻效率很低,而且捻度不会太高,所以我们相信,当时已有加捻机械,如纺车。

四、纺车的出现

纺车最早出现在什么年代,目前还无法确定。关于纺车的文献记载,最早见于西汉扬雄(公元前53年—公元后18年)的《方言》,在《方言》中叫"繀车"和"道轨"。单锭纺车最早的图像见于山东临沂金雀山的西汉帛画(图1-3-1)和汉画像石。到目前为止,已经发现的有关纺织的画像石至少有八块,其中刻有纺车图的有四块。如1956年在江苏铜山洪楼出土的画像石的上面刻有几个形态生动的人物正在纺丝、织绸和调丝操作的图像,展示了一幅汉代纺织生产活动的情景,可以看出纺车在汉代已经成为普遍的纺纱工具。因此,不难推测纺车的出现早于这个时期。商代出现的强捻丝,据推测可能是利用了纺车一类的加捻机械。1973年,在藁城商代遗址中曾发现一个陶制滑轮,直径31毫米、厚24毫米,其形状和大小均与后世手摇纺车上的锭盘相仿。经考古学家反复研究,基本上肯定它是手摇纺车上的零件。

图1-3-1 西汉帛画图

这个时期的绳索的生产非常繁盛,品种逐渐增多,有单股、双股、三股和多股。为了便于区别,曾经出现了许多专用术语,把捻绳叫纼,把合股叫纠、叫辫,并且常常根据它们的不同结构——赋予专名,细的叫绳,粗的叫索、繘、绠,两股的叫纆,三股的叫徽,等等。

现在已发现这个时期的绳索实物,1978年发掘湖北北随县春秋末或战国初的曾侯墓时,发现许多多股合成的大绳缚于棺外,直径粗达30毫米。根据这些材料,尤其是这些绳索的粗细程度,表明我国在这个时期出现了绳车,不然是做不到的。当时的绳车形式和结构,现在还不很清楚,有待新材料的发现,估计和后代的绳车相差不会甚远。

第五节 织 造

这个时期的织机在原始腰机的基础上有较大的发展和提高,结构上有很大的变化,逐步形成了完整的手工机器。生产麻、毛、丝的织机可能有所不同,但结构和原理相差不大。丝织品的织造技术要求高，特别是周代出现的织锦技术，说明当时的丝织机已经具有比较先进的提花装置。

《诗经》中记载有杼和柚这两个织机上的重要构件。柚就是今天织机上的经轴。现在我国少数民族的一些原始织机上，或在偏远的农村，还能见到这种装置。轴的出现是织机机构上的一个巨大进步。有了轴，经纱得以平整，经纱长度可以增加和调节。经轴的出现，标志着支架的出现，因为回转的轴必须有机架支承。殷商以来精美丝织品的出现和生产的发展，没有机架是难以想象的。到了战国，由于纺织生产成为当时发达的手工业之一，产品数量很多，织机上还出现了"蹑"，即脚踏板。蹑是提高织作速度的重要构件，它使织机综片由手工提综变成脚踏的升降运动，加快了织作过程。

杼、轴、综、支架、蹑等是织机的重要组成部分。它们的出现和使用，标志着我国在这个时期的织造技术已从原始的织作工具发展到了完整的织机阶段。

一、鲁机

鲁机是目前的文献记载中最早的织机。《列女传·鲁季敬姜传》中有一段对织机结构完整的描述，是记载织机最早的文献：

"鲁季敬姜者，……鲁大夫公穆伯之妻，文伯之母。……文伯相鲁，敬姜谓之曰：'吾语汝，治国之要，尽在经矣。夫幅者，所以正曲枉也，不可不强，故幅可以为将。画者，所以均不均，服不服也，故画可以为正。物者，所以治芜与莫也，故物可以为都大夫。持交而不失，出入而不绝者，梱也。梱可以为大行人也。推而往，引而来者，综也。综可以为关内之师。主多少之数者，均也。均可以为内史。服重任，行远道，正直而固者，轴也。轴可以为相。舒而无穷者，樀也。樀可以为三公。"

根据这段描述复原了一台织机，故称它为鲁机(图 1-3-2)。它适用于麻、毛、丝织物的生产，经面可能是倾斜的，便于发现经纱的疵点。织布时，织工坐在座板上，卷布轴用腰带系于腰际。织平纹时，织工一手拿综，提起奇数(或偶数)经纱，形成一个梭口，另一手拿梱，从梭口中穿过，引进纬纱；然后放下综，靠分绞棍形成自然梭口，拿起梱放入梭口，把上一次引进的纬纱打紧，同时穿过梭口引进纬纱……这样无限循环织成布帛。织造时的经纱张力是靠腰际来控制的，织成一段，转动一下樀上的羊角，放出经纱，将织成之布卷在轴上。

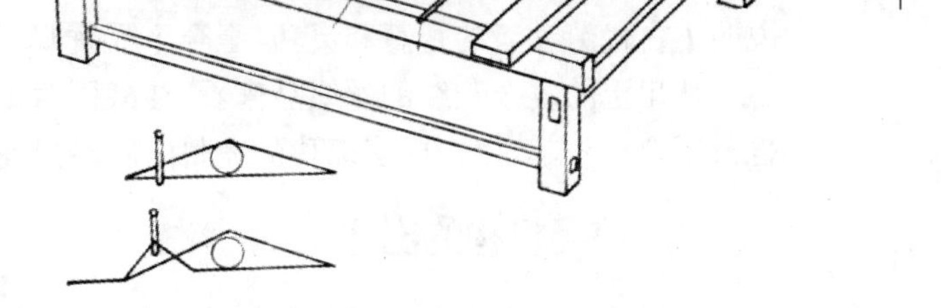

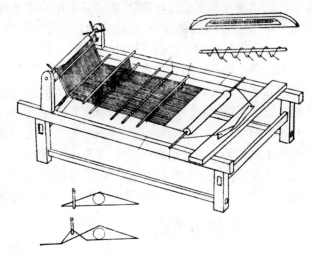

图 1-3-2 鲁机复原图

鲁机在原始腰机织作工具的基础上有了很大的发展，主要是增加了机架、定幅筘、经轴，成为一台比较完整的织机。因在春秋时期，这里没有提到蹑。但据《列子·汤问》中记载，早在战国时期就已用蹑提综了。

我国商周以来的丝织品中，有回纹、畦纹、菱纹和大花纹。在宝鸡茹家庄西周墓出土的菱纹丝织品，花纹循环数达 48 根，因花纹对称，如采用综片织制，需 14 片综。湖北随县战国墓中的大花纹丝织品，纬纱循环达 136 根，需要更多的综片。这种提花方法是由简单的提花和挑花技术逐步发展而来的。这种原始的提花方法，现在我国民间和少数民族地区还能看到。

二、腰机多综提花技术和提花机的出现

腰机提花大概是最原始的提花技术，方法虽然简单，但是非常巧妙，它揭示了提花机按花纹要求以一定程序起花的重要原理。

在我国海南岛的黎族和云南的傣族、景颇族等少数民族中，现在仍然广泛采用这种技术来织造富有民族特色的筒裙、花边和头巾，织出的是几何花纹，纹样复杂多变，颜色鲜艳，对比强烈，是很好的工艺品。商周出土的丝织品的花纹复杂程度与这些少数民族织品相近，所以推测在春秋以前也可能用这种方法来织提花织品。

黎族筒裙由花裙、连接带和腰部三部分缝制而成。腰部为一般色织布，花裙、连接带以提花或挑花织制，裙长与宽度随穿着人的身材而定，其织制工序为整经→织物上机→织地提花→提花起综。这说明当时已具有腰机多综提花技术，这也是早期的提花机。

三、腰机挑花

腰机提花的图案花纹，纬纱循环数是有限的，一般在 30 根以内。在挑花机出现以前，若循环数继续增大，腰机提花就难以胜任。如湖北随县出土的大花纹丝织品，其纬纱循环达 136 根，提花综上机比较复杂，织造起综也比较困难。我国古代有一种挑花技术，在现今的少数民族地区也能看到，花纹循环可达数百根。挑花的生产效率比腰机提花低一些，但是，我国劳动人民在长期的操作中总结出一套规律，从而把一个复杂的过程简单化了，加快了织作速度。

腰机挑花的上机比较简单，织地只采用一片上开口综，综线只吊单数（或双数）经纱，综后有一根分绞棍，把经纱按单、双数分成上、下两层，为了便于挑花，在综后、导纱棍前巧妙地加装了上、下两根分纱片，它们把梭口中的上、下层经纱按一定规律分成上、下两层，即形成四层，其排列规律根据花纹的要求而定。

腰机提花和挑花所用的工具都很原始，但它们为多综和束综提花的出现和发展奠定了基础。这种提花、挑花方法对织工的技术要求很高，从花纹的构思、设计，到织物的上机和制作过程，都需要织工独立完成。我国商周时期出土的一些复杂美丽的几何花纹和鸟兽花纹织品，都说明了古代劳动者的智慧和灵巧，至今令人赞叹不止。

从出土的复杂花纹的丝织品来看，在战国时期，我国劳动人民就把这种提花、挑花方法和鲁机结合在一起，以构成多综片的完整的脚踏提花织机和束综提花机。

四、绞经机构的出现

从出土的绞纱丝织品看，这个时期已经使用简单罗机，就是在带有支架的腰机（如鲁机）上，在织地纹的综片前加 1～2 片起绞装置而成，用于织绞纱织品。在湖南浏阳至今还在使用的传统夏布机中，仍然可以看到这种织机。

起绞装置的机构是在机架的两侧，各吊一根环形的皮条（或绳），在皮条环中各穿一块竹制"冂"形板，每块"冂"形板的两边各有一个小孔，两两对应，吊两根平行的木棍，每一根木棍绕有综绳，供吊综用；前后木棍上的综绳，两根为一组，同时套吊一根经纱，前一综绳从旁边的一根

经纱下面绕过,供起绞用。

起绞综片上的综绳只吊单数(或双数)经纱,当"☐"形板向前滑动时,前吊综木棍下降,综绳放松,后吊综棍上升,把经纱带回正常位置,然后提起织地纹的综片,形成梭口,引纬、打纬。当"☐"形板向后滑动时,后吊综棍下降,综绳放松,前吊综棍上升,提起经纱,经纱从相邻的一根经纱下绕过并提起,呈扭绞状态,形成梭口,引纬、打纬。

两块"☐"形板吊装的两根木棍和上面的综绳组成起绞装置,相当于现代绞纱织机中的半综。这种织机只能织造简单的素罗织物,经纱张力靠织工的腰脊来控制,可能在我国商周时期已经出现类似的最简单的纱罗织机。

第六节 染色技术

如果说染色技术在新石器时代还处于萌芽状态,那么,经过夏商,特别是到了周代,染色已经发展成为一个产业。据《周礼》记载,当时与染色工艺关系密切的官职有七个:征敛植物染料的"掌染草";负责染丝、染帛的"染人";还有"设色之工五",即画、绩、钟、筐、慌五种工师。另外,提供染色加工所需物料的有关官职如"掌蜃""掌炭""职金"等,则更多。这种明确而详细的分工,标志着当时的社会对服装美化以及提高服用性能方面都有了明确、具体的要求,练染工艺已经形成比较完整的体系,印花技术也已经出现。许多出土文物证明,在夏至战国时期,我国人民已能生产各种优美、精细和色彩丰富的丝、麻、毛织品,从而反映了这个时期的染色技术水平。

一、染料

这个时期的染料较以前有所发展,但主要仍是矿物染料和植物染料。

1. 矿物染料

在商周时期,曾利用多种矿物颜料给服装着色,并将这样的方法称为石染。染料品种主要有以下几种:

(1)赤铁矿。又名赭石,主要成分是三氧化二铁,呈暗红色,在自然界分布很广,被利用的历史最早。赭石作为衣服的着色材料,也应该是很早的事,可能因为与其他红色颜料相比,色泽较暗,以后逐渐被淘汰,仅用于囚犯的标识。

(2)朱砂。我国利用朱砂的历史很久远,前面说过,在原始社会的墓地里发现了朱砂。出土的商周时期的染色织物中,用朱砂涂染的实物很多。如故宫博物院收藏的商代玉戈,其正反两面均留有麻布、平纹绢等织物痕迹,并渗有朱砂;北京琉璃河西周早期墓葬中有一个铜器,其上有织物印痕,织物已经完全消失,但印痕上有一层均匀的朱砂,显然是原来涂在织物上的。考古发掘也发现了越来越多的证实朱砂作为染料的例证。

朱砂用于染色,并不限于涂染,也用于浸染丝线而后用于织锦,或用于画绘,在织物上形成图案花纹。我国先秦时代对朱砂的特别眷爱不是偶然的。朱砂的色泽比赭石浓艳得多,且光色牢度好。只是当时的产量低,只有上层人物的服饰才能使用。由于朱砂的重要地位,我国古代匠人在朱砂的制造和提纯方面进行了艰辛的探索,取得了很好的效果。因为一些矿物颜料的色泽,单纯地从其化学成分是不能确定的,它们的粒子分散度也有重要影响。在制作朱砂的过程中，会出现多种红色，上层发黄，下层发暗，中间的朱红色彩最好。陕西茹家庄出土的朱砂恰恰为朱红，说明西周时已成功地掌握了朱砂的制作技术。

（3）空青。为《周礼·秋官》中记载的一种矿物染料，是一种结构疏松的碱式碳酸铜，呈绿色，即铜器表面生成的铜绿。作为矿石即有名的孔雀石，作为颜料又名石绿。空青耐大气作用的性能好，而且有鲜艳活泼的翡翠绿色，在颜料中有重要的地位。另一种碱式碳酸铜矿石是蓝铜矿，呈蓝色，又名石青、大青、扁青，可作蓝色矿物颜料。《山海经》中对石黄、石青、石绿的产地都有记载。

（4）白色矿物染料。夏商周时所用的白色颜料是胡粉和蜃灰。胡粉又名粉锡，即铅白，为碱式碳酸铅，因为调成浆糊状而使用，故名胡粉。我国利用铅的历史悠久，青铜器中有铜铅合金，在商周甚至更早的墓葬中出土过铅的彝器和铅戈。蜃灰是传统的白色涂料，既用于织物，也用于祭祀礼器。白色颜料常用于作画绘的底色或勾边，使花纹绚丽突出，因而地位十分重要。

图 1-3-3　蓝草

2. 植物染料

植物染料，又称染草。植物染料在周代以前已开始应用，到了周代，其在品种和数量上均达到了相当大的规模，并设置了专业的管理部门。《周礼·地官》掌染草：掌以春秋敛染草之物，以权量受之，以待时而颁之。这个时期应用较多的植物染料有以下几种：

（1）靛蓝。靛蓝是应用最早的一种植物染料。传说在夏代，我国已开始种植蓝草（图 1-3-3），并且已经了解它的生长习性。在夏历 5 月，蓼蓝发棵，趁此时分棵栽种。《诗经》中记载了妇女采集蓝草的活动，《尔雅》中也收入了关于蓝草的品种。从这些记载可以确定，我国用蓝草染色很早就开始了。

自然界中含靛蓝的植物很多，蓼蓝仅是其中之一。蓼蓝，为一年生草本植物，蓝草叶中含蓝甙，从中可以提取靛蓝素，是靛系还原染料。将蓝草叶浸入水中发酵，蓝甙水解溶出，即成吲哚酚，然后在空气中氧化缩合成靛蓝。可以推测，蓝草的染色，最初应该是揉染——把蓝草叶和织物揉在一起，揉碎蓝草叶，其液汁就浸透织物；或者把布帛浸在蓝草叶发酵后澄清的溶液里，然后晾在空气中，使吲哚酚转化为靛蓝，这就是鲜叶发酵染色法。由于蓝草叶成熟多在夏秋之际，鲜叶浸染也限制在这段时间里。

靛蓝色泽浓艳，牢度非常好，几千年来一直受到人们的喜爱。我国出土的历代织物和民间流传的色布、花布手工艺品上，都可以看到靛蓝朴素优雅的丰采。

（2）茜草。茜草（图 1-3-4）又作蒨草、茹、茅蒐，是商周时期主要的红色染

图 1-3-4　茜草

料。《诗经》中有多处说到茜草和茜草染成的服装。它为多年生攀援草本,根呈红黄色,其中色素主成分是茜素和茜紫素。春秋两季皆可采收,但秋季挖到的根的质量较好(根粗壮,断面深红色),挖出后晒干储藏,用时切成碎片,用热水抽提。

茜素是媒染性植物染料,染色时,如果不加媒染剂,在丝、毛、麻纤维上只能染得浅黄色。茜素的主要媒染剂是铝盐和铬盐。媒染剂不同,茜素染的颜色也不同,其中以铝媒染剂所得色泽最鲜艳。茜素和明矾对纤维的亲和力低,要染较深的红色,必须反复染几次。在现代的染茜方法中,也认为染色、媒染应往返操作三次。

(3)紫草。紫草(图1-3-5)为多年生草本,每年8月或9月茎叶枯萎时采掘紫草根,根断面呈紫红色,含乙酰紫草宁。紫草宁和茜素相似,不加媒染剂,丝、毛、麻纤维均不着色;与椿木灰、明矾媒染,得紫红色。紫草盛产于齐,"齐桓公好紫服,一国尽服紫。当是时也,五素不得一紫"。由此可见,当时紫草盛产,规模很大,紫绸的价格数倍于素绸,尚供不应求。

到了战国时期,紫草生产基本集中在齐国东部,如《荀子》说东海有紫袪,《管子》也说莱有紫草,莱是古国名,位于山东东部黄县东南。当时的山东人民不仅会染紫,而且精于一般的练和染。

图1-3-5 紫草

春秋以前,应用的黄色植物染料已很多,见之于记载的有荩草、地黄、黄栌等。

(4)荩草。荩草(图1-3-6)为一年生草本,其茎叶中含黄色素,主要成分是荩草素,属黄酮类媒染染料,可直接染毛、丝纤维,以铜盐为媒染剂可得鲜艳的绿色。我国古代有用铜器为染色器皿的,使用铜盐的历史也非常早,荩草染绿可能早已被人熟知,因而荩草原名绿。

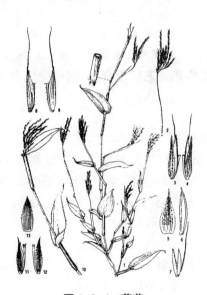

图1-3-6 荩草

图1-3-7 皂斗

(5)皂斗(皁斗)。皂斗(图1-3-7)即栎属树木的果实,是古代主要的黑色植物染料。它多次出现在先秦的典籍中，说明当时已有黑色植物染料。它实际上是柞树的果实。

上面列举的植物染料，是当时应用较多的几个品种，而实际应用的品种更多。推想当初选择植物色素试染时，范围一定相当广泛。随着时间的推移和技术的发展，有些植物染料已失传，有些则因为染色性能不理想，使用一段时间之后，就被新的优秀品种所代替，或完全被淘汰。这也说明，植物染料品种的增减和变迁，是人类认识和利用植物色素不断深入和扩大的结果。

二、染色技术

1. 染色季节性

这个时期的文献记载，染色很注重季节性。一般把染事分成四季，各有主要工序，是周代染色操作的一大特色。《周礼·天官》:"染人，掌染丝帛。凡染，春暴练、夏纁玄、秋染夏、冬献功。掌凡染事。"冬季气温低，在古代手工作坊里，不宜进行练染等湿处理工作。到了春暖花开，首先开展染色的准备工作——练，这些是比较容易理解的。但染色为什么限定在夏秋进行？从古文献分析来看，夏秋染色是经过长期生产积累的经验总结。入夏先染纁玄二色，是社会礼仪的需要，然后染色进入旺季，开始染各种色泽。夏秋气温高，雨水多，有利于染色过程，而且有利于植物染料的提取过程，染草收集后，大都需切碎或研碎，然后以水浸渍、抽提，再行染色。靛青染前尚需发酵。盛夏溽暑，这些过程可能快些。但规定夏秋染色的主要原因很可能和染草的采挖季节有关。

周代采集植物染料的季节性，连带地也规定了染色时期。例如，茜草根应在5—9月挖掘，蓝草叶应在6—7月收割，其他染草的采集大都以秋季为宜。其次，应该注意到有些植物色素在植物体内是很难保存的。以蓝草为例，蓝草叶采集后必须尽快染色或制靛（抽提出色素并保存），耽搁久了，蓝靛会减少甚至自行消失。因此，染色季节性的规定，与采用新鲜植物体的染色工艺是密切相关的。

季节性的染色，和许多社会习俗一样。外表上看，是由当时的社会礼仪制度决定的。而实际上，它们产生的基本原因，是当时的生产方式和技术水平。也许在周代，一些植物色素的提纯和储存技术已经解决，但这种习俗作为一种生产活动规范而被保留下来。到秦汉之际，植物色素的提纯和储存技术问题逐渐解决，此后，有关染色工艺的记载中，就很少规定染色的季节性了。

2. 多次浸染法

商周时期大量应用矿物颜料和植物染料，颜料与纤维并不发生染色的作用，只是物理性的沾染，即使是植物染料，虽然能和丝、麻纤维发生染色反应，但与纤维的亲和力比较低，浸染一次，只有少量染料染在纤维上，着色不深。要染成浓艳的色泽，就必须反复多次浸染。在两次浸染之间，将纤维晾干，后一次浸染时就能吸收更多的染料。以当时大量应用的茜草为例，直到现在，要染成较深的红色，仍然要反复浸染三次。染靛蓝也是如此。现在少数民族地区的土法染靛，浸染一次，放在空气中氧化晾干，再染第二次，一天染二三次，三五天才染成。在现代的印染厂里，染靛已经机械化，但工艺上仍然采用多次提染法。由此可见，周代染匠针对所用染料或颜料的特点，所摸索出的这一套多次浸染的工艺，是相当合理的。

3. 黏合剂的利用

由于颜料对纤维没有亲和力，在现代印染工艺中，为了解决其着色问题，常用黏合剂作为颜料和纤维之间的媒介。这个方法在周代典籍中已经出现,记载最为详细的是《周礼·考工记》:"钟氏染羽,以朱湛丹秫,三月而炽之,淳而渍之。"

使用黏合剂的染色方法,曾用于染丝、画绘等工艺中,对后世的影响很大。很多出土文物证实了这一点,如1974年在长沙发现的战国丝织物"朱条地暗花对龙凤纹锦",采用经二重组织,一组经丝由朱砂染成,和它紧靠在一起的另一组经丝由淡褐色植物染料染成,两组色丝上下交织,彼此之间很少有沾染现象。这证明染朱砂时加了黏合剂,而且黏结得相当牢固。长沙马王堆一号汉墓出土的几件印花敷彩纱,采用朱砂、铝白等几种颜料进行绘画的,也使用了黏合剂。黏合剂的品种并不限于淀粉,而是有很大的发展。

4. 先染和后染

《染人》:"掌染丝、帛……。"染丝,即先染后织;染帛,是先织后染。这是两种工艺流程。染丝,染后色丝织锦,或作为绣线,是高贵的服饰。所谓"士不衣织",就是规定官职低的士不能穿先染后织的织物。由于染丝工艺存在,表明当时已出现有彩色花纹的丝织物。

在我国西北的少数民族地区,很早就出现了先染后织的毛织品。这是我国出土的较早的一批有色毛织物,色彩丰富,显示当时羊毛的染色工艺已有相当好的水平。

从战国时期的织锦的色丝中可以观察到一种很巧妙的工艺——利用两种色泽相近的色丝合并后织入锦中,外观上好像产生了一种新的色彩。湖南省博物馆馆藏的褐地矩纹锦,由黑色和红褐色两组经丝上下交替出现在锦的表面而形成花纹,其中红褐色的经丝由一根红色经丝合并而成(无捻),由于丝缕很细,不用放大镜分辨不出原来的色泽。依靠这种方法,不需要经过复杂的拼色工作,只要在并丝时稍加变化,就能得到近似拼色的效果,所产生的新的色彩的数量可为原来色彩的几倍,大大充实了色谱。这种一举数得的方法显示了我国古代的织匠和染工的创造智慧。

5. 画缋和印花

在周代,给服装施彩的方法中,除上述浸染工艺外,还有一种画的方法,即用调匀的颜料或染料液在织物或服装上杂涂各色,形成图案花纹,古籍上称之为"画缋"。在服装上绘花,是周代帝王贵族服饰的一个特征。直到现在,还有人采用画绘的方法给服装施以花纹。例如,日本的友禅染、海南苗族的蜡染等,就属于画缋。所谓画缋,实际上是局部染色,它必须用不同于浸染的另一种技艺。从周代的画缋图案之复杂、色彩之丰富,可以推测当时用于画绘的颜料液中必定添加了浆料作为增稠剂。否则,由于颜料液体渗化,会导致图案模糊、色彩混杂,就不可能满足上述工艺要求。分析出土的周代绣痕,可看到一个复杂的工艺过程。即先用植物染料将丝绸染成一色,然后用另一色丝线绣花,再用矿石颜料画绘,这就是所谓的"绣画并用""草石并用"。将朱砂、石黄研细,调成黏稠的液体(可能用淀粉、动植物胶为浆料和黏合剂),画绘时,既能把草染地色覆盖,又不渗化,花纹边缘清晰锐利。而且,当时的画工已经知道,图案背景的洁白可以突出花纹、加强效果,因而,必须在上色彩后再画白色花纹加以衬托,即所谓的"绘事后素""素以为绚矣""后素功"。

6. 媒染工艺的采用

所谓媒染,就是利用载体使对纤维没有亲和力的染料色素染上纤维的方法。这种载体称为媒染剂。在周代,由于茜草、紫草的大量应用,可以确认当时已经采用媒染工艺。但是,这方面的古籍记载过于简略,出土文物的分析工作也很少,因此,当时媒染工艺的具体内容以及发展过程,仍然需要进一步探讨。

从矿石的涂染、植物染料的揉染和浸染,发展到茜草、紫草、丹宁用明矾、绿矾媒染成红色、紫色、黑色,可以看出夏至战国时期染色工艺的进化轨迹。以矿石粉末涂染,没有化学变化;植物染料的揉染、浸染,情况稍复杂些;但是,即使是茜草、紫草的媒染,植物本身的颜色和染得的色泽也是相关的,还没有脱离"以红染红、以紫染紫"那种凭直观选择染料的圈子。以"涅染缁"则不同,皂斗、绿矾都不是黑色的,绿矾的溶液也不是黑色的,但是能生成黑色物质。因此,染黑色工艺的成功表明了对植物染料本质认识的深化,不仅使人们认识了从黄、红、紫、蓝、绿直到黑这样一个完整的色谱,而且使人眼界开阔,不受植物物体本身颜色的限制,在更广泛的范围内进行科学实验,找到更多适用的植物染料,从而使我国染色工艺有了光辉灿烂的前景,对后世的技术发展也产生了深远的影响。

三、慌氏练丝和麻的精练

丝、麻等天然纤维在生长、形成过程中,都会混入许多共生物和杂质,因此在进行漂白、染色之前,要设法将它们除去。这个工序名为精练,古代称为"练"或"湅"。《染人》"凡染,春暴练、夏纁玄……",明确地把练和染联系在一起,练是染色之前必需的准备工序。

1. 慌氏练丝

蚕丝从蚕的口中吐出以后,外围包着丝胶的两根丝素并成一根丝条(即茧丝),在缫丝时,一部分丝胶溶解在水里,但大部分保留下来,这就是生丝。经过精练,把丝胶和其他杂质除去,才成熟丝。丝和丝绸必须经过精练,它们各种优美的品质和风格,如珠宝的光泽、柔软的手感、丰满的悬垂态以及特有的丝鸣,才能显露出来,才能染成鲜艳的色泽。因而,就整个丝绸加工工艺的发展来说,周代对精练工艺的掌握是一个巨大的技术成就。它标志着当时丝绸的外观和内在质量都已达到相当高的水平。《仪礼》《礼记》和《周礼》中,多次出现"练"字,它有时代表熟帛,有时是服装,有时是祭名。这种涵义广泛引申的现象,可以推想当时应用精练技术已经相当普遍。在古代,一个较完整的技术过程需要多代的匠人长期艰苦的探索才能形成。因此,我们有理由推断,比周代更早的时候,我国就开始进行丝绸精练。

关于练丝,《考工记》记载:"慌氏。湅丝,以涗(音税)水沤其丝,七日。去地尺暴之。昼暴诸日,夜宿诸井,七日七夜,是谓水湅。"这是我国关于练丝工艺的最早记载。

后人对它有许多解释和考证,说法不一。"涗水",东汉人郑众认为是温水,稍后的郑玄认为是灰水,我们认为它可能是和了灰汁的温水。"沤"即长时间浸渍。草木灰中含碳酸钾,它的浸出液——灰汁是碱性的,古时用以练丝和洗濯衣服,用量颇大。据《周礼》记载,当时有征集草木灰的专职官员。《周礼·掌炭》:"掌灰物、炭物之征令,以时入之。"(汉)郑玄注:"灰炭皆山泽之农所出也,灰给澣练。"灰水练丝是利用丝胶在碱性溶液中易于水解、溶解的性能进行脱胶精练。直到现代,极大部分的丝的精练还是用碱性药剂。

"去地尺暴之"是日光脱胶漂白工艺,特意注明了暴晒的条件是丝与地面相距一尺(去地尺)。现在看来,大概是因为地面的风速小,日光暴晒时,蚕丝在较长时间内保持湿润状态,会加快光化分解作用;同时,在阳光和空气的作用下,丝胶吸收紫外光,发生氧化作用而降解,部分色素也会分解,而水的存在会加速这种分解的速度。

"昼暴诸日,夜宿诸井,七日七夜,是谓水湅",这意味着日光暴晒和水浸脱胶交替进行。每天夜里将丝悬挂在井水里,这种办法是非常合理的,它使精练的丝帛既不浮于水面,又不沉堆于井底,而是悬在井水中央,丝帛各部分能充分地与水接触,练的效果就十分均匀。目前很多工厂还在采用这种形式,将丝帛悬挂在溶液里进行精练,称之为"挂练法"。白天光化分解的产物会溶解在井水里。在井内浸泡,浴比大,有利于丝胶和其他杂质的溶解。《染人》记载"春暴练",《慌氏》又记载"去地尺",这相对地说明了暴晒时日光的强度、角度、气温。在这样的条件下,根据实际经验确定另一个工艺参数——时间:七日七夜。关于练丝的时间有两种解释,(清)戴震《考工记图》:"凡涑丝涑帛,灰涑水涑各七日。"另有人认为慌氏练丝,每天浸灰水、晒干、悬在井里浸洗,反复浸晒七日七夜。

关于练绸,《慌氏》记载了另一套操作流程:"涑帛,以栏为灰,渥淳其帛,实诸泽器,淫之以蜃,清其灰而盈之,而挥之,而沃之,而盈之,而涂之,而宿之,明日沃而盈之。昼暴诸日,夜宿诸井,七日七夜,是谓水涑。"

意思是将丝绸在浓厚的栋叶灰汁里浸透,放入光滑的容器内,以大量蚌壳灰水浸泡,然后让浸渍液中的污物沉淀,将丝绸取出脱水,而后涂上蚌壳灰,静置过夜,第二天再在丝绸上浇水、脱水,然后进行七日七夜的水练。利用丝胶在碱性溶液中有较大的溶解度,先用较浓的碱性溶液(栋灰水)使丝胶充分膨润、溶解,然后用大量较稀的碱液(蜃灰水)把丝胶洗去。这种灰水练绸的工艺,国内外沿用了几千年。

练丝、练帛所用的灰、蜃都是含碱物质。蜃是蚌蛤之属,贝壳内含碳酸钙,煅烧之后,即成氧化钙。直到近代,我国东南沿海地区仍以蛎房烧练矿灰,它的浸出液也是碱性的。灰蜃共用,碳酸钾遇氧化钙即生成碳酸钙沉淀。要挥之而去的污物,其中包括此物。钾盐溶液的渗透性比钙盐好,这就是练帛时先用栋叶灰、后用蜃灰的道理。

对于练丝、练帛这两种工艺,《慌氏》原文中并没有截然分开,对于某些品种的丝和帛,很可能是串联使用的。如果串联使用,水练就兼有精练和精练后水洗的双重作用,因为井水里有历次浸泡的碱、丝胶、丝胶分解物以及其他杂质,因而滋生微生物。据现代研究工业利用微生物的文献介绍,具有形成蛋白分解酶能力的微生物为数众多,常常是种类极不同的微生物,却能同样地分泌大量的蛋白分解酶,它们最合适的 pH 值,有些是中性的,有些是微碱性的,这很近似于水练时井水的 pH 值,因而井水里很可能有这类微生物在活动。于是"昼暴诸日,夜宿诸井"成为碱练丝、酶练丝、日光脱胶的综合过程。井水中丝胶分解物的存在,能缓和碱的作用;而井水中碱的存在,能缓和日光对丝素的破坏作用,减少暴晒过程中丝纤维强力的损失。这是非常科学的。

从一些出土文物来看,商周时期确已进行精练,并且在技术上不断取得进展;而且,当时已经掌握了控制精练深度的技巧,并且能够按照丝织品的用途和质量要求,施以不同程度的精练。

2. 麻纤维的精练

与丝比较,麻的精练情况又不相同。从麻茎取得纤维,先要经过剥皮、刮青、沤麻等工序。这些工序的安排次序,又因麻的品种而异。但是,不论是哪一种麻,在成纱、成缕、成织物之后,还需要进一步脱胶,古时称之为"治",即现在的精练。目的在于使纱缕更为纤细、洁白、柔软,以织成精细的织物,提高服用性能。精练的方法,一般是水洗、化学药剂煮练和机械作用交叉处理。在各种处理中,碱煮是最重要的一环。

商代时期麻缕、麻布的精练,并没有像练丝、练帛那样有详细的记载而流传下来。但是,我们可以从丧服的记载中考察出当时麻精练的技术水平。

《仪礼》中关于丧服的叙述最为详细。服丧都要穿麻布,哀痛愈深,穿的麻布愈粗。《仪礼·丧服》根据服丧者与死者血统的亲戚、长幼、地位的尊卑等,将丧服定为"五服",即斩衰、齐衰、大功、小功、缌麻,其中大功、小功、缌麻合称功服,这意味着斩衰、齐衰是不经精练加工的,从大功开始才进行精练加工。

在奴隶社会的晚期,苎麻织物的精练技术已经具备现代练麻工艺的雏形,基本上达到了练麻工艺的目的。在周代,贵族的朝服中也有麻衣,这些麻衣是经过精练或者施以鲜明色彩的,因而在当时是一种奢华的服饰。《诗经》中曾有"麻衣如雪"的描述,证明已有漂白麻布出现。至于漂白的方法,可能是水洗和日晒交替进行的日光漂白法。《巟氏》中曾有"昼暴诸日,夜宿诸井"的记载,看来这种方法在当时也可能用于练麻。

第七节▶纺织品与服饰

由于手工纺织品的生产技术得到了迅速提高,这个时期的纺织品质地精细、品种繁多,织物组织也日趋复杂。各类织品中,以丝织品最为突出,葛、麻、毛织物也有发展。

一、丝织品

丝织品的大量出现是这个时期的纺织品生产的一大特点。丝绸生产在殷商的经济生活中无疑占据着一定的地位,在殷墟和其他商代遗址中,出土的丝织品印痕和残片很多,殷墟甲骨文中出现的桑、蚕、帛等与纺织品有关的字有 100 多个。这个时期非常重视丝织品的品种,生产的丝织品丰富多彩、名目繁多,并且已能按照织品的粗细、厚薄、疏密、织纹和生熟来分类名。文献中出现的有绡、纱、纺、縠、缟、纨、绨、罗、绮、锦等许多品种。

(1)绡。轻薄的平纹生丝织物,质地坚脆,其特点是轻、薄、疏。《周礼》郑注:"绡又为生丝则质坚脆矣,此绡之本质也。"

(2)纱。采用平纹织物,织物外观有明显的方孔,比绡更轻,所用丝线更细,大概可以算最轻、最薄的丝织品。

绡和纱这两种丝织物所用的丝线纤细,织造难度大,产量低,只有能工巧匠才能织造。

(3)纺。轻薄类似纱的生丝平纹织物,但经纬丝较粗,经过并丝工序,比纱紧实。

(4)縠。平纹的熟丝织品,其表面有纱一样的方孔,同时有细致均匀的鳞形绉纹。表面要达到这样的外观效果,经纬必须加强捻且捻向相反。织物形成后,纱线间保持有一定的空隙,经过煮练加工,经纬线内部存在应力,促使其退捻,从而引起收缩弯曲,织物表面显示绉纹。

(5)缟。细密素白的生丝平纹织物,一般经纬密相差不大,从出土的平纹丝织品来看,经密为 20~45 根/厘米,纬密为 20~40 根/厘米。

(6)纨。细腻有光泽的素白丝织品,高级的纨称为冰纨。

(7)绨。厚实有光泽的平纹染色丝织品,颜色有多种,其中以绿色为多。这种丝织品的经纬丝较粗,纬丝更粗一些,丝线采用并丝工序,织成后经过练和染,织品紧密光洁。

(8)罗。采用绞经组织,织物表面有纱一样的方孔,又称纱罗。有花纹的称为花罗,无花纹的称为素罗。花罗的名称以花纹命名;素罗以绞经数命名,两根经纱相绞称二经绞罗,三根经纱相绞称为三经绞罗等。

(9)绮。通过织纹的变化,在平纹地上起斜纹花。汉人刘熙《释名》中有关于绮的解释。

绮多为素织，织后染色，也有彩色相间织制的，是终幅，颜色一般不多于两种，不过后世发展了七彩绮。

（10）锦。以彩色丝织成的有花纹的织品，彩纹并茂，华丽多姿，是最为精巧复杂的丝织品之一。锦和绮虽然都有花纹，但锦是以彩色丝织成，颜色多于三色；绮则织之以素，也有彩色相间织制，横贯全幅，不过到战国时期，颜色不超过二色。从锦的出土文物来看，都采用了复杂组织。

纺织品的名称是有技术含义的。它代表织物的组织结构、织造工艺、产品的风格和用途。对这个时期开始出现的这些丝织品的名称，汉代以后的人曾做过许多注释。我们把古人的注释和出土文物结合起来，就能了解当时这些织品所达到的水平。

二、葛和麻织品

这个时期的葛、麻织品的生产相当广泛，成为广大劳动人民的主要衣料。当时由于商品交换的需要和官方手工业的形成，对葛、麻织品的质量提出了一定的要求，到周代已规定衡量质量的标准。周代以来的葛、麻织品统称为布。

1. 葛织物

周代的葛织物的生产可能占据很重要的地位，为当时的人们所喜爱。《诗经》里有很多关于葛的描写。葛纤维与麻纤维一样，有良好的吸湿、散湿性。葛织物挺括、凉爽、舒适，是很好的夏季衣料。

2. 苘麻织品

这种织品的纤维较粗，不如其他麻料坚韧，织品也比较粗俗，除了制作禅衣，还用于丧服，后来逐渐用作绳索之类的物品。

3. 枲织品

这个时期，除了葛织品，生产最多的大概是汉麻织品。先秦称麻多指汉麻。由于汉麻对气候的适应性比葛强，葛织品可能逐渐被汉麻织品所取代。与葛织品一样，由于汉麻的沤渍、绩缉、织作技术比较成熟，其织品能做到洁白细薄。出土的文物说明我国南方和北方在这个时期都有汉麻的生产。

4. 苎麻织品

苎麻纤维洁白、纤细、强韧、柔软，因而苎麻织品的质量在所有的麻织品中为最好。我国是苎麻的原产地，在苎麻纤维的利用和织品的生产方面，积累了极其丰富的经验。我国的夏布很早就闻名于世界。

福建武夷山船棺、陕西宝鸡鸡西高泉一号墓、长沙战国墓等都出土了苎麻织物。

三、毛织品

毛织品在我国北部和西部的少数民族的经济生活中占有重要地位。我国中原一带，当时也生产毛纺织品。这个时期，人们不仅利用毛纤维进行纺纱织布，而且掌握了毛纤维的缩绒性，有了成熟的制毡技术。制毡技术大概是古代劳动人民用毛铺垫，潮湿后挤压引起缩绒而逐步发展起来的。制毡技术，用现代术语说，是一种无纺织布技术。从这个意义上，毡是世界上出现最早的无纺织布。

四、织物的组织和结构

纺织品的组织与结构是决定织品花色品种和外观风格的重要因素,织物组织的复杂程度又是织造技术水平高低的重要标志。从前所述的出土文物中,可以看到我国纺织品的组织在商周时期有重大发展,这个时期已不是原始社会那种简单的平纹和原始纱罗,而是出现了斜纹、平纹和斜纹的变化组织、联合组织、绞纱组织,更重要的是出现了经二重和纬二重、大提花等复杂组织。公元前 1000 多年就出现这样完整和复杂的组织,不能不说是我国织造技术的重大成就。

1. 平纹组织及平纹变化组织

平纹是最基本最简单的织物组织,由两根经纱和两根纬纱交叉组成一个完整组织。这种组织织法简单,交织点多,结构紧密,织物坚牢平整。我国在新石器时代就开始采用这种组织,到商周时期,这种组织在结构上有了很大的发展。我国劳动人民在平纹织物设计上表现出了很高的工艺水平,通过纱支、密度、捻度的变化来改变织物的结构,制成各种风格与质地的平纹组织织物。古文献中记载了纨、绡、缟、纱等十几种,出土文物也证明这种组织在这个时代的存在。

2. 斜纹组织及斜纹变化组织

我国商代就出现了斜纹组织的织物。这种组织的特点是交织点连续而形成斜向纹路,最少由三根经(纬)纱组成一个完全组织。斜纹的浮长线比平纹长,花纹突出,富有光泽。从现有出土文物看,我国这个时期的斜纹组织,不是在织品中单独出现,而是出现在回纹、云纹、绫纹的几何图案中,同时以变化的斜纹出现。

3. 复杂组织

在出土的文物中,还出现了经二重组织(图 1-3-8)、纬二重组织(图 1-3-9)、三重经组织。它们属于复杂组织,分别由两组经纱和一组纬纱、一组经纱和两组纬纱、三组经纱和两组纬纱交织而成。这种组织的出现标志着我国周代在织物组织的运用上有了重大的突破,由简单组织、变化组织跨入了复杂组织的行列,为我国古代织物组织的发展奠定了基础。

表经　里经

图 1-3-8　经二重组织

4. 绞纱组织

由平行的纬纱与扭绞经纱(绞经和地经)形成织物的组织。扭绞处的纬纱间有较大的空隙,称为“纱孔”,所以又称为纱罗组织。纱罗组织由于经纱扭绞,纬纱位置固定,组织虽疏稀,但纱不易滑动。纱罗的品种很多,织造技术复杂。我国夏代以前已出现原始的纱罗织物,商周时期出现了绞纱丝织品。纱罗组织应用于纤细的丝织品,是一个巨大的进步。

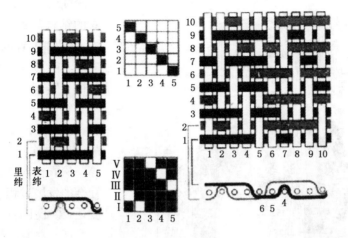

图 1-3-9　纬二重组织

五、服饰

商周时期在中国服装史上是一个十分重要的时期,此时建立的奴隶制对全社会的思想和行为都有严格的规范作用,服饰也从此成为礼制的一部分,对中国服饰文化的发展产生了重要的影响,《周礼》中的冕服制度是中国封建社会各个重要时期的服饰制度的基础。

这一时期的服饰观念主要体现为服饰的象征性和等级制。奴隶社会的统治者将原始社会形成的一些信仰对象明朗化,并与政治紧密结合,在服饰上体现出对自然和祖先的崇拜,形成具有强烈的象征意义和装饰风格的符号元素,界定严格的使用原则,如冕服上的"十二章纹样"。奴隶社会的政治制度以"礼"为核心,它在规范全社会行为的同时,也制约了人们的思想,形成尊卑有序的社会面貌,服饰作为人的外观也就有了等级之分。阴阳五行思想在这一时期已经深刻地影响人们的宇宙观,服装上出现了固定的颜色搭配和特定的象征意义,如五行分别对应五种颜色,即正色,相克之间的颜色调和成间色,上衣代表天,使用正色;下裳代表地,使用间色等规范。

《周礼》中的服饰制度也称冠服制度,冠服一般理解为根据帽子的不同而命名的各类服装的总称,主要包括冕服、弁服、玄端、深衣、六服、裘服、丧服的规定。

(1)冕服。它是《周礼》中最高等级的服饰,是天子、诸侯、大夫上朝和参加重大活动时穿的服装,采用上衣下裳制,由冕、上衣、带、下裳、蔽膝、舄、佩绶等构成,如图 1-3-10 所示。根据典礼的重要程度,冕服可以分为六种:大裘冕、衮冕、鷩冕、毳冕、絺冕、玄冕。

(2)弁服。它是较冕服次一等级的服饰,弁仅次于冕的礼帽,弁服是天子、诸侯平常视朝之服,无章彩、纹饰,由首服、上衣、下裳组成。

(3)玄端。它是一种较为普通的礼服,是自天子至士大夫皆可穿的上衣。通常的穿用场合包括天子平时燕居、诸侯祭祀宗庙、士大夫早上入庙或叩见父母等。玄端衣袂和衣长约0.73米(2.2尺),正幅正裁,玄色无纹饰。诸侯玄端素裳,上士亦配素裳,中士配黄裳,下士配前玄后黄的杂裳。

(4)深衣。这是春秋战国之际出现的一种上下分裁但在缝制上连属在一起的服装,用途广泛,是周代最有使用价值的服装,被用作礼服和常服,在这一时期十分盛行。诸侯、大夫及士人除朝祭之外，一般都穿深衣。深衣的结构具有象征性，《礼记·深衣》记载"古者深衣，盖有制度，以应规、矩、绳、权、衡，短毋见肤，长勿被土"。深衣上下分裁，上为衣，下为裳，代表上衣下裳制，裳十二幅，应一年十二月之意，袂圆象征规、交领如矩、背缝垂直象征绳等等。深衣在奴隶社会定制，在封建社会的发展过程中，结构逐渐发生变化，象征性弱化，实用性增强。

（5）六服。与冕服相对应，是贵族女子服饰，即袆衣、揄翟、阙翟、鞠衣、展衣、褖衣，采用上下通裁的袍制，喻意女子德贵专一。

（6）裘服。商周时期人们已掌握制造熟皮的方法，可将兽皮制成柔软的裘服。周代礼服制度中，对裘服的穿着是根据皮质和颜色来划分等级的。天子的大裘以黑羔皮制成，天子穿的狐皮裘是狐裘中最珍贵的；诸侯、士大夫穿狐青裘、狐黄裘；庶民只能穿犬羊裘，不加罩衣。

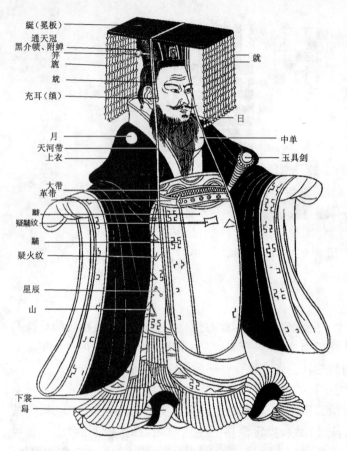

图 1-3-10 《周礼》男子服饰图

（标注文字）縅（冕板）、通天冠、黑介帻、附蝉、笄、旒、就、充耳（瑱）、月、天河带、上衣、大带、革带、麟、疑黼纹、黼、疑火纹、星辰、山、下裳、舄、就、日、中单、玉具剑

（7）丧服。也叫衰。周代根据逝者的身份和亲属关系，给吊丧者制定了五种丧服，以标志等级和亲疏，称为五服，即斩衰、齐衰、大功、小功、缌麻。丧服以麻制成，不缝边、不辑缝，以表示对死者的哀痛。

总的来说，无论是礼制中的服饰，还是平时所穿的衣服，从形制上基本可以分为两类，一种是上衣下裳制，另一种是上下连属制。上衣下裳制中的上衣主要包括短上衣、长上衣。短上衣主要指襦，襦的本意是短小，襦有的长至膝以上，有的短至腰。袍是襦的加长，即长上衣，长至足背，内有棉絮，双层无絮为袷，单层为禅。早期文献中记载，中间有旧棉絮的称袍，新棉絮的称纩，但后来袍泛指长衣。裳类似裙子，围裹式，是最早的服装，可追溯至服饰起源，主要功能是蔽体。裳是商周时期男子成人所穿的较正式的下衣。除裳以外，还有类似裤子的下衣，如"袴"。袴原指胫衣，即为只有两条裤腿的裤套，开裆的为"穷袴"，合裆的称"裈"。上下连属形制的主要指深衣。

在奴隶社会形成的一些社会风俗中，也有很多与服饰相关。如成人礼中，男子20始冠，周代男子20岁以前称为幼，20岁时称为弱。这是一个很严格的界限。在这之前，男子的很多行为都会受到限制，如不能穿丝帛和皮衣、不能驾车等。行冠礼后就表示成人了。相对而言，女子15岁是待嫁年龄，要行笄礼，即把头发束起来。在婚俗中，也规定了聘礼的规格，如赠俪皮和束帛，俪和束都是计量单位，俪表示一对，束约为5匹共66.67米（200尺）。

商周时期的典型的服饰形象可以参考一些考古证据,如河南安阳妇好墓出土的人俑、四川广汉三星堆出土的青铜人像等等。总之,钟鸣鼎食的青铜文化,决定了这是一个礼制的时代,服饰的重要的社会功能就是划分社会等级,体现人们的信仰和观念。这如同万丈高楼的地基,它决定了中国古代社会服饰的发展方向。

战国时期,楚国地域在七国中的势力最大,形成以湖南、湖北、河南、安徽等地为中心的浓郁的楚文化,其浪漫主义风格是楚文化的缩影。从一些重要的考古发现,如湖北江陵马砖一号墓和湖南长沙陈家大山楚墓,可以看到战国时期完整的服饰,其中最有代表性的就是"楚袍",有直裾和曲裾两种,符合《周礼》中深衣的上下分裁的形制,但在细节上却没有更多的礼制特征,已经向实用性发展。曲裾袍最典型的是战国墓帛画中的人物形象,而直裾袍的实物有很多,主要结构如图 1-3-11 所示。

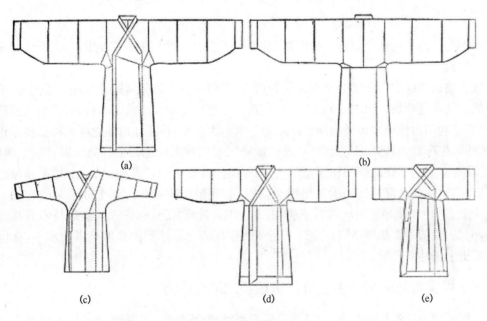

(a)　　　　　　　　　　　　　(b)

(c)　　　　　　　(d)　　　　　　　(e)

图 1-3-11　绵袍与单衣

(a) 小菱形纹锦面绵袍正面　 (b) 小菱形纹锦面绵袍背面　 (c) 素纱绵袍

(d) 一凤一龙粗绒纹绣紫红绢单衣　 (e) 凤鸟花卉纹绣淡黄绢面绵袍

第四章 手工机器纺织发展时期

第一节▶纺织技术发展概况

自秦汉至清代的整个封建社会时期,是利用手工机器纺织的繁荣时期。这个时期又可分为两个阶段。

宋以前以纺织生产技术的全面发展为特征,纺织染整工艺和所用工具进一步完善,织物的三原组织及其变化均已出现,经显花向纬显花的过渡已经完成。南宋以后,随着商品经济的发展,出现了利用自然动力运转的纺纱机器——水力大纺车;棉花在内陆地区的种植技术得到突破,棉纺织生产勃兴;纺织工艺和产品进一步向艺术化和大众化两个方向发展;缂丝、织绒、织金、妆花等富于艺术性的产品和紫花布、毛青布类的大众化的产品相继盛行,品种和花色越来越丰富多彩。在明、清两代的手工纺织全盛时期,我国纺织生产达到十分繁荣的程度。虽然18世纪以后,由于出现了近代机器工业,西方纺织业进行"工业革命",其纺织技术直接超过了我国,但是,我国手工机器纺织在生产工艺和制作技巧上所达到的高度精湛的水平,在世界纺织技术史上仍独具异彩。

一、秦汉至隋唐期间手工机器纺织技术的全面发展

战国时期,各诸侯国的工商业迅速发展。当时,群雄争霸,各民族、各地区间的社会经济和文化交流日益频繁,竞争激烈。百家争鸣,思想活跃,科学技术发展迅速。秦始皇统一全国,采取了统一文字、度量衡和车轨等措施,为社会生产力和科学技术的发展提供了有利条件。

纺织、机械、冶金、建筑、造船、造纸等技术均有重大进步。秦汉时,我国丝、麻、毛纺织技术都已达到很高的水平。在工具方面,缫车、纺车、络纱、整经、多综多蹑织机机构已相当完善,束综提花机已经产生。在产品方面,长沙马王堆汉墓出土的大量精美丝、麻纺织品,轻薄的素纱禅衣和厚重的绒圈棉,突出地反映了汉初的缫、纺、织、染技术,丝织物应用了当时流行的12~18种几何图案,品种包括纱、罗、绮、锦,花色齐全,总经根数达到一万根以上,采用有双经轴的织机。在印染方面,巧妙地使用了矿物和植物染料的套染和媒染技术,还出现了多色套版印花的"泥金银印花纱"。长沙马王堆一号汉墓出土的细麻布相当于21~23升,经密32~38根/厘米,其中一块有灰色金属极光,说明经过一定的研光整理。

秦汉之际,陆路西通西亚,海路东通日本,南通东南亚、阿拉伯。在纺织技术与纺织品交流方面,著名的"丝绸之路"将我国精美的纺织产品传播到了欧洲。

魏晋南北朝时期,门阀豪强统治加上多次战争,使经济和科技发展缓慢。但民族的迁徙和

交流以及拓跋魏实行均田制等因素,对活跃科技思想和发展经济具有促进作用,学术上出现了不少名著,如北魏贾思勰的《齐民要术》系统地总结了劳动人民的经验,对农学和蚕桑技术的整理做出了贡献。这个时期,我国与日本和东南亚继续进行广泛的纺织技术交流和贸易。

隋唐时期,我国的封建社会经济空前繁荣。长期统一稳定的局面,加上大运河的开凿,促进了南北的经济文化交流。在唐代,我国纺织技术更有提高,出现了变化斜纹组织向正规的缎纹组织等的过渡,织物结构上的三原组织(平纹、斜纹、缎纹)至此已臻完善;纬显花的织物大量出现,证明束综提花机已经相当完善而且普及;"丝绸之路"上的出土文物和日本保存至今的大量唐代纺织文物,是当时高度技术水平的物证。

隋唐时,我国与日本及西亚等地区的纺织技术交流更多。史料记载公元 6 世纪时,波斯使者来我国学习丝织技术,并带回我国的优良蚕种。我国蚕桑还传到阿拉伯和拜占庭。《隋书·何稠传》记载,何稠曾经奉命仿制波斯的丝织品。《日本纺织技术之历史》记载,隋唐时镂空版印花技术传入日本。《万叶染色之研究》记载,栎木灰作媒染剂也在唐代传入日本。杜佑《通典》记载,唐时工匠吕礼等去大食、亚具罗(今伊拉克)传授丝织技术。脚踏织机也在公元 6 世纪时传入欧洲。

二、宋元到明清期间手工机器纺织技术的新发展

宋元到明清,棉纺织业勃兴。宋朝以后,农业、手工业、商业都有显著的发展。在纺织方面,一方面继承和发展了前代的纺织技术,另一方面又出现了划时代的纺织新技术——水力大纺车。这种多锭捻线机采用东汉时已发展起来的水车技术,利用流水作为动力,它每天可捻纱50公斤。大纺车的出现,证明宋代工厂的手工纺织业的发展。可惜,由于它只适应集中性的工厂手工业的需要,并不适合个体手工业户,且水力资源没有普遍性,因此,这种动力的利用未能推广到其他类型的纺织机器上。到明代,水力大纺车已逐步消失。

随着江南地区的逐步开发,南方经济渐渐超过北方。宋以后,全国经济中心移到长江中下游一带。四川盆地和长江三角洲成为丝绸手工业发达地区,麻纺织业则集中在成都府路和广南西路。北宋的麻布产量也比唐代时大有增加。

北宋时,棉花种植区域还局限于气候较暖的两广和福建。南宋后期,棉花栽培区域迅速扩大,越过南岭山脉和东南丘陵,向长江和淮河流域推进。同时,新疆的棉花逐渐东移入陕。随着植棉技术的突破和赶弹工具的改进,开始出现了以棉纱织布的棉织业。纺织原料的构成,从元代开始发生了根本性的变化,棉花逐步取代了麻作为大众衣着原料的地位。棉织业勃兴,一发而不可收,直到近现代都是如此。

明、清两代,工商业和城市经济的发展十分显著,纺织、冶炼、制瓷、造纸、印刷、造船等手工业都很发达。有些地方已成为纺织业的专业地区,如江南嘉兴、湖州地区的丝绸织花技术超过全国的其他地区,松江是棉布织造业的中心,芜湖则是浆染业的大本营。在这个时期,科学技术也有发展,《本草纲目》《农政全书》《天工开物》《木棉谱》等著作系统地总结了农业、手工业与医药学、生物学的成就,对纺织技术也进行了全面的论述。

从宋元到明清,纺织技术更趋高超。起源于汉代以前的缂丝、元代的织金、明代的织绒,都成了独具特色的工艺美术品。这种传统产品,至今深受全国人民的喜爱。纺织生产工具也更臻完善,束综提花与多综多蹑相结合的提花机、多锭大纺车以及后期出现的多锭纺纱车,这些机器在动力机器普及之前可以说都达到了技术的高峰。

这个时期的织品,可以福州南宋墓出土的大量丝织物、浙江出土的宋代棉毯、明定陵出土的丝织物和故宫保存的大量丝织物为代表。福州南宋黄昇墓出土了许多种轻薄的罗,一件素纱禅衣的质量仅为马王堆汉墓出土的一件同类织品的1/3。兰溪宋代棉毯为阔幅起绒棉织物,证明宋代时重型阔幅棉织机的存在。高度艺术化的缂丝从宋代开始流行。明定陵出土的帝王服装极为精美,有的用孔雀羽捻丝线作纹饰。故宫博物院的藏品中有上万匹明、清两代帝王库存的珍贵纺织品。这些产品标志了这个时期纺织品的组织多样化和工艺技术的高度成熟。

宋、元两代,海上交通发达,东西向的交通更为频繁,促进了东西方文化的交流。我国凸版和镂空印花技术均于元代传入欧洲。宋代时期,日本来我国学习织造技术的人员回国后,在博多开设工厂,使"博多织"闻名于日本。明代郑和七下南洋,中外交流更多。我国弹花弓于15世纪传入日本。《新疆图志》记载,清康熙时,新疆所产工艺美术织毯输往欧洲,和田地毯也出口到阿富汗、印度等国。1875年,美国从我国浙江将汉麻移植过去。明清两代,西洋的许多纺织品也大量传入我国,纺织原料、染料也有引进。

西方在18世纪中叶发明了用机件代替手工进行牵伸的纺织机。此后,在纺纱机械方面,我国开始落后。但是,西方在开始使用动力机械的100年中,其产品质量,只就棉布来说,并未达到我国手工业产品的水平。19世纪的头30年中,我国"土布"输往西方的量,比西方"洋布"输入我国的更多,特别是质量十分优美的我国传统产品——丝绸。西方在18世纪末才发明纹版提花丝织机,开始了机械式程序控制。到19世纪中叶,西方势力大举入侵,我国的传统纺织技术受到全面的压抑。

三、秦汉至清末的纺织生产形态

在长期的封建社会里,我国的纺织生产随着不断的发展,逐步形成了三种形态,即分散而普遍的农村副业、城镇独立手工业和集中而强大的官办手工业。

1. 农村副业

自秦汉至清末,为了向官府纳税、自用或作为商品去交换其他必需品,我国广大农村一直是男耕女织、自给为主的小农经济。纺织生产作为主要的农村副业,一直延续了2 000多年。《史记》记载,西汉时的特产中有山西(今黄河流域西部)的绨布和毛布、山东(今黄河流域西部)的桑麻布和帛及龙门碣石以北(今长城一带)的毛褐和毡等。《汉书》记载,汉武帝时,一年之中,诸均输帛500万匹;封禅泰山,路上赏赐用帛百余万匹。这两条史料,一条说明由于各地资源、生产技术条件和消费习惯不同,各地都有代表自己特色的纺织品生产;另一条说明通过租税和均输,被集中到官府手中的纺织品数量已经很大。虽然帝王赏赐,有一部分来自官办手工业,但主要是靠"布缕之征"取之于民的。东汉的《四民月令》记录了关于农村蚕桑丝织生产规范日程,证明当时纺织作为农村副业生产已很有规律。

魏晋南北朝时,有19个州生产绢、丝、绵,27个州生产麻布。统治阶级要农民缴纳纺织品,制定了明确的制度。从唐朝赋税中,反映蚕桑生产有100多个州郡,遍布于10个道。各州的纺织品还按质量划分等级。宋代国用军需加上向北方辽、金等朝赠送,均需大量的纺织品。各路以绢充税的,多达341万匹。另外上贡的有287万余匹。元统一北方后,至元十年就颁布了《农桑辑要》一书,其中号召推广种植木棉。在木棉种植的推广过程中,棉纺织技术也以少数民族的纺棉和汉族的缂丝、织绸、纺麻经验相交融为基础而发展到了新的水平。公元1314年出版的《农书》记载，当时已有木棍轧棉机(搅车)、脚踏三锭纺车(木棉纺车)等在当时比较先进的手工机器，还有了经纱上浆工艺和掌握温湿度的方法。

明代的蚕桑业、麻棉业有了进一步的发展。明代时，江南是全国丝织生产的中心地区。当时的租税已有折银的制度，但洪武、弘治、万历三代每年征收的绢仍有 20 多万匹。明代的棉花生产遍及全国。明代宫廷的消费、边臣的赏赐，每年消费棉布不少于 50～60 万匹。边卫军士的饷给、司府州县官吏的俸赏，需量极为庞大。如果连同每年"上贡""公用"诸种消费一并计算，明官府需要的棉布大约为 1 500～2 000 万匹。可见农村的棉纺织副业面广量大。

清初采取了一些恢复生产的积极措施。康熙十年(1671 年)，数令督抚"严饬有司，加意督课，勿误农时，勿废桑麻"；三十五年，康熙为 23 幅耕织图写了序文，每幅题诗，颁发全国；四十六年"令五亩田种桑二株，百亩种桑四十棵"。雍正二年(1724 年)令："舍旁田畔，以及荒山旷野，度量择宜，种植树木、桑柘可以饲蚕。"清初，棉布也有大量出口，在 18 世纪到 19 世纪 30 年代，有许多棉布出口到西洋。当时，棉纺织工业尚未发达的美国，是中国土布的一个最大的主顾。美国商人还把中国土布转销到中、南美州和西欧。

几百年来，我们的纺织生产的很大一部分是用脚踏纺车，甚至用手摇单锭纺车和手投梭织机，一家一户地分散进行的，分布极其广泛而普遍。虽然农民本身的生产水平很低，但是集中到官府和商业资本家手中的纺织品，从全国来看，总规模和产量很大。和粮食一样，布帛是封建经济的最主要的物质财富。

2. 城镇独立手工业

在封建社会，从农村副业逐步分化出来的城镇独立纺织手工业有了很大的发展。秦汉两代，官吏和士大夫家中雇佣进行纺织，有的作坊规模很大，其产品除自用外，还大量销售并致富。如汉代巨鹿陈宝光家、张安世家，"夫人自纺绩，家童七百人，皆有手技作事，内治产业，累积纤微，是以殖其货"。到了唐代，京城长安的东市有织锦行，范阳郡、涿县等地出现了绢行、丝帛行等，定州何明远家有绫机 500 台。北宋时，一些地方出现了从事纺织为主的民户，叫做"机户"。宋、元时期，杭州有很多主人不操作而只指挥工人做工、规模大小不等的丝织纺、染肆等。浙江桐乡的濮院镇，从宋至明，一直是"机杼之利日生万金，四方商贾负资云集"；江苏吴江的震泽，成、弘以后，"近镇各村尽逐绫稠之利，有力者织挽，贫者自织，而令其童稚挽花""镇上居民稠广，……俱以蚕桑为业，男女勤谨，络纬机杼之声，通宵彻夜""远近村坊织成紬匹俱到此上市，四方商贾蜂攒蚁集"；到万历年间，苏州已是"家杼轴而户篡组"，有的则是"机户出资，机工出力，相依为命久矣"；到清代中叶，杭州、苏州、江宁等地的丝织作坊已大至上千台织机、3 000 多工人，数量和规模都超过了官营手工纺织作坊。

3. 官办纺织手工业

秦汉时，官府设立的纺织手工工厂的规模很大，专门生产名贵的织品，供皇室使用。如汉代有考工令兼管织绶；平准令主管练染；御府令主管制作衣服，所属有东西织室，织作文绣郊庙用的服装。齐朝的三服官生产首服、夏服、冬服，作工各有数千人之多。

隋唐的官府纺织手工业规模更大，分工更细。宋代，官办纺织工厂扩大到州府，生产的纺织品供官服和贸易及军需。元时，官府在全国各地广设罗局和绣局，总管府下有织染局、绫锦局、纹锦局、中山局、真定局，弘州荨麻林纳失局，大名织染、杂造两提举司，各机构的性质承袭宋代。明朝在两京设内外织染局，内局以应上供，外局以备公用。南京又有神帛堂供应机房。各地织染局多处。

清代的官营丝织业比明代略有缩小。江南三织造局从顺治初年到乾隆十年左右，经过约一百年的重修整顿，三局的设备规模、织机、人数都有详细的记载。

从史料记载来看，历代封建帝王对于官府织造是相当重视的，因此，它的生产规模越来越大，所雇佣的作工越来越多。

封建社会的官办纺织手工业是封建土地皇有制的附属物，是以皇室对资源的占有和劳动的封建依附关系为条件而实现的。它的产品主要不是为了销售谋利，而是供上用和官用。它的原料来源多靠土贡、岁贡，其次是不付钱的坐派，再者，便是少给钱的和买，即部分掠夺。劳动来源开始大都是没入官府的奴婢和罪犯与征调来的工匠。宋元时则有"和雇"，明代有招募。但也不完全是雇佣劳动，存在对官府的人格依附。清初取消匠籍以后，才有真正的雇佣劳动。官奴婢和罪徒是没有人身自由的，也没有生产工具。工匠对主管机关有人身隶属关系，但有部分人身自由，也拥有一些生产工具，成为技术的主要担当者。

为了适应皇室的需要，官办纺织手工业的产品是精益求精的，而且随着章制服的发展，对产品的纹样、色彩、规格有严格的要求。而官用、军用的纺织品数量很大。所以，官办纺织手工业无论在质量上还是在产量上，都有促进技术发展的客观需要。官府把各地的能工巧匠征调在一起，也为发展纺织技术提供了条件。

但是，正因为生产的目的不是盈利，所以往往有不惜工本、不讲劳动效率的弊病，加上官办手工业的规模在宋以后远比农村副业和城镇独立手工业小，官府又采取禁止民间仿造某些高档品种的措施，形成官办手工业独家经营，没有竞争，管理也官僚化，贪污、浪费严重。无论是官办手工业或是民间手工业，都靠世代传授。匠籍制度又巩固了这种世代传授的小生产方式。宋以后，民间的行会制也是师传徒、留一手，对外互相保密。这些封建思想的守旧限制了纺织技术的进一步提高。

封建的官办手工业的两重性，必然酝酿着工匠与统治者的矛盾和斗争。工场工匠的暴动就成为封建社会矛盾激化的一种表现。清末，由于"洋务运动"的兴起，创办了近代机器工业，官办手工业便逐渐消失了。

第二节 纺织原料

自秦汉至清末，纺织原料的发展大致可以分为两个阶段。秦汉至唐，丝、麻在全国许多地区均有发展，葛逐步被麻取代，毛分布在以西北、西南为主的部分地区，棉只在新疆、南方和西南的少数地区种植。宋代以后，纺织原料分布与构成起了很大的变化，丝生产中心随着全国政治、经济中心的南移而转到江南一带及四川盆地，一年生棉花在温带地区的种植技术得到突破而逐步普及，到明代已遍布全国，逐步取代了麻作为大宗衣着原料的地位。

一、蚕丝的发展

1. 蚕业及蚕具的发展

一直到秦汉，我国的家蚕从数量上来说以黄河流域为最多。以临缁为中心的齐地蚕桑丝织业的生产规模达到"冠带衣履天下"的程度，成为我国历史上第一个蚕桑丝织业中心。东汉末年和魏晋南北朝时期，中原地区频遭战乱，经济下降剧烈。南方社会的生活比较安定，北人向南移居逐渐增多,促使北方的蚕桑、丝织技术更快地向南方传播,再加上南方的自然条件优越,使得长江流域的蚕桑丝织业有了迅速发展。唐末五代初期,北方再一次遭受长期战乱,生产遭到破坏。而南方虽处于割据状态,但社会经济仍有一定的发展。到北宋时,南方的蚕桑丝织业在生产的数量、质量上都已超过了北方。尤其是长江下游的太湖地区,在南宋时已成为全国最大的蚕桑丝织业中心。此后,这一地区的蚕桑丝织业生产历经千年而不衰。长江中游的四川地区一直是我国的蚕桑丝织业发达地区。黄河流域的蚕桑丝织业则在宋代后更为衰退。明代郭子章《蚕论》中提到山西的潞绸很有名,可是明代织造潞绸所用的丝不是当地所产,而是远取于四川的阆中。这一方面可以说明阆茧质量之好,另一方面可以看出潞安附近蚕桑事业的凋落。清代只设有江宁、苏州、杭州三个织造局,可见太湖地区的蚕桑业一直繁盛。至今,以苏、杭、宁、沪为代表的太湖地区,仍然是全国最大的蚕桑丝及其织品的中心。

在蚕具的配套方面,秦汉时,各种蚕具均已配套,以后千余年无大变化,多是在制作材料和规格上,根据不同地区的取材而有不同,主要蚕具包括:"曲"或"箔",蚕箔;蚕槌;蚕簇;蚕盘;蚕网等。除以上主要饲蚕工具外,尚有其他工具随各地习俗而有不同。

2. 家蚕

家蚕,即桑蚕。在桑蚕的品种和培育技术方面,由于桑蚕经过长期的饲养和培育,状况发生了许多变化,在各个地区的不同时代,培育出了各类品种,主要表现为化性和眠期的不同。据《齐民要术》载"今世有三卧一生蚕,四卧再生蚕",即三眠一化蚕和四眠二化蚕,这是从化性和眠期上分类的。

封建社会前期,我国南方有一年养八辈蚕的,《齐民要术》引《俞益期笺》说:"日南蚕八熟,茧软而薄。"《齐民要术》引《永嘉记》曰:"永嘉有八辈蚕:蚖珍蚕(三月绩)、柘蚕(四月初绩)、蚖蚕(四月末绩)、爱珍(五月绩)、爱蚕(六月末绩)、寒珍(七月末绩)、四出蚕(九月初绩)、寒蚕(十月绩)。凡蚕再熟者,前辈皆谓之珍。""爱蚕者,故蚖蚕种也。蚖珍三月既绩,出蛾取卵,七八日便剖卵蚕生,多养之,是为蚖蚕。欲作'爱'者,取蚖珍之卵,藏内罂中,随器大小,亦可十纸,盖覆器中,安硎泉、冷水中,使冷气折其出势。得三七日,然后剖生,养之,谓为'爱珍',亦呼'爱子'。绩成茧,出蛾生卵,卵七日,又剖成蚕,多养之,此则'爱蚕'也。"其他文献也有记述。经分析后认为,这"八辈蚕"并不是同一个系统的八个世代。柘蚕和四出蚕不与其余蚕发生关系,自成独立系统。现代学者对其余各蚕是一个系统的家蚕的不同世代,还是两个系统的家蚕的不同世代,看法上并不一致,还留有一些未能解释的问题。

宋代时北方主要饲养一化性三眠蚕,南方主要饲养一化性或二化性四眠蚕。三眠蚕的抗病力比四眠蚕强,容易饲养。但四眠蚕的蚕体比三眠蚕肥大,茧质也较优良。故四眠蚕的培育成功和推广,在养蚕技术上是一大进步。

历代养蚕均以春季为主。一直到宋代,夏蚕亦不多养。夏蚕的用途主要是作丝绵。戴复古在《石屏集》中说:"春蚕成丝复作绢,养得夏蚕复剥茧。"宋元时虽有二化性和多化性蚕,但不主张多养。到了明代,二化性和多化性蚕的饲养逐渐增多。

明代在养蚕技术上的成就,是利用杂种优势来培育新蚕种。《天工开物》中记载:"今寒家有早雄配晚雌者,幻出嘉种,一异也。"所谓早雄配晚雌者,就是用一化性的雄蚕和二化性的雌蚕杂交,以培育出新的优良品种。同时,还记载有另一种杂交方式:"若将白雄配黄雌,则其嗣变为褐茧。"上述关于利用杂交优势培育新蚕种的方法,是世界上最早的文字记载,是我国蚕农在长期饲养培育蚕种的生产实践中的一大创造。

明代的养蚕技术的另一重大成就是采用方格簇和推广"炙箔"措施。明万历刊本《便民图纂》中有采用方格簇的插图。将蚕簇做成方格，使每格大小均等，蚕做茧时只能占用一格的空间。这样，所有的茧子基本上大小相仿，提高了茧的质量。炙箔就是在蚕上簇后，用炭火烘，也就是所谓的"出口干"的办法，对提高蚕丝质量也有裨益。此法起源很早，《齐民要术》记载，上簇时，簇下"微生炭以暖之，得暖则作(茧)速"。王祯《农书》引《蚕书》云："已入簇微用熟灰火温之，待入网，渐渐加火，不宜中辍。"

我国古代很早就注意到了蚕病的防治，在长期的防治蚕病的实践中，积累了丰富的经验。宋代，蚕农们已注意到在整个饲养过程中，要及时清除蚕砂，对蚕具不断消毒。金元时成书的《蚕桑要旨》中说蚕座的"底箔须铺二领。蚕蚁生后，每日拿出一领，晒至日斜，复布于蚕箔底。明日又将底箔搬出暴晒如前"。这是一种利用日光的经济实用的消毒方法。明代时，已认识到病蚕间相互感染的严重性，从而采取隔离淘汰的办法来防止蚕病的传染、蔓延。

3. 野蚕

秦汉以来，野蚕也在继续利用，并从采集发展到人工放养，以其丝制成我国独特的丝绸品种——茧绸，至今仍出口国外，享有一定的声誉。由于这种野蚕丝特别强韧，可用作乐器的弦线，比桑蚕丝有更大的优点。

从史料上看，自汉唐以来，历经宋、元、明、清，历代都有关于野蚕成茧的记载，甚至封建统治者把它看做瑞祥的表现。直至西晋，才有关于野蚕饲养和利用的记载。《广志》中说："有原蚕、有冬蚕、有野蚕、有柞蚕，食柞叶，可以作绵。"但在宋元以前，野蚕利用主要以丝絮作御寒和打线纺粗帛。宋元以后，柞蚕首先在山东永登、蓬莱等地推广人工放养，产量大增，同时仿效家蚕缫丝，织绸成功，质量精致而价格低廉，遂遍于国内许多地区。至清代后期，野蚕丝除供衣着外，更有供工业及其他用途，国内外竞相购买。

饲养野蚕对发展我国的山地经济有极大好处。我国山地除普生柞树外，槲、青枫、栎等树尤多，过去都作为炭薪使用，后来知道可以饲蚕，便争相从山东引种放养。自清初起，首先传入辽宁，发展非常迅速，继而在陕西、河南、贵州、安徽等地先后普及。除柞蚕外，还有槲蚕、椿蚕等，也能织绸。如贵州的遵义绸、河南的鲁山绸、陕西的刘公绸，均颇有盛誉。

野蚕依照食叶的不同，主要有以下几种：

① 柞蚕是我国野蚕中饲养最多、最好的一种，色绿，长约 10 厘米，茧长 3.3 厘米左右。

② 柘蚕生在柘树上。柘叶不但可饲柘蚕，还可以在桑叶未发时用来饲养桑蚕。染出的衣料的颜色称为柘黄，在古代专供帝王穿用。北宋时已有人采集天然柘蚕。

③ 樗蚕又称椿蚕，织绸曰椿绸。樗蚕茧褐色，细而长，不封口。与柞蚕同样，可以春秋两季放养。

④ 棘蚕生棘树上，与樗蚕并无区别，也有生酸枣树上的，但与生棘树上的蚕的大小不同，现今放养已不多。

⑤ 萧蚕是一种食蒿叶的蚕种。这种蒿叶，在桑叶未出齐时或不宜食桑叶时，可以用来饲桑蚕。

我国山地众多，除大量的柞树、樗树、槲树外，其他可饲养蚕的树也不少，因此除比较多的柞树蚕外，还有不少以其他树叶饲养的野蚕，如椒蚕、柳蚕、榆蚕、枫蚕等，但饲养数量不多。还有些是作为药用的野蚕，如《本草纲目》中有枸杞蚕，就是食枸杞叶的野蚕。

二、葛和麻的兴衰

自秦汉到唐，麻的种植、初加工、纺绩和织造技术都已发展到相当高的水平，葛的利用则逐步减少。宋元时，棉花大发展，取代了麻纤维作为大宗衣料的地位。其后，麻纤维的利用也逐渐减少。

1. 葛

根据文献记载，汉代时期，黄河中下游豫州和青州（今河南、山东等地）及南方的干越（今江西、浙江等地）都有生产质量高的葛织物。到唐代，葛的生产就局限于长江中下游的一些偏僻山区，证明葛的生产已经衰落。宋代时更是如此。到明清，仅广东沿海山区有葛的生产。

2. 汉麻

秦汉以来，汉麻的种植和利用仍极广泛。《史记·货殖列传》有"齐鲁千亩桑麻，皆与千户侯等"的说法，可见其经济价值。西汉时，我国湖南、新疆地区也利用汉麻纤维。当时的四川盆地是桑麻茂盛的地区，"蜀汉之布"驰名全国。到魏晋南北朝时期，战争频繁，当时军队的服装大部分是麻布。因而，封建王朝的统治者对之亦较为重视。北魏孝文帝太和八年，规定全国州郡赋税中，人丁税款均缴纳当地的土特产。

此时，人们已掌握鉴别麻皮质量的新方法，"疏节而色阳，坚枲而小本"者必然是好麻皮，"蕃柯短茎，岸节而叶虫"者则是失时之麻。按照这种新方法进行收麻，则汉麻纤维的质量大有改善。宋元之后，汉麻生产日渐减少。

3. 苎麻

秦汉时，苎麻的分布范围仍在黄河和长江流域。据《汉书·地理志》记载，当时的豫州（今河南）是出产精细苎麻布的地区，关中平原、沿海的山东一带、海南岛（即西汉时期的儋耳郡和珠崖郡）、湖南和四川地区也是苎麻种植和利用历史较为悠久的地区。到了东汉，苎麻的种植和加工技术向湖南、广西的偏僻山区传播。三国以后，苎麻的分布逐渐向南方集中。隋唐时，苎麻的种植分布已经南移，集中于长江流域及以南地区。文献记载，隋唐时期的岭南地区（即今广西壮族自治区）仍有苎麻纤维的种植，纺织工艺水平亦比较高，其历史至少可追溯到南北朝。到宋代，苎麻的大众衣料地位逐渐被棉花取代。由于苎麻的吸湿和放湿快的天然优良特性，适宜于纺织夏服衣料，这是棉花所不及的。故而，苎麻在江南一带仍有种植，以制作夏服、蚊帐、绳索等。据文献记载，宋元以后，苎麻的种植分布见于浙江、福建、安徽、江西、湖南、广西及新疆吐鲁番等地。

4. 苘麻

苘麻纤维的纺纱性能虽不如苎麻和大麻，但在我国的种植和利用历史亦十分悠久。秦汉以来，关于苘麻用于衣着原料的记载已经罕见，大部分用来制作绳索。湖南长沙马王堆一号汉墓出土的苘麻纤维，是从外棺里存放衣物的竹筒上捆扎的绳索中取出来的。与此同时出土的实物中，有大麻布和苎麻布，唯独苘麻用于绳索。

据文献记载，宋代时，我国黄河流域及以北地区"处处有之，北人种以织布及打绳索"。南宋人罗愿在《尔雅翼》中，对出现在历代文献中的黄麻的各种名称作了概括："檾、蔏、苘、枲、颖一物也。""檾、枲属，高1.5～1.8米，叶似苎而薄，实如大麻子。今人绩以为布及造绳索。"此布大约与大麻布相似，用于包装而已。王祯《农书》、明《群芳谱》、清《三农记》等提到苘麻。其中《农书》载："可织为毯被，及作汲绠牛索，或作牛衣，雨衣、草覆等具。农家岁岁不可无者。"

5. 其他麻

我国古代用于纺织的麻纤维,还有亚麻、黄麻和蕉麻等,其种植和应用于纺织的历史,则晚得多。亚麻和黄麻在我国古文献资料中出现较晚,历代出土文物中除一块唐代黄麻织物外,未发现亚麻织物。因此,这种纤维可能是唐宋以后从国外引进的。

三、毛的充分利用

我国古代在制毡和纺织中采用的毛纤维原料的品种是繁杂多样的,最初是把不同来源、品种的毛纤维在一起混用,以后逐渐发展为按品种分别用于制毡、纺织。其中羊毛始终为主要的毛纤维原料,其他如骆驼毛、马毛、牛毛、兔毛、羽毛也有所利用。

羊毛是毛纤维原料的大宗。毡、毯、褐、罽等古代的主要毛纺织品和毛制品,大都是羊毛纤维制成的。羊毛品种的分类以羊的品种为依据。羊的种类繁多,有绵羊、山羊、黄羊、羚羊、青羊、盘羊、岩羊等。古籍中,立了许多关于羊的专名,其中有些名称是用于区别羊的种类和品种的,而多数是用于区别牝(雌性)、牡(雄性)、毛色和岁齿的。明代李时珍在《本草纲目》中提出,吴羊与夏羊是依据其生长的地区来划分的,生长在江南一带是吴羊;生长在秦晋一带是夏羊,又称绵羊。清代杨屾在《豳风广义》中说羊"五方所产不同,而种类甚多。哈密一种大尾羊,大食一种胡羊,临洮一种洮羊,江南一种吴羊,英州一种乳羊,我秦中一种绵羊,一种羖𤛑羊,同华之间一种同羊"。这也是按地域给羊取名的。可见,同一种羊在不同的地域生长,会有不同的名称。也可能是因自然条件、牧羊方式不同,使得羊的体态上有变异,因而形成不同的品种。

我国饲养的羊主要分为绵羊和山羊两大类,每一种又有许多不同的品种。上述《豳风广义》中所讲的八种羊,除羖𤛑羊属于山羊外,其余可能均系绵羊。杨屾对其家乡秦中地区的羊的品种较熟悉,正确地指出"一种绵羊,一种羖𤛑羊",而对其他地区仅列举一些闻名品种。现在一般认为我国古代饲养的绵羊有三大品种。一是早先产于蒙古高原,后来广布于内蒙、东北、华北、西北等地区的蒙古羊。二是早先产于西藏高原的藏羊,后来广布于西藏、青海、四川、云南、贵州、甘肃等地。三是哈萨克羊,早先产于亚洲西南,后来广布于新疆、甘肃、四川、青海等地以及中亚一带。《豳风广义》中所记叙的哈密大尾羊,大食胡羊,可能属于哈萨克羊种;临洮洮羊,可能属于藏羊种;江南吴羊,秦中绵羊,同华之间的同羊,可能属于蒙古羊种。蒙古羊是我国饲养数量最多、分布最广的羊种,在长期饲养过程中培育出了许多优良的羊种,如同羊、寒羊、湖羊、滩羊等等。绵羊在南方也有分布,宋代周去非在《岭外代答》中记叙:"绵羊出雍州溪峒诸蛮国,与朔方胡羊不异。有黑白二色,毛如茧纩,煎毛作毡,尤胜朔方所出者。"

出土的历代毛纺织品为我们研究毛纤维原料的品质和分布提供了实物证据。新疆民丰东汉墓群出土了葡萄纹罽、龟甲四瓣花纹罽、毛罗和紫罽,经试验分析,证明这些毛织物都是由羊毛纤维纺织而成的。

我国利用山羊绒进行纺织的历史也十分悠久。(明)宋应星《天工开物》中就有记载。中原地区饲养山羊的历史最迟可追溯至魏晋。我国新疆是山羊绒的原产地之一。我国的山羊饲养和山羊绒的利用,是从新疆经河西走廊逐步发展到陕西、内蒙等地的。

除羊毛以外,这个时期还有其他动物毛,如牦牛毛、兔毛、骆驼毛、绒纤维、羽毛等。

四、棉的大发展

棉花,原是一种热带植物。古代文献和出土文物证实我国南部、西南部和新疆地区很早就开始种植和利用棉花,宋元时期逐步向中原推广,到明代时普及全国,而且在衣着原料中的地位越来越重要。

我国棉花有多年生和一年生两类。另有一种攀枝花,俗名也叫木棉,是一种落叶乔木,现一般不作为纺织原料。

一年生的棉花,古称"白氎",多产于西域与河西走廊一带,今维吾尔语还称为"帕克塔"。图1-4-1为棉株幼苗,图1-4-2为棉朵。古籍中多有记载。"西域"棉织品,自东汉、魏晋南北朝到唐,先后几百年所织的棉织物,均有出土,品种有印花布、白布裤、白手帕、褡裢布、棉口袋以及棉丝交织品。更有唐代西州的《文书》,记载了当地农民自种或请人代种棉花的资料。特别是在新疆的巴楚县等地,发现了晚唐时期的棉籽,黄色的棉籽种子小,籽上尚有短纤维。据棉花研究所鉴定,属非洲草棉种。

图1-4-1　棉株幼苗

图1-4-2　棉朵

河西走廊一带使用棉花,可以从敦煌莫高窟的藏文书中证明,唐僖宗中和四年的破除历的背面写有"氎緤一匹,报恩寺起幡人事用"文字。《张承奉 李弘愿布施疏》中记载了布施品中有细氎一匹、緤一匹。上述文献记载说明棉花在唐以前大概只在西域和河西走廊一带种植。

关于我国南方对植物纤维的利用在史籍中早有记载,有一些可能是指多年生的棉花。近年来出土了个别春秋战国时期的实物,后人认为卉服可能是由木棉纤维制成的。

棉花本来是"不蚕而绵,不麻而布,又兼代毡毯之用,以补衣褐之费"的优良纺织原料。但是在唐以前,并没有推广到内陆地区。其原因在《农桑辑要》中曾经指出,当时往往"托之风土",但实际上是"种藝不谨者有之;种藝虽谨,不得其法者有之"。看来这一分析是有道理的。棉花原是热带作物,要向地处温带的内陆地区移植,必须在栽种技术上有所突破。

北宋末以及南宋时,江南比北方安定,北方的知识分子和上层人物大量移居江南,客观上造成了北人熟悉南方生产经验的条件。许多宋代著作中,如庞元英的《文昌杂录》、赵汝适的《诸蕃志》、范成大的《桂海虞衡志》、周去非的《岭外代答》、方勺的《泊宅编》等,都有关于植棉和棉纺织的记载,正反映了上述情况。南宋灭亡前,统治北方的元朝当局在组织编辑《农桑辑要》时已注意到这个方面,并在统一全国后曾设置"木棉提举司"的机构。王帧在《农书》中也总结了植棉和纺织技术。

经过上层的倡导和农民群众的实践,元统一全国后,棉花已推广到长江两岸和关中地区。

棉花之所以能大规模推广,还与其加工工具的完善化有关。大约南宋时,踏车、椎弓之具已经完备。南宋人有"车转轻雷秋纺雪,弓弯半月夜弹云"的诗句,而元代《南村辍耕录》和王祯的《农书》对赶、弹、卷、纺之具都有记载。

宋元时推广到内陆地区的是一年生棉花。明代,棉花逐渐普及全国,这主要是由于棉纤维"比之桑蚕,无采养之劳,有必收之效;埒之枲苎,免绩缉之工,得御寒之益"的优良特性。明朝统治者也极力提倡,加上各地棉农的实践,到明代培育出了多种棉花品种。

由于植棉技术的积累,各地因地制宜摸索出了一套种法,《农书》中就有"至我国(明)朝,其种乃遍布于天下,地无南北皆宜之,人无贫富皆赖之,其利视丝枲盖百倍焉"。一些文献资料充分说明棉纺织的经济利益是相当高的。元、明、清各朝统治者极力倡导棉花,原因实在于此。

明清以来,棉花取代了麻纤维而作为人民的日常衣着原料。到 19 世纪初,我国棉布远销西欧,每年达 300 万匹。此后,棉纺织业逐步成为纺织业中的主要部分,在数量方面甚至超过蚕丝。

第三节 纤维前处理技术的进步

一、蚕茧初加工技术的发展

蚕成茧后,要经过采茧、选茧、留种、贮藏、杀蛹等加工过程。初加工技术的高低,直接关系到缫丝的质量。自战国以来,家蚕茧的初加工技术有了很大的进步,野蚕茧的初加工技术则至宋元之后才日渐完善。

1. 家蚕茧的初加工技术

当蚕上簇结茧后,就根据茧的成熟情况,确定最适合的采茧时间。采茧时间至关重要,过早,蛹体尚未坚韧,易于出血,污染茧层,降低丝质;过迟,则蛾钻茧破壳而出,死簇茧多,流出腐败污液,污染邻近良茧。所以,采茧要选择结茧化蛹后、蛹体牢固时为适当。采茧时要注意分类和留种,秦汉以后对择茧分类更加重视,因为茧的分类选择对缫丝产量、质量具有重要的意义。

蚕茧的贮藏加工,主要为了防止蚕蛹破茧出蛾,以延长缫丝时间,保证蚕丝质量。战国、秦汉时期,尽管饲养的蚕的数量发展很快,而对于蚕茧的贮藏技术,似乎只限于把茧薄摊在阴凉的地方,降低气温,以推迟出蛾期。但这种方法只能推迟一两天。因此,从落茧到缫丝是一段非常紧张的劳动时间。《齐民要术》中有利用盐来杀茧蛹的详细记载,意思是:用盐腌法,容易缫,丝也坚韧;用日晒法,茧色虽白,而丝质脆弱,制成的丝绸衣服,耐穿的时间与盐腌法相差很多。用盐腌法和日晒法来杀蛹贮茧,最早起于何时,还有待进一步考证。但根据上述记载,说明至少在 1 500 年前,我国已普及了"盐腌"贮茧法,这是蚕丝业发展史上的一项重大成就。随着盐腌贮茧这一科学方法的普及,以后逐步发展了专门用来腌茧的茧盐。自中唐至五代,在朝廷所规定的盐法中,均有"茧盐"的名称。南宋楼璹《耕织图》中,对"盐腌"藏茧法的具体内容,作了较为详尽的描绘。"盐腌"法贮茧,主要是利用盐作为封闭层,使蚕与外界的气温隔绝,同时吸收蚕蛹中的水分,以卤汁渗透到茧中以杀蛹。由于茧丝的蛋白质未遭到破坏,因而丝的强力比破坏蛋白质的日晒法好得多。

"盐腌"贮茧虽好,但操作繁复。故宋、元年间,简便易行的"晒茧"法极为流行。到了元代,推广了"茧笼"(蒸茧器)。王祯《农书》中有此种方法的记载。这种用笼蒸茧的方法,较之日晒或盐腌法有其长处。到了明清,用火力焙茧和烘逐步发展起来,在浙江的农村已创造了简易的烘茧灶。从此"烘茧杀蛹"取代传统的"盐腌""笼蒸"等法,直至出现大规模的机械烘茧为止。

2. 野蚕茧的初加工技术

唐以前,野蚕茧在采集时大都已破茧出蛹,成破口茧,利用它作丝絮,供御寒之用;或将丝絮打纺成线,织粗绸。宋元以后,柞蚕茧的缫纺试验成功,发展很快,但由于野蚕茧与桑蚕茧不同,在缫丝之前的加工处理比桑蚕困难。现以柞蚕近代祖传加工方法为例,说明野蚕茧的主要加工过程。

(1)下茧。柞蚕成茧,一般至8月已完毕,即可开始下茧,由于采摘时必须连叶摘下,摘时应分好坏,分开贮藏。对其中的薄茧、烂茧,必须分别取出,另作处理。

(2)剥茧。把连叶的茧,剥去叶,名曰剥茧。茧头有系,需顺着系剥,不可倒剥。若剥伤茧系,就不能再缫。

(3)烘茧杀蛹。房中置火坑,周围砌墙,开一小门,坑下置火,把茧盛于筐中,用木板支承,离坑约6.6厘米,层层架置,由于火气上升,最上层的筐先热,蛹在茧中翻动,开始有声,而后无声,说明蛹已杀死,然后将最下层的筐挪移于上层。火候以能使蛹干为好,过与不及都不可取。除烘茧外,亦可用蒸茧法杀蛹。

(4)练茧。缫丝必先练茧。先置大釜,注水釜中,掺碱搅匀。每1 000粒茧,约需碱150～200克,土碱、面碱或柴碱均可。釜下烧火,待到水沸腾时,将茧倒入釜中,用木铲不时翻弄,以浸透为度。

(5)蒸茧。练茧后,将茧取出置于筐中。把釜洗净,再注清水,然后连筐浸入釜中。釜中的水应与筐底平。慢慢升火,水气渐升,至极猛时,水必沸入筐内,直注釜盖。然后灭火,使水慢慢落到与筐底平,将筐中的碱气淘净,而茧亦热。若忽小忽大,致使筐内水落后又沸入筐内,使碱气重新进入筐内,就不能去净碱气。

野蚕丝略带灰色,故俗称灰丝,这是结茧时造成的。用碱练蒸,能使之洁白,这是缫制野蚕茧前的重要措施,可使缫出来的丝的质地与桑蚕丝不相上下。除了缫丝外,还有一种抽取野蚕丝的方法,就是用醋浸泡而引丝。这种抽引野蚕丝的方法,与现代人造纤维的制取有异曲同工之妙。

二、毛纤维初加工技术的发展

羊毛初步加工的目的是将各种等级的羊毛原料制成适合于纺纱或加工成其他制品的状态,即其洁净松散程度须符合一定要求。在我国古代,羊毛的初加工工序大约为三道,即采毛、净毛、弹毛。

1. 采毛技术

最初是把从羊身上自然脱落下来的毛收集起来,以后发展到从宰后的羊皮上采集毛纤维。《禹贡》《汉书》中都有"织皮"这一名称。其实,"织皮"是毛纺织的古代名称,它反映了从羊皮上采集羊毛、用于纺织的事实。到南北朝时期,出现了铰毛和剪毛方法的记载,说明在此之前已经有了铰毛技术。《齐民要术》中对不同羊的采毛时间和次数都有规定。山羊绒的采毛方法,据《天工开物》记载,有两种:搣绒和拔绒。这一方法是我国西北地区的少数民族人民创造出来的,唐朝时才传入中原地区。山羊绒分为一般和较细的两类。所谓搣绒,是用细密的竹篦梳子从山羊身上将已脱落的绒梳下来,这是采集一般山羊绒的方法。较细的山羊绒则必须用手指甲拔下来,称为"拔绒",但这种方法的生产效率较低。

2. 净毛技术

净毛是羊毛初加工过程中最关键的环节。从羊身上采集下来的羊毛,其表面包含一定量的油脂和杂质。尤其是油脂,它将妨害羊毛纤维在弹毛和纺纱工序中有效地开松和去除杂质,从而影响毛纱的均匀度和光洁度。所以在弹毛和纺纱之前,必须设法除去油脂。这个工序称为净毛。古代究竟用什么方法净毛,文字记载甚少。在西北地区,至今流传着用黄砂搓毛以除去油脂,这可能是比较原始的净毛方法。

3. 弹毛技术

羊毛经洁净晒干后,必须开松,使之成为分离松散状态的单根纤维,同时去除一部分杂质。这种开松工艺在古代称为弹毛。古代文献里专谈弹毛者不多,王祯《农书》中记有:"弹弓、以竹为之,长可四尺许。……控以绳弦,用弹棉英如弹毡法,务使结者开,实者虚,假其功用,非弓不可。"这里记载的弹毡法实际上就是历代流传下来的传统弹毛方法。"结者开,实者虚"就是指弹毛法的开松效果,纠缠在一起的羊毛被扯开,这样的羊毛就能用于搓条纺纱。羊毛纤维比棉纤维长,弹性比棉纤维强,单纤维强力比棉纤维大。因此,要把毛纤维弹松,需要更大的弹松力,所用的弹弓尺寸也应大些。在云南少数民族地区的手工毛纺织业中,至今还保留着"竹弦弓"的弹毛工具。在西北、华北、内蒙等地,至今还能看到一种古老的弹毛方法,该方法适于弹松粗的绵羊毛和山羊毛。经过弹松后,用手搓绳和织制毛口袋等。这种古老的弹毛工艺如下:在空地上筑起一定高度的石台或泥台,将厚约5厘米的羊毛铺在台面上;在台子的两端竖立高于台面的木桩四根,从每根木桩上分别引出一根皮条或绳子,引向台子的对面,在台子两端分别有两根皮条或绳子穿过台面;弹毛时,两人分立于台子两端,左右手各握一根皮条或绳子,上下挥动,敲击铺在台面上的毛纤维,令其纷纷弹起、落下,两人不时地移动位置,使台面上的羊毛都能弹松。这种弹毛方法的效率较弹弓法低,是较原始的方法。

三、麻的初加工技术的进步

麻皮质量的优劣与麻的种植技术密切相关,除田间管理起重要作用外,下种的早晚也是关键。除此之外,麻纤维的初加工效果对麻皮质量的影响也很大。

麻类纤维的初加工过程,视脱胶形式而定。如用沤渍法,则是先脱胶,再剥皮、刮青、分劈,以供纺织。在古代,大麻和苎麻都是如此。苎麻纤维的胶质,用沤渍法脱胶,时间过长,因而后来出现了煮练法。用此法时,先是剥皮、刮青,然后脱胶、分劈,以供纺织。

葛、大麻、苎麻的剥皮、刮青工具及方法大致相同:"用竹刀或铁刀,从梢分开剥下皮,即以刀刮白瓤,其浮上皱皮自脱,得其里如筋煮之。若冬月刮麻,用温水润湿,易于分劈。"王祯《农书》中介绍了剥麻皮技术:"刮麻皮刃也、锻铁为之,长三寸许。仰置手中,将所剥苎皮横置刃上。以大指按之,苎肤自脱。"

把麻纤维从韧皮中与胶质分离,也就是设法将麻纤维从布满于它周围的胶质中尽量少损伤地分离出来,称为脱胶。脱胶技术直接影响着麻纤维的纺纱性能。从现代科学技术观点看,沤渍应属微生物脱胶,用草木灰或石灰水煮练应属化学脱胶。脱胶工艺过程中去掉的物质,主要有半纤维素、果胶质和木质素等。水溶物遇水即溶解;脂肪及蜡的数量极微,仅影响麻布染色,但古代麻布一般很少染色,故而影响不大;去除木质素,则可以达到漂白效果。

1. 沤渍脱胶法

在麻皮吸进一定水分后，即发生，膨胀溶解出种种碳水化合物，为天然存在的微生物繁殖提供了养分。它们在繁殖过程中分泌出大量生物酶，逐步将结构远比纤维松散的半纤维素和果胶质分解掉一部分，这就形成了麻纤维的半脱胶状态，从而将麻纤维呈束状地显露和分离出来。在沤渍脱胶中，影响微生物繁殖的条件是沤渍温度（沤渍季节）、水流速度、沤渍时间和水质等。

2. 煮练脱胶法

秦汉以来，明确记载煮练脱胶的古文献较早者，是三国吴人陆玑撰《毛诗草木鸟兽虫鱼疏》："苎亦麻也，……剥之以铁若竹，刮其表，厚皮自脱。但得其理韧如筋者，煮之用缉。谓之徽苎。今越南苎布，皆用此麻。"徽苎法就是将"里韧如筋者"，即韧皮纤维层，放入有碱性物质的溶液中煮练。在湖北江陵的一座比长沙马王堆一号汉墓保存得更完善的西汉初年古墓中，发现了大量麻絮，经金属光谱分析，发现纤维表面附有大量钙离子和镁离子，与现代化学脱胶的苎麻绒的分析结果相似。

可见，秦汉时期的我国劳动人民已懂得化学脱胶工艺，以达到节省时间、提高功效的目的。估计当时用的碱溶液可能是石灰水。

四、棉花初步加工技术

棉花成熟后，采摘下来的是含有棉籽的棉纤维，称作籽棉。需要把籽核和纤维分离开来，去籽后的棉纤维称作皮棉，才可供纺纱之用。去籽核的过程在工艺上称作轧棉（赶棉）。皮棉经进一步弹松、除杂、卷筵，就可供纺纱之用。

1. 轧棉

古代文献中有称"赶"或"捍"。大约南宋之前，北方皆用辗轴。棉纺织手工业中，纺车、织机等工具早已采用，唯棉花的去籽用辗轴，不仅费力且工效低。手摇搅车的出现，其功劳正是王祯《农书》所说："凡木棉虽多，今用此法，即去子得棉，不致积滞。"棉纺织的手工机械配套，从而促进了棉纺织手工业的发展。图1-4-3所示为《农书》中的木棉搅车。

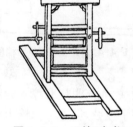

图 1-4-3　王祯《农书》木棉搅车

至元末，木轧棉辊已为"铁轴"所代替。明初李昱作《木棉绞车诗》中说搅车"铁轴横中窍"。到了明代中叶，搅车又有发展，徐光启在《农政全书》中只列出一台四足搅车图，有脚踏机构，一人自摇、自踏、自喂。近代山东的章邱邹平地区还有相似的轧车，轧棉者横坐在车前，与搅车平行，右手转动左端的曲柄，与曲柄相连的辗轴则随同回转，同时，左足踏动车底的踏条，使上面辗轴与下轴做等速运动，方向则相反，如此二轴相轧，左手将籽棉添入二轴之间，随着二轴不断旋转辗轧，棉花被带出车前，棉籽被排挤而落于车后。这样一人就可以顶三人操作，并且比三人同时操作更为方便。日工作12小时，能轧籽棉5公斤，出净棉1.5公斤。明代《天工开物》中还刊有另一种轧车，踏绳透过上轴和踏板相连，加大二轴间的挤轧力。操作时，右手转动曲柄，使下轴回转，右足踏动踏板，带动上轴反向旋转，左手喂添籽棉，整个结构很紧凑。

在广东、云南的少数民族地区，有小轧车，全系木制，玲珑精巧，高约20厘米，阔和长各25厘米，下边有丁字形木座为基，二轧轴左端各刻有齿槽，呈螺旋线状。工作时，右手摇曲柄，使下轴转动，借齿沟使上轴亦反向回转，左手喂入籽棉在二轴间，二轴相轧，籽落于内而棉飘积车前。此系手工轧车中最简洁灵巧的。这里特别值得一提的是螺旋齿轮的利用，使回转均匀平稳,这在机械零件设计上是一个重大的进步。

在云南的西双版纳,有一种古老的"十字架"状赶棉器物。去棉籽时,先将籽棉纳入一个小口大底的篓形容器中,用一木杆,下端连"十字架",用两手掌搓动木杆,则下面的"十字架"搅动棉花,把籽核从棉花中脱离出来。这种"赶棉"工具似适用于连核棉花。

2. 弹棉

棉花经轧车去籽后,尚需进行弹棉(俗称弹花)。弹棉有两个目的,一是将皮棉纤维弹开,使其松散,便于纺纱;二是在弹开纤维的过程中清除混杂在棉花中的杂质和泥沙,使棉纤维更加洁白匀净,此时称"熟花衣"。弹棉效果与成布质量的关系很大,最早记述棉纺织中有弹棉工艺的是南宋方勺《泊宅编》,其中讲到棉花"以小弓弹令纷起……"。

图 1-4-4 《天工开物》弹棉图

元初的王祯《农书》介绍弹花时说:"如弹毡毛法,务使结者开,实者虚,假其功用,非弓不可。"元初的竹弓,"长可四尺许,上一截颇长而弯,下一截稍短而劲,控以绳弦,用弹棉英"。与宋代弹弓相比,已有进步,但这种竹弓因弓背狭窄和绳弦弹力弱等原因,限制了弹棉生产率的提高。

明代的《农政全书》中,采用"以木为弓,蜡丝为弦",据后人描述,它的形制"长五尺许,上圆而锐,下方而阔,弦粗如五股线。置弓花衣中,以褪击弦作响,则惊而腾起,散如雪,轻如烟,"其功效成倍增加。《天工开物》中有"悬弓弹花"的记载,如图 1-4-4 所示,弹弓悬挂在置于柱旁的弯竹竿的顶端,则弹时可免举弓之劳。

近代浙江则将悬弓竹竿缚于弹花工的腰背,则运弓更为灵活方便。据今某些地区的钓竿式弹弓的弹花产量估计:日工作 10 小时,弹棉约 5 公斤。弹椎(或弹槌)的出现与弹弓的发展是分不开的。江南最早采用弹椎的地方是松江,据诸华撰的《沪城备考》记载,元末明初有淳木为料的弹椎。两头隆起(如哑铃状),弹棉时两头轮回击弦,由于以椎代替手拨弦,促进了弹棉生产的发展。这种弹椎沿用至今。近代浙江则用酒瓶状的弹椎。

3. 卷筵

又称拘节、擦条,沪人称搓条子。棉纤维在经轧棉、弹棉后,已相当松散。采用纺塼(纺坠)或捻棉轴纺纱时,马上可"以手握茸就纺"。但用纺车时,锭子的转速很高,左手既要理直纤维,又要均匀分配纤维,故而来不及,难保纱条匀称,故必须采用卷筵工艺。增加这个工序,恰巧使后工序的工效提高。

卷筵的目的是使呈筒条状的棉卷中的纤维均匀配置,使纺纱时纤维连续地从棉条下牵出。所以,卷筵相当于现代的梳棉成条。卷筵的工具很简单,《农书》记载,用于卷筵的工具称为卷杆,用高粱梢茎部分,因其长而光滑,适于操作。卷筵时,将棉纤维铺于几上,将卷杆放于棉上,直接转动即成棉条,抽取卷杆即成棉筒。这种方法一直延续到 20 世纪 80 年代。

第四节 ▶▶ 纺 纱

从秦汉至清末,绩麻基本上保持手工操作,没有发展出高水平的工具。在纺纱方面,大致可分为两个阶段。秦至唐,纺车由推广手摇单锭到手摇复锭(2～5锭),再发展到脚踏复锭。在这个阶段,除毛纺和少量的绢纺(用下脚丝绵纺纱)之外,一般用于丝、麻的合股加捻和卷绕。宋以后,除继续沿用手摇、脚踏纺车外,还发展出了适用于集体化工厂手工业使用的多锭大纺车,有的地区并运用水力拖动,这标志着手工机器已发展到新的水平。但因车上仍无牵伸机构,所以大纺车也只能用于合股、加捻和卷绕。随着宋元以后棉花的推广,手摇、脚踏纺车被充分利用于纺棉,牵伸作用仍与纺毛和纺绢丝相同,是在人手和锭子之间的纤维条上进行的,完全靠人手控制。直到清代,民间出现了张力自控式多锭纺纱车,车上才有了牵伸作用,并且逐步发展成能够借捻度和加压自动控制纱支,成为名副其实的纺纱车,达到手工纺纱机器的最高峰。

由于我国一家一户自给自足的封建生产方式长期占据主导地位,适应个体劳动的手摇、脚踏纺车在一些农村中甚至一直沿用到 20 世纪 70 年代,而动力大纺车反而在明代以后逐步消失。多锭纺纱车因出现较晚,还没有来得及推广,就被国外生产的金属制造的动力纺纱机所排挤。

一、缫丝工艺及络并捻工具的发展

(一) 缫丝工艺的发展

1. 缫丝技术

缫丝技术在春秋战国时期已达到很高的水平,秦汉至清末的 2 000 多年中又有所发展。秦汉至唐,缫丝技术的进步主要表现在掌握缫丝的水温控制方法和保证水质措施,如"汤如蟹眼"的细泡微滚法和水要"清"的选水诀。缫丝工具方面,普及了手摇缫车,并且有了靠偏心横动导丝杆进行交叉卷绕使丝绞分层的机构。宋以后至清末,缫丝工艺得到进一步的发展,总结出"出口干,出水干"六字诀,水温控制采用"冷盆"法,工具方面则普及了脚踏缫车。

在络并捻方面,秦汉至唐多用手转籆子络丝、手摇和脚踏纺车(1～5锭)并捻。宋以后出现了绳拉单籆"扯铃"式络丝车,又出现了 8 锭纺坠式打线车和 20 锭木轮式捻线车以及 30～50 锭适于集体生产作坊使用的多锭捻线车即"大纺车",达到了手工捻线机械的最高水平。

(1) 煮茧温度的控制。秦汉时,沸水煮茧缫丝的工艺已相当普遍,所以汉代著作中不时用作比喻,如《淮南子》中有"茧之性为丝,然非得二女煮以热汤而抽其统纪,则不能成丝"。沸水煮茧能使茧迅速膨润软化,丝胶也较易溶解,丝就可以逐层依次解舒,缫时几根集合也能抱合良好。因此,可以减少落绪,避免产生疙瘩,提高了生丝的质量。缫丝工人在长期的实践中,逐步总结出缫丝时茧温度的控制方法。如果汤温太高,容易使茧子煮得过熟,丝胶溶解过多,不利于集丝时的抱合,并易使丝色变褐;温度太低,解舒太慢,影响缫丝的产量。所以要掌握在略低于摄氏 100 度为好。古代没有测温器,人们就用观察水面的气泡(冒出水面的水蒸气)大小和多少来判断水温。根据经验,以水面出现"蟹眼"大小气泡,即"细泡微滚"为最好。因为这时锅的中央冒气泡处约为摄氏 100 度,而其周围则略低于摄氏 100 度。这条经验最迟在唐以前已为当时的古人所掌握。正式的文献记载,就现在所知,则为北宋秦观的《蚕书》:"常令煮茧之鼎,汤如蟹眼。"

缫丝时,通常把煮茧锅直接放在灶上,称为"热釜"。另外一种方法是用"冷盆",冷盆缫得的丝称为"水丝"。王祯《农书》中有热釜和冷盆的插图,明代徐光启《农政全书》记载了"连冷盆"。采用"冷盆",就是将煮茧和抽丝分开。茧经煮练几分钟后,移入水温略低的"串盆"中抽丝,这样抽丝可从容不迫,免于因来不及抽丝而将茧煮得过熟,损坏丝质。

(2)用水质量的掌握。这个时期的缫丝工人在实践中也注意到了掌握用水的质量。可惜缫丝技术多出于家传和师徒相传,很少有正式的文字记载。从散见于明清两代的一些地方志和笔记的材料中可以看到,当时对缫丝用水质量已有要求:采用流动的湖水、漾水(有泉水处也可采用泉水);为了使水质清澈,创造了"螺狮清水"法和沉淀法等工艺。澄清忌用矾,因丝遇矾即水色红滞而不亮;也不宜用一般的井水,因为一般井水多为"硬水",缫丝色泽不良。换汤不勤,则残留丝胶多,丝表面因胶多而发亮,但色泽偏暗。

(3)"出口干,出水干"六字诀的总结。缫丝工人在实践中逐步摸索出保证生丝质量的另一条经验,是后来由明代宋应星在《天工开物》中记载的六字诀——出口干、出水干。"丝美之法有六字:一曰出口干,即结茧时用炭火烘",这在《齐民要术》中早有记载。《天工开物》中的记载更为具体,通常采用离地面1.7~2米的高棚簇,棚下分列炭火盆,要做到"下欲火而上欲风凉也",而且初上簇时火要微缓,引蚕成绪。"蚕恋火意,即时造茧,不复缘走。茧绪既成,即每盆加火半斤,吐出丝来,随即干燥,所以经久不坏也。"《农政全书》中对"出口干"也有记述:"待入网,渐渐加火,不宜中辍。稍冷游丝亦止,缫之即断。多煮烂作絮,不能一绪抽尽矣。"应用"出口干"技术,缫时丝易解舒,丝质良好。江浙一带,此法颇为盛行。

关于"出水干",《天工开物》中有:"一曰出水干,则治丝登车时,用炭火四五两,盆盛,去车关(即丝钎角)伍寸许。运转如风时,转转火意照干,是曰出水干也。"

(4)燃料的选择和禁忌。缫丝工人在实践中还总结出选用合适的燃料以保证丝的质量的经验。为了保证丝的色泽,要选用无烟或少烟的干柴木炭。以栗柴为最好,桑柴次之,杂柴又次之。切不可用香樟,用香樟的燃气会损害丝质。这与现代存放丝织品忌放樟脑的原理是相同的。

(5)添绪的技术。缫丝时索绪、添绪对生丝质量的影响也很大。缫丝工人也摸索出了一些经验。宋代秦观在《蚕书》中记载:"其绪附于先引,谓之喂头、毋过三系。过则系粗,不及则脆。"就是添绪每次三根,而且添绪时须无疙疸,要做到"细、圆、匀、紧。"

2. 缫丝工具

(1)手摇缫车。秦汉以后,缫丝和络、并、捻工具不断取得进步,由手工工具逐步演变成为完整的手工机械体系。据推测,在战国时期已出现辘轳式的缫丝钎,即手摇缫车的雏形。战国末,至迟到秦汉,手摇缫车已经逐步推广。在1952年山东滕县龙阳店出土的汉画像石上,刻有织机、纺车和调丝等图像。调丝即络丝,是把缫好的绞丝重新络到篗子上的工序。丝要从丝绞上以横向(即与丝绞垂直)退出,可见丝绞必须是分层次的。如果丝绞卷绕无层次,则各圈丝缕互相嵌入,要横向退绕就有很大困难。从调丝图还可看出丝绞很大,证明缫时绕丝工具是很大的。从上述材料推测,这种丝绞是从比较完善的缫车上退下来的。这种缫车上已有横动导丝机构,使绕上去的丝能够分层次地形成"交叉卷绕",并且有脱绞机构,可将丝绞顺利地从缫车上脱卸下来。

(2)脚踏缫车。这是手工缫丝机器改革的一项成就,是在手摇缫车的基础上发展起来的。使用手摇缫车时,一人投茧、索绪、添绪,另一人手摇丝钎,必须两人合作(图1-4-5)。脚踏缫车上,在丝钎的曲柄处接上连杆,并与脚踏杆相连,用脚踏动踏杆做上下往复运动,通过连杆使丝钎曲柄做回转运动,再利用丝钎回转时的惯性,使其能连续回转,带动整台缫车运动。

这样，索绪、添绪和回转丝䈏可以由同一个人分别用手和脚进行操作，缫丝的劳动生产率大大提高。

脚踏机构的出现，可能是受到脚踏织机的启发。由此推测，其出现应在汉代前后，因为在汉代脚踏织机早已全面普及；至于它的普遍用于缫车，则可能在唐宋之间。

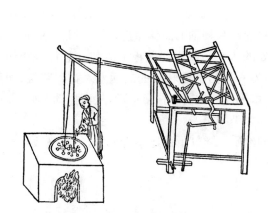

图 1-4-5　手摇缫车图

图 1-4-6　《天工开物》中的脚踏缫车图

脚踏缫车在出现的初期，与手摇缫车并存了一个时期。后来，脚踏缫车因劳动生产率高而逐步取代了手摇缫车。也就是原来的手摇缫车逐步加装了踏板和连杆，成为脚踏缫车。这个过程大约到宋代时已经完成，因为元代及以后的有关著作中，大多不再出现手摇缫车的图像和记载。图 1-4-6 为《天工开物》中的脚踏缫丝图。

缫车的结构及丝绪运行顺序：在煮茧锅或缫丝盆的下方是烧火锅灶，在其上方设有"钱眼"，即集绪眼；在宋代以前，用一块木板横在煮茧锅的耳旁，上面用石头压住，板中间插一个铜钱，丝绪通过钱眼而上；到明代，集绪眼改为"竹针眼"，木板也改成固定装在䈏床的架子上，竹针眼大约相当于现代的导纱钩，穿丝时可由豁口进入，而免去了穿过钱眼的麻烦，这是现代导纱钩的雏形。

丝缕从丝眼往上要绕过"锁星"，用以消除丝缕上的糙节，明代称为"星丁头"，清代称为"响绪"。"为土之芦管，管长四寸。枢以圆木，建两竹夹鼎耳，缚枢于竹中。管之转以车，下直钱眼谓之锁星"，就是用芦管（明代以后用竹管）套在小轴上，轴则固定于钱眼上方（明以后装在"牌坊"式木架上）。芦管即滑轮，当丝缕绕其上经过时，可被带动回转，这样丝缕就不会与管的表面摩擦而发毛。"管之转以车"就是车回转时丝缕带动芦管回转。

丝缕绕过锁星后，转向下前方通过"添梯"（明代称为"送丝杆"，清代称为"丝秤"或"油枪"）上面的送丝钩，绕到丝䈏上。宋以前揉竹为钩，清人认为材料以"杨枝为上、铜铁勿用"。所谓添梯，就是横动导丝杆。它的横动动作靠一偏心"鱼鼓"，明代称为"磨木"，清代称为"牡娘澄"。"镫宜桑木。绳以棉绞者为上，棕绞者次之。凡丝之成片，必由于镫。镫之灵否，半由于绳。"牡娘镫意即雌雄鼓，为木制圆鼓。中心开孔活套于䈏床架左侧竖直短圆榫上。外缘有绳槽，其上套环绳以与䈏轴上的绳槽相连。鼓的上面横穿一短轴即"鱼"，其一头露出于鼓的边缘外，其上面有长约3.3厘米的圆榫，称为偏心轴，上面套添梯。䈏转时带动鼓和鱼转，鱼上的偏心轴就做圆周运动。因添梯的另一头贯穿在轫床右侧的柱孔中，故当其左端随鱼上的偏心轴做圆周运动时，整根添梯像牵磨一般来回做往复运动，其上的送丝钩就带着丝缕"横斜上轫"，丝则进行交叉分层卷绕，各圈不互相嵌入，又可防止互相粘连，便于以后的脱绞与退绕。

丝轫，明代称为大关车，以四根横梁藉八根辐固装于轴上。辐是与横梁交叉连接的木桩，起固架作用。其中两根辐是活络的，可使一根横梁在脱丝时内收，"周围套车衣衬丝，即易脱车"。

踏板的一种形式是平放于地，其一端用垂直连杆与轫轴的曲柄相连；另一种形式是成角尺形。踏板制成鞋底形，活套在轫床柱脚近地面处的水平短轴上。踏板上固装一竖杆与踏板垂直，竖杆上端有短圆榫，上套水平连杆。连杆的另一端活套于轫轴的曲柄上。脚踏踏板，如踏风琴，则竖杆以水平短轴为中心来回摆动，带动水平连杆做前后往复运动，从而拖动曲柄，以运转丝轫。这种踏板可由人坐着踏，故这种缫车称为坐缫车。

南方的煮茧炉灶还须砌烟囱，以免烟气影响丝质。丝轫下面还架有火盆，盆要略微侧起向外。盆内炭火须无潮气，否则影响丝的光泽。

（二）络、并、捻工具的发展

1. 丝籰

丝籰（图1-4-7）是络丝的工具。籰是从工字形绕丝器发展而来的。它的结构是两组十字形的辐装上四根横梁。两组辐的中央都有圆孔，中间穿一根轴，就可以绕轴回转，而把丝络在横梁上。这样绕丝比工字形绕丝器既快又省力。最初大约是用于缫丝。

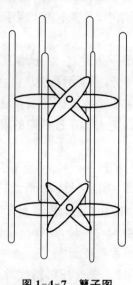

图1-4-7　籰子图

图1-4-8　调丝图

2. 络车

络丝时须将缫车上脱下的丝绞转络到籰子上。最初引至绪端，直接绕于籰上。籰子以手指拨转，或者像近代南方农村那样，以手掌托籰轻轻抛转。图1-4-8为《天工开物》中的调丝图，图1-4-9为络车图。

图 1-4-9　络车图

3. 纺车

并丝工具通常使用手摇纺车。图 1-4-10 为《天工开物》中的并丝络纬图。将几个籰子上的丝并合后,通过纺车绕于小管之上。并丝与捻丝通常是同时进行的。

图 1-4-11 为宋人《女孝经图》画卷中的捻丝图。所用纺车有一木制大轮,上有锭子。摇动大轮,锭子即回转,给丝缕加捻。这种捻丝车上,受加捻的丝段很长,所以加捻比卧式纺车均匀,而且可以加工强捻丝。

4. 大纺车和露地桁架

宋以后有一种多锭大纺车,也可以捻丝。但大纺车比较适合集体生产的作坊。农家个体副业因数量少,多采用"露地桁架"式的加捻装置,在加工合股丝线,特别是强捻丝线时,用的尤多。

图 1-4-10　《天工开物》并丝络纬图

图 1-4-11　《女孝经图》捻丝图

一种形式是"打线车",采用纺坠捻丝(图 1-4-12)。在丁字形木架上装有竹篾弯成的八个半圆形圈框,各个圈框间用来放置丝缕,架前隔开几十米处立一长竹竿,竿上钉有若干个竹针,

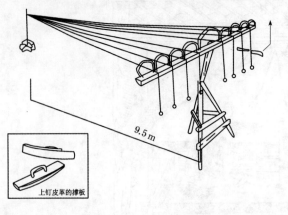

9.5 m

上钉皮革的撑板

图 1-4-12 打线车

以分别活套丝缕。加捻的丝缕两端结扎于两个纺坠式锭子上。锭杆为一铁条杆，头弯成钩形。杆尾和铸铜球相合一体，铜球质量有几种，大的约 250 克，小的约 120 克，视加捻丝缕的粗细而定。需加捻的丝缕由于受到锭杆上铜球质量的作用，获得一定的张力，下垂于丁字架下。加捻时，操作者手握两块有柄的长木擦板(俗称"撑板"，上钉皮革)，对各个锭杆依次不断地搓转，使锭杆向一个方向连续旋转，带动锭杆头端钩上的丝缕将其加捻。丝缕经加捻而逐渐缩短到一定程度时，纺锭随丝条上升，至锭杆被丁字架上的横梁所搁住时，无法再加捻。捻丝工利用这一点，作为线架上各根丝缕统一加捻程度的标准。这就是周启澄先生所总结的我国古代十大贡献之一的"以缩判捻"。此时，需将丁字架向前推移一定距离，使丝条继续受到锭杆铜球的重力作用而下垂，然后继续加捻。直到丁字架向前移到预定的位置线时(一般为丝缕长度的 5％)，加捻完毕。把两根加过捻的丝缕头，并合结扎在一根锭杆上，以相反方向搓转锭杆，继续加捻，以合股成线。把丝线卸下时需在尾端打结，以防其退捻。采用这种方法加捻合线，虽比单个纺坠的工效高得多，但比较费力，而且一台打线车上的锭数较少。

另一种形式是从手摇纺车的基础上发展出来的。图 1-4-14 所示的(宋)王居正纺车图，便是它的雏形。近代流传在江浙农村的锭数已达 20 个，但结构简单。它分锭座、木轮与车架三个组成部分。半圆形的锭座由两块木板相嵌而成，后木板开 20 个等距槽，前木板钻 20 个等距孔，20 枚锭子顺序地卧装在锭座上。锭杆由铁条完成，粗约二三毫米，上套 10 毫米粗的竹管相紧配。锭杆前端弯成 Z 字形，便于勾扎丝缕。锭子头端穿入锭座前木板孔内，后端嵌入后木板槽内，利用竹管两端的锭座中间定位，绳带压在其上不致脱出。木轮直径为 600 毫米，厚 40～50 毫米，上装手柄，轮周分开槽与不开槽两种，带绳相附其周。由于木轮与锭子以绳带相连，依靠绳带对锭杆的摩擦传动，使纺轮摇转一次，带动锭子旋转约 60 周，给丝缕加上约 60 个捻回。其他操作与纺坠式打线车相仿。

使用露地桁架合线，由于一根丝缕的两端被锭子头端的扎钩握持着，而其他部分均悬于空中，加捻区比多锭大纺车大几十倍，甚至上百倍。加捻时，利用捻缩率来控制丝缕上的加捻程度，捻度可在阻力极少的情况下传递给整根丝缕而均匀分布，使各段丝缕上的捻角均等，成线的抱合力增强，这对提高成线强力有利。多锭大纺车的加捻区一般仅一米左右，用丝缕定长范围内所加捻回数来控制加捻程度，其匀捻范围没有露地桁架大。所以，王祯《农书》中说大纺车比露地桁架好，是指采用露地桁架合线时，加捻与卷绕须交错进行，工效较低。但从提高纱线质量上，露地桁架合线比多锭大纺车好。

二、绩麻技术的发展

劈麻和绩麻是手工纺麻的特有工艺，操作时不仅劳累、缓慢，而且技术要求很高。我国古代人民很早就熟练地掌握了这种技艺，生产出条干匀细的麻丝。

绩麻捻接原理与现今的合股加捻原理相近。古代用两种方法。第一种是"纺纱法"，和短纤维纺纱相同，将劈细的麻丝，用纺坠或纺车进行捻接加工，使麻丝通体加上捻度，几乎看不到麻丝头尾之间互相续接的痕迹，形成条干均匀的麻丝。这种方法极为古远，它起源于搓绳之法。麻丝通体加捻后，捻接处的强力较低，在后续工序中往往易产生脱捻而断头。同时，采用这种方法时，麻丝必须劈得很细，方能使接头处条干均匀圆整。麻丝劈得粗，则接头处经加捻后会产生一段粗节。第二种是只在麻丝的接头部分加上捻度，而不是在麻丝上通体加捻。由于麻丝上具有胶质糊状薄层，所以捻度能够固定在麻丝的局部位置，形成局部合股加捻。我国古代的两种绩纺技艺，至今仍沿袭使用。

三、手摇纺车

虽然早在商周时期，我国已有比较原始的纺车，但是纺纱的主要工具一直大量使用纺坠。秦汉以前，脚踏开口织机已经形成，织造生产能力大大提高，这要求纺纱的生产能力有相应的提高。这种织与纺的生产能力平衡的要求，在比较集中的官办纺织手工工场中显得更为突出。比纺坠工效高得多的手摇单锭纺车，就是在这种供需矛盾的驱使下，经过长期的实践逐步形成而发明并得以推广的。

将纺车与纺坠比较，就可以看出其发展演变的发展轨迹。纺坠上的纺轮直径放大，和短杆脱开，另外用绳子将两者包绕起来，再将纺轮和短杆支于固定轴承之中，则转动纺轮（即绳轮），短杆即旋转，这便成为纺车，摇动绳轮就可以纺纱。后来有了曲柄机构，使手摇更为便利。纺车结构的改进显然是从商代早已普及的辘轳演变而来的。纺车在历史上经历了由手摇到脚踏、由单锭到多锭的发展过程，最后演变成为大纺车，并且利用自然力作为动力。

手摇纺车的主要机构，一是锭子，一是绳轮和手柄。常见的手摇纺车，锭子在左，绳轮和手柄在右，中间用绳弦传动（图1-4-13），称为卧式。另一种手摇纺车，则是把锭子安装在绳轮之上，也是用绳弦传动，称为立式。卧式由一人操作，而立式需两人配合操作。因卧式更适合一家一户的农村副业之用，故一直流传至今。

锭子的材料，最初一般为竹或木，故古籍中写作筳或梴。由于冶金技术的普及，曾使用铜、铁杆制作锭子。但因金属锭杆制造需要专门技术，不是普通农户所能制作的，因此使用并不普遍。直

图1-4-13　手摇纺车

到清代，上海开始有专门生产的商品铁锭，市场上才有销售。锭子的一端穿过两根木柱之间，另一尖端伸出木柱之外，从绳轮过来的绳弦则套在两根木柱之间的锭杆上。这样，锭子就可以自由回转，锭子伸出木柱外的一端可套竹管或芦管，纱线绕上后就成纡子。这里的竹管或芦管被称为筟。

绳轮的结构一般以两根竹片圈成两个圆环，两者相距20～25厘米，分别用竹竿为辐，支撑于轴上，再用绳索在两个竹环之间交叉攀紧成鼓状，就成为纺车的绳轮；再用绳弦绕轮周与锭子连在一起，在轮轴伸出木柱的头端配上摇手柄，即成为完整的手摇纺车。在不产竹的地方，也有用木材制成绳轮，其直径随纺纱所用纤维而不同，一般为60～100厘米，纺丝或麻时，需多

加捻度而不需牵伸的,就大一些;反之,可小一些。在少数民族聚居的山区,由于所纺织的纱较粗,需要的捻度较小,而且为了适应经常背着纺车移居的生活,纺车的绳轮直径比较小,仅25～35厘米。纺车的生产能力比纺坠约高15～20倍。

秦汉时,由于纺车的推广应用,解决了纺与织之间的矛盾,使丝、麻产品大量增加。纺车的利用还提高了丝和麻纺织品的质量,因为它可以根据织物性质的要求,进行弱捻或强捻加工。纺坠虽然也可以借助纺轮的大小、轻重的变化来给纱线加上不同的捻度,但加捻均匀度总不如纺车。

对丝进行并合加捻的纺车,迄今能见到的最早物证是江苏铜山洪楼出土的东汉画像石,画中有两个篗子悬挂在上面,用卧式手摇纺车把丝并合加捻于锭子上。用立式手摇纺车纺丝的情景,除了前面提到的"女孝经图"外,只有麻缕加工的。将绩长的麻缕单根或几根并合,如果不加捻,也可以直接供织造,但是织非常细的麻布或加工粗的麻线时,就需要用纺车进行加捻。1957年,长沙出土的一块战国时的麻布,它使用很细的苎麻织成,对其经纬密度进行测定,每厘米中经线多达28根、纬线达24根,比我国现代的标准棉细布(每厘米经纬各24根)更细密。像这样的细麻布,不但要在劈绩过程中特别加工,而且必须运用纺车类工具进行加工。这一类用于加工麻的纺车应以北宋王居正的纺车图为代表(图1-4-14),它典型地描绘了当时农村妇女纺线的立式手摇纺车。这种纺车的木轮是另一种形式,用木板制成星形固定于轮轴上,锭子则装在上面并从反面伸出,用绳子带动两个锭子同时回转,分别加捻。图中左侧老妇手中的两个球,应是已绩好的麻缕。这种纺车的结构与后来王祯《农书》中的"小纺车"类似,只是不用脚踏,而用手摇。

图1-4-14　北宋王居正纺车图

在我国广西地区还有流传下来的一种三锭手摇纺车。三个锭子分别横卧于纺车的车架上,用三根绳弦分别将锭子与绳轮连接。当手摇动纺轮时,三个锭子同时回转,即使其中一根绳弦断头,也不影响其他两个锭子的回转。纺时把绩好的三个麻团放在盛水的盆内,将三个头分别引出,左手握一根短竹管(图1-4-15),把引出的头绕过竹管后,从指缝中抽出,绕于三个锭子的芦管上。反向绕时,为了将麻缕绕上芦管,利用纺妇右脚底上扎的一块长竹片作为引导。

纺车对丝或麻的并合、加捻,虽然显示了很大的优越性,但是作为纺车,其主要作用应是对短纤维所成条子进行牵伸,也就是将条子不断地抽长拉细,纺成均匀的纱。从商代至秦汉,一般平民以麻布和丝絮纺织的粗帛为日常衣着。丝絮纺纱就需要进行牵伸。金雀山汉墓出土的帛画上的纺车,就是纺丝絮用的(图1-4-16)。从原图浅蓝的底部上,可以清晰地看出楚装妇

图 1-4-15　广西三锭手摇纺车

女手中举着的可能是白色丝絮。纺丝絮时，先在锭子上捻一段丝头，手摇绳轮，锭子回转，将丝絮连接丝头，慢慢引出丝絮，给以牵伸和加捻。待纺到一定长度，就暂停加捻，握持已纺好的一段丝缕，反绕到套在锭端的纱管上。由于丝絮纤维长短不一，并且容易扭结，一手难以掌握，因此纺出的丝缕不够均匀，只能织一种粗糙的丝帛。以后，由于脚踏纺车的出现，可以用双手对丝絮进行松解，纺时达到均匀的牵伸，因而质量大大提高。从此不再采用手摇纺车纺丝絮。手摇纺车后来推广于纺其他纤维。宋代以后，我国闽广及长江流域，棉花开始推广，就是用这种手摇纺车进行加工。在今天的农村，仍采用这种纺车纺棉纱。有的地方还利用它纺更短的石棉纤维。

手摇纺车自出现以来，经历了 2 000 多年的历史，由于它简单、轻便、灵巧，即使后来普遍使用脚踏纺车，它也没有消失，仍然广泛地为我国各族人民所利用。

图 1-4-16　金雀山汉墓帛画

四、脚踏纺车

脚踏纺车是在手摇纺车的基础上发展起来的。前文已提及，用手摇纺车纺纱特别是纺丝絮时，一手摇绳轮，一手扯引，往往粗细不匀。大约晚至汉代，用脚踏板（躧）升降综片的斜织机已普遍采用，生产效率比手工提综高。这就启发人们在纺车上用脚踏替代手摇，使纺妇能空出双手，同时进行纺纱操作。织机上的提综片依靠杠杆的上下运动提升，机构简单。而纺车上的绳轮做圆周运动，要把脚的往复运动转变成圆周运动，就需要一种传动机构，这就是连杆和曲柄。我国历史上的这种机构，从现有资料考证，首先开始于脚踏纺车。脚踏纺车是我国人民经过长期的艰苦劳动所取得的一个重大发现。

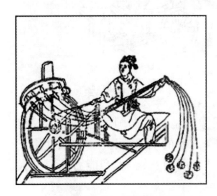

图 1-4-17　脚踏小纺车

脚踏纺车（图 1-4-17）的功能和手摇纺车相同，但在结构上有改进。秦汉的脚踏斜织机，用两块脚踏板，分别以绳弦连接于"马头"——杠杆上，脚踏板的上下运动能使杠杆绕支点来回摆动，带动综片做上下运动，形成织机的开口运动。脚踏纺车移用和发展了这个原理，设置踏杆、曲钉与曲柄等机件，依靠绳弦带动锭子做变速度不大的旋转运动，不仅可以使摇轮的右手解脱出来，用双手从事纺纱或合线的操作，而且轮的牵引力得到提高，为后来脚踏纺车向多锭发展打下基础，使生产效率能成倍地提高。

从现有考古发掘的资料来看，我国最早刻有脚踏纺车图像的是1974年在江苏省泗洪县曹庄出土的东汉画像石(图1-4-18)。这块完整的汉画像石为我们研究秦汉纺织工具与机械的发展提供了依据。从图中可以看到，在低矮的四脚平台框架上架着一台纺车，轮辐十分逼真。

图1-4-18　泗洪县出土的汉画像石

古时脚踏纺车的绳轮多用短辐交叉连成多角形，中间贯以轴，轴上装有一块偏心的凸块，下面连接踏杆，踏杆的另一端穿入托脚的孔中，用脚踏动踏杆，便可使绳轮旋转。画像石上，踏杆、轮辐画得很清楚，但绳弦带动锭子的部分没有画出来，所以不能确定有几个锭子。纺车的上面刻有五个绕满丝的籰子，排列在丝架上，以便从籰上引丝加捻，或将多根丝合股加捻成线。所以，东汉时已有脚踏纺车的使用，它确是纺织工具发展史上的一个重大进步。直到现在，少数民族地区还有脚踏纺车的使用(图1-4-19)。

图1-4-19　少数民族地区的脚踏纺车

图1-4-20　三锭脚踏纺车

在现在所知的历史文献中，最早出现的画有脚踏纺车图像的是东晋名画家顾恺之为汉代刘向《烈女传·鲁寡陶婴》作的配图。按宋刻本中配图(图1-4-20)的描绘，可见一位妇女用三锭脚踏纺车合线的生动形象。此图证实晋代之前脚踏纺车已发展到三锭，生产能力获得较大的提高。

元代王祯《农书》将用于纺棉的脚踏纺车称为"木棉纺车"，将用于加捻麻缕的脚踏纺车称为"小纺车"。这两种脚踏纺车的外形相同，但其用途不同。所以，它们在车架的高低、轮径的大小、锭数的多少及操作方法等方面均有差异。纺棉的脚踏纺车在元代之前已装有三个纺锭，锭子上紧套着用苇管、高粱叶梢或细竹管制成的纱管，以备纺纱之用。这种脚踏纺车不仅可以同时纺制三根棉纱，而且可用来将两根以上的棉纱并合加捻成线。

我国古代遗留下来的关于脚踏纺车的史料不多，除了上面提到的，较主要的还有明代徐光启的《农政全书》和清代褚华的《木棉谱》等。

南宋时期，松江已能植棉，但是棉纺织生产技术仍然很落后，元代陶宗仪《南村辍耕录》记载了当时松江"初无踏车椎弓之制，率用手剖去籽，线弦竹弧，置案间振掉成剂，厥功甚艰"。公元1259年左右，黄道婆回到乌泥泾，将南方人民先进的棉纺织技艺广传于松江。

在乌泥泾一带，绵纺原来用手摇单锭纺车，每天生产10小时仅得棉纱125克。松江地区虽然已有三锭脚踏纺车，用来对丝、麻等纤维进行并捻合线，却不能用来纺棉纱，因为纺纱时会经常发生断头。其原因是加捻丝、麻的三锭脚踏纺车无牵伸纱条的必要，所以锭子与轮的速度比较大，若用来纺制棉纱，因牵伸不及而加到棉纱上的捻度过多，使棉纱易于崩断。为此，黄道婆着手改革麻纺三锭脚踏纺车的绳轮，将其直径缩小，从而使三锭脚踏纺车能纺制棉纱，而且轻巧省力，工效倍增。这一革新很快在松江、上海等地区推广。

脚踏纺车在清代仍沿袭使用。清代上海人褚华在《木棉谱》中对当时的纺棉用三锭脚踏纺车进行了描述。从历代各幅描绘得不够确切的图像的比较分析，我们可以看到脚踏纺车由脚踏与纺纱两部分机构组成。

脚踏机构可分为踏杆（踏条、横木）、凸钉、曲柄等三个部分。踏杆除了凸钉滑配方式运动外，还有"窍"式，其使用历史更为久远，从东汉画像石上的纺车图形就可证明。《木棉谱》对这种"窍"式结构进行了详细的介绍。

纺纱机构由绳轮和锭子两部分组成。古代脚踏纺车的绳轮一般采用木质，也可用竹制。轮的大小也不尽相同，既要能稳妥地传动锭子，又要适合于轮与锭子之间的传动比，符合纺纱工艺的技术要求。直径的选择与纺纱的质量和生产率有着密切关系。用手并捻时，由于无需牵伸引细，为了提高生产率，轮的直径可略大；但如轮的直径过大，则曲柄离轴心的距离必须增加，从而造成踏杆摆幅过大，使操作发生困难。当改革脚踏纺车用于纺棉时，须将轮径改小，以利于棉条的抽长拉细和加上捻回。直径以多大为宜，须视所纺棉纱粗细而定。对于同样粗细的纱，捻回角的正切与捻度成正比。要使纱有同等的相对强力，对于不同纱支，捻回角应接近或相等。因此，纱愈细，则捻度要愈大，即纺出同样长度的纱需多加捻回数。为此，绳轮与锭子的传动比需增大。由于古代所纺的棉纱粗细相当于现今的58～85特克斯，变化不大，故绳轮不需经常改变。而南方少数民族纺的棉纱较粗，其绳轮直径较小。

木轮是用六块木板按一定角度间隔交错排列而成，其顶端钻孔或锯成缺口，用绳索或皮弦以"锯齿形"走向交错连接，构成一个互相制约的整体。由于所有轮辐的受力能保持平衡，各根轮辐间的绳弦也绷得很紧，这种绳轮在我国农村一直流传至今。

脚踏纺车的轮也有制作坚实精巧的，轮周均以木料制成而不用皮弦绷紧，传动则用皮带替代绳弦，到明清时期锭子则大量改用铁制。

五、大纺车

大纺车是在世传的各种纺车的基础上逐步发展而形成的丝、麻纤维捻线车，由于它的锭子

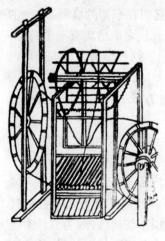

比其他纺车多,车体大,故《农书》中称其为"大纺车"(图1-4-21)。

按照古籍记载,在宋元时期,我国中原地区已广泛应用大纺车对麻与蚕丝等纤维进行并合加捻。大纺车的应用,是手工纺织业的生产工具在发展过程中的一个突出的进步,对当时的手工纺织业生产起到了一定的促进作用。大纺车的起源与创制情况,在古文献中缺少记载。从大纺车在元初已得到广泛应用这一点来推论,它的出现时期可能在北宋或者更早一些。

最初出现的大纺车是用人力摇动的,它装有几十个锭子,以人力驱动极为费力,后来就以畜力或自然力代替。人力、畜力或水力大纺车,可按照盛产麻纤维的各个地区的具体条件,因地制宜地加以选择。水力资源丰富的地区采用水力大纺车;在缺少水源,或者虽有水源但受季节、流速等因素影响的地区,则采用人力或畜力大纺车。由于采用的原动力的种类不同,大纺车的原动机构略有差异,但其工作机构与传动机构部分基本相同。

图 1-4-21 大纺车

按王祯《农书》对大纺车结构的分析,元代的大纺车由加捻卷绕、传动和原动三部分机构组成。

大纺车的加捻卷绕机构由车架、锭子、导纱棒和纱框等部分构成。大纺车的车架长约6.7米,宽1.65米。制造时,先造落地木框一个,在木框的四角各立高1.65米的木柱一根,各木柱之间均以横木相连,构成一个长方形的框架。在车架的上方、左右各装一根"枋木",枋木中央各安装一个山口形的轴槽,纱框的长铁轴的两端即卧放在轴槽内。长铁轴上装四角形或六角形的木纱框(籰),纱框与铁轴固装为一体。为了使纱框上所卷绕的已加捻麻缕(䊺)能顺利卸下,纱框一个角的横梁的两辐制成活络,与缲车的籰相似。但《农书》中并没有列明。纱框的长铁轴的右端装一个有凹槽的木轮(旋鼓)。锭子部分是在车架下方装一块长木板,在木板上装32个间隔距离相等的木轴承(臼),用来承托锭子底部的铁锭杆。同时用有脚铁环(杖头铁环)楔入木板以固定锭子位置,使锭子横卧于车架下。锭子由于受到木轴承和有脚铁环两点的承托,运转时不会左右晃动。纱管由木车成,长20厘米,边围直径13厘米多,制成有边筒子形状,中空,套在铁杆上紧配成一体。麻缕比较粗松,如果纱管上绕的量少,则需要经常停车换管。为了减少换管,需将管边制作得宽一些,以容纳更多的麻缕。这就是现代所谓的"大卷装"。但管边的直径大小亦有限度,过大,则皮弦无法靠摩擦来带动锭杆回转,这是一个矛盾。古代的劳动人民妥善地解决了这个问题,利用杠杆原理,把锭杆制造得较长,使锭杆在木轴承(臼)到有脚铁环之间的距离等于或大于锭子前端的木纱管的长度,使铁环这一支点前移而靠近纱管边,从而使锭杆在木轴承处的摩擦力减小,使传动锭杆时比较轻便。锭子前方装一细竹(导纱棒),麻缕绕过棒而绕上纱框。

为了使各根麻缕之间在加捻卷绕过程中不互相纠缠,在车架前面装置32枚小铁叉,用来"分勒绩条"。这种小铁叉在规定运程内做左右向的往复运动,不仅把相邻的麻缕隔开,而且能使麻缕在纱框上交叉卷绕成形良好,它和缲车上的横动导丝杆的作用相同。

大纺车的传动机构可分为两个部分,一是传动锭子,二是传动纱框,用来完成加捻和卷绕麻缕的任务。从图1-4-21可知,大纺车的车架左侧装一个竹轮,右侧装一导轮,利用皮弦贯通两轮。下皮弦依靠其自重直接紧压在锭杆上,通过皮弦对锭杆的摩擦传动使锭子旋转。而纱框的转动则依靠一对装置相交的木轮(旋鼓)与绳弦的作用,由上皮弦的摩擦带动旋转。利用两根皮弦的作用,使锭子与纱框按一定的速比相应地运转,就可以做到"弦随轮转,众机皆动,上下相应,缓急相宜"。

　　水力大纺车的原动机构是一个直径很大的水轮,利用激流之水冲击水轮上的辐板,发生连续性的推动力,促使水轮旋转。水轮与大纺车车架左侧的竹轮以木轴相连,从而带动竹轮旋转。图 1-4-22 所示为根据王祯《农书》并按机械结构原理而加以复原的水力大纺车。人力大纺车的原动机构无需水轮,只要将大纺车左侧竹轮的直径增大,在竹轮轴端装置曲柄(摇手柄),利用人力加以摇转,与手摇纺车的竹轮相同。

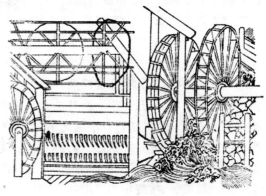

图 1-4-22　《农书》中的水力大纺车

　　《农政全书》对大纺车的形制也有记载,并且附以配图(图 1-4-23),内容和《农书》基本相同。而徐光启的同代人宋应星编的《天工开物》对大纺车只字不提,看来明代末年加工麻纤维的大纺车在技术上没有多大进展,而且使用范围趋于减少。

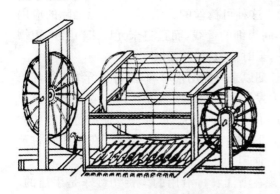

图 1-4-23　明代大纺车结构示意图

　　用大纺车对麻缕加捻和合线,经过数百年的长期使用,不仅没有更大的发展和提高,反而趋于缩减。这是因为到明代时,全国各地普遍种植棉花,使衣着原料发生很大的改变。棉田大发展,而麻田面积锐减,麻纺织手工业也日渐衰落。由于大纺车没有牵伸机构,无法完成牵伸从而引细纱条的任务,不能适应棉纺的需要。而且棉纱往往无需合线,即用于织造。所以,这一古老的合线工具——大纺车的发展长期以来处于停滞不前的状态。但是,大纺车在纺织生产工具的发展史上所起的作用是不可磨灭的,它具备了近代纺纱机械的多锭的雏形,能适应大规模的生产,展示了纺织机器发展的一个方向。

　　人力、畜力和水力大纺车也可用于对蚕丝纤维进行加捻及合线。由于蚕丝比麻细而轻,在纱管上易于被卷绕得紧密,所以大纺车的锭子制作式样与手摇纺车上的纺锭相似,锭杆为一细铁棒,上套细竹管或芦管作为纱管,就可以替代以木制成的锭子,而且锭子的尺寸可大大减小,使整台大纺车的车架相应变小。

　　大纺车对蚕丝的加捻及合线,从宋元以来一直沿用。到近代时期,并捻合线开始采用机器生产,使大纺车的使用范围大幅度地缩小。《蚕桑萃编》中记载"纺丝之法(即加捻合线方法)惟江浙、四川为最精。东豫用打丝之法,山陕云贵亦习打丝法,以一人牵,一人用小转车摇丝而走",说明当时的山东、河南、山西、陕西、云南、贵州等地沿袭古法,用露地桁架进行合线。

各种大纺车均依靠绳弦传动,但是绳弦的材料有所不同。在手摇纺车上,由于绳弦带动的纺锭较少,而且常用绳弦交叉传动,使其在锭杆上的包围弧很大,不易滑溜。大纺车所用的绳弦为了能依靠平面摩擦带动几十个锭杆,故采用带式皮革为原料,使皮弦的既重又软,增加对锭杆表面的摩擦力。皮革的价高,使用不久表面磨光,摩擦力下降,需经常更换,太浪费,因此在明代末年改用麻带加涂料的办法来替代皮弦。

大纺车对丝、麻的加捻合线采用"退绕加捻法",与手摇纺车和脚踏纺车的加工方法不同。在手摇纺车或脚踏纺车上,对纱条加捻时,纺妇手持麻缕的一端,麻缕的另一端则绕于锭杆的头端,使一段麻缕受到手和锭杆两者的握持,由于锭子转动而加捻,待这一段麻缕加捻完毕后,再次依靠锭子的反转,使绕于锭杆端的麻缕退绕出来,然后再转动锭子,把已加捻的这一段麻缕绕到纱管上。这种加捻方法称之为"手纺加捻法",即加捻与卷绕是分开交替进行的,锭子所担负的工艺,一会儿是加捻,一会儿是卷绕,周而复始地交替进行。而在大纺车上,是把需要加捻的麻缕预先卷绕到锭子的纱管上,并将麻缕头端绕上纱框,加工时,锭子一边旋转,由于车架上方的纱框旋转,按规定的速度把麻缕从锭子上沿纺锭轴向抽出来,这时麻缕由于锭子转动而获得加捻,故称为"退绕加捻法",加捻和卷绕的动作连续地分别由两个机构来完成,而原来锭子所兼负的卷绕工作改由纱框来完成。手摇纺车或脚踏纺车采用一套机构轮流完成加捻和卷绕两个操作;大纺车则利用两套机构同时分别完成加捻和卷绕两个动作,其生产效率提高,而且由于加捻和卷绕之间有固定的速比,麻缕上所加的捻度比其他纺车均匀。

为了获得不同捻向的丝条,可以改变大竹轮的旋转方向。大竹轮逆时针旋转,使锭子以顺时针方向回转,丝条得到 Z 捻;反之,则得到 S 捻。这种可捻丝的大纺车,在宋元之际的应用尤其广泛。当时,不仅缝衣、绣花及装饰等需要不同粗细的丝线,而且自宋元以来"绉纱"织物比汉唐时更风行。绉纱是古代丝织品的品种之一,当时称为"縠"。

大纺车由于没有牵伸引细纱条的能力,所以长期以来只能用来对麻、丝等长纤维进行加捻合线。约在清代,由于棉花种植业在全国各地大力发展,纺棉纱、织棉布在广大农村已成家户恒业。经过纺纱者长期实践和精心研究,终于创造了利用张力和捻度控制牵伸进行纺纱的大纺车,即多锭纺纱车。这种纺纱车在某些农村至今仍有使用。

现在浙江农村沿用的多锭纺纱车是手摇的,没有罗拉牵伸机构(图 1-4-24)。其车架为一个长方形的木框,40 个或 80 个纺锭分别竖列在车架的两面(双面车式),车架内装有直径为 420 毫米的长筒形竹轮,竹轮与纺锭的锭盘之间用绳弦相连。锭盘以木制成,直径为 15 毫米。竹轮轴的两端各装一个飞轮和手柄。手摇飞轮上的手柄,转动竹轮一周,依靠绳弦带动纺锭旋转 28 周左右。车架上方装有两对长圆木棍(导框轴),圆形纱框(纱盘)的直径为 160 毫米、阔 60 毫米,搁放在一对导框轴之上。竹轮轴以绳弦转动导框轴,利用其同向回转来摩擦带动纱框旋转,从而把纱卷绕到纱框上。往复导纱杆的偏心轮是由导框轴、小

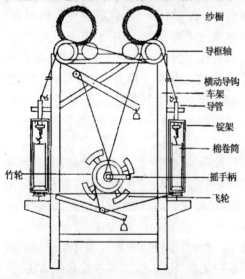

纱橱
导框轴
横动导钩
车架
导管
锭架
棉卷筒
竹轮
摇手柄
飞轮

图 1-4-24　浙江农村沿用的多锭纺纱车示意图

木轮与绳弦等装置传动的,使导纱杆上的导纱钩以70毫米的动程做左右往复运动。

纺锭的结构分为锭架与导管两部分(图1-4-25)。这种设有罗拉作为牵伸机构的多锭纺纱车,其纺纱原理与方法是从手摇纺纱工艺中继承和改进而来的。采用手摇纺车纺纱时,纺纱者左手握着棉条向后拉,转动纺锭,形成对棉条的牵伸与加捻作用;而在多锭纺纱车上,以旋转的棉卷筒与棉卷来替代纺纱者手握不转的棉条进行纺纱,用纱框旋转绕纱把纱向上拉来替代用手拉棉条向后移的动作,用静止不动的加捻钩来替代旋转的手摇纺车锭子。所以,它们只是在动作的主客体上互换位置,纺纱的原理与方法基本相似,走纱的路线也和《农书》中的大纺车相似。但是,这种新颖的多锭纺纱车在结构及使用方法上也有创新之处。如手摇纺车纺纱,由纺纱者利用两根或三根手指捏住棉条或棉絮的松紧程度,从而控制输出纤维数量的多少来控制纱条粗细;多锭纺车纺纱,是利用加压装置调节纱的张力来控制所纺纱的粗细。这无疑是一个重大的发明,我国劳动人民利用机械装置来替代人力控制加捻,在现代纺纱技术中还没有见到运用类似原理进行纺纱的现象,所以这项技术的发明在纺纱技术的发展史上具有重要意义。

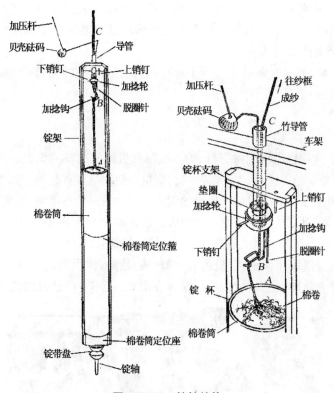

图1-4-25 纺锭结构

第五节 织 造

秦汉两代,封建经济和社会生产力进一步提高。各种纺织产品成了封建经济中的重要商品,纺织品的产量增多、质量提高,高度艺术化的品种如缂丝等渐趋流行。这是织机、织具全面

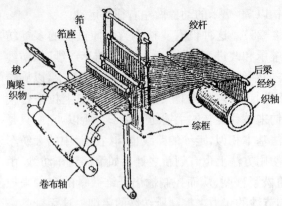

箟
箟座
绞杆
梭
胸梁
织物
后梁
经纱
织轴
综框
卷布轴

图 1-4-26　织机结构示意图

发展的结果。

织机有五大运动，即开口、引纬、打纬、送经和卷取。开口是其中最关键的运动，织物的品种、质量往往取决于开口运动的发展水平。图 1-4-26 所示为织机结构图。

大约在春秋、战国时期，我国已逐步在手工提综开口的基础上形成脚踏提综开口的斜织机。斜织机的出现使平纹织物的生产效率提高数倍，这种机器是后来普通平纹织机的前身。

脚踏开口结构与多综提花相结合就成了多综多蹑机。由于织物花纹愈来愈复杂，综蹑数也越来越多，引发了人们对多综多蹑机的发明和使用。竹笼机、丁桥机、栏杆机等都是在多综多蹑机的基础上发展而来的。多综多蹑机上的综片数毕竟有限，因此可织出的花纹的纬循环根数不能太大。大约在战国至秦汉，逐步发展出束综（或线综）提花机。为了适应品种多样化的要求，还有其他形式的织机，例如生产绞经罗织物的罗织机、生产地毯的立织机等。

引纬和打纬方面，战国时期已出现纡子和打纬刀合二为一的刀杼；织前准备工具，如整经用的经具、浆纱用的印架等，都有出现。

一、斜织机

春秋战国时期，我国已出现配备有杼、柚、综、蹑和机架的完整的织机。秦汉之际，织造日常衣着用料已经逐渐普及结构灵巧、生产率高的斜织机。斜织机究竟起始于哪个年代，目前尚缺乏可靠的史料，现在可从江西贵溪岩墓中出土的织机零件和汉画像石推测，完成斜织机的改革至少可以追溯至战国时期，到汉代已普遍使用斜织机。这些画像石刻中，有斜织机的就有几块。

图 1-4-27 所示为江苏泗洪县曹庄出土的画像石画中曾母断机训子的故事。图中一人坐于机内，为曾母，转身以手作训示状，机后有一杼（梭）落地，拱手而跪者是曾子（参）。汉代画像石上的斜织机已作为装饰图案，由此表明，汉代在山东、江苏一带已普遍使用这种织机。

图 1-4-27　江苏曹庄出土的汉画像石刻

中国纺织科技史

78

斜织机的经面与水平的机座成50°～60°的倾角,织工坐着操作,可一目了然地看到开口后经面是否平整,经纱有无断头。经面位置线有一个倾角,用经线导辊和织口卷布导辊能绷紧经纱,经纱的张力比较均匀,能使织物获得平整丰满的布面,织工也比较省力。

斜织机采用踏脚板(蹑)提综开口,这是织机发展史上的又一项重大发明。在出土的汉画像石上可以看到脚踏提综的具体形象,不过有的画得比较复杂,有的画得比较简单,有的传动结构比较清楚,有的比较含糊,但基本上可以看出织造时提综开口的动作。在图1-4-27中,下面两根踏脚杆用绳子连接在综框和提综杠杆上,综框的上端连在前大后小、形似"马头"的提综杆上。综框的前端较大而重,当经纱放松时,前端靠自重易于下落。两根踏脚杆长短不同,长者连接提综杠杆,短者连接综框下部,完成前后两次梭口的交换。当时的这种开口提综机构究竟怎样?画像石上很难看清。因此,考古界和研究古代织机的人做过多次复原工作,使用两根踏脚杆提升一片综框开口,完成经纱上下交换形成梭口。汉代织机复原图(图1-4-28)上,机架斜放在机台上,前后端分别有卷布轴和经轴,汉代称为榺(复)和滕(胜)。《说文》

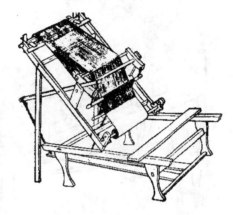

图1-4-28 汉代织机复原图

记载"榺,机持缯者;滕,机持经者"。两个轴牙的配置是:卷布轴用稀疏的板形牙,另有一根撑杆;卷经轴用较密的凹形牙,用绳套牢后再用小木辊收紧。当织好一段布帛后扳动撑杆放经,一边转动卷布辊张紧经纱,继续织造。画像石上没有绘筘,但是汉代时应该有筘,以控制经密和布幅。而且,织造时还需有保持织口幅度的幅撑,才能保证织幅,并便于织造。在马王堆一号汉墓出土的丝织品的隐花孔雀纹锦和隐花花卉纹锦上,均有明显的幅撑孔眼,就是佐证。

画像石中有利用单踏杆和双踏杆的提综开口示意图。对于用一根踏杆的开口机构的形制,在四川隆昌、湖南浏阳、江西万载等地,在沿用的传统苎麻斜织机上仍有采用。由于汉代画像石上的刻制太简单,没有画出综框,看不清双踏杆传动两片综框的织机结构。汉代历史文献中则有一综一蹑、多综多蹑的记载。双综平纹开口机构是从单综开口机构发展而来的。双综悬于"马头"的两端,下连双踏杆,这在元代《梓人遗制》的卧机子、《农书》中的布机和卧机(图1-4-29,图1-4-30,图1-4-31)、明代《天工开物》中的腰机(图1-4-32)、《蚕桑萃编》中的织绸机等,均有明确的描绘。织工踩下长踏杆,使后综下降,传动摆杆(马头),提起前综,形成上下经纱层的全梭口;织工踩下短踏杆,使前综下降,摆杆前倾上翘,牵动后综上升,就交换了梭口。在单综开口时,综只起提经作用,没有压经作用;用两片综进行全梭口开口时,每片综轮番一次提经、一次压经,所以穿综时必须有综眼,即每根经必须从一根综丝所打结的孔中穿过,这便是现代织机上综眼的前身。打纬的筘挂吊在机梁上部,左右手交替投梭打纬。图1-4-29中,打纬的竹筘利用两根弯杆挂着,弯杆有弹力,可以使筘往复打纬。有的打纬方式是将竹筘连接叠助木,即推筘的重型摆杆上,借助摆杆及其上的惯性力打紧纬纱,以提高织机的工效。

脚踏提综开口式斜织机和完整的织造技术以及各种行之有效的机构,是我国劳动人民的杰出创造。

图1-4-29 （元）《农书》中的织机

图1-4-30 （元）布机

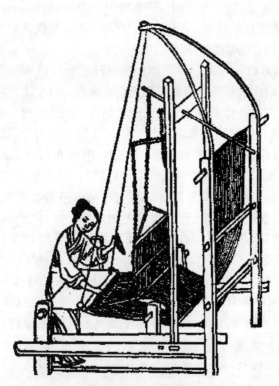

图1-4-31 （元）卧机

图1-4-32 《天工开物》中的腰机

二、多综多蹑纹织机

早在春秋战国之前,我国已有多综提花腰机,用于生产比较复杂的几何花纹织物,很自然地会利用多根踏杆来提升多片综框。这便是多综多蹑纹织机,它比单综或双综的斜织机复杂得多,"蹑"在古籍中或作"镊""箕",就是脚踏杆。关于多综多蹑织机的起始年代,尚难确定。根据春秋战国至秦汉的出土实物推断,大约是在战国至秦汉期间形成的。明确记载见于《西京杂记》,汉宣帝时(公元前73至前48年),"霍光妻遗淳于衍蒲桃锦二十四匹,散花绫二十五匹,绫出巨鹿陈宝光家,宝光妻传其法,霍显召入其第,使作之。机用一百二十蹑,六十日成一匹,匹直万钱"。陈宝光妻所创制的织绫锦的花机,就是属于多综多蹑的织机,织机用综蹑数高达120片,可见其十分复杂。

多综多蹑机的制织工艺技术要求高,且产量低,不能适应大量生产。东汉时广泛使用的可能是"五十综者五十蹑,六十综者六十蹑"的绫机。到三国时,陕西扶风(今兴平)人马钧进行了革新。

晋代傅玄所记的马钧改革绫机,主要是减少了蹑的根数,即控制开口用的踏脚杆从50～60根减少到12根,但并未提到"皆易十二综",可见综片仍保持原来的数目(50～60片),使织出的花纹"奇文异变,犹自然之成形",用12根踏杆(蹑)来控制60多片综是很有可能的。复原方案之一是用两根踏杆循环控制一片综的运动,如图1-4-33和图1-4-34。若使用12根踏杆,可以控制66片综框。先将66片综分为12组,前6组每组6片,后6组每组5片。每组综片的吊综线穿过一个挽环往上,每片综分别悬于一根提综杆上(图示第1至第6片综分别悬于第2至第7根提综杆上)。杠杆的另一端依次一一连到相对应的踏杆上。每组综的挽环连一挽线从侧面拉出,绕过滑轮而连到规定的踏杆上(图示第1组综的挽线连到第1根踏杆上)。

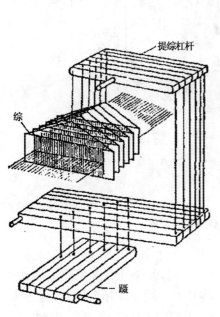

图 1-4-33 马钧革新提综图

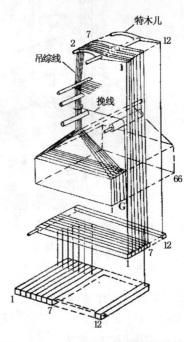

图 1-4-34 马钧革新绫机复原示意图

吊综线下端的分叉处搁在一根托综杆上,这样,在吊综线不上提时,综片借自重下垂,挂于托综杆上。当提综杆处在水平位置时,吊综线应是松的,有一段余量可以保证在挽线往侧面拉出时,综片仍可维持原位不动。只有在提综杆上翘、同时挽线往侧面拉出时,相应的综片才能往上提。挽和提的动作各由一根踏杆控制(图中第1片综,只有在1号踏杆将第1组挽线下拉,同时2号踏杆使2号提综杆上翘时才能上提)。根据吊综线和挽线连接法的配置,每根提综杆上挂5~6片综,但在开口时大部分吊综线是松的,至多只有一根受力,吊起一片综,所以仍可轻巧地进行织造。

多综多蹑织机在近代仍用于生产花绫、花锦、花边等织品。古代的蜀锦产地——四川成都附近的原双流县中兴公社(原华阳县旧址)还保存着原始的多综多蹑织机。因为它的脚踏板上布满竹钉,状如四川乡下常见的一个个在河面上依次排列的过河石墩"丁桥",故把这种多综多蹑织机取名为"丁桥织机",如图1-4-35所示。丁桥织机的生产有很长的历史,据说可生产凤眼、潮水、散花、冰梅、缎牙子、大博古和鱼鳞扛金等几十种花纹以及五色葵花、水波、万字、龟纹、桂花等花绫、花锦等十多个品种。所用综片数可根据品种花纹的复杂程度而定,如生产"万字"花纹用56综、56根脚踏杆(蹑),生产"五朵梅"品种用28片综和28根脚踏板。据老艺人回忆,他们曾用72综、72蹑生产了散花绫锦。

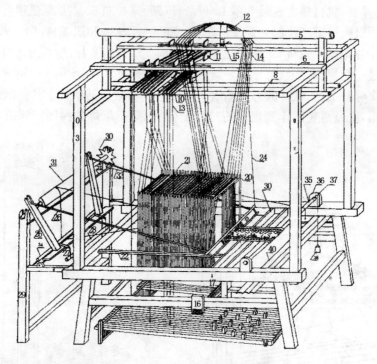

图1-4-35 丁桥机结构示意图

图中编号10~22是开口部分的机件。机前6片是专管地经运动的素综,又称"占子"(素综也有用2片、4片和8片的,随地组织的变化而定)。机后24片是专管纹经运动的花综,又称"范子"。花综的传动如图1-4-37(b)所示。木雕C的一端和综片F连接,另一端用麻绳和脚踏板B连接,脚踏板固定在支点O上。当操作者用脚向下踩动固定在脚踏板上的竹钉A时,脚踏板B绕支点O转动,使木雕的一端下降,另一端上升,从而提起综片F;当脚离开脚踏板上的竹钉后,综片靠自身的质量和经线的张力恢复到原来的位置。因此,脚踏板采用轻质竹材制成。

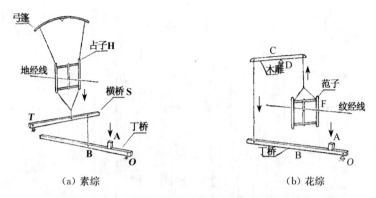

（a）素综　　　　　　　　　（b）花综

图 1-4-36　素综（占子）和花综（范子）开口示意图

素综片（占子）的开口运动示意图,如图 1-4-36（a）所示。综片 H 的上端通过吊综绳和弓篷连接,下面用麻绳和横桥 S 相连,横桥再用麻绳和右面的专管素综的脚踏板 B 连接,脚踏板 B 固定于同一支点上。当脚向下踏动脚踏板 B 上的竹钉 A 时,脚踏板绕 O 点转动,麻绳带动横桥 S 绕支点 T 转动,横桥 S 的一端和综片 H 连接,从而使综片下降;当脚离开竹钉后,综片 H 靠弓篷的弹力恢复到原来的位置。弓篷用四川特产的竹片制成,具有很好的弹性。

三、束综提花机

商绮和周锦都是带复杂花纹的丝织品,但它们的花纹一般为对称型、几何纹,花纹循环较小,可以采用前述的多综多蹑织机进行织造。对于花纹循环变化大、组织复杂的大花纹,如花卉纹、动物纹等,如使用多综多蹑机织制就相当困难,需寻求更好的织造原理和方法。大概在战国到秦汉时,逐步发展出花楼束综的提花装置。

秦汉之际,丝织品上所见的纹样图案非常丰富,多种多样的纹饰图案中,比较复杂的只能用线综（或称束综）提花机才可织成。现从长沙马王堆汉墓出土的丝织品的分析研究,已推测出提花机的结构。

汉初已使用复杂的提花机构和配备双经轴的织造工艺技术,织出了像绒圈锦一类具有立体效果的高级丝织品。花楼束综提花在文献中多有记载,东汉王逸在《机妇赋》里进行了较全面的形象化的描述。从新疆和甘肃沿"丝绸之路"出土的提花丝织品来看,东汉时期的花卉图案纹饰有新的发展,把动物花纹与花卉结合起来,还有提花汉字锦,花纹循环纬线数增加,要求按花回提升的纬线数达到 200 根以上,可以想见当时的提花机是很复杂的。

提花机经两晋南北朝直至隋唐时期都有不同程度的改进。西晋杨泉的《织机赋》中,对于织机的材料和安装规格以及提花织造的工艺技术,均描写得比较详细。这说明当时提花机的织造技术已经普及。到了唐代,提花机织出的绫锦花纹更多,达到了新的技术高峰。这和提花机的不断革新密切相关。大量纬显花的唐代锦的出土,证明提花机的普及和织花技术已经发展到一个新的阶段。宋代时提花机已发展得相当完整。

元代的提花机式样在《梓人遗制》中有具体的描述。《梓人遗制》是元初木工薛景石的一本织机专著,书中称提花机为华（花）机子（图 1-4-37）,他把分部零件图和总装配图刻画得非常具体,立体图更是形象逼真。这种华机子是晋南潞安州地区普遍推广的形式,它对于"潞绸遍宇内"做出了积极的贡献。

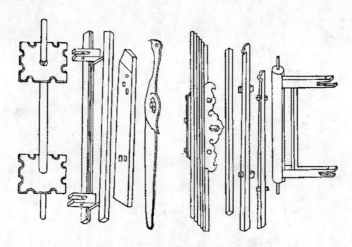

图 1-4-37　元代华机子机件图

明代的提花机形制在宋应星《天工开物》的"乃服篇"中记载得比较详尽,如图 1-4-38 所示。

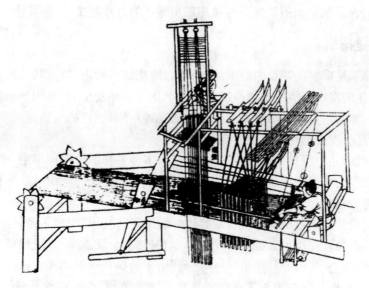

图 1-4-38　《天工开物》中的明代提花机

《天工开物》中的花机、花楼、衢盘、衢脚部分的结构和宋代楼璹《耕织图》中的提花机完全一致。提花小厮坐在花楼上专司提花操作,织地纹的提综杠杆名曰"老鸦翅",其形态和《梓人遗制》的华机子中的"特木儿"相同,另外用一套称为"溢木"的提综机构,使缎纹组织的大块面花纹中经浮长过长时中间可加"克点",以提高织物的牢度。这种提花机的特点是:机身分两节,前一节的经面是从经轴到花楼的木架前的导经辊的一段,要求水平放置;后一节的经面是从导经辊到织口,倾斜 33 厘米以上,这是为了使经线有一定张力,同时便于利用叠助木(筘座摆杆)的重力惯性打紧纬线。对于不同的纬密,可以改变叠助木上所绑石块的质量来调节。如果织细软轻盈的织物,不需要叠助木强大的正面冲击力,可以另装两只挂脚,使经面也呈水平。这样,叠助木的打纬力就不是正压力,而是切向分力。因此,这种调整打纬力的方法使得一机可以多用,扩大了织物品种的制织范围。这种经验是非常可贵的,近代织机沿用这种织造工艺原理来制织各种高级丝绸品种。《农政全书》中配有插图,如图1-4-39所示。

图 1-4-39 《农政全书》明代织花机

《豳风广义·织纴篇》中,对清代提花机有描绘,说明清代提花机的主要机构、作用原理、具体尺寸已发展得比较完善和合理。可以说这种技术代表了当时陕西地区的提花技术的实际水平。

关于江南地区的提花机形制,《蚕桑萃编》中有攀花机(图1-4-40),其主要机构有排檐机具、机身楼柱机具、花樱柱机具、提花线系列机具和三架梁系列机具。

南京摹本缎机和南京妆花机有踏杆16~24根,分别控制综框(范子)16~24片,上有弓篷两组,控制经线上下开口运动,主要用于织制地纹。踏杆和综框的多少可视提花织物的地纹(缎纹)设计需要而定,一般有16片综框即可。

江宁式提花缎机一般用提花束综线1200根。四川式花缎机的提花线

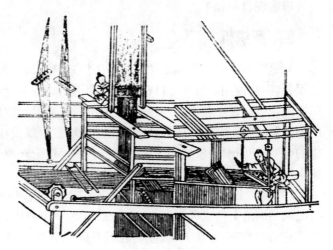

图 1-4-40 清代织花机

(束综)分为4节,头节为缲,如宁绸缎机缲340根,每一根套中衢线4根;第二节为栅栏子双套分两股,一股长18.2厘米,另一股长10厘米,线共680根,每一根下套中衢线2根;第三节为中衢双线套,共1360根,每一根摘提经线有提8根和提6根的,合算分用;第四节为下衢双线,共1360根,以缒中衢线。

南京妆花机上的提花束综线,比南京摹本缎机和镇江宫缎机多得多。它们均由挽子缲绳

和花本连接,花本线用吊线悬空,吊于上方。

提花机的挑花结本原理最为奇特,所制成的花本是把纹样由图纸过渡到织物的桥梁。它利用"结绳记事"的原理,根据纹样设计图的规律性,通过"同类项合并",按一定规律把经丝编成多组,并结集成一股股综绳,即挑结成花本。织造时,什么地方该起花,如何起花,只要根据"行活",循着悬挂于花楼上的花本,拽提脚子线,织工就可以投梭织花。

这种用挑花结本记忆花纹图案变化的规律,就是现代提花机上穿孔纹板的前身,相当于现代的计算机编程。

花本是提花束综起沉的依据。结花本有三个工艺过程,即挑花、倒花和拼花。其中挑花是结花本的最基本工艺,对于纹样正确显示于织物上起着决定性的作用。挑花结本在挑花绷子上进行。但在编织大块面花纹时,如单位纹样的经线数在 600 根以上,因挑花绷子受宽度所限,可按纹样的复杂程度,分两半挑花后进行拼花,制成完整的花本。倒花是在花纹对称循环时采用的巧妙的节省工时的工艺方法。

在我国古代的束综提花机上,最复杂、最奇特的结花本,就是将画师设计的各种花纹图案,由纹工先画成组织结构图。结构图就是表示经(纬)显花的经(纬)浮点的花纹图。工匠根据结构图上的经(纬)浮点进行挑花结本。花本就是将所有的花纹组织点编制成提沉经线的花纹信息程序,用现代术语来讲,就是用于整个花纹组织的程序控制和存储技术。这种结花本的程序控制的科学原理,随着唐代丝绸之路的畅通,和缂丝织绸技术一起陆续传至西亚和欧洲各国。这种用束综提花的织造技术,自战国至秦汉,几经革新,到隋唐逐步发展完善,直到近代始终处于领先地位。18 世纪末,法国纺织工匠贾卡(Jacquard)综合前人的革新成果,发明了机构简单而又合理的纹板提花机,用穿孔纹板代替了花本,但其基本原理是一脉相承的。用纹板之后,就可以实现自动化了。

四、罗织机

罗是我国古老的织物品种。根据历年来各地出土的实物,商周时代的罗主要是二经相绞的素罗,因此使用的绞经开口机构比较简单,只要一片绞综和一片地综就可织造;秦汉以后,丝织物的花色品种不断增加,素罗织物中出现了四经绞罗以及用四经绞罗作地纹、二经绞起花纹的菱纹罗(图 1-4-41);唐宋时发展为三经绞素罗以及在素罗地上显平纹、斜纹、浮纹等不同结构的花罗;明清时又发展为三丝(梭)罗、五丝罗、七丝罗等横(纬)罗品种。罗织机上,主要靠开口次序和织造工艺不同,形成不同罗纹效果的罗织物。

1972 年,长沙马王堆一号汉墓出土了四经绞素罗和杯形菱纹花罗。四经绞素罗的线综开口机构和织造上机工艺如图 1-4-42 所示。罗织机中,最奇特的开口机构就是采用绞综环装置。它的绞综环 D_1 和 D_2 起左右轮流升降绞转作用,地经综 C_1 和 C_2 起脱绞作用;经幅箱 A 控制经丝的收幅,并减少经丝滚绞;B 为压经杆(或用压综),防止地经被绞经夹起,奇数为地经,偶数为绞经。织第一纬时,降低 D_1,提起 C_1 和 D_2。此时,因 C_1 提升,减少绞经一半纠缠。织第二纬时,降低 D_2,提起 D_1。织第三纬时,降低 D_1,提起 D_2 和 C_2。织第四纬时,降低 D_2,提起 D_1。故织第三、四纬时与织第一、二纬相比,仅地经综的位置不同,以四梭为一个循环,如 C_1 和 C_2 改为提花束综,则可制织各式自由花纹。

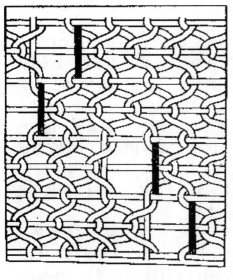

图 1-4-41　菱纹罗绞经法

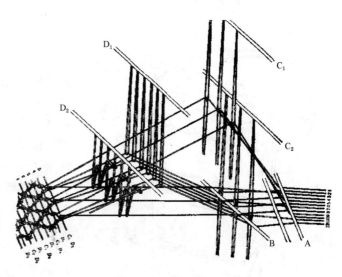

图 1-4-42　四经绞罗上机图

宋元时期,各种花罗织物非常盛行,出土实物也相当丰富。如江苏武进县村前公社的宋墓和金坛的南宋周瑀墓、福建福州的南宋黄昇墓以及宁复银川西夏陵区墓葬中,均有四经绞作为地纹、二经绞和浮纹等作为花纹的织物。从织造花罗的罗织机来看,提花束综可能用得更多,花纹变化也更复杂,但打纬仍用打纬刀。

福建南宋黄昇墓出土的三经绞牡丹花罗,地纹是两根地经、一根绞经,可以穿入同一箱齿内;花纹是二上一下的斜纹组织,也可穿入同一箱齿内。故这种花罗织物的穿箱方法,可以和二经绞罗一样,用竹箔打纬,以提高花罗的生产效率。

宋元时期的罗织机,现在能看到比较具体形制的,只有《梓人遗制》中"罗机子"的图形(图 1-4-43)。罗机子的开口机构是用鸟坐木上的特木儿(吊综杆),即在特木儿的一端系吊综绳,连踏脚杆,就可以织造各种提花罗织物,如各地出土的南宋花罗。

织造四经绞的素罗,可以使用纹杆穿过较低的梭口,而后提起经线,引入纬线,在下一次开口时,用打纬刀打紧纬线。可见,元初薛景石的家乡——山西潞安地区,仍有不用竹箔打纬生产的四经绞罗。

明代罗织机的开口装置,基本上和宋元时织二经绞罗的差不多,但已发展成可织一般称为横罗(熟罗)的新品种。《天工开物》

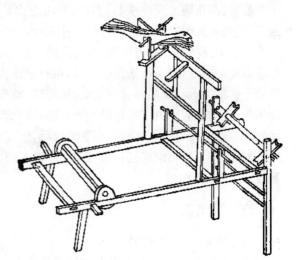

图 1-4-43　宋元时期的罗机子

中记载了此种织机的称为"秋罗"的织作工艺。秋罗的织法就是二经绞间织入三梭纬的方法。这种起出横向条纹(形成横路)的"熟罗"的织造方法,估计始创于明代。明清时多用染色线织制绫纹花罗以及采用金银线织造各种花纹的织金妆花罗。

五、立织机

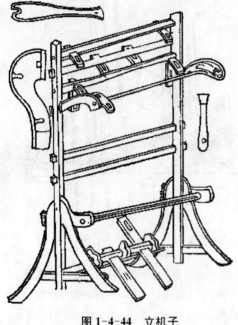

图 1-4-44 立机子

为了适应特殊织品的生产需要,我国古代还发明了立织机。这种织机的经纱平面垂直于地面,也就是说形成的织物是竖立的,故又称为竖机。早期的立织机可能用于织造地毯、挂毯和绒毯等类的毛织物。到了唐宋以后,立织机在一些地区还用于生产丝和棉织物。因此,它是和布卧机子、腰机、多蹑机并存的织机形式之一。

根据现有各地的出土实物,东汉时立织机已经用于起毛地毯的生产。

宋代立织机的形制见于山西高平开化寺的宋代壁画中,经轴在上,经纱竖立,中部开口,布轴在下方,织工双脚踏杆,开口,右手作投梭操作状,前有纺车一台,好像是纺织作坊在生产的情况。元代《梓人遗制》中的立机子如图 1-4-44 所示,立织机的机构和开化寺壁画中的有所不同,且描述得比较清楚。机架为直立式,上端顶部架有滕子(经轴),经纱片向下展开,通过豁丝木(分经木),两旁有形似"马头"的吊综杆,由吊综绳连接于综框,再由下综绳连接于长短踏板,中间安有"横棍"两根。豁丝木的作用是分经,另外起分绞、开口、压经的作用。织工双脚踏两根踏板,牵动"马头"做上下摆动,完成梭口交换,用梭引进纬纱,然后用筘打纬。这是一台织平纹的立织机图形,主要用于织麻布、棉布等大众化织品。它具有占地面积小、机构简单、操作方便、木工容易制造等特点,可能是宋元时山西一带流行的一种织机形式。

关于织丝绸的立织机图像,在南京博物院保存的明代画家仇英(十洲)绘制的《宫蚕图》中有较清楚的描述,织工脚踏提综开口,左右手投梭和打纬。可见,立织机在明代还用于生产简单的平纹绢类等丝织品。这种立织机因其经轴在上,更换不便,开口使用多片综也困难,故不能生产花色织物,还由于打纬做上下运动,较难掌握纬密的均匀度等。因此,它比平织机有更多的缺点,且很难克服。所以,在明清以后,随着织造生产的进一步发展,立织机在一些地区逐步被淘汰。但是,毛织地毯立织机仍生产世界闻名的手工艺品——中国地毯,深受各国人民的赞誉。

六、竹笼机

竹笼机是生产壮(僮)锦的古老织机。广西的壮锦有着悠久的历史。宋代时就有壮锦生产;明代万历年间,名贵的龙凤花纹壮锦是当地一种重要的贡品;到了清代,壮锦生产已经相当普遍,成为壮族妇女的重要家庭副业。

广西宾阳壮锦厂生产壮锦的织机采用传统的竹笼机,这种织机起源于何时已无法查考。据说广西最早的竹笼机流传在兴城和靖西,然后传到广西各地。竹笼机为竹木结构,如图 1-4-45 所示。由于它的开口提花机构形似用竹编成的猪笼,故又称为猪笼机。

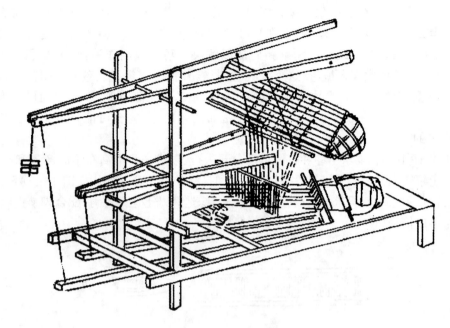

图 1-4-45　竹笼机

竹笼机织制的壮锦花纹图案为具有浓厚民族特色的菱形纹、回形纹、云雷纹、鸟兽纹,上面配置万字花、水波浪、七字花、山峦风景等,图案左右对称,花纹极为规整。花纹部分采用与织造纬丝相似的通经回纬的织造方法。彩纬光辉斑斓,织品极为精美,是极好的艺术品之一。竹笼机生产的壮锦被面、罗心(即背心)、头巾、窗帘、服装、鞋帽等,仍是壮族、瑶族、苗族等少数居族喜爱的高级丝织品。

七、梭和筘的发展

在原始腰机织布时代,引纬的工具直接采用缠绕着纱线的小木棒(即纡子),磕磕绊绊,难以在织口中通行。但是,光滑而宽扁的打纬刀在织口中来去自如。古代织工由此得到启示:在打纬刀上刻出一长条槽子,将绕着纬纱的筟嵌进去,这样一举两得,既可引纬又可打纬,如图1-4-46。这就是刀杼,它是梭的前身,可能形成于春秋时期。

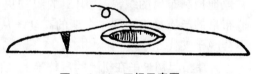

图 1-4-46　刀杼示意图

从无梭到有梭的发展,是古代劳动人民革新引纬工具、提高织机效率的重大创造之一。

从织机发展来看,战国时期已开始使用脚踏提综的斜织机,空出的双手专门用来引纬、打纬,逐步创造出用两头尖的梭子引纬,在梭口里往来自如,从此"如梭"成为形容"快"的副词。由于筟纳入梭腔里,引出时对纬线施以一定的退解张力,从而使织物表面比较平整丰满。

用梭引纬以后,原来由杼所承担的打纬任务必须另找工具,古代的织工们想到了利用定幅筘来打纬。我国早在西周时期,对于布帛的长度和宽度就有严格规定的标准。根据《汉书·食货志》,织品规格历来是"布帛广二尺二寸为幅",合今约 73.3 厘米。这种规格已从近年出土的汉代丝织品得到证明。古代织工究竟靠什么办法或工具来获得符合规格的布幅？尤其对于纤细轻薄的丝绸，特别是纱罗织物，织造合格布幅的要求更高。对这个问题，显然已由后来人在实践中不断革新而加以解决。巧妙地制作一把"大梳子"，固定在两根木条当中，经纱依次穿入梳齿，这个工具就叫做筘（古时叫筬、栚、窢）。这样，经纱排列有了一定的宽度，布幅也可以基本稳定，这就是定幅筘。由文献推断，春秋之前已经有这种技艺。从汉以前的手工业技术水平看，排列经密而定幅的筘，完全可能是从木梳箃得到启示而制造出来的。

采用梭子引纬后，要求引纬和打纬运动分开进行，以进一步提高布帛的产量和质量，于是织工利用定幅筘来代替木刀打纬，引纬的梭子和打纬的竹筘分开使用。图1-4-47所示为筘与梭子实物及示意图。织工一手投梭、一手拉筘，织造时既迅速又省力，配合脚踏提综开口，织机的产量可成倍增加。

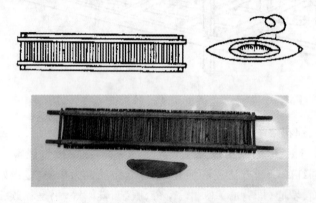

图1-4-47　梭子与筘示意与实物图（实物为曹振宇收藏）

汉代文献中也有用筘打纬的记载。汉代织机上，所用的打纬工具实有两种，一种是旧式嵌着筟管的刀杼，用它送纬又用它打纬；另一种是从"杼"演变分化而成的两个分开的织布工具，即梭与筬（筘），梭用于引纬，筘司打纬。后一种梭与筘分开的织造技术，远比单用杼进步得多，使引纬和打纬的速度提高，且降低了打纬动作的劳动强度；同时，比定幅筘更有效地控制布帛的织幅，使织出的织物更为平展规整。这个织造技术上的重大发展，使织造布帛的产质量提高到一个新的高度。从上面所引的史料和出土实物来看，打纬筘的出现不会晚于汉代。

打纬筘起初悬吊在机上的弯竹竿上，后来发展成为下面装两个撑脚。为了投梭方便，又在筘的近织口侧装上走梭板，梭子就可以在板上滑行，即有了轨道。到18世纪，欧洲人在走梭板两端加装打梭棒，用绳子绕在织机的滑轮上。手拉绳子，两侧打梭棒即可同时打向经面中心，梭子则轮流受到左右打梭棒的打击。为了防止打击时梭子偏离方向，在走梭板左右两端各加装拦板，这便是梭箱的雏形。这样就形成了后来用脚踏提综、一手拉投梭、另一手拉筘打纬的完整的手工织机，织造平纹织物时工效很高。这种织机一直沿用到近代。

八、整经和浆经

整经是织造准备的主要工序之一，古代丝织称为纼丝。整经所用的工具，称为经架、经具，又称纼床。不论是织造绢、缣、纨、绸等素织物，还是织制精美的绮、绫、锦、缎、绒等花织物，均需将许多簟子上的丝缕排列整齐,按一定的规律,牵于经轴上,以便穿筘上浆,再进行织造。织造麻、毛、棉的织品,也须将经纱通过整经绕于经轴上。整经工艺和所用工具一般可分为两种形式,一种是经耙式,另一种是轴架式。

浆经,又称浆丝,在古代称为"过糊""浆纱"。浆纱的目的是改善经线的织造性能,如增大强力、减磨和保伸等。它是织造准备工序中的重要工序之一。古代早期用生丝织造时,因丝的表面含有光滑的丝胶层,故一般不需要上浆。对于轻薄的纱罗和色织练丝(熟丝)织物以及麻、棉等短纤维纱的织制,则经纱必须经过上浆。丝织一般采用轴经上浆法;棉纱上浆以绞纱为多;麻纱则用卢刷,边上浆边卷绕于经轴上。

第六节▶️练、染、印、整工艺技术

一、染整工艺技术发展综述

秦汉时期,染整工艺技术发展迅速,随着社会的发展,生产已具有相当规模。秦汉两代均设有平准令,下置"暴室",从事织物的练染生产。隋唐时期,染料品种增加,色谱扩展,印染的组织分工更趋细致,少府监下的织染署所属的练染之作共有 6 个。宋代由于制造缬帛供应军需,印染机构更加扩充,分别在少府监下建立"文思院",又在内侍省设置"造作所",所辖的练染之作共有 10 个之多。明清时期,除在北京、南京等地设立织染局外,还增设"蓝靛所"等机构,"种青蓝以供染事",从事染色原料供应。历代官营手工业组织的变更,反映出印染生产规模的发展和染整工艺技术的进步。

秦汉时期的练漂工艺技术,在"慌氏湅丝"工艺的基础上,已逐渐采用草木灰与砧杵相结合的方法精练丝绸。精练剂的品种,由原有的蜃灰和糠木灰等物质继续扩展,超过了 15 种。南北朝期间,民间曾利用天然"白土",作为练浣织物的助白剂,能使外观更为洁白美观。自隋唐至宋元时期,捣练工艺继续发展,逐渐改变为双杵坐捣,劳动量减轻,生产效率增加。明清两代创造了用猪胰等物质进行脱胶练帛和精练棉布的方法,这是我国较早应用生物酶脱胶精练的工艺技术。对麻类织物,除了发展草木灰椎捣法脱胶精练外,宋元时期应用半浸半晒法脱胶去除木质素,以增进外观和手感,同时利用硫磺薰白法进行还原漂白。明清的练染手工业还总结了水质的掌握经验,使练漂工艺技术体系更趋完备,并为染色和印花织物的前处理奠定了基础。

由于染料品种的增多以及印染工艺技术的演进,染色的色谱继续扩大,就色彩的专用名词而言,由秦汉的 20 余种发展到清代的 700 余种,增长了 30 多倍。

秦汉以来,用化学方法制造的银珠、胡粉等颜料发展迅速,应用广泛。植物染料的品种和种植面积也不断增加,逐步总结出制靛和制红等方法,从而使这些植物染料可供常年存贮使用,不再受到季节性的局限。今天还可看到南北朝时期所作的完整的文字记载。隋唐以来,植物染料的应用更为普遍,"凡染,大抵以草木而成。有以花叶,有以茎实,出有方土,采有时月"。由于色彩众多,官营练染作坊也按色彩进行分工。

染色工艺技术方面,在已有的直接染色和媒染染色等工艺的基础上,防染工艺在秦汉时期逐渐发展,染色工具也相应有所演进。隋唐时期,缬类服色的扩展导致防染工艺大规模地应用。明清时期,拼染和套染工艺进一步发展,创新了明暗茶褐等色调,使服色的色调冷暖兼容、绚丽多彩。

印花工艺技术方面,在上代画缋和印花的基础上,型版印花有所发展。除直接印花法外,结合防染工艺,生产缬类的花色织物,蜡缬和夹缬先后问世,并逐渐成熟,其中蓝白花布在南北朝期间已成为无分贵贱的通用服饰。隋唐时期,型版及印花工艺创新,绞缬和碱剂印花织物亦已成熟,使印花类织物出现了新的面貌。宋元时期,在原有印金、描金工艺的基础上,发展了贴金印花,增进了外观的金光灿烂,富丽堂皇。明清时期,印花工艺继续发展,型版刻制精美,并开拓了木戳和木滚,印制工艺也分为刮印花和刷印花两大类,印浆更新,从而使印花服色更加丰富。

整理工艺技术从多方面开展。自汉代使用熨斗进行熨烫整理以来,历代相沿并演进为卷轴定形,其熨烫原理是后代织物定形的必要因素之一。秦汉以来,涂层整理技术也不断发展,其主要产品——油布和漆布发展到明清时期已成为常备的防水材料。研光整理在战国以前已出现,经过历代发展,到清代已应用大型踹石踹布,产品表面光洁、布质紧密,是后代机械轧光整理的前奏。薯莨整理技术在东晋期间已用于麻类织物,以后及于丝绸,清代生产的莨纱(香云纱)是著名的品种之一,产品具有耐汗、耐晒、凉爽、易洗等特点。这种染整结合的一浴法工艺,是我国较早的特殊整理技术。

二、练漂工艺技术

(一) 丝绸精练

生坯丝帛的练熟工艺技术历史悠久。秦汉时期,虽仍沿用草木灰沤练丝帛,但当时的精练工艺已经结合以砧杵为工具的捣练法,槌捣丝帛。这种砧杵捣练方式,与工艺流程较长的"慌氏涑丝"方法比较,显然可以缩短脱胶时间,促进丝帛脱胶,是丝绸精练工艺技术的发展。

隋唐时期,随着纺织品的发展,染手工业的规模逐渐扩大。见之于史籍,唐代织染署下设 6 个练染作坊,进行专业生产,其中"白作"就是从事练漂的作坊。练液原料即草木灰的品种也相继扩充。梁代陶弘景说,冬灰和荻灰,可以取其灰汁浣衣;唐代苏恭著作中,也有藜灰、青蒿灰和栎木灰等记述,均属烧木叶而成灰,供练染作坊使用。明代草木灰种类又有新的发展,除沿用原有的以外,尚有藜芦灰、麦秆灰、荞秆灰、豆秸灰、茄梗灰、冬瓜藤灰、马齿苋灰、莴苣灰、栎木灰、桑柴灰及冬灰等共 10 余种。古代用作练液的草木灰,均含有较多的钠、钾化合物,可利用其灰汁的碱性作用促进丝胶的溶胀、水解。草木灰品种的增多,对丝绸精练技术的发展也起着重要的作用。

唐代的丝绸精练技术,除了应用草木灰浸渍以外,砧杵捣练是练漂手工业的基本工艺。从宋徽宗临摹的唐人张萱《捣练图》画卷,可以看到生动的捣练丝帛情景。如图 1-4-48 所示,画卷的右侧部分,有一月牙槽石砧,存放着用细绳捆扎的帛类,两个妇女各人手持木杵一根,正在捣练,另两个妇女作辅助状;木杵

图 1-4-48 捣练图

均为细腰形，其长度与妇女身高相仿，这是捣练工艺的现场写生。

宋代以后，捣练法由站立执杵发展为对坐双杵，如图1-4-49所示。元代王祯《农书》、明代《农政全书》及清代《授时通考》中，都有对坐双杵捣练法的记载。这种捣练方式可以减轻劳动强度，并提高劳动生产率，是丝绸精练技术的进一步发展。

图1-4-49　对坐双杵捣练图

砧杵捣练法最适宜于练丝，近代又称为"槌丝"。生丝经过碱液浸渍和木杵槌打后，既容易脱去丝胶，丝束又不易紊乱。成丝的质量，也与单纯水练不同，外观上显现出明亮的光泽。用猪胰练白，见之于明初《多能鄙事》的"洗练法"，其内容分为三类：①练绢法；②练白法；③用胰法。

《多能鄙事》所记载的练白方法，证明最迟在明代，练液原材料品种增多，使用豆秸、荞木槲灰等，确定了练绢生熟的质量控制范围，同时还发现并应用了胰酶脱胶的生物化学技术。这是我国丝绸精练工艺技术的一项重大发明。

明代《天工开物》中除叙述了猪胰脂及乌梅的丝绸精练法外，还总结了蚕丝的脱胶量。掌握脱胶量，求得外观质量和练减率的实践经验，基本上和现代丝绸的加工工艺相一致。

清代的丝绸精练，除沿用上代的各类工艺技术外，练染工艺的衔接也更为密切，相应地还发展了生丝"半涑法"，使生丝经过粗练（半练）即进行染色，以适应织造某些品种的需要。

在丝绸精练技术中，我国古代曾利用"白土"增进白度。这种助白方法，最初用于丝绵，以后逐渐用于丝帛。宋代《图经本草》和《本草衍义》中分别记载，白土又名白垩，别名白善土或白土子。可切成方块，供民间浣衣，表明在宋代也曾作为浣衣助白使用。从"白土"的历史表明，早在公元4世纪前，我国民间已采用白土濯绵和浣衣，使丝帛的外观更为洁白。这是出现较早的纺织品助白方法和天然助白剂。

有关练染用水的水质，古代人民也积累了很多经验，"大而江河，小而涧溪均为流水，其外动而性静，其质柔而气刚。与湖泽陂塘止水不同。然江河之水浊，涧溪之水清，性色廻别，淬剑染帛，色各不同"。因此，务必选择水洁净澄清，使练染后的丝绸达到"质料佳，气泽明，工艺巧"的效果。吴绫、蜀锦之所以鲜艳夺目、物美价昂，与水色之美和人工之巧有关。这些从织物的内质和外观上改进质量的经验，对以后提高练染工艺技术有重要的意义。

（二）麻练漂

麻类纤维需先脱胶，使纤维束分离，以便于后续的绩麻或纺麻加工。织造之后可以进行麻织物的精练和漂白，以获得较好的手感和白度。《仪礼·丧服》中，对丧服用粗精不同的麻布提出了不同的精练方法。春秋战国之后，对精细的苎麻织物还逐渐采用绩麻后的精练工艺，以便获得更均匀的精练效果，也便于染得颜色较鲜艳的麻线，以供色织之用。在精练过程中，采用桑柴灰、黍秸灰淋水和石灰反复处理，有其先进性。因为近代已知，桑柴灰和黍秸灰内含有丰富的碳酸钾，与石灰作用时发生反应，形成的氢氧化钾是极强的碱剂，用之煮练，有很好的精练效果。为了进一步去除纤维上伴生的色素和木质素，还在精练之后采用半浸半晒的漂白工艺。先将石灰溶解于水，即生成强碱性的氢氧化钙，具有进一步的练白作用；之后纤维在半浸半晒状态下，由于水温升高，溶于水中的氧，可能在日光中的紫外线照射下有一定的氧化能力，可以破坏色素,改变木质素的结构而使其溶于水,达到漂白纤维的目的。

麻织物的练漂工艺技术,历史上的记载较多。明清时期,我国东南沿海地区曾以蚕丝与苎麻交织,生产"鱼冻布",手感柔滑,服用性能胜于纱罗类织物。当时,麻练漂与丝精练的结果是不同的。麻练漂不能完全去净胶质,在以后的多次洗涤中,胶质将逐步去净,故越洗越白。

麻类纤维及其制品也可以应用硫磺漂白。宋代《格物麤谈》中有关于硫磺漂白的文字记载。在我国湖南浏阳地区的农村,至今还采用燃烧褐煤以蒸白苎麻的工艺。因褐煤中含有硫磺,其应用原理与效果和硫磺蒸白相同,反映出当地人民就地取材之巧。

(三) 棉精练

宋、元以后,随着棉花种植和纺织技术在中原地区的推广,使棉布逐渐成为民间的主要日用衣料,导致棉布的印染加工日益繁重。为了提高印染加工的质量,首先要使棉布具备优良的渗透性和自然白度,这促进了棉布精练工艺技术的发展。

棉布精练技术在我国何时开始,尚未见到文献记载。但在我国有棉布生产以后,即以草木灰液捣练法,用于棉布精练,并逐步有所改进,这是可以肯定的。由民间染坊流传下来的技术得知,在清代江南地区,用发酵液捣法精练棉布,是广为流行的工艺。其工艺过程是在砂缸内盛发酵液,投入待练棉布,用石块压棉布于液面之下;经一昼夜,将布取出挤去水液,放于木台上用木棒槌捣后,仍将棉布浸压于液中;如此反复数次,至手感变软时,取出水洗,精练即完成。发酵液的温度务必保持适当,寒冷季节可在缸外略加微温,以利于发酵的顺利进行。发酵液一般采用小麦粉洗面筋后的残液,俗名黄浆水,也可用小麦麸皮直接溶于水中而成。黄浆水经自然发酵 4~5 天后,成为极良好的棉布精练材料。

根据分析,黄浆水内含有大量的淀粉和蛋白质,是微生物生长繁殖必需的养料。将黄浆水放置 4 天,自然发酵后有浓烈的恶臭味,说明黄浆水内有酶的存在,其中的果胶酶、蛋白酶和纤维素酶均有助于去除棉纤维中的天然杂质,并有退浆和练白的作用。

应用黄浆水并结合槌捣的棉布精练工艺,具有精练速度较快和制品手感柔和等优点。这种工艺方法,无疑是当时棉布精练技术的一个发展。

三、染料及染色工艺技术

(一) 动植物分泌物染料

以动植物分泌物作为染料,是这个时期的重要发现,也是一项发明。严格来讲,不属于动物或植物类染料,所以这里单独介绍。但这样的染料并不多。

唐代以前,我国劳动人民曾使用一种名为紫铆的动物分泌物作为红色染料,进行织物染色。此外,还有一种与紫铆相似物,称为麒麟竭,又名血竭。《唐本草》认为紫铆和麒麟竭大同小异。张勃《吴录》中也有紫铆可以作为纺织品红色染料的叙述。综上所述,说明在古代染料的发展过程中,紫铆和血竭均曾作为红色染料应用。我国民间很早就有用"胭脂虫"在纺织品上染得红色的传说,这种红色染料可能就是紫铆或麒麟竭。

根据现代分析,麒麟竭是树木的分泌物,内含的色素不能溶解于水,只能研成细粉,作为红色颜料,用于涂染或画绘。由于它本身具有黏性,可以免胶使用。紫铆就是紫胶或虫胶,是虫的分泌物,呈固体状,其成分中有两个部分,色素部分可作为染料,用明矾作媒染剂染色,可得赤紫色;其余的胶质部分,可作醇溶性清漆。紫铆的红色素用于纺织品染色,近代史书中未见有关沿用的记载,其胶质(虫胶)是现代工业的重要原料。

（二）矿物染料

秦汉以来,随着人们对色彩的需要,对矿物颜料的发掘和运用化学方法制造,使颜料的品种愈来愈多。一些传统的染料还在使用,同时出现了一些新的染料。

1. 红色矿物颜料

朱砂(丹砂)在秦汉时期继续发展。最好的朱砂,其表面光滑如镜,称为镜面砂。明代的银朱用途广泛,《天工开物》中总结了银朱的制造方法,并说明了银朱的化学特性,"若磨于锡砚,则立成皂汁",指出银朱遇锡会生成硫化锡(SnS),呈灰黑色。用银朱代替矿物丹砂,历代沿用颇广,它是我国出现的最早用化学方法制造的红色颜料。

2. 白色矿物染料

白云母,亦称绢云母,这种矿物为白色薄片,因富有绢丝光泽而得名,内含有硅酸钾铝。将绢云母研磨成极细的颗粒后,有良好的附着性和渗透性,且具有优良的覆盖性能。另一种白色颜料——胡粉,在秦汉时期继续发展。汉代以后,胡粉在手工业生产的基础上一直得到广泛的应用,以湖南辰州和广东韶关等地区的产品最为著名。明代宋应星《天工开物》中对胡粉的化学生产方法有更详细的叙述。用作画绘的白色颜料,其白色光彩可以历久不变。这种胡粉又名铅华或铅粉,也是我国较早出现的化学方式生产的白色颜料,在后代的彩绘服饰织物和丹青中普遍应用。在现代涂料工业中,胡粉也是主要的白色原材料。

3. 黑色矿物染料

石墨是结晶形碳,是以松烟为原料制成的。松烟是松在不完全燃烧后所凝成的黑灰,是极细的无定形粉末。汉代以来,随着手工业的发展,已逐渐采用松烟制墨。到了唐代,制墨原料有所增加,开始应用动植物油作为造墨原料。明代的造墨手工业更为发达,当时用松烟造墨已占九成,用清烟为原料制成的墨最为优质。

4. 金银色矿物染料

利用金银箔或其碎屑,加上黏合剂,制成金泥等涂料(颜料),用于画绘及印花工艺,作为纺织品的纹饰,从而制成金光闪闪、色光鲜艳的描金、印金等印花织物。在西汉时期,金银色涂料的印花织物已经成熟。唐代妇女的衣裙服饰,应用金银涂料也极为广泛。宋代初期,金银色涂料依然流行,虽一度禁止,到南宋时又逐渐解禁。金元时期,金银色涂料在服饰上应用极盛,在出土的纺织品中,应用金色涂料的印花织物也很多。明代继续沿用金银涂料,使涂料印花工艺更为完美。金银色涂料在后代纺织品中使用广泛,并为涂料工艺技术打下了良好的基础。

（三）植物染料

秦汉以来,植物染料的生产和应用逐渐扩大。官办染色手工业已逐渐具备规模,民间也有专门从事染料种植者,说明植物染料用途广泛,已成为印染手工业的重要原料。隋唐以来,植物染料的品种继续发展,染坊所用的染料大都取自草木,有以花叶,有以根皮,有以茎实,使植物染料的色谱基本上达到齐全。自秦汉至清的 2 000 年间,应用的植物染料品种共有数十余种。

1. 红色植物染料

(1) 茜草。茜草是我国使用最早的红色植物染料,秦汉以来继续发展。自西汉种植红花以后,用茜素红染色的服饰继续流行,但部分大红色彩已逐渐为色光鲜艳、由红花染色的真红所代替。

(2) 红花。又名红蓝草,西汉以后中原各地逐渐种植并普及,是红色植物染料中色光最为鲜明的一种。隋唐时期,红花素的色彩极为流行。唐代的红花提炼工艺成熟,使染色色彩更为鲜艳夺目。宋、元以后,随着纺织品生产的逐步扩大,红花的需要量也大为增加。明清时期,红花饼的制造和染色技术继续发展。在合成盐基性染料出现以前,我国一直沿用。

（3）苏枋。苏枋又称苏方木,或名苏木,是我国古代著名的红色植物染料。用苏枋染制的织物,色光美观大方,是我国南方地区民间所喜爱的色彩。苏枋植物染料的历史悠久,在西晋时期,我国已经使用苏枋染色。用苏枋所染的丝绸,色泽美观大方,和我国的蜀红锦及广西锦的赤色极为相似。晋代以来,苏枋在我国南方地区已是民间广泛使用的红色植物染料。明代用苏枋染色和套色的技术更为发展。这种媒染及套染的工艺原理,后代仍沿用。

2. 黄色植物染料

（1）栀子。栀子是秦汉以来发展广泛的黄色植物染料。自秦汉以来,栀子的种植已经极为普遍,并且广泛用于染色。栀子开白花,其子用冷水浸泡后,经过煮沸就可制得黄色的染液,适用于棉、毛、丝等纤维染色,对丝绸的上染率尤大。用栀子的染液直接染色,可染得鲜艳的黄色;也可用媒染剂进行媒染,以得到不同的色光,如铬媒染剂得灰黄色,铜媒染剂得嫩黄色,铁媒染剂得暗黄色。

（2）姜黄。姜黄也是我国古代的黄色植物染料,用其根茎的浸泡沸煮液进行染色。纯粹的姜黄素为橙色棱柱状结晶体,易溶于醇或醚中,对碱性有敏感性,遇碱性立刻变为红色。姜黄能直接染棉、毛、丝等纤维。用金属盐媒染,可以染制各种黄色,铬媒染剂染得棕黄色,铝媒染剂染得柠檬黄色,铜媒染剂染得黄绿色,铁媒染剂染得橙黄色。因此,染色用水不能含铁盐,否则色光变暗。用姜黄染色的织物,色光鲜嫩,但耐光牢度稍差,且遇碱则色光变红。近代测试碱性的姜黄试纸,就是以姜黄的浓缩液为原料所制成的。

（3）郁金。郁金与姜黄在植物学中是同属,其染色工艺及坚牢度与姜黄基本相同,所染制的织物略微有郁金之味,别具风格,是我国最早带有香味的染色材料。

（4）槐花。俗称槐黄,是染色性能较好的黄色植物染料。槐花是槐树花蕾及花朵的总称。槐花在未开时,形似米粒,故亦称为槐米。最晚在宋代,染织工人已经熟悉槐花的特性,用于染制黄色的纺织品,并广为使用。槐花收取具有季节性,必须存贮,才能供常年染色之用。槐花未开时,将其花蕊收集于箩筐中,用水煮沸后滤干,捏成饼状,供染色使用;已开之花,待花逐渐转黄收下,日晒炒干,加石灰少许,收藏备用。槐花属媒染性染料,可适用于棉、毛等纤维。利用不同的媒染剂,可染得各种色光,用锡媒染剂得艳黄色,铝媒染剂得草黄色,铬媒染剂得灰绿色。以槐花和明矾媒染的织物,如再套染靛蓝,可以制得官绿色或油绿色,是优质的绿色染色产品。槐花染料色光鲜明,牢度良好,是黄色植物染料中的后起之秀,后代一直使用。

3. 蓝色植物染料

靛蓝是我国具有悠久历史的染料之一。在秦汉以前,靛蓝的应用已经相当普遍。汉朝的靛蓝染色工艺技术相当成熟。秦汉以来,我国人民在长期实践中逐渐摸索到制取靛蓝的关键,打破了蓝草染色的季节性限制。北魏贾思勰对蓝草制靛的系统性总结,是世界上较早的造靛技术文献之一。靛蓝用于染色时,只需在靛泥中加入石灰水,配成染液,并使其发酵,把靛蓝还原成靛白;靛白能溶解于碱性溶液中,从而使纤维上色;染后经过空气氧化,便可得鲜明的蓝色。这种造靛和染色工艺技术,与现代合成靛蓝染色机理完全一致。隋唐时期,靛蓝染色更为发达。明代宋应星对蓝草的种植造靛和染色工艺,进一步作了全面性的阐述和总结。靛蓝的发酵还原染色法在后代继续发展。我国民间相传用草本植物的根茎浸泡液,加入米糠或糖蜜与石灰等碱性物质相配合，制得发酵液，更有利用酒糟使靛蓝染液发酵、还原的方法，进行还原染色。这是我国劳动人民在靛蓝染色工艺上的创造。

4. 绿色植物染料

秦汉以来，荩草一直作为染料应用。用荩草直接染色，可得黄色；用铜盐剂媒染，可得绿色；如以不同深浅的靛蓝套染，则可得黄绿色或绿色。明代以后，用荩草染色的史料已很少见。这可能与优质黄色植物染料品种的增多以及绿色植物染料的发现有关。

鼠李是我国著名的绿色植物染料，是优良的天然染料，国际上称为中国绿。其染色方式是，采用嫩的果实或茎枝表皮，在水中沸煮制成染液，以棉布浸入液中，放于空气中，即逐渐呈现绿色；如将棉布重复浸染数次，可染成较深的绿色。鼠李染色可在弱酸性或弱碱性染浴中浸染，丝绸适应于含钙盐的明矾浴中，染制棉布时用碱性皂浴最为优良；也可以使用还原剂，在弱酸性浴中，进行还原染色，制得带蓝光的绿色。用鼠李植物染料染制的成品，色牢度优良，尤其是丝绸制品，具有优良的耐光性、耐酸性和耐碱性。

5. 黑色植物染料

古代的黑色植物染料种类较多，如皂斗在周代已经使用。魏晋以来，黑色染制技术继续发展，媒染剂也不断创新，著名的黑色媒染剂"铁浆"逐渐出现。隋唐以来，黑色植物染料品种继续扩大，文献记载中有狼把草、鼠尾草、乌桕叶和五倍子等，以五倍子最为著名。利用鞣质植物染料使纤维上染黑色，据染业相传，这种染料还可以用于丝绒染色，能取得更良好的效果。这是由于鞣质经媒染后所形成的不溶性色淀，使纤维有较多的金属盐，既能使丝质增重，又能使丝胶蛋白固定，从而使丝绒的绒面挺拔，手感丰满厚实，产品外观乌黑，色牢度良好。这种丝绒染色工艺技术，在我国的手工业染坊中至今仍在使用。

（四）练染工具的发展

秦汉以来，染色手工业发展迅速，这可以从历史上出现的许多染器得到证实。当时的染色工具，除了带釉的陶缸和染梧以外，还使用染炉和染杯等染色工具。《秦汉金文录》卷四中的"平安侯家染炉"全形拓片、《与陶斋吉金录》卷六中"史侯家铜染杯"铭文拓片，反映了当时的染色工具和染色技术。平安侯家染炉的铭文是"平安侯家染炉第十，重六斤四两"，史侯家铜染杯的铭文是"史侯家铜染杯第四，重一斤十四两"。平安侯家染炉高13.2厘米、长17.6厘米，从铭文的编号来看，是属于配套的染器之一，可能还配有其他类型的染器，尚未发现。出土的这类古代染器，体积和质量均不是很大。根据染杯和染炉的容积估计，只能染小量的丝帛，并不适于染坊的大规模操作，可能是当时的贵族家庭手工业使用或是随葬的冥器。从染炉拓片可看出，炉上相对安置着两个染器，既能升高温度，又能组合进行连续染色，有利于提高工艺效能，为染制优良的织品创造了有利的技术条件。

古代的染坊设备，民间有"一缸二棒"的传统。所谓"一缸"是指一个染缸，陶制的染缸，后代一直沿用。"二棒"是指两根染用木棒。染棒可能是由砧杵捣练中的"杵"演变而来的。清代的练色作坊，除了染缸和染棒以外，还使用拧绞砧。圆柱体染棒用于搅动染液和翻动染制物，使染制品色光均匀；拧绞砧是设有基座的垂直型木桩装置，将练染的绞丝或织物的一端套于木桩上，另一端用手或染棒拧绞，脱去残液。这种脱水工具简单便利，应用极广。近代练丝工艺中的臂丝光，也采用这类工具进行。

明代《多能鄙事》及《天工开物》中记载的练染方法，已经采取沸煮和升温，说明已经使用染灶。清代的《蚕桑萃编》染色图中，画出了染灶图形和操作状态。这种染灶置有两个染釜（锅），俗称双眼灶。在染色过程中,釜内可以浸泡染料或盛放染液。灶膛升火后,可以升高或维持染液温度,并进行连续或组合染色,既能加速染色工艺流程,又可提高染制品的质量。染灶是古代染炉的进一步发展。古代劳动人民曾利用这些练染工具和地区的水质条件,在长期生产实践中,使染制的产品各具所长。历史上,曾有"湖州染式"和"锦江染式"之分。

四、印花工艺技术

古时印花始于染缬,"以丝敷缯,染之,解丝成文,曰缬也"。染缬包括绞缬、腊缬、夹缬三种。为了解决批量生产,后又发明了型版印花,包括阳纹凸版印花和阴纹凹版印花。由于采用的染料和助剂不同,又有直接印花和防染印花之分。

染缬始于秦汉,盛于唐。据《仪实录》载,染缬,"秦汉间始有,陈梁间贵贱通服之"。

(一)绞缬

又称撮缬,今称扎染,是染缬中方法较为简单的一种。先将布帛缝扎出花纹,再入染液染色,晾干后,拆去缝扎线结,便产生褶皱纹理自然和深浅色晕不同的百花色地的花纹图案。出土的实物有新疆吐鲁番十六国时期的"红白花纹绞缬绢"、北朝时期的"红色绞缬绢"、敦煌佛爷庙的"兰地纹缬绢"等。唐代史料中记载的绞缬种类很多,有大撮晕缬、玛瑙缬、鱼子缬、方盛缬、团宫缬等。绞缬方法不同,所染花纹变化多样。新疆阿斯塔那唐墓出土的"绞缬棕地菱纹绢"为白花单色染。另外,"绞缬四瓣花罗"为棕色和绿色套染,染色工艺复杂,图案纹样交错排列,色晕变化丰富,可以和当代扎染织物相媲美。绞缬至宋代仍盛兴不衰。绞缬名目繁多,其中较为常见的是"鹿胎缬"。据《咸淳临安志》载,鹿胎为"斑纹突起,色样不一"。沈从文先生认为,鹿胎缬是模拟鹿胎纹的一种绞缬纹样。

明清时期,夹缬工艺技术依然发展,可染制各种色彩,称为"刮印花"。用防染白浆印花和靛蓝染色的双色蓝色白布,名曰"药斑布"或"浇花布",深为民间所喜爱,除用于服装外,还可作衾幔之用。夹缬染色工艺最适用于棉、麻纤维。由于制品花纹清晰,经久耐用,直到现在,我国广大农村地区仍然广泛使用。图1-5-50为扎染示意图。

图1-4-50 扎染示意图

(二)蜡缬

蜡缬,今称蜡染,印染学中称为蜡防染色。《贵州通志》载:"用蜡绘画于布而染之,去蜡,则花纹如绘。"它是用蜡刀或毛笔将熔化的蜡液在织物上绘出纹样,蜡液凝结后入染液浸染,由于涂蜡部分有防染作用,又容易脆裂,染后去蜡,呈现出的花纹别有韵味。蜡染的方法主要是用蜡刀蘸取蜡液,在预经平整光洁处理的织物上,描绘各式图案纹样。蜡刀由两件或多件铜片组成,用于勾画线条,以竹签辅助点蜡。画蜡的材料,可以将蜡与松脂等混合使用,其多少视凝结后需要的软硬而定。蜡液是将蜡盛放于金属或陶瓷容器中,用炭火加温而得。液温要求适当,过低容易凝固,不利于描绘;过高能导致纤维变黄,影响花纹白度。务必恰到好处,并能使蜡液双面渗透。蜡绘干燥后,即可投入靛蓝溶液中进行防染。染后用沸水去蜡,即呈现蓝地白花的蜡染织物(图1-4-51)。

图 1-4-51　蜡染织物

蜡染的防染工艺,由于所绘蜡质不耐高温,适于在常温染浴中进行,因此靛蓝是最适宜的染料。在染色过程中,织物上所绘的蜡质,即发挥防染作用而制得花纹图案。染色加工有两种方式,一种是使织物在绷挺状态下浸染,另一种是处于松弛状态下浸染。两种方式各有特点,前者画面整洁,后者的艺术性更丰富。松弛状态下染色,因织物处于皱褶条件,容易导致蜡膜龟裂,渗入微量染色液,形成无规律的"冰纹"蜡染产品,成为蜡防染色的独特工艺技术。

1959年,新疆民丰大漠一号墓出土了两块东汉时期的白花蓝地的蜡染棉布,一块为锯齿绫纹花边和米字形网格几何纹;另一块为蓝白人物花纹,中央的大矩形内的主题花纹可能为佛像(已残缺),周边饰有龙纹、云雀、兔子,形象十分生动,左下角一个边长为32厘米的正方形框内饰有半裸的菩萨,形象十分突出,卷发高鼻,两眼炯炯有神,袒胸露乳,手持角杯,头后饰光环。这说明东汉时期的蜡染技术已经十分纯熟。唐代的蜡缬织品更为丰富,出现了五彩花绢。日本正仓院保存有一批唐代蜡缬,其中最具代表性的是染有五彩花纹的制作精美的"树木像羊蜡缬屏风"。

宋代以来,由于蜡缬只适于常温染色,且色谱有一定局限,中原地区的蜡染工艺逐渐为其他印花技术所取代,但少数民族地区继续发展流行。

瑶族人民的"傜斑布"与宋代苗族生产的装饰用品"点蜡幔"以及清代仡佬族的"顺水斑",都是负有盛名的朝廷贡品。蜡染在我国西南的少数民族地区一直沿用,至今仍受人喜爱。

(三)夹缬

夹缬,又称灰缬,是用两块雕镂相同的图案花版,将对折的布帛夹在中间,然后于花纹漏孔处注入染液或防染剂,前者因夹板处无法上染而达到防染印花效果,后者与蜡缬的原理相同,印上防染剂的布帛入染浴显示花纹。夹缬工艺可以印染三种以上的多彩纹样,由于每套花版可以重复使用,因此有利于手工批量生产。唐时夹缬除大量作为服饰用布以外,还用作室内装饰。日本正仓院所藏有夹缬水屏风、夹缬鸟木石屏风、夹缬鹿草木屏风等,是唐代典型的纺织装饰织物,图案题材广泛,造型干练概括,姿态生动优美,色彩丰富,布局对称均衡。据传,夹缬的发明者为唐玄宗之妹即玉真公主。《唐语林》载:"玄宗时柳捷好有才学……性巧慧,因使工镂板为杂花之像而为夹缬。"但从新疆北

图 1-4-52　夹缬织物

朝出土的"龟背朵花纹蓝白花布"推测,夹缬工艺的出现最迟应在北朝时期。明清时期,夹缬工艺技术依然发展,可染织各种色彩,当时称为"刮印衣"。由于织品(图1-4-52)花纹清晰,经久耐用,直到现在,在我国广大农村地区仍广泛使用。

（四）型版印花

图1-4-53 型版印花版型

型版印花有阳纹凸版和阴纹凹版两种（图1-4-53）。有人认为型版印花起源于制陶的印纹陶拍。同一型版可以重复印花。它的发明大大提高了印花生产效率，对后世的纸型印花和绢网印花技术的革新具有重要意义。从1972年湖南长沙马王堆一号汉墓出土的印花织物可以证实，我国西汉时期的织物印花技术已经达到相当高的水平。其印花敷彩后采用型版印花和彩绘相结合的工艺，在纱地织物上先印上墨色枝蔓，再填敷朱红、浅蓝、深蓝、白粉等颜色的蓓蕾、花和叶子等，绘制成四方连续的藤蔓植物纹样，组织排列匀称，服用性强。考古学家根据墨色枝蔓的交叉处有明显的断纹、纹样颜色变化及渍板等现象推断，印花型板应为阴纹凹板。同时出土的还有金银印花纱，印制花纹十分精细，采用的应该是阳纹凸版多套色印花工艺。不同花纹的型版分别在纱地丝织物上印出金、银、褐三色的弧线旋转涡纹和重叠的山字纹，再加印金色和朱红色的小圆点。从这些织物来看，纹样接版正确，排列均匀，色彩优美华丽，图案富于变化，服用性强。这是至今所见的最古老的多套版的彩色印花纹样。至宋代，由于雕版印刷业的发达，型版印花和镂空版印花技术水平都得到了很大的发展。由于型版印花提高了生产效率，因此逐步取代了部分染缬工艺。1975年，福州北郊浮仓山淳佑三年（1243）黄墓出土的"印金敷彩菊花纹花边"和"印金彩绘芍药灯球花边"是南宋时期印花织物的代表作，其印花工艺是采用金粉印花纹轮廓，然后用画笔填敷颜色，纹饰非常精美，色彩十分富丽。参照宋代服饰，这类花边大都用于服装的领、襟、袖等部位镶边装饰。

元代印花仍大量使用染缬，据《碎金》载，有"檀缬、蜀缬、撮缬、茧儿缬、浆水缬、三套缬、哲缬、鹿胎缬"等多种名目。元代的印金织物与织金一样，都十分流行，印金工艺有销金、泥金、蜡金、砑金、铺金等方法，一般都通过型版印花，或将调有黏合剂的金粉直接印出图案纹样，或先在织物上印含有黏合剂的图案纹样，再撒上金粉，然后抖去剩余的金粉而显出花形。元代印金与宋代不同，前者主要用于点缀，色调富贵而典雅；而后者施于整件衣服，色调显得过分奢侈华丽。这显然与当时的统治者尚金、追求豪华装饰有关。

明清时期，由于棉花的大量种植，棉纺织业迅速发展，价廉的棉布已经逐步取代丝、麻，成为平民百姓的主要服装面料。同时，民间的蓝印花布迅速流行。蓝印花布在宋代时被称为"药斑布"，明代时称为"浇花布"，为南宋嘉定县安定归姓者所创《嘉定县志》载："出安定、宋嘉泰中，土人归姓始为之，以灰药布染青，俟乾拭去，青白成文，有山水楼台人物花果鸟兽诸像。"《松江府志》载："药斑布俗名浇花布。"蓝印花布的印制工艺有两种。清代《常州府志》具体记载，浇花布染法有：以灰粉掺矾涂作花样，然后随作者意图加染颜色，晒干后刮去灰粉，则白色花纹灿然出现，称之为刮印法；或用木板刻花卉、人物、鸟兽等形，蒙于布上，用各种染色搓抹，处理后华彩如绘，称之为刷印法。这两种印染方法中，刮印染就是现称的蓝印花布的印花方法，纹样色彩效果有蓝地白花和白地蓝花两种。纹样风格粗犷中见精微，富有装饰性，除作服装面料以外，还用于被面、门帘等。

（五）碱剂印花

我国古代用于碱剂印花的原料主要来自石灰、草木灰，故有灰缬之称。它是在唐代发展起来的丝绸印花工艺之一。碱性化学物质对蚕丝的丝胶具有溶解作用,对某些染料有防染的性能。从1968年新疆阿斯塔那唐墓葬出土的印花丝织品来分析,唐时期的碱剂印花技术已十分成熟。

碱剂印花工艺可以分为两类。一类是碱剂直接印花,原色生丝作地,花纹部分印上碱剂,直接印上浆料,由于蚕丝经碱剂脱胶而容易吸收染料,因此能印出浅地深花的图案纹样;另一类是碱剂防染印花,在丝织物上选用碱剂防染浆料印出图案纹样,然后染色,由于碱剂对染料的防染作用,因此能印出深地浅花的图案纹样。唐代碱剂印花工艺大都采用纸版镂刻花纹,图案花纹轮廓清晰,造型简练,对后世的防染印花工艺的发展具有重要意义。

五、整理工艺技术

(一) 熨烫整理

我国古代曾用熨烫方法增进织物的外观,并使尺寸稳定,所用的熨烫工具是熨斗。最迟在汉代,用熨斗压烫织物使之伸张平挺的方式已经广为使用。熨斗采用铜质或铁质制成,碗形平底,有金属柄或插装木柄握持,应用时,斗内盛放炽热火炭,利用热的传导进行熨烫。

在宋徽宗临摹唐代张萱的捣练图卷中,有一帧"熨帛人"画面。图中左右两妇女,正在使劲拉挺织物;中间一妇女,左手把持帛边,右手握着熨斗柄,熨斗内盛有炽热的火炭,正在熨帛;中间背向的少女,则扶着另一方的帛边作辅助状。画面姿态生动,取材及此,亦可说明丝绸的熨烫整理在唐代是盛行的(图1-4-54)。

图1-4-54 宋徽宗临摹唐代张萱的捣练图

宋代的手工业作坊中,用熨斗熨烫丝绸织物仍然比较普遍。明清时,染坊的生产规模扩大,用熨斗作为丝绸熨烫整理的工具,显然已不能适应大批量生产的需要。因此,在清代的作坊生产中,已采用轴绸整理工艺,以取代熨烫整理。这种轴绸整理的木制工具称为"轴床"。操作时,工人口中喷水,使织物有适当的含湿,双手拉持帛边,使织物充分伸幅平挺,然后用右肘推辐,使转轴徐徐转动,丝绸紧卷于轴上,如此反复进行,将丝绸卷成绸轴,最后将绸轴晒干或经一昼夜低温烘干,使丝绸定形。

丝绸染练后的干燥方法,在清代也极为重视。《蚕桑萃编》记载:"暴(曝)在沤涑之后,其要有三:"上暴法以二人牵绸,两头中一人执之,用手轻摇如春风扇和,待其干后色最鲜明。若中暴法,则人力少用,兼天气晴朗,暴于郊外河干旷地,色亦鲜妍。至悬之杆上风吹日晒,非病燥,即病暗,市中多用之,取其简易。"书中总结了丝绸干燥过程中的时间、张力和温湿度等条件,为丝织品在软硬适度、手感和丝鸣感等方面有良好表现积累了一定经验。

(二) 涂层整理

所谓涂层整理,就是在织物表面均匀地涂敷一层或多层物质,使其产生不同功能的一种表面加工技术。人们很早就采用涂层加工技术,但作为一种新型的加工工业门类,是从 20 世纪 30—40 年代开始的。

1. 漆布和漆纱

漆布和漆纱是指将漆涂敷在织物和纱线之上的一种涂层整理方法。早在春秋以前,我国劳动人民已经利用漆树的分泌液制漆,并掌握了髹漆的方法。1953 年,在陕西长安县普渡村出土的西周墓葬中,发现了以编织物为腔并涂有棕黑色漆的残片。汉代以来,涂漆的工艺范围更为广泛,除髹漆篷盖以外,还用刮涂和髹漆相结合的方法,将织物加工复制成为漆布,作为御雨蔽日的用品或供舆服和包装使用。从新疆罗布淖尔烽燧亭遗址发掘的西汉涂漆麻布残片,其表面仍然光亮,背面织纹依旧清晰可辨,说明汉代的单面涂层技术已具有一定水平。这种坚韧光亮的涂层制品,在当时往来繁忙的"丝绸之路"上,对商队和商品曾发挥防护作用。

古代人民还在纱罗类织物上涂以漆液,制得富有弹性的漆纱。西汉以来,官吏所用的帽子,一部分是经过涂漆工艺制成的漆缠纱冠。漆布和漆纱的工艺技术,后代流传颇为广泛,在我国四川、湖南等产漆地区,至今仍有使用漆布加工的日用品。

2. 油布

油布是指用植物油涂敷在织物上而形成的一种具有特殊功能的布料。秦汉以来,已逐渐掌握荏子油类的特性。苏子和荏子的性质相似,果实中的籽均可作油。将这种油涂抹于织物上,干燥后即制成油布,是很好的防雨材料。东汉时期使用的"油缇帐",就是以涂有干性植物油的油布制成的。南北朝时期,干性植物油的炼制和涂层技术继续发展,《名医别录》和《齐民要术》中先后有记载,说明对荏油的性能和用途已经积累不少经验。荏油与漆混合,可使油膜更为坚韧光亮,并提高涂油织物的耐水性和耐腐蚀性。

隋唐时期,桐油也作为涂层的基本材料,各种颜色的油幢油幰,已先后用于车舆,作为装潢和蔽雨的设备。其中"安车"是用双色的紫油幢绛里,车后置有油幰,供下雨时展开使用。隋炀帝时,已利用涂油织物的防水特性制成避雨的油衣,可以说这是我国历史上最早出现的雨衣。

在宋代,涂油织物继续发展。太祖建隆四年(公元 963 年),仪礼官员倡议造"大辇"采用绯缯油帊,南宋高宗渡江遇雨用油黄缯覆盖,都属于经过油类涂层的制品。帊是宽幅类织物,表明宋代的涂层工艺已能生产阔幅的油缯布帛,作为防雨用品。元代亦有使用"黄油绢帕"的记载。

明清时期,干性植物油的炼制和涂层技术继续前进,除了炼油的质量和性能得到提高外,还增加了涂油织物的品种,生产明黄色和红色的油绸油绢,所制成的雨伞、雨冠、雨衣和雨裳是当时上等的防雨服装。油布和油衣,是我国古代民间和商业上普遍的防水用品,后代一直沿用。

（三）研光整理

研光为我国古代的整理方式之一，是利用石块的光滑面，在织物上进行碾压加工，从而增进织物的外观效果。

研光古代称为碇，《说文解字》云："碇，以石扞缯。"段玉裁注曰："碇以碾缯，今俗谓之研。"由此说明研光工艺历史悠久，早在汉代以前，这种整理方法已经出现。研光的历史，从出土文物中亦可表明。汉代以来，研光整理继续发展。明代《天工开物》记载，已精练的蚕丝干燥后，"以大蚌壳磨使乖钝，通身极力刮过，以成宝色"，表明在熟丝上可以进行研光；在织物上，还可以用先浆后碾的方式研光，使表面更为平整光洁；对碾压的石质，书中介绍宜采用"江北性冷质腻者，石不发烧，则缕紧不松泛"，否则影响制品的手感和质量。这些都是工艺实践的宝贵经验。

研光整理在清代继续发展，其工艺名称亦由碇、研、碾而演进为踹，除练染作坊生产踹布外，更有专业的踹布坊或踏布房。研光最初使用于丝、麻织物，之后逐渐发展至棉布。棉布由短纤维纺织而成，其表面茸毛经过研光后，即成为布质坚实而带有光泽的踹布。这类产品很适用于日燥风高的西北地区，可避免或减少沙尘的沾染。踹布整理的工艺原理，后代一直沿用，成为机械轧光整理的前身。

（四）薯莨整理

莨纱类制品，是以已经精练的丝织品，通过薯莨块茎浸出液染整加工而成。采用纱类坯绸加工的产品之一，亦称香云纱；用平纹坯绸加工的，称为栲绸。制品很适用于作为夏季服装材料，是我国南方著名的纺织品特产。

薯莨属多年生缠绕藤本的薯蓣科植物，其块茎肉质肥大，呈长圆形或不规则圆形，表面棕黑色，内部黄棕色，有疣状突起，鲜时割伤有红色黏液，生于山谷阳处疏林下或灌丛中，块茎内含有酚类化合物及鞣质。史料及出土文物表明，以薯莨浸渍液对织物的染整加工，历史颇为悠久，并逐步发展，应用于丝绸染整。

用于莨纱的薯莨加工方法，相传是将薯莨磨成小粒，经过多次浸渍，分次滤出浓淡的棕色液体，再加以混合至所需浓度，作为涂浸织物之用。浸出液的分子结构尚待明确，就其有效成分鞣质而言，为复杂的儿茶酚类化合物缩合体，不能被水解，与媒染剂可发生络合作用，并于空气中氧化而变性。

在莨纱工艺过程中，由于纤维经薯莨浸出液的涂刷和浸渍，使液中的缩合鞣质不断氧化，在纤维上渐次形成高聚物，其工艺流程虽然较长，但整理效果良好，而且兼有染色的效应。

莨纱制品外观别具风格，色光虽属暖色调，但具有凉爽、耐汗、易洗、快干等特点，很适宜沿海炎热地区使用。《广东新语》中谈到，用薯莨汁液处理的织物，若煮以石灰，可在清水中漂去。因此，莨纱类织物在洗涤中要避免使用皂碱类物质，否则会导致脱落。这种方法在我国染整技术的发展史上具有独特的意义。

第七节 ▶▶ 织　品

一、织物组织及显花技术的发展

秦至清末，无论是织物组织，或是织品结构和品种，都有重大的发展。秦至宋，随着纺、织、染、整工艺和技术的进一步完善,织物组织和结构也趋于完备,现代织物组织学中所谓的"三原组织"到宋代已全部出现,经显花向纬显花的过渡也于唐代完成。宋以后,织品结构又有创新,进一步向艺术化和大众化两个方向发展。就丝织品来说,侧重于前一个方向。唐代已经出现的工艺美术织物——缂丝,到宋代大为盛兴,唐以前已有的织金、起绒、挖花技术等,和缎纹组织相结合形成了不少新品种,其中大部分至今仍作为传统优秀产品,受到各国人民的欢迎。

(一) 织物组织的发展

秦以前,我国的织物组织已出现平纹及其变化、绞经、经二重、纬二重、双层、提花等。秦汉以后,继续用这些织物组织,生产出纱、縠、罗、绮、绫、锦等品种。到宋代,出现了由变化斜纹向缎纹组织的过渡,为织品开辟了一个新的大类。现代织物组织学把平纹、斜纹和缎纹合称为"三原组织"。缎纹与提花及二重等结合,产生了许多新的织物品种。

缎纹组织是在斜纹组织的基础上发展起来的。如果一个完全组织为 5 根(或 7 根),当飞数为除 1 和 4(7 根时除 1 和 6)以外的任意数时(飞数与完全组织根数间必须没有公因子),都可以形成缎纹。在一个完全组织中,缎纹的组织点不是像平纹或斜纹那样排列成连续的线条,而是分散地均匀分布,被浮长较长的纱线所掩盖,从而使织物表面只显现经线或纬线的独特风格。所以,这种组织一经出现便深受人们的喜爱。流传到欧洲后,西方对缎的称呼,便源于我国宋代丝织品出口口岸城市泉州的名称(刺桐)。

秦汉以来,织物组织的另一发展是"联合组织"的运用。例如,在绞经织物中织入平纹提花组织构成暗花罗,利用不同根数或不同斜向的斜纹组织联合构成矩纹绫等。

此外,利用穿综的变化来产生变化组织,扩大完全组织的循环数,在秦汉以后,运用日渐增多。采用这种办法,可以用较简单的织机织出比较丰富的花纹。例如,对二上二下斜纹进行变化,在只有 4 片综的织机上,可以织出完全组织循环数为 8 根的花纹。出土的宋代织品中就有这种品种。

(二) 显花技术的发展

在丰富织物品种、花色方面,除了织物组织外,显花技术的发展也起了很大的作用。显花技术最突出的表现是织锦。秦汉至六朝时期的锦,从迄今出土的实物来看,都用经线显花,而且一个花型单元的纬线循环根数较少,花型宽度尽管有的横贯全幅,但长度大都只有几厘米。这意味着花型不是很大,而一台织机装上一批经丝后,花纹的色彩即固定,中途没有改变的可能。

唐代中后期出现了纬线显花织法,这在显花技术上是一大进步。一台织机完全不改变经线和提综顺序,只要改换纬线的颜色,就可织出花型相同而色彩各异的织品。在这个基础上,还发展出了晕繝织法,即在织物表面可织出接近于无级层次的色彩条纹,而且变化多端。

纬线显花的起源十分悠久。出土的秦汉之前的文物中有纬二重织物,汉代"通经回纬"的织成和缂毛也是以彩纬显花。最初可能用挑花、挖梭的办法,靠手工织制。出土的唐代文物中,有许多通经通纬的纬显花织锦,证明那时已推广了束综和多综多蹑相结合的提花机,可见已采用手工机械织造。

显花技术的发展,使我国织锦以唐代为界划分为两个阶段,唐以前以经锦为主,唐以后逐步转向以纬锦为主。经锦中的突出代表是蜀锦。汉至唐,蜀锦一直闻名全国。宋以后,江南丝织兴盛,所产纬锦逐步崭露头角,著名的宋锦便渐渐形成。

(三) 挑花技术的发展

秦汉以来,挑花技艺也有发展。汉代出现了在地经、地纬的基础上,用彩色纹纬,按图案要求织出花型(包括鸟兽、花卉、山水、文字等)的"织成"。这是通经通纬加回纬的织法,只在构成衣片的轮廓线内起花,其余裁衣时丢弃的部分只织地组织。汉代还出现了全部通经回纬的"缂毛"。

织成到唐代与缂毛的织法结合起来,发展成不用地纬、全部通经回纬的"缂丝"。因为没有地纬,织物的纬向强力较低,所以不适于作服装用料。缂丝主要用于复制书画,制成供观赏的工艺美术织物,宋代以后大为兴盛,其优秀作品的艺术价值甚至超过它所摹拟的原画。

织成后来又发展为妆花缎,以基础组织为地,而以缎纹起花织入回纬,加上部分金银丝的夹入,使织品富丽堂皇、色彩缤纷。这种织品,必须在束综躅相结合的提花机上才能织造。

(四) 绒面显花技术

织物表面用细小纱圈或竖立茸毛构成图案的,称为花绒。目前所知的出土最早的花绒是马王堆汉墓中的"绒圈锦"。它兼备锦和绒的双重特征,由经线起绒圈,其办法是织入衬纬(也称假织纬),织好后抽去衬纬,则经线呈圈状突出在织物表面。

史籍中正式记录的绒,有宋代维吾尔族的绒锦、元代剪绒"怯锦里"和绒锦"纳克"。所谓剪绒,即在加衬纬织成绒圈后,在抽出衬纬之前用刀在显花处把绒圈割断,抽出衬纬后织物表面就显出以竖立茸毛组成的图案,其周围则布满绒圈。用这种显花方法,后来演变出漳绒、漳缎和建绒等品种。明代的双面绒也是一个特殊的品种。

二、丝织品

这个时期的丝织品主要有绮、锦、缎、绫、缣、纱、縠、罗等重要品种。

(一) 绮

绮是平纹地上起斜纹花的丝织物,最迟产生于商代。故宫博物院所藏的商代玉戈上的雷纹绮印痕、瑞典远东古物博物馆所藏的青铜钺上的回纹绮印痕以及河南安阳殷墟妇好墓和河北藁城商代遗址出土的黏在青铜器上的斜纹绮,是现存世界上最古老的织花丝织标本。古代绮中,除双色绮外,都是用生丝织造后染色。在汉魏晋时期,关于绮的记载较多,说明此时绮相当流行。湖南长沙马王堆西汉墓出土的西汉杯纹绮,质薄透明,有的于菱形中填饰对鸟、对兽纹样。南北朝时,几何纹绮出现了比汉绮复杂的弧线结构。唐代绮的纹样更趋于写实,如新疆尼雅遗址的出土物中有骆驼、马、葡萄等图案。宋绮的花纹组织浮线加长,花明地暗,花纹则以中型几何填花者为多。宋以后,绮这一品种便不多见。

元明两代,由于织金锦和色彩锦受到官府的提倡,所以运用金银线的织品大量发展,又因植物染料色谱进一步扩大,印花织物增多,故绮的生产受到一定限制,在元明的史籍记载中比较少见。在纺织历史上起过重要作用的绮,度过了它的全盛时代而日趋衰落。虽然,明代在北京有"绮华馆"的作坊,专门为皇宫贵族生产绮,也不过作为进贡封建皇朝而已。但是它的制造原理和工艺技术,为织金锦、蜀锦、云锦、漳绒、金采绒等品种所继承,并得到了进一步的发展。

(二) 锦

锦是以彩色的丝线用平纹或斜纹的多重或多层组织,织成各种花纹的精美织物(图1-4-55)。"锦"字是金字和帛字的组合。文献《说文》认为,锦是非常豪华贵重的丝帛,其价值

图1-4-55 锦

相当于黄金,在古代只有贵人才穿得起。西周时期,中国已经出现用两种以上的彩色丝线提花的重经织物——"经锦"。辽宁、山东、陕西等地的周代墓葬中都发现了锦的残片。1970年,在辽宁朝阳西周早期墓中发现随葬丝织品20多层,其中有几层是经二重组织的锦,经密为每厘米52根,纬密为每厘米14根。1976年,在山东临淄郎家庄一号东周墓中发现的经锦残片,经密为每厘米112根,纬密为每厘米32根。经锦的经丝有显花的纹经和分隔纹经的夹经。纬丝一组为交织纬,一组为夹纬,花地轮廓分明。战国时期,经锦技艺有很大的发展,除三色经二重组织的经锦外,还有花经二重织物中配一组分段换色的彩条经的多彩经锦以及二重经中另加一组特殊挂经使之作长浮花的织法。此外,还出现了纬二重组织的经锦,即由一组纬丝与经丝织平纹,另一组纬丝将显花的经丝托起,将不显花的经丝压住。战国时织锦的纹样比较刻板,到汉代才出现根本的变化。西汉时,锦的织造技术有了新的提高,并且在锦的组织结构、运色配置和织造工艺上有了较大的进步。东汉的锦的纹样概括而写实,人物与禽兽奔逐于动荡的云气山岳之中,充满动感与力度,并织出吉祥文字点缀其间。南北朝时期,一种严谨对称和具有韵律感的图案形式取代了汉代的传统风格,但锦的结构仍然是经二重织物。到了唐武德二年(619年),出现了纬线起花的纬锦,如新疆吐鲁番阿斯塔那唐墓出土了纬线起花的纬锦。此后,中国织锦以纬线显花为主,可用多把不同色的纬梭轮换织造,从而丰富了织锦图案的色彩。至宋代,四川成都的蜀锦成为著名品种。成都织锦兴于三国,唐代益州大行台窦师伦创制的瑞锦宫绫,有对雉、斗羊、翔凤、游麟多种花式,被称为"陵阳公样"。宋代时,成都锦院所产的蜀锦,花式更多。明清时期,成都蜀锦生产已见衰落,苏州生产的重锦、细色锦和匣锦发展了宋锦艺术的成就而有"宋锦"的称号。故宫博物院所藏的《彩织极乐世界图轴》,高448厘米,宽196.5厘米,用19把不同色的梭长织,织出278个人物及壮丽场景,可以作为中国手工丝织提花工艺高超成就的代表,是中国丝织艺术珍宝。

(三)缎

缎为缎纹组织的丝织物(图1-14-56)。中国从唐初创造了纬锦,织纹从平纹变化的经线双面组织变为经斜纹地上起纬斜纹花。以后又通过织机构造的改进,增加了控制地纹经线的综片数,到宋代就出现了缎。缎的经纬丝中,只有一种显现于织物表面,相邻的两根经丝或纬丝上的组织点均匀分布,不相连续,故外观光亮平滑、质地柔软,厚薄可根据用途调节,是极其富丽华美的高级丝织品种。宋代的

图1-4-56 缎

缎织物曾在福州南宋黄昇墓中发现。元代初年,街市上已有民间织造的"日月龙凤缎匹及缠身大龙缎子"。明代的缎织物表面组织基本上都是"五枚缎"。清初,一种缎面更为光洁匀净的"八枚缎"兴起,迄今仍为缎类织品中的主流。明代织花缎有暗花缎、闪缎、花缎、妆金库缎、妆

花缎、织金妆花缎、遍地金妆花缎、孔雀羽织金妆花缎等品种。到了清代,缎的品种更加五花八门,琳琅满目。

(四) 绫

绫是指在斜纹(或变形斜纹)地上起斜纹花的织物(图1-4-57)。由于绫显出特有的冰凌纹,即在织物表面呈现叠山形的斜纹组织,因此而得名绫。绫是在绮的基础上发展起来的,因此,绫比绮晚。战国、秦汉时的丝织物中已有这一品种,但没有保存下来的实物。到唐代,绫的生产始盛,浙江所产的缭绫尤为名贵。唐李德裕的上奏缭绫状中,谈到缭绫有玄鹅、天马、掬豹、盘绦等多种纹样。日本正仓院所藏的中国唐绫中,有经密每厘米160根、纬密每厘米100根、左右异向斜纹的葡萄唐草纹绫,工艺精美。宋代绫的产量很大,沿袭唐制,仍规定绫为官服。湖南邵阳何家皂北宋墓、福建福州南宋黄昇墓、江苏金坛南宋周瑀墓、江苏武进村前公社南宋墓、宁夏回族自治区银川市郊西夏墓,均曾出土各种花式的花绫。

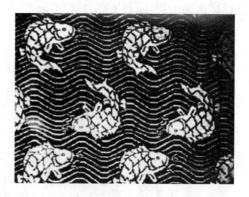

图1-4-57 绫

元代朝廷对江南的丝织业十分重视,官府设立专门机构管理各地的绫的生产。明代的绫织技术更趋完备,其织物比宋元时期更为复杂。绫在明清时期逐渐减少,有的花纹品种被锦所取代。

(五) 缣

缣为双根并丝所织的粗厚平纹丝织物。甘肃敦煌发现了写有"任城国亢父缣一匹,幅广二尺二寸,长四丈,重廿四两,值钱六百一十八"的汉缣。缣与绢、绨、绅、缦、纨、缟均为平纹织物,其中纨、缟为薄型或超薄型织物,缣和绨则比较厚实。

(六) 纱

纱是一种表面有纤细、均匀、方形孔眼、轻盈的纱组织平纹丝织物。古代纱织物的出现,首先是因为生产上筛网的需要。由于这种织物的孔眼较细,只能通过细小的沙粒,所以将其称为纱(沙)。

陕西咸阳秦六国宫殿遗址曾发现纱地的刺绣。湖南长沙马王堆一号西汉墓出土了一件素纱禅衣,衣长128厘米,袖长190厘米,包括领和两袖镶边在内仅49克,经纬密度均为每厘米62根,单根丝缕为1.22特,每平方米纱的质量为15.4克。素纱是秦汉时期制作夏服和衬衣的一种非常流行的材料。唐朝官府少府监专门设立纱作织纱,民间也相当流行。唐朝官府新疆吐鲁番阿斯塔那唐墓曾出土鸳鸯染缬纱、骑士狩猎印花纱等。至宋代,纱的经纬更稀疏,方孔更大,其至轻者叫"轻容纱",产于亳州,银川西夏正献王嵬名墓、江苏金坛南宋周瑀墓、福州南宋黄昇墓中均有出土。明清时期,出现了暗花纱(花地同色)、花纱(地纬与经同色,纹纬与经异色)、织金纱(地纬与经同色,纹纬用片金线于透明纱地上织出闪耀的金花)、捻金纱(常见的是花绞纱组织地上起本色平纹,假纱组织的暗花纱上用捻金线挖织花纹,捻金线花与暗花相映,更富于层次感)、妆花纱(常见的是在绞纱或假纱地上,以无捻彩色绒丝,用挖花方法织出彩色花纹,质薄花艳,是宫廷夏季服装用料)、织金妆花纱(与妆花纱不同的地方是,除加织捻金线以外,每隔1~2梭加织一梭片金,片金主要织在花头、花蕊等中心部位及用于勾边,多作成件衣料,每匹即为一件衣袍,常于封签上记明产地、尺寸、工匠、织造年月),遍地金妆花织成衣料(专门根据官服、朝服的规格、尺寸、款式、花式设计而织造的,多以平纹假纱组织为地,在花纹部位用片金或捻金线织地色,以五彩绒丝织花纹,因此大部分为透明的纱地,而某些主要的纹样装饰区为金地,显五彩花纹)。

(七) 縠

縠是质地轻薄、丝缕纤细、表面起绉纹的平纹织物,也就是绉纱。织后煮练定形,织物表面因抽缩而呈现凹凸绉纹,即后世所称的绉纱。长沙马王堆西汉墓曾出土了浅绛色縠。新疆吐鲁番阿斯塔那北区第 105 号墓出土的唐代狩猎纹绿色染缬纱,经纬均经强捻,不同捻向相间排列,织物表面形成条纹和横档,也属縠类织物。福州南宋黄昇墓出土的绉纱,表面绉纹较汉唐时期更加美观。縠的手感弹性好,不会因汗湿而黏附身体,穿着结实舒适。

(八) 罗

罗是采用纹织法,以地经纱和绞经纱与纬纱交织,形成椒形绞纱孔隙的丝织物。罗在春秋战国之前已经出现,在汉以后经魏晋到隋唐,罗得到进一步的发展;宋代,罗更是风靡一时,成为江南一带非常名贵的丝织品。宋时,在润州(镇江)专门设立织罗务,每年的"贡罗"多达 10 万匹以上。罗在炎热的夏天,尤其在南方的民间,也是人们日常生活中爱穿的高级丝织品。

罗又分为素罗和花罗。素罗是指经纱起绞的素组织罗,经丝一般有弱捻,纬丝无捻。素罗根据绞经的特点分为二经绞罗、三经绞罗以及四经绞罗等品种。花罗是罗地上起出各种花纹图案的罗组织总称,也叫提花罗,根据绞经特点分为菱纹罗、平纹花罗、三经绞花罗、二经浮纹罗等。

甘肃武威磨嘴子、湖南长沙马王堆、湖北江陵凤凰山等地汉墓及山西阳高、蒙古人民共和国诺音乌拉、朝鲜民主主义人民共和国平壤古乐浪遗址和中国西北古代丝绸之路经过的地方,均曾发现汉代罗织物,有二经相绞及四经相绞及织成菱形纹的纹罗。宋代的花罗在宁夏西夏陵区 108 号墓、江苏武进宋墓、金坛南宋周瑀墓、常州宋墓、福建福州南宋黄昇墓、内蒙古乌兰察布盟辽墓中均有出土,纹地组织变化多样,有平纹花、斜纹花,纹样有叶中套花、花中套花、穿枝、缠枝、散列等形式,精致写实。内蒙古乌兰察布盟豪欠营村湾子山 6 号辽墓出土的随葬衣物中,还发现了十经互绞花罗和十二经互绞花罗。明清时期,罗的品种增多,主要有暗花罗、花罗、织金罗、妆花罗、织金妆花罗等。明代妆花罗和织金妆花罗中的五彩妆花纬及捻金线多采用挖花技术,以各色彩绒纬管与长跑纬同时织造。在北京明定陵出土的衣物中,如四合如意洒线绣四团龙补罗袍、大如意云缉线绣斗牛补罗袍、织金云龙杂宝暗花罗裙、本色莲花牡丹罗裙、缠枝莲暗花罗、串枝莲罗褥等,都是当时有代表性的罗织物。

(九) 缂丝

缂丝是用"通经回纬"织法,以彩色纬丝显花的工艺美术织品,通常织成书画贡装饰用。古文献中有克丝、克绣、刻丝之称,皆属字异、音同、意同。缂丝以本色熟丝作经线,以彩色丝线作纬线,先将要缂织的纹样描绘在经线上,再用小梭按其不同色彩和纹饰分别织纬,纬线不通梭织造,采用局部回纬织制,因而不同色彩或不同纹饰的轮廓之间互不相连,似刀镂刻状,故称缂丝(图 1-4-58)。

这种特殊的缂织方法,最早源于汉代西北少数民族的毛织物,称为缂毛。新疆汉墓中有许多实物出土,《晋书》称为镂罽。汉、唐时期始用蚕丝作原料,始称缂丝。蒙古诺音乌拉汉墓出土的山石纹缂丝残片、新疆阿斯塔那 206 号唐代张雄夫妇墓出土的舞俑腰带叶纹缂丝带、北宋

图 1-4-58 缂丝八仙图

缂丝紫天鹿、缂丝《紫鸾鹊谱》、南宋沈子蕃缂丝《梅花寒鹊图》、朱克柔缂丝《莲塘乳鸭》、元代缂丝《东方朔偷桃》等,大致反映了元代以前缂丝工艺技术的发展概况。特别是经过南宋时期出现的沈子蕃、朱克柔等一批优秀的缂丝工艺家的努力,使缂丝工艺超越了实用美术的范围,而以卷、轴、册、页的形式摹缂名人书画,发展成供人们欣赏、具有审美功能的新兴艺术品。明清时期,缂丝技术继承了宋元缂丝的优秀传统,有着极大的发展。这个时期,除缂织袍服、屏风、靠垫、桌围、椅披、包首等实用品外,还大量缂织诗文、书画、佛像等,表现领域更加扩大;在缂丝技术上创造了透缂,即双面缂的工艺,缂工精细,正反两面的纹饰均精彩一致,同时将缂丝与刺绣这两种不同的工艺有机地结合为一体,有时甚至采用画面加淡彩渲染的方法,极大地丰富和提高了缂丝技术的表现力。

缂丝的主要技法有多种,这里简单介绍:

① 勾边线。又称勾缂,有单股和双股勾边线之分,用于缂织纹饰的轮廓线。

② 结。在两晕或三晕色之间,另竖向缂织一条线,起调和及增强色彩层次感的作用。

③ 掼缂。在两色之间,横向缂织 1～2 条线,起调和及晕色的作用。

④ 戗。分为:长短戗,由两种色线间隔缂织长短不同的线条;木梳戗,由两种色线间隔缂织长短相同的线,形如梳齿状;凤尾戗,由两种色线交替缂织长短、粗细均不同的线条,形如凤尾状;(上述三种戗缂方法,均由左向右,或由右向左缂织,目的是达到色彩的过渡变化和晕色的效果)参和戗,从下至上,由深色逐渐退晕到浅色,使之增加立体感和质感;包心戗,由外向中心部位,逐渐由深色过渡到浅色的缂织,作用与参和戗相同。

⑤ 搭梭。又称"横门闩",在两个色区的开口之间缂织一梭,使其搭连在一起,增强牢度。

⑥ 子母经。分单子母经和双子母经,用一根纬线,在两根经线上缠绕,如缂织玺印的边框。

⑦ 盘梭。用两把梭子,在一根经线上盘绕缂织,表现编织纹。

⑧ 绕梭。用一种色线,在经线上缠绕缂织,表现叶脉的纹路。

⑨ 透缂。又称双面缂,要求缂织精工,换梭时藏好线头,不露痕迹,达到正反两面花纹一样,主要应用于缂织宫扇、围屏、单朝袍等物品。

三、麻和葛织品

秦汉以来,中原地区的衣着原料,除蚕丝外,主要是苎麻,也用一些葛和大麻,其织物总称为布。从秦汉至宋的漫长时期内,麻织物一直是人民大众的主要衣料,葛织物逐渐减少。苎麻织物具有吸湿放湿快的天然优良特性,宜作夏季衣服。因此,即使在棉布普及之后,直至清代,在我国南方,以苎麻为原料的夏布一直大量生产,深受国内外人民的欢迎。葛织物也有少量生产。

(一) 夏布

夏布是比较精细的苎麻布,自古以来,是我国的大众衣料之一。夏布的名称始见于清代文献。宋、元以后,棉布在中原地区逐渐普及,苎麻布失去了大众衣料的地位,开始仅以夏布流行于世。苎麻布,按其精细程度,曾有各种名称,如苎布、絟布、緆布、緦布、緰布、繐布(或练子)及服琐(或绫布)。其中,緰布、繐布、服琐均是极精细的苎麻布,前面四种名称则指一般的夏布。有文献可知,"蜀布"早在西汉初年已经出口到印度、阿富汗等国。据《隋书·地理志》记载,江西一带夏布的织造工艺相当熟练。《唐六典》太府寺中详细地记载了夏布的等级分布。

新疆吐鲁番阿斯塔那墓葬中发现的唐代苎麻布,是包裹物品用的。宋代广西以产苎麻布闻名。据《岭外代答》记载,在南宋初,广西地区到处种植苎麻,有所产"柳布,像布,商人贸迁而闻于四方者也"之说。这时候,广西人民已掌握织造、整理和上浆技术。宋人记载,苎麻纱预先放在带有碱性的稻草汁中煮过,再用调成糊状的滑石粉上浆。前者使纱的强力增加,外观整洁,手感柔软;后者使梭道摩擦减少而便于织布,故成布紧密、均匀。

明代夏布大都作为暑衣或蚊帐用。(清)《闽产录异》记载:"夏布,不纺者称檾布。闽诸郡皆产苎……,织为夏布。山长乐者名长乐,结实。出大田者软薄,宜染色。邵武近江右,所织略似宜黄。"此外,盛产夏布的地区还有江西、湖南、湖北、广东、广西等地。抚州宜黄县位于宜水东岸,水质正适宜于夏布漂白,据《抚郡农产考略》记载:"漂出之布,洁白夺目。"故而,宜黄县生产的夏布名为机上白。

(二) 练子

练子是极精细的苎麻布的古代名称。战国时称为緦布,汉代称为疏布、服琐或緰紫布,三国时称为疎布,魏晋以后才称为练子。练子即为精细苎布的总称。长沙马王堆一号汉墓出土了三块质量精致保存完整的练子。这表明,早在汉代初年,织苎工艺中可能已出现轧光整理技术。

到魏晋南北朝时,练子的生产继续增长。据《晋书》记载,东晋初年,苏峻之乱平息后,东晋朝廷国库空虚,"惟有练数千端",可见练子生产有相当规模。陈后主时,姚察"尝有私门生不敢厚饷,止送南布一端,花练一匹",表明陈朝时我国南方还生产带花纹的练子。

明清两代,江西赣州地区出产一种极细苎布,其精细程度"苎之精者无逾此""妇功间日绩濯柔细,经时累月织成一匹,曰女儿布",也可入练子一类。

(三) 渔冻布、曹布和假罗

明代,苎麻布织造工艺广泛采用不同纤维纱线的交织技术。有苎麻纱与蚕丝交织,也有与棉纱交织。这些交织布"愈精愈密,各适其宜,而花样一新。销路益广,而女红即可渐次讲求"。交织技术愈来愈高,交织布的质量亦愈来愈好。当时比较闻名的苎麻交织布有广州的渔冻布、曹布和福建的假罗。

渔冻布由苎麻纱与蚕丝交织而成,出产于广东东莞一带。由于蚕丝柔软,苎麻纱又经过漂白,且坚韧挺直,所以交织过程中,经纬纱易于密合,织物显得既柔软又光滑,可作夏布用料。因为"色白若鱼冻",故而称它为鱼冻布。丝织物纱罗"多浣则黄",而鱼冻布"愈浣则愈白",其原因主要是苎麻纱保留了一些未脱净的胶质,洗时逐步脱胶。

罾布由苎麻纱与棉纱交织而成。《说文解字》:"罾,渔网也。"据记载:"罾布,出新安南头(今广东宝安县一带)。罾本苎麻所治,渔妇以其破蔽[弊]者剪之为条,缕之为纬,以棉纱线经之。煮以石灰,漂以溪水,去其旧染薯莨之色,使莹然雪白。布成分为双单,双者表里有大小絮头,单者一面有之。絮头以长者为贵,摩挲之久,葳蕤然若西毡起绒。更或染以薯莨,则其丝劲爽可为夏服。不染则柔以御寒。粤人甚贵之,亦奇布也。"说明罾布纺织工艺是先织成布,然后与石灰一起煮练,脱去薯莨的颜色,再放入溪水中漂洗,使布色泽发白。因为纬纱是从破渔网上剪下来的,这长条的罾纱上必然保留很多刚劲挺直的枝条,织入梭口并经打纬后,部分枝条露出布面,部分枝条压折在内。但如经"摩挲之久,葳蕤然若西毡起绒",如摩挲双面则有双面绒,摩挲单面则有单面绒。

福建漳州出产一种交织布,由棉、丝和苎麻交织而成,其细致程度与纱罗织物无异,当地俗称假罗。19世纪的《闽产录异》中称这些假罗织物为罗,"三线者曰三线罗,五线者曰五线罗",这两种织物均仿丝织,采用罗纹组织。

(四) 高山花布与贝珠衣

高山族是台湾省的少数民族。高山族的传统纺织是取当地所产原料,自行设计织纹图案,纺织成布,具有独特的民族风格。所用的原料有苎丝(苎麻皮半脱胶绩成)、葛丝(葛皮绩成)、剑麻纤维和树皮、各种动物毛,还用狗毛和树皮纤维混合织成五彩毛织物。

高山族的古织机近似于腰机;另有圆木织机,在一段圆木上绕以经纱,在刨开的缺口中提综开口,织入纬纱成布。

高山族首领有一种礼服"贝珠衣",是权力与财富的象征,又名贝衣。历史上曾是沿海人民对天子的贡品。现在祖传贝珠衣由两幅专门制织的苎麻布在背部及袖下缝连而成,成串贝珠缀缝在衣上,很重。为使边部缝合处不致撕裂,布边采用添纬组织(织入附加纬)以增大强度。贝珠是由贝壳琢磨成的小圆片,从取料、磨外圆到钻孔,全以手工进行。每件所用贝珠达六万余枚,重达10余斤。贝珠以串珠形缝缀于苎麻上。

(五) 雷葛和女儿葛

葛是我国远古时期的夏服材料。到秦汉时期,东南沿海一带还在生产葛。到清代,南方尚有精美的葛织物生产,其余地方大约都被苎麻所取代。宋、元以后,只剩下个别地区生产个别品种,雷葛和女儿葛便是其中的两例,雷葛产于雷州一带,女儿葛出于增城(属广东)。

(六) 汉麻布

秦汉以来,汉麻布只是庶民的日常衣料。马王堆一号汉墓出土了成匹的练子,仅在尸体的包裹物中找到一些汉麻布,这证实了汉麻布在当时的地位。这些大麻布幅宽45厘米,共有经线810根,约合10升,应属小功。

陕西西安灞桥附近,有一包历史最早的西汉纸,包裹的就是汉麻布。此外,汉麻布在汉代大量应用于一般军官和士兵的服装。新疆中部罗布泊卓尔北岸古烽燧亭中出土了一些大麻织物,同时出土的汉简可以证明这批汉麻布可能是黄龙年间(公元49年)汉宣帝派驻军队的遗留物。

魏晋南北朝时期，据《华阳国志》记载，安汉郡"出好麻、黄润细布"，安汉郡即今四川南充一带。新疆吐鲁番阿斯塔那北区墓葬里出土了西魏大统七年，即高昌王朝章和十一年（公元541年）的汉麻布小裤和汉麻布小外套。从出土的整件服装看，南北朝时，汉麻布依然大量用于劳动人民的日常衣着。据《魏书》食货志记载，太和八年（公元484年），以汉麻布充税的郡县约北魏所属州郡的一半。这充分说明了我国北方当时汉麻布在国计民生中的重要地位。

唐代对全国各地出产的汉麻布确定了严格的鉴别分等制度，《唐六典》太府寺中详细地记载了汉麻布的等级和分布。

宋元时期，汉麻布逐步退出衣着范围，主要用于制造绳索、包装布、麻袋等物。但是，在我国北方的一些地区，贫苦农民穿不起棉布、丝绸，仍有以汉麻布制成衣服。

王祯《农书》记载了汉麻布可制造印花镂板底布和牛衣的材料。将大麻纺织成印花镂板底布的工艺技术是比较特殊的。汉麻布还可制成牛衣，北方寒冷地区的牛，冬天需披衣以防寒。

四、毛织品和毡毯

我国古代的毛织物，细者统称为罽，粗者统称为褐。各少数民族对同一种毛织物有各种各样的名称。新疆地区称毛毯为氍毹，西藏、青海一带称为氆，中原地区则称为毛席或毛褥。早在汉代，聚居于新疆、甘肃、青海交界一带的冉駹族，善于利用各种毛纤维织成斑罽、青顿、毞毲、羊羧。聚居于青海、四川、西藏一带的西羌族，善于利用牦牛毛和山羊绒织成牦罽。居住在云南、四川交界的哀牢山区的哀牢族，能生产闻名中原的罽、毲等毛织物。我国北方的匈奴族、鲜卑族和乌桓族也生产一种称为甀毹的毛织物。新疆地区的少数民族擅长毛织技术，戎罽就是他们的优秀毛织品。毛织物品种，也有按颜色命名的，如赤金罽、绛罽、紫罽、青罽等；有按花纹图像称呼的，如较细的褐称为绒褐，粗糙的称为粗褐。此外，个别也以原料命名，如唐代的大量毛织物，品种繁多，就是用兔毛织成的。新疆各地出土的商周时期、汉代、南北朝、唐代的大量毛织物，品种繁多，组织结构各异，具有传统的民族特色。在我国西藏地区还流传着唐代文成公主进藏改革毛纺织技术的传说，并保存着这位公主带去的一些毛纺织工具。

（一）缂毛

缂法即通经回纬的织花方法，是我国古代织造工艺中的一朵奇葩。在我国，用缂法织出的织物首先是缂毛，最晚在汉代已经存在。1930年，英国人斯坦因在我国新疆古楼兰遗址中发现了一块汉代奔马缂毛，彩色纬纱奇妙地缂出奔马和细腻的卷草花纹，体现出汉代新疆地区的纹样风格。这是迄今为止出土文物中时代最早的一件通经回纬织物。

（二）花罽

花罽，提花织制的精细毛织物。东晋郭璞在《尔雅》注中说，罽是"胡人绩羊毛作衣"。《说文》："罽，西胡毳衣也。"东汉班固给当时在西域的兄弟班超信中说："窦侍中前寄人钱八十万，市得杂罽十余张。"证明我国新疆地区早在汉代以前就生产各种罽，而且以张计量。三国东吴孙皓曾赐功臣：斑罽五十张，绛罽二十张，紫青罽各十五张。这些记载都表明，三国时已有带花纹、有色彩织入花色线罽。

新疆民丰东汉古墓出土的人兽葡萄纹罽、龟甲四瓣花纹罽、毛罗、黄绯紫褐等毛织物，给我们提供了汉代新疆地区的织罽工艺技术实物资料。

（三）斜褐

斜褐是斜纹粗毛织物的统称。宋人洪皓在《松漠纪闻》中曾提到"斜褐"。新疆民丰地区东汉古墓出土了一块蓝色斜褐，是将毛纱染成蓝色，然后再织，属一上二下斜纹，经检验，经密约每厘米13根、纬密约每厘米16根，表面平整光滑，表明汉代的整经、打纬和整理等工艺技术已达到比较高的水平。新疆和田地区北朝遗址出土的一块蓝色印花斜褐，用蜡防法染成，组织结构也是一上二下斜纹，经纬密均为每厘米22根。

新疆巴楚脱库孜萨来遗址出土了大量的唐代毛织物。经检验分析，它们的经纬密仅约每厘米10根，只有个别织物达每厘米15根，比较粗糙，也归入褐一类的织物。

（四）氆氇与藏被

氆氇是二上二下斜纹毛织物，它是西藏地区唐代中叶以来的主要毛织物品种。氆氇一直属于比较高级的衣料。藏王及上层贵族、大喇嘛的法衣就是用最细的氆氇制成的。氆氇名称的记载，始见于宋辽文献。公元641年，文成公主进藏，带去不少纺织工匠和纺织工具，促进了藏族地区的纺织和经济发展。汉族和藏族的技术交流融合已有1300多年的历史。

藏被是纬起绒的厚重毛织物，用藏被织机织造。现在保存的传统藏被织机是脚踏提综平纹木织机。手工投梭，机上挂一个粗绒纱纱管，旁边有长度与机幅相仿的竹棍。其织幅宽度约一市尺，总经数为124根，两根为一组。织藏被时，用右手从挂在机架上的纱管引出绒纬，投入梭口；接着，左手拿起旁边的长竹棍，并捏住绒纬的末端，使竹棍贴着梭口上层经纱的上方向右移动，同时，右手指每隔两根经纱从梭口中挑起绒纬，并使其整齐地卷绕在竹棍上；然后，织入6根地纬，再用剪刀将绕在竹棍上的绒纬等分剪开，即形成毛绒。这样循环进行，即织成藏被。一条长、宽均为2米的藏被，由六幅0.33米宽、2米长的单幅藏被缝合而成。一人织12小时可以生产一条藏被。藏被的绒纬长2.5厘米，既温暖又柔软。卷起来放在马上，携带方便，适合于游牧。这种纬起绒的方法很独特。

（五）毛毯

秦汉以来的史书上有关毛毯的记载很多。如东汉初杜笃在《边论》中说："匈奴请降，氍（登毛）毹、帐幔、氈裘，积如丘山。"氍（登毛）、毹都属毛毯类。毹，可能是没有绒纬的毯子。《东观汉记》："光武出城外，下马坐氍（登毛）上。"班固给班超的信中说："月氏氍（登毛），大小相杂，但细好而已。"表明东汉时我国已经与阿富汗、伊朗等中亚地区进行毛毯的交流。历史上还流传着用毛毯防滑和裹身防跌伤等故事，如三国邓艾"偷渡阴平"及北周杨忠班师迅速通过陉岭的战例。

东汉时，我国新疆少数民族已能利用不同色彩的毛纱，按照所设计的图案花纹，织出绚丽多彩的毛毯。到南北朝，我国西北地区兄弟民族的编织毛毯技术有了新的发展，在北朝时期我国新疆地区的织毯工艺中，可能已使用某种简便机械进行编制。至唐代，出现了没有绒纬的织毯。到元代，据《大元毡罽工物记》记载，仅元成宗（公元1295—1307年）皇宫内一间寝殿中铺的五块地毯，总面积达110.2平方米，用羊毛500公斤左右，有些地毯长达9米以上，其余各宫殿所用毛毯，耗费的人工和原料也很惊人。明代的男工地毯工艺可能承袭了元代的织毯技术，"男工地毯"之名一直保留至今。清代，新疆地区的毛毯已是"镂文错采，灿然夺目""羊毳为经，棉线为纬，杂以丝绒五色相间，为古彝鼎泉刀八宝花卉诸文"，每年向欧洲出口4000～5000千张。和田每年有栽绒毯1000余张输入阿富汗、印度等地。"于田、洛浦、皮山三县输出口亦千余张""其余小方绒毯、椅垫、坐褥之类不可胜计"。毛毯的精工织制技术已闻名于世。

我国古代的宁夏地区也善于织制毛毯。在庙殿中，经常看到各种各样的地毯、挂毯、幡毯……，五彩缤纷，图样各别。

（六）羽织物

古代有利用羽毛织入衣料的记载。南齐文惠太子使工匠"织孔雀毛为裘，光彩金翠，过于雉头远矣"，唐中宗女安乐公主"使尚方合百鸟毛织成二裙，正视为一色，旁视为一色，日中为一色，影中为一色，而百鸟之状皆见"，南宋《岭外代答·翡翠篇》中记载"邕州右江产一等翡翠（鸟名），其背部毛悉是翠茸。穷侈者用以撚织"，同一时期的《诸藩志》中也有类似记载。

北京定陵博物馆保存了一件缂丝龙袍，其胸部团龙补子中的龙纹部分，是用孔雀毛绕于蚕丝上织入的。该馆还收藏着一匹孔雀毛缂丝织物残片。清乾隆帝穿的龙袍的龙纹周围的底色部分是用绿色孔雀毛纱盘旋而成的。这些珍贵的文物表明，我国自南北朝至明清均有羽毛用于纺织。

（七）毡

毡是动物毛（主要是羊毛、骆驼毛、牦牛毛等）经湿、热、挤压等物理作用而织成的块片状的无纺织物，具有良好的回弹、吸震和保暖等性能。"毡""毹""毦""氍"都是毛毡的古异字。

毡是西北地区的特产，其价昂贵。东汉时西域产毡仍很发达，杜笃《边论》有"毡裘，积如山丘"之说。西汉时，今河北、山东一带亦产毡；到北齐时，陕西产毡上佳。刺绣和印彩技艺也用用制毡，使产品更加丰富。蒙古诺音乌拉的东汉匈奴墓出土了一批绣以花卉禽兽纹的毡，质地密实，表面平整光滑，像经过重物碾过一样，用彩色丝线绣上奇鸟异兽花草树木纹饰，在毡四缘围以绢帛。

制作花毡可能有几种方法：第一，彩毡，将羊毛染色，按图案的要求，将有色毛纤维铺压，制成五彩花毡；第二，绣毡，使用彩色的羊毛线或丝线，在绯、青等单色地上绣出花纹；第三，刻毡，在绯毡、青毡上，按花纹图案形状剪刻而成，类似现在的地毯；第四，防染色毡，近代蒙古、新疆、宁夏一带的少数民族流行的防染色毡，是在毡的表面，将面粉或豆粉等拌成的糊料涂描成花纹图案（或用缕空花版印刷）后，浸入植物染料的液中，经一定时间后取出洗净晒干，毛毡表面就呈现出像蓝白花布一样的双色花毡。

隋唐时期的制毡业在中原地区逐步扩大。在唐朝官府的织染署下设有"毯毡坊"，专门制毡。据文献记载可知，唐代的毡的品种有乌毡、白毡、绯毡、浑脱毡、绣鸥毡、花丛毡、青毡、碧毡、紫茸毡等十余种。在唐代，中原地区的宫廷制毡和山西、河北、四川等民间制毡业得到很大的发展。

宋代的制毡规模，虽不及唐代发达，但毡的使用数量仍很大。元代《大元毡罽工物记》记载宫廷用毡，纤维原料除羊毛外也选用骆驼毛、牦牛毛等。明清的制毡工艺技术大都继承于元代，《天工开物》记载："凡绵羊有两种，一曰簑衣羊，剪其毳为毡，为绒片，帽袜遍天下，胥出此焉。"

五、棉织物

（一）白叠、斑布和幅布

秦汉时，通过长期贸易往来，西域、滇南、海南等地的棉织品，逐渐传到中原地区。同时，传来了各地不同品种棉布的名称，如白叠、斑布、橦（桐）布、塌布、都布、吉贝布等。白叠和五色斑布是从边疆传到中原的棉布中较早的两个品种。

白叠又称白缲，帛甃，是古代本色棉布的统称。我国新疆地区的棉布，早在东汉末年就以质地精美而闻名于中原地区。当时名贵的纺织品中,虽然山西黄布以细、乐浪练帛以精、江苏安徽太末布以白出名,但其鲜洁都比不上新疆的棉布。1963 年,吐鲁番的阿斯塔那晋墓的出土物中,送葬的布俑上的衣裤全是棉制品,可见当时棉布的使用已相当普遍。1959 年,在于田发现南北朝的棉搭连布和蓝白印花布。同年,在巴楚托库孜萨来的晚唐遗址出土了蓝白织花棉布,质地粗重,在蓝色的地经上,以本色棉线为纬织出花纹。阿斯塔那 326 号墓里出土了和平元年借贷棉布的契约,在这份契约中写明,借棉布 60 匹,可能那时棉布起货币的作用。

斑布是色织棉布的古代名称,有时也指色织麻布。《南州异物志》:"五色斑布似丝布,吉贝木所作。……欲为斑布,则染之五色,织以为布,弱软厚致""外檄人以斑布文最繁缛多巧者名曰城域。其次小麤者名曰文辱,又次麤者名曰鸟驎"。北宋人庞元英在《文昌杂录》中说:"闽岭以南多木棉,……抽其绪,纺之以作布,与苎不异,亦染成五色,织为斑布。"宋人范成大在《桂海虞衡志》中说,海南黎族织的"黎单"是"青红间道",木棉广幅布,桂林人常常作为卧具。

(二)宋代棉毯

1966 年,在浙江兰溪南宋墓中出土一条棉毯。这条棉毯制成于淳熙六年(公元 1169 年)前后,经密与纬密都比较均匀,从布面上看,经纬纱都很平直,应用筘打纬织成;经密与纬密都相当大,筘幅达 1.2 米以上,可见当时所用的筘是相当重的。重筘的支持应该是一种形式的连杆机构,可能是类似于提花机上的部件。

(三)松江布

宋末元初,黄道婆将海南一带的纺织经验带到松江一带推广,受到当地人民的欢迎,形成"凡棉布寸土皆有,而制造尚松江"的局面。松江一带民间流传:"俗务纺织,他技不多,而精线绫、三梭绫、漆绫、勇绒毯,皆为天下第一。松江所出皆切于实用,如绫、布两物,衣被天下,虽苏、杭不及也。"说明此时的松江棉布负有盛名。

六、火浣布

我国是石棉资源丰富的国家,石棉品种有蛇纹石石棉(又称温石棉)、钢闪石石棉(又称蓝石棉)、水镁石石棉等,产地遍布四川、陕西、河北等省。利用石棉纤维织成的织物,即为石棉布。由于石棉布的不燃性,燃之可去布上污垢,故我国早期史籍记载称为"火浣布"。我国四川石棉县所产石棉为蛇纹石石棉,极适于手工纺织,我国对石棉的开采和利用亦较其他各国为早。

在我国历史上,汉代以前即有"火浣布"的记载。宋初,对石棉的来源已有清楚的认识。苏颂在《图经衍义本草》卷六中写道:"灰木出上党,今泽潞山中皆有之,盖石类也。其色白,如烂木,烧之不燃,以此得名。或云滑石之根也,出滑石处皆有之。"

元代,石棉开采采用掘取矿石,捣碎取出纤维,暴晒使其干燥,洗去尘土,再经纺纱织布,成布后在火中烧炼,使之色泽变白。

第八节 ▶▶ 服　饰

一、秦汉的服饰

秦以强大的国力荡平六国,建立了新的多民族的中央集权国家,给后来汉民族的政治、经济、文化带来了十分重要的影响。汉延续了楚文化的浪漫主义色彩和绮丽的风格,并吸收了秦文化的功利主义特点和中原文化礼仪的精神,形成了汉文化,具有一种宏伟的气魄和积极乐观的时代精神。

秦汉时期以"袍"为贵。汉代的袍服制度承袭了秦代,并在秦的基础上兴盛起来。汉袍形式上受楚袍的影响较大,主要有曲裾和直裾两种,图案设计飞扬流动,活泼灵巧,同时由于丝绸之路的开辟、中西文化交流的加深,汉代服饰上的图纹体现西域生活内容的很多。

史料对于汉代朝祭之服的记载不多。斋戒服饰用玄衣,绛缘领袖,绛裤袜等;正朝服色初尚黄,后汉时尚赤。后汉明帝时开始重新制定冕服。

汉代服饰的考古证据相对较多,湖南长沙马王堆汉墓是中国重大考古发现,一号墓出土的服饰更是让世人惊叹不已,主要包括曲裾、直裾、禅衣。整体是袍制,实则继承了战国时期的深衣形制,上下分裁,其裁剪和穿着上有一定之规。曲裾的实物和穿着形态如图1-4-59所示。墓葬中还有一件被定为国宝级的文物素纱禅衣,它薄如蝉翼,只有48克。关于这件衣服的穿法,起初有人认为是内衣,而根据大量的图像资料,它为一件穿在袍外面的罩衣的可能性最大。此外,新疆地区也有很多遗址及墓葬,其中有大量西域文化和汉文化融合的纺织品例证,而且有很多"奇装异服",让人耳目一新。为此,专门从事纺织品考古和服饰研究的学者进行了考查和复原。

图 1-4-59 湖南长沙马王堆一号墓出土俑及曲裾深衣

二、魏晋南北朝服饰

汉代以后的三国两晋南北朝时期,是我国历史上长期混战的一个时代。公元4—6世纪,战争和民族大迁徙促使胡、汉杂居,南北交流增加,来自北方游牧民族和西域国家的异质文化与汉族文化相互碰撞、相互影响,传统的价值观受到冲击,促使中国服饰文化进入了一个发展的新时期。

南朝服饰制度沿袭了汉民族传统。据记载,朝会时,天子戴通天冠、黑介帻,穿绛纱袍、皂缘中衣,皇太子远游冠,诸王则用玄缨,百官则戴进贤冠,体衣均采用上衣下裳制。北朝服饰的民族特征较强,后不同程度地被汉化,服饰逐渐走向融合,以北周服饰制度为典范,其服饰制度和形式为中国封建社会后期的服饰奠定了基础。

大袖既是汉文化的典型,也是北朝服饰汉化的一个例证。"大袖衫"是汉袍的一种发展和定型,简易、适体,有交领式,也有对襟式,对襟在穿用时比较自由,如开胸而穿不系衣带,或当作交领穿。大袖衫的形制还影响了妇女的服装,魏晋时妇女仍以襦、衫、裙为主,但受时风影响,袖子日趋宽大,如图 1-4-60 所示。

图 1-4-60　北朝女子绞缬绢上衣实物(中国丝绸博物馆藏)及穿大袖衣的女子形象

受少数民族服饰的影响,汉族服饰中出现了裤褶和裲裆。裤褶即上衣下裤的服式。裤是胫衣与穷裤的结合体,为合裆,裤脚有小口、大口之分,大口更体现了汉民族的传统观念和服饰特征。由于裤子过长、过宽,不便于行走,因此活动时常在膝下缚一根带子。褶是短上衣,形若袍,大袖居多。裲裆是前后两块衣片,在肩部和腋下用袢带连接,没有衣袖,男女皆可穿,如图 1-4-61 所示。

三、唐宋服饰

唐代是中国封建社会的鼎盛期,"万国衣冠拜冕旒",既表明了大唐在世界上的领先地位,也表达了服饰文化的主导性和融合性。唐代崇尚自由,儒、释、道并重,思想开放,在社会生活的各个领域里都具有创新意识,服饰上更是异彩纷呈。

唐代的服饰制度经过唐太祖、唐太宗和唐高宗时期的定制、改制,形成了系统完整的冠服体系。唐代各等级的礼服

图 1-4-61　穿裤褶和裲裆的男子

以《周礼》为范本,采用上衣下裳制。由于唐代染织技术的发达,服饰更显华丽而庄重,在积极对外交流的氛围下,唐代服饰也对其他国家产生了很重要的影响,这从日本的传统服饰中可以找到一些例证。

唐代官服承袭了前朝的服饰整合性特征,更能体现时代风貌。体衣采用袍制,整套服饰包括幞头、襕袍、靴、腰带等,以颜色、面料和图案来标定等级,如图 1-4-62 所示。襕袍为圆领,

膝处有一横向分割即襕,这种袍靴的搭配带有少数民族特征,是中国南北文化融合的产物。

唐代的女服别具一格,传统的服装为襦裙。唐代的襦比较贴身、窄小,襦外通常加半袖衣。从一些图像资料中,还可看到很多另加帔帛的情况。女裙在唐初时腰节线较高,特别高的有背带,流行色彩相间的裥裙,后来腰节线渐渐回落到正常位置;中晚唐后,女子以丰腴为美,裙腰又提高甚至到胸以上;裙子较长,较宽松,可能因为行走不便,唐代流行翘头履,裙的下摆可放进鞋头内,这样走路时不会踩踏。唐代女子经常穿男子的圆领袍靴,也喜欢胡服中的幂篱、帷帽、胡帽和翻领袍等,这在唐代绘画、壁画和俑等资料中有很多体现。

图1-4-63所示的新疆阿斯塔那出土的穿衣俑显示了唐代典型的襦裙形象。女俑的化妆和服饰十分典型,梳惊鹄髻,画分梢眉,贴花子,面靥妆,上衣为螺青色柿蒂纹绮窄袖对襟短襦,外罩红地联珠

图1-4-62　唐韦洞墓壁画中穿圆领袍的
人物形象

对鸟纹锦制成的半臂,身披草黄色绞缬罗制成的披帛,下穿红黄两色的绢、绮织物间隔拼缝而成的裙,裙外罩天青色薄纱裙。

唐代盛行胡服,无论男女均可穿着,最流行的样式是翻领胡服。这种袍子的领口,系好后和圆领类似,打开后即为翻领袍,这在唐代的雕塑、绘画、壁画中均可看到,如图1-4-64所示。

图1-4-63　唐代女子襦裙形象

图1-4-64　唐代彩绘胡装俑

宋代承袭了唐代旧制,礼服上遵循《周礼》,不断完善服装制度,在观念上也一改唐代的海纳百川、开放自由,服装形式上有了较大的改变,更具汉民族的特征,如官服的袖子通常较宽大,而非唐代的窄袖,足服也改靴为履,帽子虽是幞头,但形式上与唐代已大相异趣,为平直的

展脚样式,如图 1-4-65 所示。

图 1-4-65　宋理宗穿圆领袍服形象

图 1-4-66　南宋褙子实物

　　由于社会观念的不同,宋代女子服饰讲究素淡、典雅、纤丽、细腻,主要有衫、襦、褙子、抹胸、裙、裤、鞋履等。褙子是宋代妇女从后、妃、公主到一般妇女均可穿的重要的装饰性外衣,可以当做公服及次于大礼服的常礼服来穿。褙子为长袖、长衣身,衣服前后襟不缝合,在腋下和背后缀有带子,即开胯的样式,带子通常不系结,垂挂着作装饰用,意义是模仿古代单文带的形式,表示"好古存旧",如图 1-4-66 所示。宋代褙子的领型有直领对襟式、斜领交襟式、盘领交襟式三种,以直领式为多。抹胸为贴身的内衣,南宋黄昇墓中曾出土一件抹胸,穿抹胸的宋代女形象也比较多见,如图 1-4-67 所示。

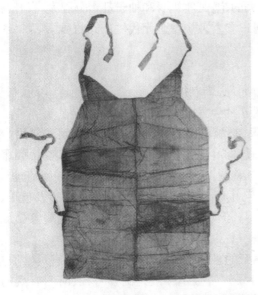

图 1-4-67　南宋抹胸实物及穿褙子、抹胸的人物形象

四、辽、金、元的民族服饰

辽、金、元是中国历史上北方的少数民族政权。由于共同的地域和气候特征,他们在服饰上有共同的选择,如发式大多髡发,以窄袖、阔摆的袍服和靴为主要服饰。据《尚书·周书·毕命》记载"四夷左衽",夷指代少数民族,意思是交领袍服向左方掩襟是当时少数民族的重要特征。辽、金时期的男女服饰的确以左衽为主,但金代后期的服饰汉化现象比较严重,元代男子服饰为右衽,女子多为左衽。

辽代自唐末建国共历218年,其服饰制度是南北两制,常服上南官采用汉族服饰,北官采用契丹族服饰,后来礼服统一使用汉族服饰。金代女真人进入燕地后,开始模仿辽代分南北两制,后来进入黄河流域,吸收宋代冠服制度,直至完全汉化。元代的品级服饰以色彩和花径的大小等定等级,在一些正式场合还规定穿用质孙服,元代礼用服饰均为右衽,这与辽、金的礼服和民族服饰有很大区别。

元代男子首服有暖帽、笠帽、瓦棱帽等,服饰一般为交领右衽的直身袍,袍前后通裁,横向没有分割。此外,还有辫线袍、海青衣等。辫线袍上下分裁,腰间密密地打上横向的辫线,下裳也密密地打上竖向的褶裥,以加大下摆的宽度。海青衣加大下摆的方法是侧缝不缝合,但前片腰以下加宽,折到后片中缝左右并缝在后片上,这样行动时不会暴露里面的穿着。海青衣的袖子上有开口,穿用时可以将手臂从中伸出来,利于大幅度的运动,如图1-4-68所示。

图1-4-68　元世祖狩猎图中穿海青衣射箭的人

元代女子服饰也以襦裙为主,上衣以左衽居多。蒙古妇女的礼服中,顾罟冠和大袖袍是服饰史上比较特别的。顾罟冠是一种比较高的冠,冠的胎由硬质材料制成,外面包以丝绸,并装饰各种宝石及饰物。大袖袍,很容易理解成袖子很大的袍,其实袍身和袖子都十分肥大,右衽,袖口收得很窄。元代男子和女子典型的服饰形象可以参看敦煌壁画元代供养人的形象。

五、明代服饰

明代是继元代以后汉民族统治的重要时期,服饰制度上采周汉、下取唐宋,以服制从简为原则,出现了历代官服之集大成现象,成为封建社会官服的典范。

服饰制度中规定了冕服、通天冠服、朝服、祭服、公服、常服等服饰的形制和使用,并绘制《中东宫冠服》作为形制依据。冕服、通天冠服(即弁服)为皇帝所穿,上衣下裳制。朝服、祭服为官员所穿,是庆典、陪祭的礼服,也为上衣下裳制,包括梁冠、衣裳、云头履、佩绶、笏板等。公服是官员们在节日、典礼及一些正式场合时穿用,在京的文武官每日早晚朝奏事及侍班、谢恩、见辞时,在外的文武官每日清早公座时也穿用。但后来常朝只穿便服,只有朔望穿公服朝参,包括盘领右衽袍、带、幞头、皂靴等。

常服是明代最具有时代特征的服饰。皇帝的常服也称为龙袍或衮龙袍;官员常服是处理日常公务的官服,包括乌纱帽、圆领、束带、补子。常服袍一般是圆领右衽、两侧有摆的袍子。补子是明代制定的为了标定官的品级而在袍的前胸和后背另补的一块长方形织物,里面用不

中国纺织科技史

同的图案表示品级，一般武官用瑞兽，文官用飞禽。具体来说，公、侯、驸马、伯用麒麟、白泽，文官一品仙鹤、二品锦鸡、三品孔雀、四品云雁、五品白鹇、六品鹭鸶、七品鸂鶒、八品黄鹂、九品鹌鹑、杂职练雀，武官一二品狮子、三四品虎豹、五品熊、六七品彪、八品犀牛、九品海马，法官用獬豸，允许锦衣卫、指挥史用麒麟。如此规定，章法严谨，等级分明。

明代还有一种赐服，指官品未达到某种品级而得到皇帝赏赐穿着的服饰。明朝为了稳定边疆，也常常将这种服装赏赐给少数民族首领。赐服主要有蟒衣、飞鱼、斗牛服，其中，蟒、飞鱼和斗牛都是和龙相似的纹样，意味着被赏赐者的殊荣。

明代对官服的穿用有明确规定：自三月至四月及九月至十月穿罗；四月至九月穿纱；十月到明年三月穿红纻丝（缎）。这使得各季节、各场合、各等级的穿衣十分有序。

明代男子的其他服饰有曳撒、贴里、道袍等。据记载，曳撒为前面上下断开、腰两侧有活褶、后片通裁、侧缝不缝合的一种服饰；贴里则上下分裁，前后都均匀打褶，与元代的结构辫线袍相似；道袍和元代的海青衣结构相同，只是袖子上没有开口。

女子服饰中较为隆重的礼服有翟衣和大衫。从台北故宫现存的明代皇后翟衣像，可以推测明代皇后翟衣的基本形制。凤冠、大衫和霞帔在国内均有实物出土。霞帔是大衫外面的两条带状装饰；大衫是一种礼用的外衣，对襟，内穿圆领或交领的衣服，通常用颜色和纹样标定等级，也有一些皇后及命女画像为证。女子最常用的服饰是袄裙。袄比较短小，有对襟和交襟两种；裙通常有裙门，侧面打褶。此外，还有对襟、衣身较长的披风、无袖的马甲等服饰。

明代典型的服饰实物可参见定陵考古发掘报告和一些绘画作品。如图1-4-69所示，江苏虎丘出土的《宪宗元宵行乐图卷》中，宪宗皇帝身和内侍及官员身穿曳撒，女子身穿袄裙，头戴鬏髻，男童多穿贴里，女童也穿袄裙，有时加一件马甲。这时，服饰上的补子多为喜庆的节日补子。

图1-4-69 《宪宗元宵行乐图卷》中的各种服饰

六、清代服饰

生活在辽东地区的女真人（后改为满族）联合蒙古，以武力夺取明朝政权，成为清代的统治者，是中国封建社会存在时间最长的少数民族政权。清代服饰在中国历史上比较有特色，与古制相悖离，保留了满汉的传统，并逐渐融合。

满族入关后，采用了明朝的制度体系，官服上仍用补服制度，在具体的形式上完全采用本民族的服饰传统，即袍褂式，其服饰制度的完善经历了一个漫长的过程，直到乾隆中期才固定下来。

清代皇室的礼仪繁琐而隆重，皇帝的礼服中并没有冕服，在重大祭祀场合中使用的是衮服和朝服（祭服），在喜庆等场合穿的吉服也是袍褂式的吉服褂（同衮服）和吉服袍，在平时处理日常政务时穿的常服包括常服袍和常服褂等，当然与各类袍褂搭配的还有冠、带、靴。朝袍与明代的贴里形制接近，也是上下分裁、腰间缝合的形式，纹样十分华丽（图1-4-70）。袍为窄袖

图 1-4-70　清代皇帝朝袍

右衽，袖口上接马蹄袖，前后通裁，男性贵族的袍有四开裾（在底摆衣片接缝处的开口）；褂为对襟样式，较袍稍短。这种简单的搭配方式是满族人的传统，在清代一直保留。

清代官服也采用补服制度，纹样上较明朝稍作调整，形式上都是袍褂式的搭配，补子通常补在褂上。所以，清代与明代补子很重要的一个区别是其中一片中间分裁而制。与皇族的吉服龙袍相对应，官员所穿的称为蟒袍或花衣，在纹样布局上与龙袍十分相似。

清代男子的便服主要是长衫、马褂。长衫与袍相似，但没有马蹄袖；马褂为短至腰际的对襟褂。这种穿着延续至整个清代，成为民国时期男子的中式礼服，也成为中国传统服饰的经典，更是现代服装设计中经常采用的中式元素。

清代服饰制度中，皇后至命妇的服饰也包括朝服、吉服等。朝服包括朝袍、朝裙、朝褂，与男子朝袍不同，不是上下分裁的形式，肩部结构也不相同。吉服也采用袍褂式，形制与男子基本相同，但在纹样布局上存在一些细微差别。

满族女子平时以袍服为主，便服中包括氅衣、衬衣、褂襕、马褂、马夹等，通常带有装饰十分华丽的纹样和镶边。汉族女子则保留了明代的袄裙式，只是袄越来越长，最后成为一种至膝左右的长袄，和满族的袍一样，都是大襟。如图 1-4-71 和图 1-4-72 所示，满族女子的氅衣和汉族妇子的袄，结构上十分相似，这是满汉文化交融的结果。此外，满汉女装中另一个比较重要的区别是鞋，满族女子是天足，在宫廷中通常穿高底的旗鞋；而汉族女子缠足，通常穿小而尖的弓鞋。

图 1-4-71　满族女子的氅衣

图 1-4-72　清代老照片，左为汉族女子的袄裙，右为满族的袍服

清代服饰的传世实物较多，皇家服饰通常以北京故宫博物院的收藏最为丰富，民间收藏也不计其数。清代服饰对近现代的影响比较大，如一些传统相声穿的长衫马褂、礼仪性场合或平时所穿的旗袍，都与清代满族服饰密切相关。旗袍的影响甚至跨越国界，引起了西方人的注意，日后在国际时装舞台上成为国家的象征和设计的母型。

第二编 近代部分

第一章　近代纺织工业

第一节▶近代纺织工业的历程

1840 年至 1949 年，中国历史处于近代，中国的纺织也进入了近代纺织技术发展时期。在这个时期，中国纺织生产发生了很大的变化，开始步入近代动力机器纺织时期。纺织机器的原动力逐步由畜力、水力发展到蒸汽力和电力，过去一家一户或者手工小作坊的分散形式逐步演变成大规模集中性的工厂生产形式，使劳动生产率有了大幅度的提高。

动力机器纺织的发展是纺织生产历史上的第二次飞跃，这次飞跃最早始于 18 世纪的西欧，以后逐步推向各地。

动力机器纺织在中国经历了动力机器纺织形成阶段（1840—1949 年）和动力机器纺织发展阶段（1949 年以后）。动力机器纺织形成阶段，即近代纺织技术发展时期，又分为几个发展时期，即动力机器纺织的孕育（1840—1877 年）、近代纺织工业的初创（1878—1913 年）、近代纺织工业的成长（1914—1936 年）和近代纺织工业的曲折（1937—1949 年）。

一、动力机器纺织的孕育

长期以来，中国自给自足为主的小农经济占据统治地位，对纺织商品的需求一直没有出现急剧的增长。

经过漫长的古代的发展，到 1840 年前后，中国手工纺织技术已经达到很高的水平。在纺纱方面，飞轮式辊子轧棉机、多锭退绕上行式合股加捻机、多种复锭（2～4 锭）脚踏纺车都有使用；在织造方面，我国已有了用于织造高档精美产品的大花本束综提花机、多综多蹑机、绞综纱罗织机等机型。但是，纺纱和织造都没有普及动力化。

19 世纪下半叶，我国沿海农村普遍使用手摇单锭纺车，每人每天最多纺 36.5 特（16 英支）的棉纱 125 克。30 厘米幅宽的脚踏手投梭织机，每人每天只能织布 9 米左右，劳动生产率无法与动力机器纺织相比。所以，手工和动力机器两类纺织产品的价格十分悬殊。

19 世纪 30 年代，尽管中国每年向欧美各国出口的土布仍在 100 万匹以上，但英国的机制棉纱以其成本低廉的优势已经进入中国市场，1829 年进口棉纱达到 22.7 万公斤，广州口岸附近的城镇手工纺纱业受到冲击，部分工厂停产。

鸦片战争后，中国被迫开放"五口通商"，帝国主义通过一系列不平等条约，取得了协定关税、设立租界、片面最惠国待遇、帮办税务、进入内地通商等特权。从此，西方纺织品像洪水一般涌入中国。廉价洋纱、洋布的大量倾销，使各通商口岸附近的本土手工纺织业遭到冲击，而经营洋纱、洋布买卖的洋行则获利甚丰。此外,清政府镇压太平天国革命的战火破坏了江南的蚕桑业,使江南丝绸生产严重萎缩,严重影响了中国手工纺织业的发展。

由于中国有广大的纺织品市场,又有廉价劳动力,一些外国资本家试图在中国开办使用动力机器的工厂。他们先从缫丝等初加工入手,如英国人于1861年在上海创办缫丝局,但经营到1866年即告停业。同年,另外一家外国人开的缫丝局在上海建立,几个月后迁往日本。外国人企图在中国开办纺纱厂,就地采购棉花并销售产品,节省本国棉纱远程输华的成本,如1871年美国人在广州开办的厚益纱厂。但在《马关条约》签订之前,洋人没有在中国建厂的特权。因此,他们的企图不但遭到城镇手工业者的抵制,也受到中国政府的禁止。

中国开明人士从洋人的办厂中得到启发,认识到利用动力机器办纺织厂的利益,开始介入这个领域。中国人自办动力机器纺织厂始于1872年,归侨陈启沅在广东南海创办继昌隆缫丝厂。此后,采用动力缫丝机的工厂日渐增多,生丝出口时就有了国产的厂丝,并逐步替代手工缫制的土丝。

综上所述,中国近代纺织工业是在本国手工机器纺织相对停滞,而欧洲动力机器纺织迅猛发展的历史背景下诞生的。但在1877年之前,无论外国人还是中国人开办的动力机器纺织厂,其规模都很小,或存在时间不长。对近代纺织工业来说,只能算是孕育和萌芽。纺织工业的主体到1878年之后才首先由当权的洋务派官员倡导而建立起来。

二、近代纺织工业的初创

1840年鸦片战争后,经过30多年的孕育,中国开始引进西欧的技术装备和技术人员,并仿照西欧的工厂生产形式兴办近代纺织工厂。这种工厂首先是由洋务派官员筹划集资建设的。

(一)洋务运动中创办的纺织企业

19世纪60年代,清朝的一部分当权官僚,兴办了一批近代军事工业,后来逐步扩展到包括纺织工业在内的民用工业。

1878年,左宗棠筹设甘肃(兰州)织呢局;同年,李鸿章等筹设上海机器织布局;1888年,张之洞筹设湖北织布局,后又于1894年办纱厂,1895年办缫丝局,1897年办制麻局,合称湖北纺织四局。这是除缫丝等初加工工厂外的中国第一批近代纺织工厂。它们的兴起原因,一是外国廉价纺织品大量输入,促进了中国城乡商品经济的发展;二是洋纱、洋布的输入使大量农民和手工业者破产,从而为兴办近代纺织工业提供了劳动力条件;三是西方纺织技术和工厂化生产的经济效益提供了先例,洋务派的实业救国思想为近代纺织工业的创办提供了政治和社会环境。

1. 甘肃织呢局

清朝陕甘总督左宗棠为了改变新式军服仰赖进口呢料的局面,自1878年起筹划在兰州创办甘肃织呢局,投资白银20万两,从德国购进一批粗纺及其配套机器,详见表2-1-1。织呢局厂址设在兰州通远门外,占地1.33万平方米,房屋230间。1880年9月建成开工,工人约100人,多为兵勇,其中有德国技职人员13人,一切技术及业务管理均操纵在德国人手中。至1881年初,织呢局的设备利用率不足1/3。截至1882年8月,织呢局共产粗细呢绒1 500余匹,其全部生产价值不够支付官员及洋员的高薪。织呢局的产品"几乎完全不能出售",原因是品质差,成本高,加上当地民生凋敝,没有购买力;如贩至外省,又因交通不便,运费较贵,成本增加。

表 2-1-1　甘肃织呢局引进设备统计

名称	台数	名称	台数	名称	台数
蒸汽机(17.7 千瓦)	1	毛织机(普通)	20	压水机	1
蒸汽机(23.5 千瓦)	1	毛织机(提花)	2	染呢机	3
三槽洗毛机(日洗毛 500 公斤)	1	卷纬机	1	烘呢机	1
开毛机(大小各 1 台)	2	整经机	1	起毛机	3
梳毛机	2	浆纱机	1	剪毛机	2
细纱机(走锭 350 锭/台)	2	煮呢机	2	刷毛机	1
细纱机(环锭 180 锭/台)	1	洗呢机	1	蒸呢机	1
捻线机	3	缩呢机	4	压光机	1

1880 年底,左宗棠调离西北。1882 年冬,德国人合同期满回国。1883 年,织呢局发生锅炉爆炸而停工。左宗棠开办织呢局以从事商品生产的计划虽然失败了,却开创了官办商品生产企业的先河。

2. 上海机器织布局

1878 年,直隶总督兼北洋通商事务大臣李鸿章根据候补道彭汝琮的建议决定在上海筹创机器织布局,委派候补道郑观应与彭汝琮共商其事,并筹集股银 50 万两,着手订购机器,建筑厂房。然而在筹建中,"任事人任意挥霍,局事未成""且又有买空卖空等弊,以致延搁八年,毫无所成"。在延搁时期中的 1883 年,织布局所订机器运至上海。1887 年,李鸿章为挽回残局,委派补用道龚寿图重办织布局。经过 12 年的周折,于 1889 年 12 月 28 日开始试车,于 1890 年投产。厂址设在上海杨树浦,占地 20 万平方米,厂房为长 168 米、宽 24.4 米的三层楼房,但至 1891 年尚未全部完工。包括轧花、纺纱、织布的全套设备从美国及英国进口,共有纱锭 3.5 万枚,织机 530 台,工人约 4 000 名。

织布局开工后,营业甚盛,纺纱利润尤其好。据海关资料,运出上海的布匹,1891 年为 2.2 万匹,1892 年为 9.6 万匹,1893 年为 7.7 万匹。李鸿章为利所诱,决定大规模扩充纺纱,致电出使英国的大臣再行速购纺机。然而,新纺机订购尚未办妥,织布局便于 1893 年 10 月 19 日因清花间失火而全部烧毁。上海机器织布局被焚后,李鸿章急图恢复,于 1894 年 9 月部分建成开工,并改称华盛纺织总厂。

上海机器织布局原来是吸收商股的企业,名为"官督商办",后来有官款加入,官商混淆。实际上由李鸿章操纵,由其委派的官员主持。

3. 湖北纺织四局

1888 年,当上海机器织布局尚未建成投产之时,任两广总督的张之洞也决定在广东创办纺织厂。张之洞致电驻英国大使筹划,将所需布样及中国产棉花寄往英国试行纺织,据以订购机器。

1889年张之洞调任湖广总督,纺织厂也随之改在湖北筹创。湖北织布局于1893年初开工,厂址设在武昌文昌门外江岸。此时,张之洞在湖北还创办有铁厂、枪炮厂,工程较织布局大,需款也较织布局急。在织布局基础尚未稳固之时,张之洞定下计划,以织布局的利润补助铁厂及枪炮厂,称之为三者通筹互济。

1894年10月,张之洞调任两江总督,但设在湖北的织布局、铁厂、枪炮厂仍由张一手操纵。1893年所筹划添设的纺纱局,订纺机9.07万锭,于1895年陆续运到,决定设南北两个纺纱局。北纱局于1897年建成开工,计5万锭;南纱局则因经费不足始终未能建成,其机器设备后来从武昌运至上海,又运至南通,由张謇安装于南通大生纱厂。

张之洞往江宁(今南京)任两江总督之前,于1894年曾上奏本《开设缫丝局片》。缫丝局设于武昌望山门外,机器、厂房及茧本共用银8万余两,机器于1895年初运到,6月开工生产,日产丝50公斤左右。缫丝局规模不大,但筹办中所托德商瑞记洋行包办的机器"价高机劣,欠缺之件甚多",费去不少周折。

1896年,张之洞又调任湖广总督。张之洞采纳道员王秉恩的建议,于1897年筹创制麻局,向德商瑞记洋行订购脱胶、纺纱、机织整套设备,连同运输、保险等费用,共1.4万英镑,约合银10万余两。制麻局设在武昌平湖门外,1904年开工,职工450人,原料由湖北各地供给,专制麻袋,供汉口市场。

张之洞创设织布局、纺纱局、缫丝局、制麻局四局,在筹建及生产过程中,多次借债,负担沉重。另外,各局均有浓厚的封建性和严重的垄断性,企业衙门化,冗员冗费过多,管理混乱,浪费严重。湖北四局因连年亏蚀,后来租给华商承办,辗转受租达8家公司之多。

(二) 外资纺织业的进入

19世纪下半叶,外国资本开始进入中国近代纺织工业,从事纺织原料的初步加工,《马关条约》签订以后则凭借特权进入纺织业主体。

1. 外资缫丝厂的创设

起初,资本主义各国大量购买廉价的中国纺织原料,如生丝和原棉,运回本国生产,同时将大量纺织初级产品,如纱线、布匹等倾销到中国。由于中国劳动力既充裕又廉价,外国资本家认为在中国开厂进行纺织初加工更为有利。第一家英商怡和洋行所属纺丝局的成立(1861年)甚至早于第一家中国人自己办的机器缫丝厂(1872年)。这类最早的外资企业以缫丝厂为主,也包括轧花厂、鞣革厂、洗染厂、清理废丝厂和打包厂。但按照中国和列强签订的条约,列强只能和中国进行贸易而不能设厂生产。所以,这种投资是不合法的。

外资进入中国纺织业受到两方面的阻力,一是中国传统的手工业和商业行业协会的抵制,二是洋务派官员的反对。1862—1894年的30余年间,英、美、德、法各国在华的纺织业以缫丝为主,另有轧花等初加工企业;日本由于其国内劳动力亦属廉价等原因,除与英、美、德合资的上海机器轧花局外,尚未介入中国市场;此外,仅德商的烟台缫丝局有少量丝织。《马关条约》的签订致使外资进入中国办纺织企业变成合法。

外商在华缫丝业的创办情况大致如下:1861年,英商在上海设立纺丝局,厂长为英国人梅查,有意大利缫丝机100台;1866年,法国商人在上海设立一个仅有10台缫丝机的试验工场,经营数月即停止;1878年,法国人在广东南海设立一缫丝厂,美国在华最大的生丝出口商——旗昌洋行在上海创立有50台缫丝机的旗昌丝厂;1882年,怡和洋行建立怡和丝厂,资本50万两,雇意大利工程师,使用法式缫丝机;同年,英商开设的公平丝厂在上海苏州河北开车,有缫丝机 200 台，雇中国工人数百人，年产厂丝约 15 万吨；同年，旗昌丝厂大肆扩充，设备增加约一倍，雇中国女工 550 人、男工 500 余人，并增雇意大利技师和监工；1891 年，英国人建立纶昌丝厂，资本 20 万两，缫丝机 188 台，雇中国工人 250 人；同年，法国人接办旗昌丝厂，改名为宝昌丝厂；1892 年，中美合资在上海设立乾康丝厂；1893 年，法国人设立信昌丝厂，资本 53 万两，缫丝机 530 台，雇中国工人约 1 000 人；1894 年，德国人与买办合资在上海设立瑞伦丝厂，资本48 万两，缫丝机 480 台，雇工人约 1 000 人。

2. 外资纺织厂的创设

外资企业进入棉纺织工业和其他规模较大的纺织行业是从《马关条约》签订后开始的。1895—1913 年开设的有怡和纱厂、杨树浦纱厂、公益纱厂、老公茂纺织局、鸿源纱厂及上海纺织股份公司（会社）第一、第二、第三、第四工场（其中第一、第二工场系买自华商）、瑞记纱厂和青岛沧口绢丝纺织股份公司等。这些工厂绝大多数设在上海。到 1913 年，共有棉纺锭 33.9 万枚、棉织机 1 986 台。

（三）民族资本纺织业的初起

1. 甲午战争前的民族资本纺织业

中国动力机器纺织业从制丝开始。1872 年，华侨陈启沅在广东南海县筹备继昌隆汽机缫丝厂，采用法式双捻直缫式丝车。图 2-1-1 为继昌隆丝厂的缫丝机。到 1881 年，广东有 10 家缫丝厂、2 400 台丝车。同年，上海民族资本公和永丝厂诞生。此后，江苏、浙江两地相继有丝厂出现。但此期间的缫丝厂时开时停。到 1894 年，上海有机器缫丝厂 12 家，丝车 4 000 余台，年产丝 22 万公斤。据不完全统计，1894 年全国有大小制丝厂 120 余家，丝车 3 万多台，工人 3 万余人；仅广东就有丝厂 75 家，丝车 2.6 万台，年产丝 86.5 万公斤。此后，丝厂如雨后春笋般在各地设立，制丝业飞速发展。

最早的轧花厂为宁波通久源轧棉厂，成立于 1887年，引进日本机器。1891 年前后在上海相继成立棉利公司、源记公司、礼和永等轧花厂。仅上海、宁波两地，1895 年拥有 240 余台动力轧花机，工人 1 200 人左右。动力机器轧花业初步形成。

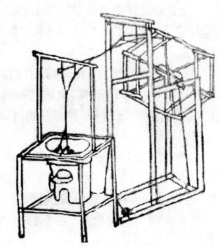

图 2-1-1 继昌隆丝厂的缫丝机

民族资本棉纺织业始于 1891 年在沪创立的华新纺织新局。1894 年，裕源纺织厂成立。华盛纺织总厂在上海机器织布局的原址重建。翌年，裕晋纱厂、大纯纱厂相继在上海建立。1895 年，民族资本纺织厂有纱锭 8 万余枚、布机 1 800 台。这些纺织厂名为官督商办，实际上，商人出资但没有管理实权。

纺织机器制造业随着缫丝业与轧棉业的兴起而出现。成立于 1882 年的上海永昌机器厂是最早仿制缫丝机的工厂。1895 年前，相继建厂的还有大昌机器厂、陈仁泰机器厂等。上海最早仿制轧花机的工厂为 1887 年成立的张万祥锡记铁工厂。

1871—1895 年，纺织工业中以动力机器缫丝业的发展最为迅速。据 1894 年统计，全国缫丝工业职工占 10 余种新工业的一半。生丝外销逐年增加，1871 年为 295 万公斤，1895 年上升到 550 万公斤。动力机器棉纺织产量，从 1890 年的 2.2 万包棉纱、15.6 万匹棉布，上升到

1895 年的 11.3 万包棉纱、82.3 万匹棉布。但是,进口的纱、布的量更大。可见,中国棉纺织业深受洋纱、洋布的挤压。

2. 甲午战争后的民族资本纺织业

1896 年以后,丝厂发展以上海为中心,广东、江苏、浙江、湖北、山东等地竞相建厂。江、浙两省以意大利单捻直缫式为主。1910 年后,山东、四川逐步推广日本再缫式丝车。机丝业发展最早的广东省,到 1917 年还采用法式双捻法缫丝,产量低,技术落伍。

丝织业在 1905—1910 年间有兴盛趋势,但主要用手工旧机织造。1915 年,全国有丝织厂近百家,而新式织机仅 3 000 余台,丝织技术与效率仍相当低下。

1896—1913 年是棉纺织业初兴时期,其中 1896—1899 年的四年内增加了通久源(宁波)、业勤(无锡)、苏纶(苏州)、通益公(杭州)、裕通(上海)、大生(南通)、通惠公(萧山)等 7 家民族资本纺织厂及官商合办湖北纺纱局。1905 年后,中国市场受日俄战争刺激,市销大畅,又掀起投资办厂热潮。八年间增加了 12 家工厂,即裕泰(常熟)、济泰(太仓)、振新(无锡)、和丰(宁波)、大生二厂(崇明)、利用(江阴)、广益(安阳)以及上海的德大、同昌、九成(中日合资)、公益(中英合资)、振华(中英合资)。到 1913 年,民族资本棉纺织厂有 23 家、纱锭 48.4 万枚、布机 2 016 台。棉纺织机器基本上为进口,以 1913 年为例,来自英国的设备占 80%,来自日本的占 13.4%(主要是丰田布机)。

毛纺织业多为官办或官商合作办厂。民族资本的毛纺织厂,最早是 1907 年创办的上海日晖织呢厂,1909 年开工,有走锭 1 750 枚、毛织机 41 台,后因粗呢产品成本过高而在 1910 年被迫停工。

针织行业最早为 1896 年成立的上海云章袜衫厂,专门织造汗衫。1907 年,广州华兴织造总公司成立。到 1913 年,全国共有针织手工工场 1 万多家,主要分布在广东、江苏、浙江、湖北、辽宁等省。1912 年,我国开始进口电力针织机,这一年广东创立进步电力针织厂,上海创立景星针织厂。

随着纺织工业的初创,纺织机器厂和纺织机修造厂相应建立,如轧花机制造业,到 1913 年,有名可查的有 17 家;针织袜机制造业,到 1912 年已有 3 家工厂。1896 年成立的协泰机器厂,专修(英)怡和厂的纺织机器;1902 年大隆机器厂也从事纺织机修业务,专修日厂设备;1906 年南通资生铁冶厂,主要修造大生纺织厂设备。到 1913 年,全国已有 8 家纺织机修造厂。

(四)手工纺织业的消长

1. 手工缫纺业的衰落

在纺织工业的初创阶段,受动力机器生产排挤的首先是缫丝和纺纱等初级产品的手工生产。

19 世纪 70 年代以后,上海的机器缫丝厂生产 50 公斤厂丝,可得纯利 289 元;而生产 50 公斤土丝,纯利只为厂丝的 60%。所以,土丝受到厂丝的严重排挤。到 20 世纪初,蚕丝出口中厂丝比例超过土丝,国内丝织业也开始使用厂丝织绸,手工缫丝逐步衰落。

同时,手工纺纱日趋衰落。近代引进的环锭纺纱,人均日产 7 公斤,生产率超过手工纺纱 30～50 倍。在机制棉纱丰厚利润的刺激下,无论是外资设办的棉纺厂,还是国人自办的棉纺工厂,都发展迅速。1875 年手纺棉纱占国内棉纱供应总量的 98.1%,至 1905 年下降到 49.9%。手工纺纱的主导地位从此被机纺纱所取代。

2. 手工织布等工场的兴起

在手工生产的土丝、土纱被厂丝、机纱逐步取代的时候,中国的手织业却有了较大程度的复苏,其主要原因,一是手织与机织的效益差距不如手纺与机纺那么悬殊,资本家投资纱厂所获得的利润超过布厂,所以中国机织业的发展速度落后于机纺业;二是自给自足经济的部分瓦解,促使国内纺织品市场日益扩大,从而在棉产丰富的地区形成了以土布为主要产品的织区,如河北的高阳、定县及江苏的南通、江阴等地;三是激烈的市场竞争造成城镇地区的大量纺织手工业者破产而沦为雇佣劳动者,而一些条件较好的纺织手工业者则逐步发迹,建立起初具规模、设备简单的手织工场。

城镇手工纺织作坊向手工工场方向发展,重新组合,既提高了集约化程度,又发展了如制线、针织、成衣等新兴行业,以适应近代商品经济的要求。

综上所述,至 20 世纪初,我国初创的纺织业有棉纺织业、毛纺织业、丝纺织业、染织业、针织业、简单纺织机制造及修理业等。纺织工业受原料产地、动力供给、运输、市场、金融等条件影响,逐步形成相对集中的基地。上海由于经济地理条件优越,在我国纺织工业初创阶段就成为棉、毛、丝、针织等行业的中心地。在初级产品(棉纱、生丝)生产部分,动力机器生产已略超过手工机器生产;而在较深加工产品(棉布)部分,仍然是手工纺织占据主要地位,其中手工复制(毛巾、被单等)反而有扩大。

三、近代纺织工业的成长

1914—1936 年的 23 年间,民族资本纺织工业和外资纺织工业都取得了很大的发展,动力机器纺织在纺织品生产中已取得主导地位,但总的生产能力还十分不足,要大量利用进口和手工纺织品。中国民族资本纺织业历经了兴起、竞争、萧条、复苏等迂回曲折的过程。

(一)民族资本纺织业的迂回发展

1. 民族资本纺织业的迅速扩大(1914—1922 年)

第一次世界大战发生后,进口纱布锐减,国内市场的纱布价格猛涨,棉纺织厂获得厚利。1915 年全国人民反对"廿一条",掀起抵制日货运动;1919 年又爆发"五四"运动。这些都对民族工业的发展起了推动作用。1914 年以后的九年中,民族资本新办纺织厂达到 54 家。据统计,1922 年民族资本棉纺织厂有 76 家、纱锭 223 万枚(占全国总数的 62%)、布机 24 万余台(占全国总数的 64%)。

在此期间,丝品贸易呈发展趋势。外销蚕丝从 1914 年的 1 300 万公斤,逐年上升,1919 年最高达 1 900 万公斤,1922 年为 1 600 万公斤。蚕丝贸易洋行林立,广州有 27 家,上海有31 家。

机械缫丝业以上海、顺德、无锡为主,缓慢发展。1915 年,振新、纬成与物华厂相继引进电力织绸机,此后江苏、浙江、上海三地很快拥有电力机 800 多台。电力绸机的应用使织绸生产率比铁木机高出 4.4 倍,但大多数作坊工场仍采用铁木机。1922 年,苏经丝织厂开始采用人造丝织绸,品种增多,成本降低。丝绸精练逐步改用平幅,产品外观大有改进。

外国呢绒进口减少,加上人们服用毛织品增多,毛纺织业开始复苏,清河制呢厂、日晖织呢厂、湖北毡呢厂、甘肃织呢局等纷纷复工。但终因财力匮乏,进口毛料卷土重来,各厂又一次偃旗息鼓。

染织、漂染和印花业亦纷纷兴办。1912 年,上海启明染织厂首先生产丝光染色布;1919

年,上海建立中国机器印花厂;1920年,上海印花公司成立;1921年,信德印花厂开业。到1922年,仅上海地区就有大小染厂10余家、印花厂3家,产品以棉布印花为主,应用的染料大都是进口的靛蓝、硫化和安尼林。

2. 民族资本纺织业在困难中调整(1923—1931年)

在民族资本纺织业扩大的同时,日资厂从上海扩展到青岛、天津、汉口与东北各地。外资企业给民族资本纺织业造成巨大的压力。1918年以后,军阀内战纷起,捐税苛重,棉贵纱贱,列强复苏,洋货重来。纺织业在内外夹攻下,遭遇了中国历史上第一次集体限产。上海自1922年2月8日起停机1/4,1923年关闭9家工厂。

依赖于国际市场的中国蚕丝业,生产极不稳定,技术和设备缺少更新和改进,加上政府既不融资且捐税苛重,中国丝业陷入难与外人竞争的局面。1929年世界经济危机,加上人造丝兴起,日本制丝业受政府补贴,将存积滞货生丝以低价倾销到中国。在这些浪潮的冲击下,蚕丝出口在1932年跌到450万公斤,丝厂普遍停业。

丝织业在这一阶段开始向机械化过渡。1927年,仅浙江省就有电力织绸机3 800台;1929年,华东地区的电力织绸机达1.7万台。中国丝织业由于织品的花色品种不断更新,在洋绸竞争和世界经济危机的袭击下得以生存和发展。

毛纺织业经过几十年的摸索,对羊毛的适纺品种和市场逐渐有了新的认识,在大宗产品如呢绒、绒线等大量进口的条件下,向驼绒、毛毯、地毯等小品种方向寻找出路。驼绒业主要集中在上海,毛毯业主要集中在东北,地毯业主要集中在北京、天津等地。在此阶段,我国的毛纺织业仍属于粗纺范畴,精纺毛料仍依赖进口。

麻纺业除武昌制麻局外,产量很少。

1920年达丰染织厂染整部成立,出品新式染色布,由于利润丰厚,兴起了开漂染厂之风。到1931年,上海有染整厂30余家、印花厂6家,加上天津、武汉、无锡等地,共有印染厂40余家。这些厂家主要印制棉布产品,少量进行丝绸印花加工。

随着染、印专业的发展,外资染料厂相继建立,民族资本染料厂也在上海、天津、青岛等地设立,但产品以硫化染料为主,大部分染料仍靠进口。

3. 民族资本纺织业在竞争中复苏(1932—1936年)

这一时期的民族资本纺织业,在世界经济危机和长江特大水灾的冲击及日本经济、政治的压迫和局部战争破坏的环境下,克服了萧条和倒闭危机,实现了复苏。

1932—1936年,日本、英国在华的纱锭均有增加,民族资本棉纺织厂的布机、纱锭、线锭也有增长。1931—1936年间,中外资棉纺织厂设备增长率对比见表2-1-2。1936年后,因棉花丰收,我国民族资本棉纺织业开始恢复。

20世纪30年代,毛纺织业中的绒线与精纺业兴起。1930—1934年,已有10余家工厂生产绒线。我国绒线业的发展与市场扩大,使进口绒线的量大为减少。历年来,我国进口精纺毛织物较多。1932年开始,我国利用进口毛条和引进设备生产精纺织物。由于精纺毛料轻薄、挺括,深受欢迎,生产精纺毛织物的工厂不断涌现。制毡业一直以西北为盛,但机器制帽业集中在上海、天津等城市。

经济危机、内战和1931年的长江水灾给蚕丝业带来了灾难,人造丝的兴起更使丝绸出口减少,缫丝业陷入困境,工厂纷纷倒闭,丝业外贸量逐年下降。江苏、浙江、安徽三省在1937年共有缫丝厂135家,生产能力为450万公斤。全国丝织机为1万台左右。丝织业的原料结构

表 2-1-2　1931-1936 年间中外资棉纺织厂设备增长率对比

年份	纱锭（%）			线锭（%）		布机（%）		
	华商	日商	英商	华商	日商	华商	日商	英商
1931	100.0	100.0	100.0	100.0	100.0	100.0	100.0	100.0
1932	106.7	104.7	107.4	120.0	117.6	106.9	110.4	100.0
1933	111.5	105.5	108.4	126.4	127.1	117.5	119.6	100.0
1934	114.2	114.4	108.4	127.3	127.7	127.0	136.3	100.0
1935	116.0	114.3	133.1	139.5	147.0	140.2	146.1	139.1
1936	111.2	125.3	129.7	153.3	151.3	141.7	176.8	139.1

在此期间发生变化。以杭州的丝织品为例，在 31 个品种中，缎、绉、绒、纱、锦等产品采用或部分采用人造丝为原料的约占 2/3。绢纺业中成立较早的工厂有裕嘉绢丝厂、中孚绢丝厂等，到 1937 年，共有绢纺锭 3 万余枚，其中华商占 1 万余枚。

全国印染业共有 270 余家厂，大部分为手工或半手工操作，机器印染厂为 120 余家（上海占 50 余家），其中印花业 26 家，民资厂占 22 家。漂染厂已采用丝光、轧光和全套漂染整理设备。印花业亦有 4 色、6 色印花机，多数从英、美等国引进。上海各厂的技术均较华北等地先进。

麻纺织主要加工黄麻、苎麻，而亚麻加工仅在东北和台湾，数量较少。

1930 年之前，我国纺织染设备几乎全部为进口，国产只有配件与摇纱机、缫丝机、轧花机等简单机器。1930 年以后，纺织机器制造技术有所提高，大隆铁工厂仿制苏纶厂的进口纺机，公益、合众与工艺铁工厂仿制的日式立缫车、往复络纱机，上海制雅铁工厂的槽筒络纱机，天津久兴厂制造的电力提花机及漂染整设备，均质优价廉，受到欢迎。此时的针织设备多为圆筒针织机、罗纹机、袜机等纬编针织机，也有横机。

从民国初年至抗战前夕，在大量分散的民族资本纺织小厂中，逐步形成了几个较大的纺织企业集团，如申新（荣氏）系统在上海、无锡等地拥有 9 家棉纺织厂并兼营面粉业，大生系统除办有棉纺织厂外还兼办电力厂、兴办高等学校及社会福利事业，永安系统除棉纺织厂外还兼营百货业等。1937 年抗日战争爆发前夕，各地民族资本棉纺织厂分布见表 2-1-3。

（二）外资纺织业的扩张

1. 数量上的扩张

1914—1922 年间，英、美等国受到第一次世界大战及战后经济萧条的影响，无暇顾及在中国的投资和市场，日本在华资本遂乘机发展，建立纺织厂 30 余家，并购买和租用了美国及中国的一些纺织厂。

1919 年，中国收回关税改订权，日本棉纱对华输出锐减，为求出路，日本纺织厂商纷纷设法到中国开设纱厂。因此，日本在华的棉纺织厂数量迅速增加。1914 年，日本在华纺织设备约 30 万锭、织机 3 500 多台，1922 年分别增至 108 万锭、3 969 台，而英商一直保持25.7 万锭、2 800 台。

表 2-1-3　抗日战争前夕民族资本棉纺织厂布局

省市	工厂数量(家)	纱锭(%)	线锭(%)	织机(%)
上海及江苏	54	66.84	85.30	66.49
武汉及湖北	7	11.97	—	13.51
天津及河北	5	4.10	1.07	4.10
青岛及山东	4	4.17	6.33	2.07
河南	4	4.23	4.52	0.97
山西	5	2.84	1.38	6.23
浙江	3	2.21	—	2.78
其他各省	8	3.64	1.40	3.85
合计	90	100	100	100

1923—1936 年间,是中国与外国资本企业在竞争中互有消长的时期。此时,对中国资本纺织业的最大威胁来自日本。1922—1925 年,日本在华纱厂的发展尤为迅速。1925 年,日本在华纱锭达到 163.6 万枚。"五卅"惨案发生后,全国排日运动日益加剧。1925—1927 年,日商纱厂受到很大打击。但 1928—1930 年间,日资对华纺织业的入侵进入新的高潮,除棉纺织外,还包括针织和制帽等方面。到 1937 年抗战前夕,日商在华纱锭达 213.5 万枚、织机 2.89 万台,分别占全国棉纺织设备总数的 42% 和 49%,仅东北就有纱锭 57.5 万枚、各类织机 1.15 万台。山海关以南的日资纺织厂多集中于上海,其次是青岛和天津,分别占其总数的 62%、27% 和 9.3%。英国在华纱锭和织机数分别占全国棉纺织设备总数的 4.3% 和 7%。

2. 日资纺织业的特点

纺织业是日本在华投资的代表行业,其经营方式有两种,一是设总厂于中国而总公司在日本,二是设分厂于中国而总厂在日本。日资厂在华的活动方式与英、美等国有所不同。英、美的大多数厂家是洋行开办或个别商人独立开设的,和本国联系不如日本密切,亦无总厂在本国。日本在华纺织企业的规模大、行业全,非英、美企业所能比拟。日本在华企业大多数为日方独资,即使是中日合办企业,日本资本所占比例为 50% 左右。由于日本与中国在文化上和地理上非常接近,日本人在投资前对中国的资源和市场进行了深入、细致的全面调查,有备而来,使得日本人的经营非常成功,甚至比华商办的工厂更为成功。

3. 合资企业

外商在华投资的纺织企业中,不少属于中外合资企业,在其资本中,相当一部分甚至大部分为中国人所拥有。另外还有一种与此相似但性质不同的合办企业,以日中合办为主。

日中合办企业有三种,一种是根据中国公司法而设立者,一种是根据日本公司法并向日本领事馆登记而设立者,第三种是根据特别条约或契约而设立者。又可分为实质上以日本人为主体和以中国人为主体两种。不论哪一种企业,其经营权往往属于日本人,且多数渐渐沦为纯属日方的企业。

向华商企业或个人放款投资是日本独有的对华投资方式。1918—1919 年,日本投入中国纺织业的资本达到 1400 万元,借款单位有天津的裕大及裕元、上海的宝成和喜和。这种债权关系最后导致这些厂归属于日本在华的纺织系统。

4. 洋行的中介作用

英、美等国的洋行不但在帮助本国企业对中国进行贸易和投资方面起了很大作用，有时还发挥了一种介于贸易和设厂之间的作用。如美国慎昌洋行设有营业、事务和制造三个部门，1915年以后，其纺织机器部（属营业部）向中国各纱厂出售美国波士顿萨可洛威尔厂的纺纱设备和克隆敦那尔史公司的织机，向各袜厂出售纽约苏革威廉厂的自动圆筒织袜机；动力部（属营业部）为不少纺织厂提供发电机和锅炉；电器部（属营业部）为申新纱厂等提供马达；建筑工程部承办纺织厂房工程。

（三）手工纺织业的改良

1. 手工纺织生产的起伏

从民国初年到抗日战争前夕，中国手工纺织业的总体水平继续下降，其中手纺棉纱的减少尤为显著，如1905年手纺棉纱占国内棉纱供应来源的49.9%，1919年降到41.2%，1931年仅占16.3%。而手织棉布的下降趋势比较缓慢，1905年手织棉布占国内外棉布供应来源的78.7%，1919年降至65.5%，到1931年时仍占61.6%。

在这段时间里，中国的手工纺织业更深地卷入商品经济，一方面，各地的产量随市场变化大起大落；另一方面，生产技术与产品得到逐步更新。

2. 手工纺织技术的改良

（1）纺纱技术。近代手工纺纱技术的改良主要采用多锭纺车。

多锭纺车在日本有大和纺，由卧云辰致在明治六年（1873年）发明，以后几经改进，并实现了动力化。在20世纪20—30年代，我国多处都在试制新型手工纺车，虽然各地的形制有所不同，但都属于多锭纺车的类型。

多锭纺车的最完善形式，当推张力自控式多锭纺车。环锭纺纱以罗拉牵伸、罗拉传送为基础而实现了连续化生产。但多锭纺车与单锭纺车一样，没有牵伸罗拉，而将棉条直接成纱。两者的区别是，单锭纺车的牵伸加捻依靠人手控制，并与卷绕交替进行；而多锭纺车实现了牵伸加捻的自动控制和卷绕同时进行。这样就把工人从控制操作中解脱出来，只需承担喂入、接头的工作，一人可以看管几十个纺锭。这无疑是手工纺纱技术的一大进步。

（2）织造技术。近代对手工织机的改良，经历了从手投梭机到拉梭机与改良拉梭机，再到铁轮机的过程。

手投梭机在织造过程中，不能做到开口、投梭、打纬、移综、放经和卷布这六个动作的连续化，其中，开口用脚踏板控制，投梭需左右手互投互接，接梭后的空手扳筘打纬，而移综、送经、卷布则要停织进行，生产效率不高，每人每日产布9米左右，而且手投梭的力量小，限制了布幅的宽度，一般只能织33厘米左右宽的窄布。如要加宽布幅，就需要高超的技艺，而且影响速度。

拉梭机出现于19世纪90年代，又称扯梭机或手拉织机，加装滑车、梭盒、拉绳等部件，从而将投梭动作由双手投接改为右手专司拉绳击梭、左手专司扳筘打纬。因投梭力较大，既加快了织造速度，又能使布幅增加到67厘米左右。改良拉梭机又对拉梭机的卷布和放经机构加以改进，利用齿轮装置，使织工无需离座，即能较快地完成卷布、放经动作，从而进一步提高了织布速度。

铁轮机出现于1911年（民国初年），又叫铁木织机，除机架、踏板采用木构件以及发动依靠人力脚踏外，其他结构和原理与动力织机完全一样，即利用飞轮、齿轮、曲杆等，将工作机构相互连接而形成一个整体，既可织造和近代动力织机同样门幅的布匹，单机效率也与动力织机相差无几，可以说是人力织机的最高形式。

织造技术的另一项重大改进,是在手工改良织机上加装纹板式提花龙头,成为提花龙头拉花机。传统的花楼织机用细绳将花本编在牵线上,除织工外,需另一人在花楼上专司曳花。提花龙头采用回转的打孔纹板,控制束综的提升,简便省力,且可织制更加精细的纹样。民国以后,为手工绸厂广泛采用。

(3)其他技术。其他手工纺织技术的改良表现在对新器材、新原料的部分应用上,如将手工织机上的线综改为金属综、将花楼织机上复原伏综的竹片弓篷改为弹簧以及采用人造丝进行织绸、采用化学染料进行印染等。

总之,由于中国近代纺织业发展的不平衡,手工纺织技术为适应手工工场的生产要求,向着铁器化、大型化、半机械化的方向发展,成为落后技术与先进技术之间的过渡形态。

3. 手工纺织产品的变化

纺织的初级产品是丝线或纱线,深加工产品是织物或其复制品。近代手工纺织产品的变化主要是指通过手工织染加工的深加工产品的变化,总变化趋势为:过去落后的低级产品逐渐被淘汰,奢华的高级产品逐步萎缩或转化为工艺品,唯适合时宜的产品在新技术的推动下得到一定程度的发展。

(1)手工棉织品。传统手工棉布的门幅在33厘米左右,纱的细度在58.5特(10英支)左右,多为本色布或染色布,色织布较少。相对于洋布,近代手工棉布又称土布,随着外国棉纱输入、国内棉纺工业的产生和发展,土布逐步改用机纺纱,使厚度减小,外观趋于细密匀整。随着手工织机的改良,从19世纪末到民国初年,土布门幅从33厘米左右加宽到67厘米多。由于市场竞争日趋激烈和当时已具备的技术经济条件,在纱线细度、经纬密度、织物组织、染料应用等方面有了更多的选择,土布一改过去朴素、单调的面貌,色织、提花增多,还出现了棉与人造丝交织的新品种。

(2)手工丝织品。在中国近代,机器缫丝先于机器纺纱,早年的厂丝全部出口,直到民国初年,国内丝织业才较普遍地使用厂丝,1918年左右开始使用人造丝。由此,丝绸出现了素乔其、电力纺、花巴黎缎、克利缎等许多新品种。到20世纪20年代后期,人造丝浆经法的出现使得以人造丝为经线的织物纷纷问世,如羽纱、麻葛、线绨等。

20世纪初,服制改革使人们倾向于西式服装,呢绒取代丝绸而成为主要高级衣料。为了与呢绒竞争,丝织业通过改变织物组织和其他工艺条件创制了丝呢、丝哗叽、丝直贡等仿毛丝织物以及华丝葛、明华葛、巴黎葛等葛类丝织物,广泛用于各种服饰。另外,由于采用了龙头提花机及附属装置,提花丝绸运用的织物组织更加丰富多变。

随着丝绸练染技术的进步,从20世纪初起,丝绸精练逐步改用平幅。1918年上海精练厂开办,促使丝绸业开发出许多生织匹练的新品种,如花素软缎、碧绉、双绉、留香绉等。由于厂丝与人造丝的应用、织物组织的灵活运用、生织丝绸的增加,近代丝织物比古代丝织物更加精细光滑,色彩鲜艳,风格多变。

综上所述,中国纺织工业在成长阶段,无论是民族资本还是外资,都有较大的发展,形成了相当大的生产能力,并在纺织品市场中占主导地位。但是,纺织工厂总的生产能力与当时人民的需求相比,仍十分不足,故仍需利用大量的进口品和手工业品。民族资本纺织业有了很大发展,手工纺织业在技术和产品品种、质量上都有了提高。

四、近代纺织工业的曲折发展

1937—1949年,中国的纺织工业经历了破坏、搬迁、敌占、困难、调整、接收敌产到逐步转向恢复的艰苦过程。到1949年10月，总规模只恢复到抗日战争前的水平。

（一）抗日战争时期纺织工业的变迁

1937年7月，抗日战争爆发，沿海及部分内地纺织工厂很快被日本侵略军占领，少数工厂内迁。广大地区被迫发展手工纺织，以克服纺织品短缺的困难。

1. 大后方的纺织业

抗日战争开始后，沿海地区相继沦陷，日本军队逼近中原，当时的中国政府力令工厂迁往后方继续生产，以支持战时经济。由于纺织厂规模较大，机器笨重，战时运输艰难，只有河南、湖北等地的9家棉纺织厂和2家毛纺织厂由政府协助陆续运抵四川、陕西复工。此外，由越南、缅甸转运入后方的纺纱机约7万锭，自造及输入的各种小型纺纱机约3万锭，总计四川、陕西、云南、湖南、广西五省的大小机型约30万锭。1938年武汉沦陷前，武汉的4家棉纺织厂和军政部制呢厂由当局协助迁往四川及西南各省。

大后方由于交通阻隔，内迁纱厂产量甚微，同时，内地人口较前增多，加上数百万军人的被服也需后方筹给，因而造成纱布奇缺，价格飞涨。于是，后方各地掀起制造大小纺织机器的浪潮。但后方纺织厂的规模，比抗战前的大厂小得多。

2. 日本占领区的纺织业

抗战爆发后，被日本占领的沿海、沿江地区的纺织工厂大部分被掠夺，甚至有部分被摧毁。纺织工业，尤其是棉纺织工业，属于日本重点经营的"二白（棉花及盐）二黑（铁和煤）"范围，是其掠夺的主要对象之一。

日本对中国蚕丝业竭力摧残。起初是烧毁蚕丝，后来迫令蚕丝厂在中日合作名义下筹备复工，组成惠民制丝公司。名义上，各厂都由中国人任厂长，但实权均由日本副厂长把握。抗战前，我国厂丝年产量为1 000万～1 500万公斤，而抗战期间的产量不超过150万公斤。

毛纺织工厂多数在上海、天津的租界区内及沪东一带，抗战初期受战事的影响不大。至1941年，形势恶劣，工厂多减工、减产，产量仅为抗战初期的40%。

沦陷区的一些技术人员克服困难，利用旧机器和受损机器，创办了不少小型纱厂，有的还创造性地简化了工艺过程，以减少设备和投资。

抗日战争期间，外资纺织业发生很大变化。沦陷区内被日本夺占的纺织厂，不但有华商开办的，也有英、美开办的。1945年日本投降前夕，日本在华共有棉纺织厂63家、纺锭263.5万枚、织机4.42万台。

抗战胜利后，日商纺织厂及其掠夺的华商厂被收回。美国对中国的投资兴趣大增，1945年中美工商联合会在纽约成立，但纺织不是其主要投资对象。至中华人民共和国成立时，外资纺织企业仅有5万多纱锭。

3. 手工纺织业的复兴

抗日战争时期，手工机器纺织又成为动力机器纺织的重要补充，在许多地区甚至居纺织品生产的主导地位。

抗战爆发后，动力机器纺织工业遭受严重摧残，由于纱厂减少，厂纱不易获得，手纺纱重新出现。原先纺织工业基础薄弱的大后方，大部分棉纱、棉布要依靠民间手工生产，传统的丝、麻织品也以手工生产为主。在敌后抗日根据地，中国共产党领导的抗日政权扶植纺织生产，建立公营纺织厂，开展妇女纺织运动。各边区大搞技术革新，创造了加速轮纺车、铁轮织机、改良袜机等。为适应战争环境，还创造了许多特殊的生产工具和生产方式。

(二) 抗日战争胜利后纺织工业的恢复和调整

由于国内战争,1948年,除麻产尚可外,生丝减产;国产棉花、羊毛运不到沿海工厂,在产地霉烂;外汇紧缺,进口原料大减,纺织厂停工减产。抗日战争结束不久,纺织产品供不应求。中美双边协定签订后,美国棉制品涌入,政府采取以花易纱、以纱易布的控制办法,协定规定中国纺织厂生产的一半纺织品外销。1948年7月到1949年,物价飞涨,民族资本纺织厂有的抽资,有的迁往港、台地区,但多数纺织厂留在原地,等候解放。1949年中华人民共和国成立后,迅速恢复生产。

1. 官办纺织业

1945年12月,当时的中国政府在重庆成立中国纺织建设公司(中纺公司)和中国蚕丝公司(中蚕公司)。翌年1月,两公司派人到各大城市接收日本在华纺织企业。

中纺公司平抑纱布市价,促进纱布外销,还拥有众多技术人才,改进了生产技术及管理方法,使其所属纺织厂的工程设计、标准规格、研究试验、培训进修、统计报表等工作都走在一般民营纺织厂的前列。中纺公司拥有38家棉纺织厂,合计占全国35.8%的纱锭、63.5%的线锭和57.5%的布机;8家印染厂,占全国36%的印花机;5家毛纺织厂,纺锭2.76万枚(占全国21.3%),毛织机356台(占全国18.3%);绢纺厂2家,纺锭1.14万枚(占全国45.6%),丝织机383台(占全国0.9%);麻纺厂2家,纺锭1.26万枚(占全国4.2%),麻织机652台(占全国66.7%);其他包括针织厂2家、机械厂4家、线带厂1家,加上附属梭管厂、化工厂、打包厂、轧棉厂等共23家。

中蚕公司采取控制茧价、操纵丝价的办法,既压茧农又压丝厂,从中渔利。中国丝业主要靠外销,中蚕公司统一管治外贸后,出口值从1946年的1 452.4万美元逐年下降,到1949年仅为51.4万美元。

中纺公司、中蚕公司等官办垄断企业集团,总体上是为当时的统治阶级服务的,但这些企业集团在短短三年多的时间里,恢复并发展了纺织生产力,提供了大量的社会商品,并在改进技术、改善管理、培养人才等方面取得不少成绩。这为中华人民共和国成立后大规模、有计划地发展国营纺织工业创造了有利的条件,并提供了有益的经验。

2. 民族资本纺织业

1946年,民资棉纺织业获利达到30%以上。但随着时间的推移,原棉供应短缺,使得战后一度繁荣的棉纺织业陷入困境。1948年,棉纺织厂开工率普遍下降。

1946年,在外汇开放与低汇价政策的鼓励下,民营毛纺业者纷纷从国外订购羊毛、毛条和设备。由于物价上涨、外汇短缺,当时的中国政府将羊毛列入限额进口之列。造成羊毛少而设备增的直接原因,是政府限额外汇官价结算与进口羊毛按设备比例分配的政策。1947年初,资本家以开厂增锭来争取更多官价羊毛而获利,而进口的毛纺设备大都为第二次世界大战后淘汰的旧机型,造成繁荣假象,加深了我国毛纺织工业的落后程度。

占全国产丝总量90%的浙江、江苏、安徽、广东和东北等地的丝业,几乎在战争中完全毁灭。缫丝厂多为民营,中国蚕丝公司强压丝价,使民营丝厂不断倒闭,丝的产量逐年减少。民营织绸业在战后虽逐渐好转,但因蚕丝及人造丝原料短缺,且外销困难,没有恢复到战前的生产水平。

麻类生产恢复较快。1949年,产苎麻8 130万公斤,黄麻9 450万公斤,汉麻24 645万公斤,亚麻4 990万公斤。苎麻产量虽多,但其织品——夏布年产仅200多万匹,主要靠广大农户和手工作坊生产。黄麻纺织业主要生产麻袋。

毛巾、被单业大都是民营小厂，自 1947 年开始，因用纱受到限制，停工减产者增多。针织业大都是民营，乃至家庭工厂，全国估计有 3 000 多家。

民族资本纺织企业集团更趋成熟。比较大的棉纺织集团有申新、永安、大生、华新系统，合计占全国纱锭的 1/5 和布机的 1/6；丝织集团有美亚系统，毛纺织集团有刘鸿记，以金融与技术结合为特色的有诚孚公司。这些大集团拥有雄厚的资金、设备与技术力量。

3. 手工纺织业

抗日战争胜利后，国内纺织工厂纷纷恢复生产，国产机制纱、机制布及进口布很快占领国内纺织品市场，手纺业趋于停顿，手织业也迅速衰退。1945—1946 年，重庆、芜湖、上海、天津、无锡、江阴、南通、广州、福州、青岛等地半数以上的手工纺织工厂相继停业关闭。1946 年 6 月下旬，全面内战爆发，随着经济形势的日益恶化，本小利薄的手工纺织业受到更加严重的打击，濒临全面破产的边缘。

尽管如此，分散在广大农村的家庭手工纺织仍然顽强地存在着，1949 年底，手织棉布占国内棉布总产量的 25% 左右，是动力机器纺织的重要补充。当时的广大农民主要以土布作为衣料。

第二节▶近代纺织工业的整体概况

我国近代纺织工业经历了 70 多年的发展，形成了以加工工业为主体、具有相当基础和巨大发展潜力的国民经济部门，虽然总的生产能力与人民需求相比还十分不足，但已为中华人民共和国成立以后进入有计划的发展阶段准备了一定的物质和技术条件。

一、行业结构

中华人民共和国成立前夕，我国的纺织工业已经形成包括原料工业、加工工业和装备工业的完整系统，详见表 2-1-4。其中，加工工业有棉纺织及棉印染、毛纺织、麻纺织、丝绢纺织、针

表 2-1-4　中华人民共和国成立前夕纺织工业行业构成

```
                    原料工业——化纤行业——黏胶纤维专业
                                        ┌ 棉纺织专业
                                        │ 棉印染专业
                            棉纺织行业 ──┤ 色织专业
                                        └ 线带复制专业
                                        ┌ 精梳毛纺织染专业
                                        │ 粗梳毛纺织染专业
                            毛纺织行业 ──┤ 绒线专业
                                        │ 毛针织驼绒专业
                                        └ 制毡专业
  纺织工业 ── 加工工业 ──   麻纺织行业 ──┬ 黄麻纺织专业
                                        └ 苎麻纺织专业
                                        ┌ 缫丝专业
                            丝绢纺织行业─┤ 绢纺专业
                                        │ 织绸专业
                                        └ 丝绸印染专业
                            针织行业——棉针织成衣专业
                            服装行业
            装备工业——纺织机械及纺织器材行业
```

织、服装等行业,毛纺织、丝绢纺织及针织行业均包含染整部分;原料工业(化纤行业)和装备工业(纺织机械和器材行业)尚处于萌芽状态。此外,还有广大的城镇纺织手工业和农村纺织家庭副业作为补充。服装行业还有很大的手工成分。

在加工工业中,棉纺织行业居于首要地位。1949年加工工业中各行业的比例见表2-1-5,棉纺织行业的产值、原料消费、职工人数占纺织加工工业的比例分别为87.8%、92.5%和78.7%。

表 2-1-5　1949 年加工工业中各行业的比例

行业	产值(%)	原料消费		职工人数	
		万吨	%	万人	%
棉纺织	87.8	53.3	92.5	56.0	78.7
毛纺织	2.8	1.65	2.9	1.9	2.7
麻纺织	1.5	2.6	4.5	1.4	1.9
丝绢纺织	3.7	0.05	0.1	5.7	8.0
针织(折纱)	4.2	2.36	—	6.2	8.7
合计	100	59.96	100	71.2	100

在近代纺织生产中,棉花作为一年生作物,生产周期短,扩种迅速,人民日常被服用品一般使用棉布。动力机器纺织棉布以其价廉物美,逐步夺取了手工棉布的市场。丝绸历来主供外销,但在世界市场上与意大利、法国、日本的竞争愈来愈激烈。呢绒由于价格高昂且西式服装远未普及,故内销不畅,外销又无法与英、美、日等国相抗衡,发展受到抑制。由于供服装用的苎麻布生产工艺尚未完善,亚麻布生产系统尚未引进,因此麻织品的比例很小。这些行业基础不同,发展速度也各异。1949年,纺织工业各行业开工不足,经过整顿,棉纺织和麻纺织迅速恢复并有一定发展,但毛纺织和丝绢纺织仍无起色。1949年主要纺织品产量与历史最高产量对照见表2-1-6。

表 2-1-6　1949 年主要纺织品产量与历史最高产量对照

产品	单位	历 史 最 高		1949 年产量
		产量	年份	
棉纱	万吨	44.4	1933	32.7
棉布	亿米	27.8	1936	18.9
呢绒	万米	751(双幅)	1947	544
丝绸	亿米	2.2	—	0.5
麻袋	亿条	0.35	1936	0.10

尽管1949年我国的纺织工业发展还有困难,但在当时的国民经济中仍处于极重要的地位,纺织工业在全国工业总产值中所占份额为38%。

作为动力机器纺织生产的补充,我国纺织手工业也起着不可低估的作用。到1949年,四川蜀锦、南京云锦、盛泽盛纺、山东周村绸、浙江杭纺、浏阳及万载夏布、上海的毛巾、被单和花袜、江南土布及蓝印花布、广东香云纱、贵州蜡染花布等,仍驰名中外;富有艺术价值的天津工艺地毯、新疆男工地毯、苏州刺绣、缂丝等,受到外国消费者的欢迎。纺织手工业在出口和满足城乡人民需求、解决就业和积累资金等方面均贡献重大。

除了极其广泛的农闲间歇生产的农村家庭副业之外,城镇纺织手工业主要以棉织、针织、丝织和麻织为主。其中棉织和针织的数量最大,分布于 26 个省市,从业人数 60 多万,但以江苏、上海、四川、河北、山西、湖北、河南、安徽为最多。就全国范围来讲,手工织布有 70% 在城镇,30% 在农村;手工针织主要分布在城镇,且多数是专业的。全国约有手工织机 30 万台,手工针织机 6 万余台;上海有手工纺织小厂 2 000 余家,工人 1.8 万人。手工棉布及农村土布约占全国棉布总产量的 25%。汗衫、袜子等手工针织品的数量也很可观。

在少数民族地区如内蒙、新疆、宁夏、广西、西藏、青海等地,传统手工纺织普遍存在,粗褐、氆氇、卡垫、粗毛毯、毛口袋等是当地人民生活的必需品。

二、企业集团系统

中华人民共和国成立前夕,我国纺织工业中属于官办垄断集团的占 37%,属于民族资本的占 62%,外资约占 1%。除了大量的中小型企业外,还存在若干大的企业集团。

官办垄断集团中,最大的产业集团是中国纺织建设公司,总部设在上海,在天津、青岛、沈阳设有分公司。该公司在北平(今北京)、广州、重庆、西安、武汉、郑州、昆明、汕头、沙市、南通、台北、香港设有办事处,并派出联络专员长驻印度、新加坡、泰国、菲律宾,从事原料采购和产品推销。该公司凭借特殊的政治地位和以前日本人长期经营所形成的管理技术基础,生产效率较高,棉纱产量占全国的 1/2～2/3,棉布则占全国的 3/4 左右。

中纺公司拥有原料独占、市场垄断、外销控制的特权。该公司承担了全国棉花收购的任务,又有权向银行贷款进口外棉;有权配合国家经济部纺织事业管理委员会管理纱布销售,对全国棉纱实行限价收购,操纵市场;同时,拥有配合上述委员会统筹纱布外销的权力。中纺公司在经营管理、技术职工培训、规范标准制定等方面起了带头、示范作用。

中国蚕丝公司是丝绸纺织行业的官办垄断产业集团,总公司设于上海,在无锡、嘉兴、杭州、青岛、广东设有办事处。该公司有 3 个实验蚕桑场、4 个蚕业指导总所、1 家实验丝厂、2 家绢纺厂、3 家织绸厂,在广东顺德、江苏镇江和苏州设有蚕桑研究所。

民族资本纺织工业是我国资本主义工业中规模最大、资本最集中、技术最发展的行业之一,在全国纺织企业中占有十分重要的地位,1949 年全国纺织工业中民营纺织企业的比例见表 2-1-7。

表 2-1-7　1949 年全国纺织工业中民营纺织企业的比例

项目	单位	全国纺织系统	其中民营数量	民营比例/%
企业数	家	17 902	17 782	99.3
职工数	万人	74.51	51.38	69.0
技术人员数	万人	0.80	0.45	56.3
工业总产值	亿元	39.73	26.70	67.2
棉纺锭	万枚	499.6	266.4	53.3
棉织机	万台	6.39	2.19	34.3

为了获得运输、动力、原料及行业配套等方面的便利,民族资本纺织企业大都集中在沿海和交通枢纽附近的大中城市,除少数大城市中有大型纺织厂外,其规模大多数是基础薄弱的小型厂。

民族资本纺织产业集团主要有申新系、永安系、大生系、裕大华系、华新系、美亚系、刘鸿记系和诚孚公司等。

民族资本纺织业在增加纺织品产量、扩大纺织品流通、改革纺织生产工艺技术、培训技术力量等方面都起了一定的作用,企业经营灵活,产品能适应市场变化,销售有固定渠道,而且有出口联系网络,有些名牌纺织品在国内外颇有声誉。但民资纺织业在经营管理上受买办、封建的影响颇深,如人事多靠家族同乡关系,缺乏合理的规章制度,劳动条件差,用人多,机器设备不如外资厂,为了与外资厂竞争,工人工资较低。

1949 年前后,受战争和外国封锁禁运的影响,民族资本纺织工业遭遇原料短缺、销售停滞、资金枯竭,以致开工不足,亏损严重。无锡、常州、苏州、南通四市 1949 年的棉纱、棉布产量分别下降到历史最高产量的 49% 和 25%,上海多家棉纺厂、毛纺厂、丝厂和染厂停工。

三、地区布局

我国近代纺织工业大部分集中在沿海地区,一部分在交通枢纽大城市。1949 年,上海、天津、青岛三市的棉纺织设备占全国的 70% 左右,其中上海占 48%;上海的毛纺锭占全国的73%;上海、杭州、苏州、无锡的丝绸设备占全国的 80%;上海、广东的针织设备占全国的 80%。经过调整,到 1952 年,辽宁、山东、江苏三省和上海、天津两市的纺织总产值占全国的 71%,其中上海占 35%。上述三省两市拥有的棉纺锭占全国的 84.4%,而原棉产量和人口份额分别只占 18% 和 20%。河北、河南、湖北、湖南、山西、陕西、浙江、安徽八个产棉省的原棉产量占全国的 71.8%,但棉纺锭数只占 8.8%。其余各省区的人口占全国 40% 以上,而棉纺锭数只占 6%左右,且主要分布在四川、云南、江西、黑龙江和台湾地区,有 13 个省没有棉纺织厂。

纺织工业与原料、市场分布脱节的现象在毛纺织行业最为突出。到 1949 年,全国毛纺锭有 90.4% 集中在沿海地区,其中上海占 73%,而产毛地区只有少数小厂,可见近代纺织工业集中于沿海地区并非偶然。就毛纺织而言,当时引进的机器设备是西欧国家根据他们常用的以美利奴羊毛为代表的原料设计的。我国的羊毛原料与当时的毛纺设备相比,数量并不少,但羊毛品质不及美利奴羊毛,多数只宜制作低档产品。当时工业生产毛织品质次价贵,西北人民无法承受。在这种环境下,毛纺织行业只能走进口羊毛、外销产品、靠廉价劳力的优势投入国际市场的道路。在这两个方面,沿海地区的优势大于西北。

四、设备和技术

1949 年,我国的纺织机器几乎全是 20 世纪 20—30 年代以前制造的进口产品,机型杂乱,仅棉纺机就有 10 余种型号系列。国内有中纺公司属下的机械厂仿造梳棉、粗纱、细纱等机器,上海中国机械公司机械厂仿造自动织机,民营的只有个别纺织机械厂如上海大隆、南通大生能仿造梳棉机、织机等少量机器,大部分纺机厂仅能制造配件,而且只能满足一部分的需求,大量配件依赖进口。

表 2-1-8 所示为 1949 年前后大型棉纺织厂和毛纺织厂的各项技术指标,不同规模、不同地区的工厂存在不小的差异。除部分大型厂外,多数工厂的规模甚小,厂房简陋,劳动条件差。

表 2-1-8 　 1949 年前后棉纺织、毛纺织技术指标

行　业	项　目	指　标
棉纺织	清棉工艺道数	9～10
	细纱折 29 特（20 英支）单产	16.6 公斤/千锭·时
	细纱卷装	150 毫米
	细纱断头率	200 根/千锭·时
	细纱锭速	9 000 转/分
	细纱看台率	400 锭/人
	梳棉机配台率	45 台/万锭
	梳棉单产	5～6 公斤/台·时
	平均线密度（纱支）	28 特（21 英支）
	每件纱净用棉量（每件纱为 181.44 公斤）	206 公斤
	折合 29 特（20 英支）每件用工	9
	平均纬密	236 根/10 厘米
	布机生产率	3.5 米/台·时
	百米棉布用纱量	13.5 公斤
	每匹（40 码）用工	0.5
毛纺织	精纺前纺工艺道数	9
	精纺梳毛机单产	10 公斤/台·时
	针梳机出条速度	20 米/分
	细纱单产 20 特（50 公支）	10 公斤/千锭·时
	毛织机入纬率	100 次/分

　　产品品种上，除丝绸花色较丰富外，各行业都出了一些名牌产品，如龙头细布、蜜蜂牌绒线、四君子哔叽、鹅牌汗衫等，但总体来说还比较单调，如棉布主要是中粗特纱织成的蓝、灰、黑色布及大红、大绿、条格花布和色织布，毛纺织品主要是绒线、毛毯、哔叽、花呢和驼绒（毛针织品）等，麻纺织品主要是麻袋，针织业主要生产汗衫、棉毛衫、卫生衫等"老三衫"和袜子等。

　　全国约有 8 000 名技术人员，只占职工总数的 1％。高等、中等专业学校每年培养毕业生 300 人，不足技术人员的 4％。但是，已经有了自行培养工程技术队伍的教育、培训系统，出版了我国学者自行编写的高等纺织教材，不再依赖外国技术力量。

五、原料供应和产品销售

　　1949 年前后，我国纺织工业的原料供应和产品销售受国内战争与外国封锁禁运的影响，处于极其艰难的境况。

　　1936 年，我国棉纺设备达 510 万锭、国棉产量达 85 万吨的时候，棉花资源可以基本自给。第二次世界大战结束后，美国以"援助"名义向我国大量倾销美棉，致使 1946 年全国纺织业使用的进口棉花达全部用棉的 50％。因此，陕西、四川、湖北、河北、山东等省的棉田改种其他作物，国产棉花产量锐减。1949 年全国产原棉只有 44.5 万吨，为当时世界总产棉量的 6.3％。加上絮棉等需要，在进口中断的条件下，棉纺织业的原料供应严重不足。

1946年，国毛收购量虽有2.9万吨，但无法在引进设备上使用，80%的呢绒原料仍然依靠进口。1949年，全国约有绵羊2 600万头、山羊1 600万头。当时，国产原毛纤维粗，不匀率高，死毛多达9%，大部分只适于制作地毯、粗呢之类的产品，精梳毛纺用毛严重不足。山羊绒是高档毛纺原料，但分梳（去除绒中粗毛）技术尚未过关，未能充分利用，只以原绒出口。

1949年，总产黄麻、洋麻的原麻3.7万吨，苎麻2.45万吨，相对于当时的生产能力，还比较充裕。

桑蚕茧产量的历史最高水平是1931年的22万吨，柞蚕茧是1929年的9.3万吨。由于桑田遭受战争破坏，蚕种改良落后，1949年收购桑蚕茧仅3.1万吨，产生丝1 400吨，为当时世界总产量的7.4%；柞蚕茧收购量1.2万吨，产柞丝100吨。

化学纤维中只有少量黏胶人造丝生产，供丝绸生产使用。

当时的纺织原料和产品销售受到美国"援助"的控制，上海、天津等主要纺织基地设有由中美双方人员组成的各种小组委员会，以管理原棉分配和运用，控制棉纱外销比例以及管理外销纱布的外汇等。这种情况持续到1949年下半年才开始改变。

1949年主要纺织品的产销情况如表2-1-6所示。棉布达到低水平的国内供求平衡，丝绸、呢绒等高档产品的内、外销均未打开局面，尽管国内人均分配量极低，生产仍然出现"过剩"现象。这是战争连绵、通货膨胀、人民生活困苦的反映，也是后来丝绢纺织和毛纺织行业发展滞后的根源。

六、纺织文化事业

（一）纺织教育

1. 初创阶段

1897年，杭州知府林启创办蚕学馆，于1898年3月开学，成为我国纺织教育事业的先驱。1912年，史量才在苏州建立女子蚕业学校。这两所学校经过多年变化，遍历风霜，后来发展成为浙江丝绸工学院和苏州丝绸工学院以及一批蚕桑专科学校，成为培养丝绸及蚕桑专业人才的摇篮。

1912年，张謇在大生一厂附设纺织传习所，以后逐步扩大，并亲任校长16年，1927年改为大学本科，1930年经教育部立案定名为南通学院。

晚清也有一批官办的纺织学校，但数量少且学制参差不齐，部分还受兴办人的进退而兴废。1903年张之洞在湖北工业中学设置了我国最早的染织学校，4年后随张之洞调迁而停办。京师高等实业学堂、天津北洋大学、天津高等工业学堂均成立于晚清，以后设置纺织科系，培养专业人才。苏州工业专门学校和杭州高级工业职业学校也是官办的工业学校，纺织是重点科系，两校在数十年中培养了大批纺织人才。

企业办班最早的有恒丰纱厂职员养成所，由聂云台于1909年亲自主持，中间曾委托南通学院代办。

2. 发展阶段

第一次世界大战期间，我国纺织工业迅速发展，人才紧缺成为重要矛盾，各大系统都举办过技术训练班或合组技术学校。这些专业训练班虽然学制较短，但多数能满足当时技术人员短缺的需要。

1922年，华新公司设天津棉业专门学校，培养棉业和纺织专业人才。1928年后，申新和庆丰公司先后建立职员养成所。

作为私营企业技术队伍的后备,在专门学校的学生无法满足之际,工务练习生是多数工厂广采用的人才培养形式。各厂招收相当于中学水平的青年进厂,跟随技术人员熟悉生产,并在机械操作中实践,以迅速提高技术;部分则进入专业学校深造。这在近代中国的纺织技术人员中占了相当大的比例。其中也有不少自学成才者,成为工厂技术骨干或专家。这种形式一直维持到抗战胜利。

抗日战争之前,南通学院、苏州工业专门学校、杭州高级工业职业学校等校均发展到全盛时期。1923 年,东北大学在沈阳成立,后设纺织系,"九·一八"事变后即撤入山海关以南,部分并入北平大学工学院,纺织系则并入南通学院。

3. 转折阶段

由于日本发动侵华战争,我国纺织教育事业与其他行业一样,受到了重大摧残,各院校设置地先后陷入战区,校舍、设备、图书资料均受到严重损失,各蚕桑学校迁入农村上课或停办,城市各院校则多数迁入内地。上海租界一度成为抗战时期棉纺织业大发展的基地,纺织教育事业相应地有所进展。苏州工业专门学校迁沪后发展成私立上海纺织工业专科学校,申新公司创办了中国纺织染专科学校,诚孚公司也设立了诚孚纺织专科学校,染织业还筹建了文绮染织专科学校等。

4. 恢复阶段

抗战胜利后,一些院校陆续迁回原址复课,各地又纷纷建立一批纺织高等专科学校。纺织教育事业经各方努力,逐步发展,到 1949 年已具有一定规模,但系科设置仅有纺织、染化、缫丝三类。

据 1949 年末的不完全统计,全国纺织高等院校(系)有 18 所,在校学生 1 200 余人。当时设有纺织系科的大专院校有天津北洋大学、河北工学院、江苏南通学院、苏南工业专科学校、上海交通大学、上海市立工业专科学校、山西铭贤学院、西北工学院、山东省立工业专科学校青岛分校、四川乐山技艺专科学校、成都艺术专科学校、敦义农工实验学院、武汉江汉工专等,专门的纺织院校有上海私立中国纺织染工程学院、私立上海纺织工业专科学校、私立诚孚纺织专科学校、私立文绮染织专科学校及浒墅关蚕丝专科学校。

中等纺织技术学校(多数为高级工业职业学校,简称"高工")有 20 余所,在校学生 1 500 人左右,历史悠久、影响较广的有杭州高工、济南高工、长沙高工、开封高工、武昌高工、常德高工、广东新会高工、兴宁高工、西北高工、雍兴高工、三原高工、甘肃秦安高工、兰州高工、临洮高工、石家庄高工、东北高工、成都高工等。此外,各大纺织公司根据生产需要举办半工半读技训班和各种专业人员训练班。

在近代纺织工业发展中,涌现了一批热心纺织教育事业的人士,其中有朱仙舫、傅道伸、陈维稷、李升伯、邓着先、张方佐、徐缄三、嵇慕陶、张朵山、任尚武、张汉文、周承佑、诸楚卿、郑辟疆、曹凤山等。他们或长期执教,或长期主持院校,或编撰教材,为培养大批学生和技术专家做出了很大贡献。近代纺织教育事业的发展,不仅为当时的纺织业培养了大批科技人才,促进了近代纺织科技水平的提高,而且为新中国成立后我国的纺织教育和纺织科技的大发展奠定了基础。

(二) 纺织科学研究机构

1934 年创办于上海的棉纺织染实验馆,是我国最早的纺织科研机构,由中央研究院与棉业统制委员会合办。棉纺织染实验馆采取求实、求广、求精、求比较的原则,征集搜购的纺织机械及试验设备大都是英、美、德、日、瑞士等国及国内的最新型设备,仪器设备品种多、型号新、性能优良,利于科学实验的开展,1937 年所有设备内迁西南,抗日战争胜利后虽有恢复重整意图,但终未实现。

公益工商研究所于 1944 年 9 月在重庆创办,由经济学家刘大钧任所长,吴稚晖任理事长,荣尔仁任常务理事。1946 年夏迁至上海,1947 年 4 月创办《公益工商通讯》半月刊,内容以纺织技术和经济信息为主,并刊登有关工商法规及统计资料。1956 年 4 月,研究所由上海纺织研究所接收。

(三) 纺织学术团体

中国纺织学会于 1930 年 4 月 20 日在上海成立,其宗旨是"联络纺织界同志研究应用技术,使国内纺织工业臻于发展"。学会的第一届主席委员由当时任申新纺织厂厂长的朱仙舫担任。从学会成立到中华人民共和国建立的 19 年中,学会共举办 14 届年会,各届年会的内容主要是报告和讨论会务,宣读论文,改选理事会。

中国纺织学会总会设在上海,并先后在无锡、青岛、西安、天津、东北等地成立分会或分筹会。1931 年 3 月,一些在欧洲学习纺织的中国留学生在法国里昂集会,成立中国纺织学会旅欧分会。1948 年 1 月,台湾的纺织技术人员在台北集会,成立中国纺织学会台湾分会筹委会。

抗日战争胜利后,中国纺织学会处在一个新的发展阶段,在中国共产党上海地下组织的领导下,于 1946 年成立了中国纺织事业协进会,简称小纺协,其成员大部分是学会会员。

中国纺织学会第十四届年会于 1949 年 8 月在上海举行。在这次年会上,通过了一项决议,学会改组为中国纺织染工作者协会。1950 年 11 月,工作者协会在北京召开代表会议,决议恢复中国纺织学会原名。1951 年,中国纺织学会加入当时的中华全国自然科学专门学会联合会(1958 年改为中国科协)。联合会要求学会在原有的基础上合并其他纺织学术团体,筹组中国纺织工程学会。筹组期间,学会在全国范围内登记、甄审会员,并推动一些大中纺织城市筹组中国纺织工程学会地方分会。同时,以中国纺织工程学会筹备委员会的名义,开展学术活动及其他活动。1954 年 2 月,正式改称中国纺织工程学会。

中国染化工程学会于 1939 年 10 月 22 日在上海成立,成立时会员合计 270 人。在首次理监事会议上,推选诸楚卿任理事长。1941 年日军侵入上海租界后,会务活动停顿,至 1946 年后恢复活动。学会恢复活动后,接办了原来由南通学院纺织科染化研究会已出版三年的《染化月刊》,开展学术与科普活动,创办染化补习学校,设印染工程及应用化学两科,分沪东、沪西上课。学会于 1952 年 11 月宣告结束,多数会员加入纺织工程学会,少数加入化学工程学会。

中国原棉研究学会,于 1948 年在中国纺织建设公司原棉研究班的基础上,由该班 3 期的毕业学员共同发起组织,目的是推进我国自己的原棉检验及配棉技术,促进棉农、棉商、棉工的联系。该学会于 1952 年末并入中国纺织工程学会筹备委员会。

纺织教育事业的发展、纺织科研机构的成立以及纺织学术团体的组成,标志着我国近代的纺织科技较古代上了一个新的台阶,使我国的纺织科技事业步入科学规范的轨道。这为我国纺织工业的快速发展以及纺织科学技术的应用和提高提供了可能。

第二章　近代纺织原料的发展

近代中国的纺织原料，与古代相比没有变化，主要仍是棉、毛、丝、麻四大类，但随着纺织工业的建立和人造丝的出现，天然纤维的生产和利用发生了重大变化。

第一节 ▶ 棉

一、棉花生产的发展

1840 年后，棉花生产的规模、技术和地域分布变化不大。19 世纪 80 年代末开始引种美棉。随着棉纺织工业和棉花进出口贸易的发展，棉花生产在整个国民经济中的地位日显重要。民国初年，陆续有政府机构和工商团体着手进行棉花生产的调查和统计。1947 年公布的《中国棉产统计》包括 1919—1947 年间历年的棉田面积、单位产量和总产量数据，统计范围虽只包括 12 个主要产棉省，但能够反映出中国棉花生产的情况和生产总量的变化。这一全面而系统的棉产统计资料，常为中外学者所引用。

另一套棉产统计数据是由当时的中央农业实验所负责编制的，统计范围包括 22 个省的 1 200 个县，发表了 1931—1936 年间各年度的统计报告。此外，当时的实业部于 1932 年独立进行棉产统计，包括 15 个主要产棉省的资料。1950 年上海市棉纺织工业同业公会筹备会发行了《中国棉纺织统计史料》一书，该书汇编了 1919—1949 年间全国各省历年的棉田面积、皮棉产量和每亩皮棉收量统计。1983 年出版的《中国棉花栽培学》（中国农业科学院棉花研究所编）中，给出了基于前述统计资料并加以修订的 1919—1948 年的棉产统计。分析这些统计资料，可以看出这 30 年中棉花生产发展的曲折历程及其特点。

① 30 年间棉花生产的发展分为两个阶段：1919—1936 年，棉田总面积和棉花总产量逐步增长，17 年共增长 60.7%；1937—1948 年猛然降低，13 年共降低 40.45%。

② 棉花单位面积产量呈下降趋势，标志着棉花生产的倒退。

③ 从 1932 年起，棉花总产量呈明显上升趋势，于 1936 年出现棉产量高峰，这主要是国内棉纺厂用棉量增加和进口外棉减少为棉花生产创造了良好时机，出现了中国近代棉花生产发展的鼎盛时期。

④ 1937 年日本侵略中国，扼杀了中国棉花生产发展的良好势头，1937—1945 年，棉花生产处于大倒退时期，棉田面积、总产量和单位面积产量全面下降。

⑤ 抗日战争胜利后，棉花生产得到了一定的恢复。经过 8 年的艰苦抗战，胜利后的人民对棉花和棉纺织品的需求量很大，农民种植棉花的积极性很高，但是美棉的倾销破坏了中国棉

花市场的正常供应,给中国棉花生产的恢复和发展增加了阻力。1947年,国军大举进攻解放区,棉花生产又遭受战乱破坏。1949年的单位面积产量降低到略高于1937年的第二个最低点,棉花生产陷入困境,使中华人民共和国成立后恢复棉纺织工业生产面临原棉短缺的困难局面。

二、棉产区的变迁

宋代以前,我国棉花的主产区一直停留在云南、广东、广西、福建和新疆等边远地区,宋末元初才相继传入长江流域和黄河流域,棉产中心逐渐北移。清代后期和民国初年,形成了中国三大主要棉区:华北棉区(又称黄河流域棉区),包括山东、河北、河南、山西、陕西、甘肃六省;华中棉区(又称长江流域棉区),包括江苏、浙江、安徽、江西、湖北、湖南、四川七省;华南棉区,包括福建、广东、贵州、云南四省。此外还有西北内陆和华北北部及辽宁南部的产棉区。

20世纪中叶,中国形成了五大棉区,由南向北、自东向西依次为华南棉区、长江流域棉区、黄河流域棉区、北部特早熟棉区和西北内陆棉区。习惯上,又将前两个棉区统称为南方棉区,后三个棉区统称为北方棉区。图2-2-1是中国棉花种植区域分布图,图中Ⅰ、Ⅱ、Ⅲ、Ⅳ、Ⅴ分别为华南、长江流域、黄河流域、北部特早熟和西北内陆五大棉区。

中国纺织科技史

150

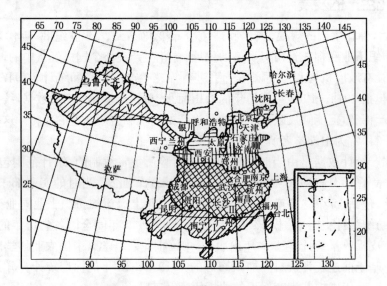

图 2-2-1　中国棉花种植区域分布

1919—1949年,中国产棉区进一步向北发展并巩固,黄河流域棉区的种植面积和皮棉产量占全国的比例增大,河北、山东、山西、河南、陕西五省的植棉面积和皮棉产量在20世纪初有了进一步的增长。黄河流域的单位面积产量远较长江流域高,所以皮棉产量占全国的比例比棉田面积的比例高。进入20世纪30年代,黄河流域棉区有了新的发展。其中,1934—1938年,皮棉产量连续5年接近或超过全国产量之半。自1938年起,棉田面积和皮棉产量占全国的比例开始下降,这主要是由于在抗日战争和解放战争时期,黄河流域的棉田和棉花生产遭受的破坏较长江流域严重。随着解放战争的胜利,黄河流域棉区的生产得到较早的恢复,从1948年起,棉田面积和皮棉产量均有增加,到1949年棉田面积和皮棉产量再次超过全国的一半。

三、棉产改进

我国最早种植的棉属栽培种是亚洲棉和草棉。亚洲棉在我国的栽培历史久、分布广,已培育出许多变异类型,形成了世界驰名的中棉。19世纪下半叶,我国开始从美国引入陆地棉,经过一个多世纪的引种、驯化、选择和培育,形成了许多适合中国不同地区种植的陆地棉品种,逐步取代了中棉和草棉。

中国近代的棉产改进工作主要围绕陆地棉的引种、驯化和中棉品种的改良而进行。

(一) 陆地棉的引种和驯化

1865年,上海有美国陆地棉棉种输入。1867年,清政府曾派人到美国求购棉花良种。清政府湖广总督张之洞了解到中棉品质差,不适合用机器纺中高支纱,他在举办湖北织布局时,推行种植美棉,但1892年和1893年两年试种均未成功。原因是未对美棉种子进行驯化,棉农简单地采用种植中棉的办法种植美棉。虽然美棉种植未成功,但开创了中国引种美棉的历史,为以后的引种和推广积累了经验。

清政府于1904年购入大量美棉种子,分发各省,并颁发了改良中棉计划。由于清政府官吏脱离生产实际,不懂科学,不知道驯化棉种和种棉技术而遭失败。1913年,张謇出任北洋政府的农商总长,在棉产改进方面做了一些工作,取得一些进展。

随着时间的推移,陆地棉的种植逐步增加,黄河流域棉区的陆地棉种植面积和产量均高于长江流域。棉花种植面积增长较快的省份,如河南、陕西、湖南、湖北,陆地棉所占的比例较大。江苏、河北、山东这些主要产棉省的陆地棉比例不高。在同一省内,陆地棉的纤维长度、细度、天然转曲优于中棉,可纺支数较高,但中棉的长度整齐度和纤维强力高于美棉。总体上,陆地棉的纤维品质显著优于中棉。

(二) 中棉品种的改良

亚洲棉自13世纪传到长江和黄河流域以来,经长期栽培,到明清时期已培育出很多抗性强、衣分高的中棉品种。但是到了清代后期,棉种严重退化,衣分降低,对中棉品种进行改良迫在眉睫。

最早用近代农业科技知识对中棉进行改良的是南通农科大学。在张謇校长的推动下,南通农大于1914年培育出改良鸡脚棉。该种棉的纤维长度为23～25毫米(29/32～1英寸),衣分为39%～42%,纤维色泽洁白,成熟早,抗病害能力强,通海地区争相种植。1919年,华商纱厂联合会在南京创办棉作试验总场;1920年设分场16处,从事美棉的驯化和中棉的改良;1921年,将所有试验场交东南大学农科继续进行试验。经过四五年的选种,培育出改良青茎鸡脚棉、改良小白花棉、改良江阴白子棉、孝感光子长绒棉等4种优良的中棉品种。这4种改良中棉的成熟期都提早了,成为长江流域的良种。金陵大学棉作改良部在1922年培育出百万棉,纤维细长,可纺14特(42英支)纱,此棉种的生态习性特别适宜在江南沿海一带。山东省立第二棉场于1927年从当地农田中选出中棉一种,经5年选种,培育成齐东细绒。此外还有徐州大茧花、定县114、石系1号等优良中棉品种。但因为缺乏大规模的育种场所,推广工作进行得很慢。

四、原棉检验及棉花标准的建立和演变

中国古代文献中有不少关于原棉性状和用途的记载,大约在18世纪就能估验原棉水分,

19世纪时能按照产地、品种的颜色进行分级，并概括地用"干、白、肥、净"四个字作为评定棉花优劣的标准。"干"是指含水不能太多，"白"是指色泽洁白，"肥"是指纤维成熟度好，"净"是指杂质少。

中国近代的棉花检验工作是随着棉花商品化、近代棉纺织工业以及棉花进出口贸易的发展而逐步建立起来的。

1901年，上海外商组织的取缔棉花掺水协会开始对原棉进行含水、含杂的检验。1902年中国商人成立上海棉花检验局，进行棉花含水、含杂检验。辛亥革命后，检验工作一度停顿，1913年恢复工作，但由于经费困难，有不少机构解散。1914年日本纺织联合会在日本输入港口设立中国棉花含水检验所，对进口的中国棉花实行严格检验，退回不符合标准要求的棉花，致使中国棉花输出商蒙受重大损失。于是，1916年在上海创立中国原棉含水检验所，次年外商加入，但终因经费困难而于1919年关闭。1921年，中外纺织厂商和棉花出口商联合成立上海禁止原棉掺假协会，之后改名为上海棉花检验所。然而不久，中国纱厂相继退出该所。1911年天津外商发起组织天津禁止棉花掺水协会，规定棉花含水率为12%，超过此标准不准出口。1928年在上海设立全国棉花检验局，市场上买卖的棉花，经商人申请检验，由各地检验局进行。当时对棉花实行检验的有上海、汉口、汕头、天津、青岛、宁波、济南等地。

1930年上海商品检验局设立棉花分级研究室，参考美国棉花标准，试制了中国棉花品级标准，将中国原棉分为三大类：美种棉品级标准、黑子细绒品级标准、白子粗绒品级标准。

1933年棉业统制委员会成立，制定了取缔棉花掺水、掺杂条例，并于1934年公布了实施细则14条。同年，全国经济委员会棉花统制委员会设立棉花分级研究室，继续研究棉花品级标准，同时培养检验技术人员，制定棉花标准样本。棉花统制委员会所制定的棉花标准，仍然参照美国。根据纤维长度将美种棉分为长绒和短绒，根据纤维的长度和细度将中棉分为4种，即甲种（黑子棉及改良白子棉）、乙种（白子棉）、丙种（铁子棉、粗绒棉）、丁种（特粗棉）。这样，中国棉花共有6个类别，对每个类别分别制定分级标准。分级的方法是根据原棉的色泽、夹杂物和轧工3个要素，对美种棉共设5个等级，各级之间设4个半级，实际上共9级；对中棉的4种类别，分别设5个等级。

1937年成立全国棉花监理处，对棉花含水、含杂和品级进行检验。抗日战争胜利后，中国纺织建设公司也曾制定类似的实物标准。

中国近代一直未能实行完整、统一的棉花分级标准和检验制度。

五、中国近代棉产在世界上的地位

近代，世界上有60多个国家生产棉花，美国在棉田面积和总产量上居于首位，占世界总量的一半以上，其次是印度，中国占第三位，之后是埃及、前苏联和巴西。

中国棉花产量在世界总产量中的比例波动较大，最高为1918—1919年度的14.64%，最低为1926—1927年度的6.13%。粗略估计，中国近代棉产量约占世界总产量的10%，而人均棉产量只有世界平均水平的一半。

单位面积产量以埃及为最高，据1925—1935年的统计，埃及的年平均亩产最高，其次为秘鲁、墨西哥、阿根廷、中国、前苏联、苏丹、美国。

中国的棉花的长度很短，属短绒棉，一般长度在25毫米（1英寸）以下。据有关资料分析，

1925—1930 年,美国具有 22～38 毫米(7/8～3/2 英寸)的各种长度的棉花,埃及和苏丹主要生产长度为 25～28 毫米(1 英寸或 35/32 英寸)的长纤维,前苏联主要生产 22～28 毫米(7/8～35/32 英寸)的中等长度的棉花。印度、土耳其等国主要生产短绒棉。

中国近代的棉花生产经过近 100 年的发展,到 20 世纪 30 年代,在棉田总面积和总产量上都达到了高峰,出现了良好的发展势头。但由于日本的侵略战争,破坏了它的正常发展,使棉花产量急剧下降。抗日战争胜利后,虽有恢复,但远未达到历史最高水平。

第二节 ▶▶ 丝

一、蚕丝生产的发展

近代,中国的蚕丝生产有长足发展,至 20 世纪 20—30 年代,基本完成了由传统蚕丝业向近代蚕丝业的转变。发展的一个重要方面就是在缫丝业领域大量地引进机器化生产设备,机器生产的厂丝产量超过了手工生产的土丝产量,形成了以工业化为主的格局,总产量和外销量都达到了历史新高度。

早在清朝咸丰、同治年间,在蚕丝外销迅猛发展的刺激下,全国曾出现提倡植养蚕桑的热潮,很多省(县)号召和奖励农民栽桑养蚕,有些地方还成立蚕桑局等推广机构。左宗棠在光绪八年任两江总督时,曾从浙江大批购买桑秧,分发江苏各州县种植;任陕甘总督时,又在新疆喀什成立蚕桑局,派员采办湖桑桑秧,运往新疆种植。清朝官吏还利用行政命令推广蚕桑,如四川达县知州陈庆门张贴告示,命令每户居民在自己住宅周围植桑。但是,由于资金、设备、技术指导、劳力安排、销售等一系列问题,很多地方新办的蚕桑事业未获成功。获得成功的蚕桑新区都是靠近通商口岸、交通便利、外国洋行收购丝茧方便的地方,如珠江三角洲、江南等地区。到 19 世纪末 20 世纪初,蚕桑产区和产量都有了较大的发展。

机器缫丝业的出现和发展,大大推动了蚕丝产量的提高,适应了外销的迅速增长。19 世纪 70 年代以后,上海、江苏、浙江和珠江三角洲相继建立了 50～60 家缫丝厂。辛亥革命至第一次世界大战期间,机器缫丝业发展缓慢。到 20 世纪 20 年代,机器缫丝业的生产持续上升,达到繁荣期;进入 30 年代,由于世界经济危机的冲击以及国际市场对华丝的压制,中国缫丝工业从 1931 年开始明显衰退。1935 年,由于蚕茧的价位低,外销稍见转机,上海、浙江两地的丝厂逐渐恢复,出现了以无锡永泰丝厂为核心的集供产销于一体的联营组织。不过好景不长,1937 年日本大举入侵中国,江苏、浙江、上海等主要蚕丝产区先后沦陷,缫丝业遭受重大破坏。1938 年 8 月,受日本控制的华中蚕丝公司在上海成立。华中公司除了对蚕种业实行统制外,力图对机器缫丝厂加以控制和掠夺。抗战初期,大量资本家和工人进入上海租界避难,市场上丝价高涨,于是大批丝厂相继开工,至 1939 年 3 月已达 45 家,几乎接近战前的水平。由于出海畅通,蚕丝供不应求,所有丝厂无不获利。以后,华中公司以"防止资敌"的名义,统制江苏、浙江蚕茧进入上海,又放松家庭小型缫丝业的限制,9 月后租界丝厂便因无原料而纷纷停业。

抗战期间,我国蚕丝生产受到很大破坏。据统计,1936 年桑园面积为 53.1 亿平方米,全年饲育改良蚕种 570 万张,产鲜茧 15.85 万吨,产生丝 1.17 万吨。到 1946 年,仅存桑园 29 亿平方米,配发改良蚕种 183 万张,产茧 4.29 万吨,产生丝 3085 吨。

需要指出的是,近代中国蚕丝生产虽以机器缫丝业的发展为主流,但传统的手工缫丝生产方式并未就此退出历史舞台,而是继续存在。直到 20 世纪 30 年代,土丝的产量仍很可观。手工缫制的土丝一般有以下几种:

① 细丝、肥丝——嘉兴、海宁等地出产细纤度的细丝,王店则生产粗纤度的肥丝;

② 捻丝——用两根细丝捻合而成;

③ 纬丝——用一根肥丝和一根粗的人造丝并合而成,不必捻合;

④ 干丝——用细丝加倍成与厂丝粗细相接近的生丝,以浙江湖州南浔和震泽为生产区。

二、主要蚕丝产区

清朝《续文献通考》对 19 世纪末全国蚕桑分布记载道:"蚕桑,以江苏、浙江、广东、四川为最盛,次湖北、湖南、江西、安徽、福建、广西。江苏养蚕区域为苏州、常州、镇江、江宁、松江诸府,南通亦有产额。全省产茧年约二三千万斤。浙江以杭州、嘉兴、湖州三府属称极盛,次则绍兴、宁波、金华、台州。最近茧产年约八九千万斤,称全国第一。四川以成都平原为主要,保宁、顺庆、崇庆诸属次之,产茧年约六七千万斤。广东以珠江三角洲为最多,顺德、南海、番禺等县为其中心地,茧额年约七八千万公斤。湖北以汉川、沔阳、嘉鱼、当阳、宜都等县为主要,茧额年约一千万斤。"这一分布在整个近代基本没有改变,其中,四川、湖北为黄茧产区,广东、安徽等是杂茧区,江苏、浙江是纯白茧产区。茧丝产量最高者为浙江、广东、四川和江苏四省,合计产茧量和产丝量均占全国的 87%。

浙江是中国近代最重要的蚕丝产区,鲜茧产量、生丝产量、生丝出口均占全国的 30% 以上。浙江全省的 75 个县中,产蚕丝的有 58 个,其中杭嘉湖地区的产量最多。浙江所产生丝,一般分为土丝和厂丝。在机器缫丝业尚未发达时,手工缫制的土丝极为兴盛。浙江所产土丝,分细丝(包括中条分丝)、肥丝和粗丝三种。细丝用上等茧缫制,肥丝用上等茧和中等茧混合缫制,粗丝则用次等茧(双宫茧)缫制。缫细丝用茧 5～6 粒或 7～8 粒,用茧 24～35 粒缫成的统称肥丝或粗丝。细丝中最负盛名的是湖洲南浔等地的辑里丝(七里丝),具有细、圆、匀、坚和白、净、柔、韧等特色,在国际市场上享有声誉。浙江土丝在近代早期全国出口丝总额中约占一半。机械缫丝业兴起后,土丝价格与销路均不如厂丝,但仍有为数众多的蚕农以土法手工缫制蚕丝。

珠江三角洲是我国近代主要产蚕区之一,广东每年的蚕茧产量仅次于浙江。鸦片战争前,广东也有蚕丝生产,但由于丝质较差,不能和浙江湖丝相竞争,因此并不发达。鸦片战争后,由于外销的刺激,广东蚕桑业大大发展起来。蚕农从暮春 3 月开始养蚕,一直到深秋还养所谓"寒造"。20 世纪 30 年代,世界经济危机严重损害了广东的蚕丝业,致使出口锐减,约 3/4 的丝厂倒闭,3.6 万丝业工人失业。1932—1934 年,蚕茧价格猛跌 85%,养蚕无利可图,对桑叶的需求也随之减少,广东蚕桑业由此衰落。

江苏近代蚕桑业以苏南太湖之滨、铁路沿线的无锡、武进、吴江、吴县、江阴、宜兴等县最为发达。无锡是近代几十年中我国蚕丝业最发达的县份之一。太平天国以后,无锡农家逐渐兴起栽桑养蚕。江阴的蚕桑业也是在光绪年间才兴盛起来的。丹徒、江浦、江宁、句容、常熟、丹阳等是咸丰、同治以后兴起的新蚕区。抗日战争期间,东南蚕区为日军占领、破坏、掠夺,很多丝厂被占、被毁,但一些分散的手工缫丝生产仍在继续,且有所发展。抗战胜利后,蚕桑业开始恢复,但不显著。

四川是中国传统蚕丝产区,也是近代主要蚕区之一。产区分布以嘉陵江流域的重庆、顺庆、潼川、保宁等为最盛,其次是岷江流域和成都平原。蚕种以当地三眠一化黄茧土种为主,蚕茧大都自缫土丝。

三、蚕丝改良

近代中国蚕丝业伴随着当时的政治、经济、思想、文化各方面的一系列变化,出现了大规模的改良,成为蚕丝业近代化的基本特征之一。

蚕丝改良最主要是蚕种改良。自19世纪法国巴斯德发明蚕的微粒子病防疫法以来,在蚕种制种上,西方和日本取得了相当进展,而中国传统土种由于蚕病等原因而影响生丝产量和质量。1889年宁波英国税务司雇员江生金受派遣去法国学习选择无病蚕种的方法,半年后回国。1897年林启办杭州蚕学馆,开创了我国现代蚕丝教育之先河。1898年,杭州蚕学馆育成春季用改良蚕种500张,分发给杭州附近的蚕农。这是我国最早的改良蚕种。史量才于1903年在上海创办私立女子蚕业学校,改公立后迁苏州,更名为江苏省立女子蚕业学校,在蚕业改良方面作了不少努力,1921年增设原蚕种制造部。20世纪20年代后,进行改良蚕种制造的还有中国合众蚕桑改良会、江苏省立无锡育蚕试验所、南京金陵大学、浙江省立原蚕种制造场等。整体来看,制种业的规模还小,技术进步也较缓。1924年,浙江省立甲种蚕业学校(前身为杭州蚕学馆)制成诸桂×赤熟杂交种,揭开了我国蚕种制造事业的新篇章。杂交种在蚕的适应能力、产茧量、产丝量等方面均比过去所制的纯种蚕种为优,推出后颇受蚕农欢迎,发展很快。1924—1931年间,江浙两省的蚕种场已发展到200余所,每年制种400余万张。

1934年,全国经济委员会在杭州设立蚕丝改良委员会,以指导蚕桑丝茧各业,改良蚕丝。江苏、浙江、广东、山东等省也设立了蚕业改进管理委员会等机构,进行蚕种统制、茧行管理、运销统制及技术指导等工作。从1935年起,通过对蚕丝实行统制,改良蚕种,统一品种,并严禁土种出售,使江苏、浙江两省主要蚕丝生产地区的改良种成为主导蚕种。茧行早在晚清时已有,设"收购"和"烘茧"两个部门。有些洋商也在蚕茧产区设茧行。统制后的新茧行统一收购价格。这种统制反映了蚕丝生产管理体制逐步走向集中化、专业化,对生产有一定促进。但政府控制茧源、压价收茧,也挫伤了蚕农的生产积极性。蚕丝改良委员会在3年中对蚕业发展起了一定的推动作用。1937年日本入侵,改良工作被打断。日军占领江苏、浙江两省主要蚕丝产区后,原有的120多个蚕种场,都由日本人掌握,并借口复兴中国蚕丝业,大量输入日本蚕种。1938—1943年,共输入日本蚕种(包括朝鲜蚕种)140万张,占日伪华中蚕丝公司全部配发蚕种量的一半。抗战期间,江苏、浙江内迁西南的蚕丝技术人员推动了四川等地的蚕种改良。抗战胜利后,蚕丝生产恢复,蚕农需种量很大。1945年成立中国蚕丝公司,除接收日伪蚕丝资产外,也从事辅导民营、改良蚕丝等工作。

经过几十年来蚕丝科技人员、政府和民间组织的努力,中国的蚕丝改良取得了进展,在主要蚕丝产区,土蚕种逐渐被改良蚕种取代,蚕丝生产的现代技术基础得到确立。但是,中国丝与国际水平以及国际市场上的主要对手(日本丝)比较,仍明显处于落后地位。日本丝在国际竞争中逐渐压倒中国丝,如曾畅销海内外的中国湖丝终为日本丝所排斥,1912年的出口量不及1880年的一半。

第三节 ▶ 毛

绵羊毛是毛纺织工业的主要原料,山羊毛(绒)、骆驼毛(绒)、牦牛毛(绒)、兔毛等特种动物纤维也可用于纺织,山羊绒、骆驼绒、牦牛绒都是珍贵的毛纺织原料,在世界纺织原料市场上占有重要的地位。中国近代的毛纺织工业不发达,未能将毛纤维原料充分用于纺织,只能以低廉的价格出口。其他毛种也有利用,但其用量相对绵羊而言甚少,因此这里重点介绍绵羊毛纤维。

一、绵羊毛产量及其产区分布

绵羊分布地域广大,除广东、海南、福建和台湾外,几乎遍及全国,但各省、区的绵羊数量、产毛量、饲养方式等差异极大。绵羊的饲养以及将羊毛应用于纺织,自古以来主要集中在东北、西北和西南地区,并逐步向中原地区发展。

根据中央农业实验所的农情报告,1935年中国绵羊头数约为3 400万头。抗日战争前,绵羊产区主要集中在西北的新疆、甘肃、青海、宁夏和陕西,数量占全国的一半以上,其中新疆最多,占30%。内蒙、东北、西藏、山西、河南、河北、山东等地的绵羊也较多,均在100万头以上。长江以南,除江苏、浙江外,绵羊数量很少。据中央畜牧实验所报告,抗日战争前,全国羊毛产量约3.78万吨。

抗日战争期间,养羊业遭到破坏,绵羊数量有所下降,抗日战争胜利后虽有恢复,但速度缓慢,有些地区仍继续减少。1950年,全国绵羊头数减少到3 300万头。

按自然环境和经营方式,中国畜牧业区域可分为农业区、牧区和农牧交错区,见图2-2-2。

(一) 农业区

农业区包括东北、华北、华东以及华中、华南的部分地区。这里气候温暖潮湿,土地肥沃,长期以来,以农业为主,畜牧业为副。养羊的数量,依据附近荒山及可利用的草料多少而

图2-2-2 我国畜牧区域划分示意图

定。农家养羊主要利用不能耕作之山地及剩余草料,以生产肥料及羊毛、羊皮和羊肉。农业区中的江苏、浙江两省沿太湖各县则采用舍饲方式。农民利用养蚕剩余的枯桑叶作为饲料,藉以生产厩肥。由于气候温暖、饲料充足、营养好,每年能产两胎,每胎2～3羔。羔羊皮是名贵裘皮,多出口欧美。

(二) 牧区

牧区的居民以畜牧为主业,逐水草而迁移,基本上保持原始的游牧方式。

北部牧区包括内蒙、东北西部、宁夏和甘肃北部,主要繁殖蒙古种绵羊。东部有呼伦贝尔大草原、乌珠穆沁大草原,雨量较多,牧草肥美;中部为锡林郭勒草原,地势平坦开阔,自东向西,从干草原逐步过渡为荒漠草原。

属于新疆牧区的北疆准葛尔盆地有天山和阿尔泰山围绕，南疆塔里木盆地被天山和喀喇昆仑山环抱。这些山地、山坡、河谷以及盆地边缘的绿洲，都有广阔牧场。新疆地形复杂，气候多样，草场类型很多，以优质高产的山地草场为主。

青藏高原牧区包括西藏、青海和甘肃的西南部和四川的阿坝、甘孜地区。本区地势高，地形差异较大，气候寒冷，昼夜温差悬殊，属高原草原和高山草原。

（三）农牧交错区

农牧交错区的地理位置介于农业区和牧区之间，养羊方式依当地气候和草地、荒山等自然环境而定，所饲养的羊以蒙古羊和西藏羊为主。

二、绵羊品种和羊毛品质

中国近代饲养的绵羊，由古代延续而来，未作系统的繁殖选育，保持了原有的体型特性，分为蒙古羊、西藏羊和哈萨克羊三大品种系统，与古代没有变化。

蒙古型绵羊原产于蒙古，随移民而逐渐向东南扩展。蒙古羊分布最广，头数最多，约占总头数的一半。近代，蒙古羊主要分布在北部地区以及河南、山东、江苏、浙江、湖北、安徽等地。该品种体质结实，耐粗饲，放牧性和适应性极强，产肉能力好，羊毛品质差。蒙古羊的剪毛量一般为 1 公斤左右，羊毛属异质粗毛，含细毛、两型毛、发毛和刚毛 4 种不同性质的纤维。细毛含量一般为 70%～80%，平均细度为 25.5 微米。细毛含量因产地不同而变化。蒙古型绵羊中有许多类型，其中优良的是同羊、寒羊、滩羊和湖羊。

西藏型绵羊原产于青藏高原，逐渐向东南发展，近代主要分布在西藏、青海、甘肃河西和甘南、四川西北部以及云南、贵州的部分地区，其分布地区和数量仅次于蒙古型绵羊。西藏型绵羊也有许多亚型，一般分为草地型和山谷型，以草地型为主。藏羊分布于高寒山区，体质健壮，耐寒耐粗饲。藏羊被毛不同质，纺织性能差。

哈萨克型绵羊主要分布在新疆的天山北麓、阿尔泰山南麓及准葛尔盆地和阿山、塔城等地区。此外，在甘肃、青海、新疆三省区交界处亦有少量分布。该品种的绵羊体质结实，四肢高大，具有耐寒、耐牧和耐粗饲的特性，产肉性能良好，但剪毛量不高，毛色不一致，被毛中含有大量死毛。

三、绵羊品种的改良

中国绵羊的羊毛品质低，不能适应毛纺织工业的需要。绵羊品种急需改良，主要是输入优良羊种和改良土种羊。

1. 优良羊种的输入

大约在 20 世纪初就有美利奴羊输入中国。1912 年曾在山西、张北、石门设立羊种场，输入少量羊种加以繁殖。1917 年，北京农业专门学校有美利奴种羊 70 余头，作为标本式的饲养。以后山西和东北大量输入种羊。1919 年山西省羊场已拥有美利奴纯种羊 3 000 余头，最初是在羊场精心育养，繁殖迅速，以后推广到乡村粗放饲养，死亡率很高。东北地区的羊种由日本南满铁路公司输入和经营。

20 世纪 30—40 年代，我国四川、新疆等地分别从美国、新西兰、德国等国购入兰布里耶种羊、美利奴、考立代、洛姆乃及林肯等种羊，为改良羊种做出了积极探索。但由于引入纯种羊需专门饲养，如将纯种羊推广到农村、牧区，与土种羊同等对待、同时牧放，则纯种羊难以适应生存,收效差。

2. 土种羊的改良

引入细毛纯种羊(如美利奴、兰布里耶)与土种羊杂交,以改良中国的绵羊品种,取得了一些成效。近代,中国土种绵羊改良工作成绩最显著的是在新疆培育的"兰哈羊",以后被正式命名为新疆毛肉兼用细毛羊。该品种的育种工作起于1934年,用当地的哈萨克羊与兰布里耶羊杂交改良。第四代剪毛量约3.5公斤,刚毛绝迹,细度纯净,肉眼观察已与兰布里耶毛相近似。到1943年已至第五代,其第四代杂交种相互杂交,遗传优势相当固定。

对蒙古羊的改良工作进行得也较早,以东北细毛羊的培育最为成功。日本为了掠夺中国的资源,1913年就在公主岭农场引入美利奴羊,与蒙古羊杂交。用考立代羊改良东北蒙古羊,也取得了一定成绩。用兰布里耶羊与蒙古羊杂交,性质相似,杂交第二代的羊毛性质已接近美利奴羊毛。

第四节 ▶▷ 麻

一、麻的地区分布

中国近代种植的主要麻类作物有苎麻、汉麻、苘麻、亚麻、黄麻和槿麻六种。麻类作物的分布地区见表2-2-1,全国各地均有适宜的麻类作物生长。

中国纺织科技史

158

表 2-2-1 麻类作物分布地区

地区	苎麻	汉麻	黄麻	槿麻	亚麻	苘麻
东北	辽宁,吉林,黑龙江,内蒙古	辽宁,吉林,黑龙江,内蒙古	—	辽宁,吉林,内蒙古	辽宁,吉林,黑龙江,内蒙古	辽宁,吉林,黑龙江,内蒙古
华北	—	内蒙古,山西,河北	—	河北	山西,河北,内蒙古	河北
西北	陕西	青海,甘肃,陕西	—	—	甘肃	—
华东	江苏,安徽,浙江,福建,台湾	山东,江苏,安徽,浙江	江苏,安徽,浙江,福建,台湾	山东,浙江,台湾	台湾	山东,江苏,安徽
中南	河南,湖北,江西,湖南,广西,广东	河南	江西,广西,广东	—	—	河南
西南	云南,贵州,四川	贵州	四川	—	—	—

从总体上讲,近代麻的生产逐步缩小,大量的麻不是用于衣着原料,而主要用于制造麻袋、包装用麻布、绳索、网具等。据估计,1914—1918年,麻类作物的种植面积为62.7亿平方米,麻皮产量为70.90万吨。又据中央农业实验所对宁夏、青海、甘肃、陕西、河南、湖北、四川、云南、贵州、湖南、江西、浙江、福建、广西、广东等15个省的统计,1937年的苎麻产量为11.98万吨,黄麻9.07万吨,汉麻13.85万吨,亚麻2.55万吨,合计37.45万吨。估计全国原麻产量在40万吨以上。

抗日战争爆发后,麻类作物的生产受到严重破坏,产量急剧下降。抗战胜利后,各地区的恢复和发展不平衡,东北地区的亚麻生产发展较快,到 1949 年已超过抗战前的水平。但就全国来讲,麻类作物的总产量仍低于 1937 年。

二、麻的类型

(一) 苎麻

苎麻原产于中国。18 世纪,英国人首先将中国苎麻种子带回英国种植;法国于 1844 年输入中国苎麻苗;美国于 1855 年输入,1867 年后栽培逐渐增多。虽经多年努力,但苎麻在欧美并未得到普遍发展。1925—1936 年,世界苎麻平均年产量为 12.5 万吨,其中中国为 10 万吨以上。

中国苎麻主要产区为湖北、湖南、江西、广西和四川五省。

中国近代没有苎麻分级的统一标准。为了适应出口需求,汉口、上海的商品检验部门自 1943 年起相继开始对苎麻进行分级检验。一般交易中,根据苎麻的长度、色泽和夹杂物评定苎麻品质的优劣。

(二) 汉麻

我国汉麻生产以华北、东北和华东地区为最多。据 1937 年中农所估计,全国汉麻产量约 14.30 万吨,有少量出口。

汉麻品质的优劣按纤维长度、麻皮厚薄和颜色进行评定。自 1943 年起,汉口、上海的商品检验部门对出口汉麻相继开始分级检验。

(三) 黄麻

我国近代的黄麻栽培种大都从印度引入,19 世纪末在台湾和浙江相继引种。

中国黄麻生产区在长江流域及其以南地区,全国范围内,以台湾省最适宜栽培黄麻,产量亦最多,其次为浙江,再次是江苏。此外,广东、广西、福建、安徽、江西、湖北、湖南、云南、贵州等省亦有出产。根据中农所的不完全统计,1937 年全国黄麻麻皮产量约 10.50 万吨,但仍不能自给,黄麻制品长期进口。抗日战争中,黄麻生产受到破坏。

中国近代黄麻分级检验起始于 1948 年。中国纺织建设公司浙江黄麻收购所制定的分级标准,依据长度、厚度、含水量、色泽和含杂,将生麻分为 4 级;熟麻即脱胶后的精洗麻,依据脱胶、柔软度、韧力(即强度)、长度、色泽、含水量、含杂进行分级。

(四) 槿麻

槿麻在中国的栽培历史较短,大约在 20 世纪初从印度和前苏联引入,其原产地为东南亚和非洲,现在分布很广,热带、温带和寒带地区都有栽培。由东南亚地区引入的"南方型槿麻",其别名为安倍利麻,亦称为印度络麻,最早引种于台湾省,1934 年上海日华麻业公司自台湾引入,推广于浙江杭县一带,后在江苏、江西、广东等省得到推广。从北亚地区引种的为"北方型槿麻",别名凯纳夫麻。首先,由公主岭农事试验场于 1927 年从苏联引进"塔什干 18 号"种子,沿辽河一带推广种植。日本侵占东北后,在东北各地极力推广种植槿麻,1943 年达 5.5 亿平方米,产量 2.24 万吨。日本侵占华北后,在 1943 年成立麻产改进会,统制槿麻、苘麻、汉麻的生产,由东北输入种子,在冀中、冀东推广。山东省也种植北方型槿麻,1950 年约有 2 266.67 万平方米。

(五) 亚麻

中国近代的亚麻产量不多,其中以兼顾纤维和种子两用亚麻为主。对两用亚麻而言,选择合适的收获期尤为重要。

中国近代未建立亚麻分级标准，一般以亚麻原茎的长度、颜色、光泽、收获是否适期和含短麻率等来评定其品质的优劣。对出口的亚麻，汉口、上海的商品检验部门自 1943 年起相继进行检验。

（六）苘麻

苘麻的栽培主要集中在我国北部，河北、山东的产量最多。农家培育的品种很多，如伏青是苏北和山东的早熟品种，秋青为这些地区的晚熟品种；火麻是河南商丘一带的早熟品种，秋麻是它的晚熟品种；"钻天白"和"秋不老"分别是河北西河地区的早、晚熟品种。

苘麻的收获期因各地品种、气候和栽培日期不同而不同。

第三章　近代纺织技术和设备的演进

从 1840 年到 1949 年的 110 年中,我国的纺织技术和设备经历了从引进到消化仿制的发展过程,但不同行业的情况各有不同。纺纱生产使用动力机器后,劳动生产率比手工生产提高 50 倍以上。纺机生产方面,在引进西方工厂化生产方式的基础上,通过洋人传授,掌握其要领,从逐步仿造洋机器,最后发展到对洋机器进行局部改革。织造生产利用动力机器后,劳动生产率比手工生产提高约 10 倍。织造技术方面,全套引进工厂化生产以及对手工机器进行某些改良的作坊生产同时并进。染整方面,则从引进人工合成染料和少量动力机器,对作坊进行革新的形式开始。缫丝、针织等行业也各有其特点。

第一节 ▶▶ 轧　棉

一、手工轧棉

鸦片战争前,轧棉是农村副业,分散在广大农户中,所用的轧棉工具是木制的轧车,有手摇和脚踏之分,其中流行较广的是太仓式。这是一种利用辗轴、曲柄、杠杆、飞轮等机构、手脚并用的轧车,形如一张小桌子,有上下轧辊两根。使用时,一人坐在机前,右手执曲柄,左脚踏动小板,则圆木作势,两辊自轧,左手喂干花于轴,一日可轧籽棉 55 公斤,得净花 15 公斤以上。木制轧车,乡村普通木工都能制造,价格低廉,植棉农户多备有此车,自行轧棉。

鸦片战争后,外国资本家除向中国推销纺织品外,竭力抢购廉价的纺织原料。早期出口的棉花多为籽棉,运输不便,成本又高,分散的手工轧棉业满足不了大量出口的需要,于是在出口口岸附近出现了为出口服务的轧棉业和棉花打包业。早期经营打包业的都是外商洋行,分设于上海、天津、汉口。他们经营的打包厂都装备有打包机器。外国新式轧棉机也随之而入。咸丰、同治年间(1851—1875 年),日本铁制轧车输入,俗称其为洋轧车。之后,英国试图推销新式轧车,但未能得到推广。从日本进口的千川牌和咸田牌脚踏轧花车是铁制的皮辊轧花机,其皮辊长 0.52 米。后来日商中桐洋行销售的轧花车,其皮辊加长到 0.55 米,轧花产量增加,因而销路打开。当时,这种轧花车主要销售到上海近郊一带。由于洋轧车的销路好,国内一些铁工厂开始仿制。上海的张万祥锡记铁工厂于 1887 年仿制日本轧花车。20 世纪初,上海的轧花机制造业非常兴盛,使进口轧花车逐年减少。1900 年前后,国产轧花车年产 200 余台,1913 年达 2 000 余台,其中主要是人力脚踏轧花车。白皮辊是轧花车上的主要零件,以制皮辊为业的店家应运而生。20 世纪初,上海每年销售皮辊达数万根,有轧花车专业制造厂 10 余家。最早购买新式脚踏轧花车的是浦东及上海郊区的富裕农户,在收花时,雇工轧花,除自轧外,兼营代客轧花。

国内有些能工巧匠，对轧车进行了改革。可见，中国近代手工轧花机的发展走的是从引进到仿制和革新的道路。

随着棉花商品量的增加，出现了使用洋轧车的手工作坊，大都分布在上海、江苏、浙江等沿海地区。其中有些逐步发展为采用动力机器的轧棉厂，如浙江宁波的通久机器轧花局就是在手工轧花作坊的基础上发展起来的。1888年，当动力轧花机还在安装时，已有40台改良的铁制踏板轧花车在工作。这种人力驱动的轧花车，是棉农用的小型踏板轧花车的改良。车上有长0.33米的圆辊两根，上面一根为光滑铁圆辊，直径30毫米，用一块小踏板或一根曲柄操纵，圆辊另一端装有一块两头加重、飞轮一样动作的窄板；下面一根圆辊的直径为67毫米有余，用没有刨光的柚木制成。两根圆辊平行地紧靠在一起，仅允许棉花通过，而将棉籽挤掉。这种轧花车实际上就是铁制的太仓式轧花车。

手工轧棉机一直是中国近代主要的轧棉工具，直到20世纪50年代初，其加工的原棉仍占63%。

二、动力机器轧棉

采用动力机器的轧棉厂，俗称火机轧花厂。据《中国实业志（江苏省）》记载："上海附近各地，于光绪年间，经营火机轧花者，如奉贤县之程恒昌等亦复不少。"此厂始建于1876年前后，拥有轧花机100台，柴油发动机5台，职工224名，总资本20万元，是中国最早的动力机器轧花厂。之后，宁波通久机器轧花局于1887年春由中国商人集资筹建，其设备从日本大阪订购，聘请日本技师，雇用工人300～400名，全年日夜开工；厂房分成不同的机器间，计有轧花间、打包间、晾干间以及办公室用房等。采用蒸汽动力驱动的轧花机轧出的棉花品质好。中国早期的机器轧花厂所用的轧花机主要是刀辊式或皮辊式两种。

宁波地区轧棉业的兴起，主要由对日的棉花出口所推动。宁波郊区曾出现中日合办的轧花厂。

第一次世界大战爆发后，上海的棉纺织业大量发展，外棉输入锐减，花价上升，许多商人购买轧花机设厂，使火机轧花业发展到最盛的时期。大战结束后，纱厂营业渐趋衰落，致使轧花业不振，或关闭或改组或易主，至20世纪30年代，早期的轧花厂多不复存在。

除了单独设立的轧花厂外，早期的棉纺织厂大都自行收购籽棉，自备轧棉机轧棉，供本厂自用。如上海机器织布局，筹建时就计划向英国购买刀辊式轧花机，每年可出皮棉75万公斤；张之洞筹办湖北织布局时也规划购置轧花机，所购42台较先进的双刀皮辊式轧花机以及相应的汽机和锅炉，于1891年12月到货。进入20世纪20年代后，许多轧花厂采用内燃机或电动机为动力，多数皮辊式轧花机为国内制造。

上海的轧花厂平均单机年加工籽棉量远高于其他各县。上海16家轧花厂中，规模大者，其单机加工籽棉远高于规模小者。火机花很受纱厂的欢迎，因其质量好，且轧花厂为保护其信用和销路，加工籽棉时不掺假、不掺水。

锯齿轧花机由美国工程师惠特尼于1793年发明，主要用于轧制陆地棉。该机单机产量高，适宜大规模生产。由于锯齿式轧花机庞大，附属设备多，建厂投资大，技术复杂不易掌握，轧棉质量不如皮辊轧花机，故久未传入中国。直到20世纪30年代，才始有锯齿式轧花机的引入，其中南通大生纱厂购买3套，无锡申新厂购买4套，但均未能及时投产；至50年代初期，用锯齿轧花机加工的原棉只占全部原棉产量的 7%。

回顾近代一百多年来的轧棉技术及其发展,不难发现:手工轧棉仍是主体,但所用的轧棉机是经改良的铁机;机器轧棉已建立,但发展缓慢,所用的机器主要是小型的皮辊轧花机,而先进的适于大规模生产的锯齿轧花机的数量很少。

第二节▶缫　丝

中国近代缫丝是从引进西方和日本的近代技术和设备开始的,并在引进中进行改良和创造。中国近代缫丝业的发展基本轨迹是从坐缫到立缫,坐缫又从"意大利式"的直缫发展到"日本式"的复摇。到 20 世纪 30 年代中期,近代机器缫丝生产在中国缫丝业中已占据主导地位。此外,传统手工缫丝技术在近代也有若干改良和发展。

一、近代机器缫丝技术及设备的引进、吸收和发展

动力机器缫丝技术和设备的引进,最初是从上海和广东南海两地开始的,并逐渐扩展到苏南、浙北和广东珠江三角洲地区。基本上,江南地区以上海为中心,以外资丝厂为先驱,引进和吸收"意大利式"缫丝机;广东珠江三角洲以陈启沅创办的继昌隆缫丝厂为典型,以民族资本为主,设备上也有其特色。

继昌隆的缫丝设备均为仿法国式缫丝机(共捻式),其基本特点是使用蒸汽锅炉,将蒸汽通入水盆中煮茧,但是不用蒸汽作为动力,仍采用足踏方式驱动。蒸汽缫丝和改良丝车比原来手工缫丝的质量和产量都有很大提高,厂丝售价又比土丝高 1/3,所以继昌隆缫丝厂开工后便获重利,邻近乡村群起仿效,使得蒸汽缫丝厂在南海县一带兴起。

由于蒸汽缫丝厂的兴起夺去了传统手工缫丝业的部分市场,引发了 1881 年手工丝织工人聚众捣毁蒸汽缫丝厂的事件。1881 年 11 月,陈启沅被迫将缫丝厂迁往澳门,迁厂后第三年缫丝厂又迁回简村,改名"世昌纶"。由于蒸汽缫丝的发展顺应市场所需,很快又在广东复兴。1892 年,世昌纶开始装置蒸汽动力驱动缫丝车,此为广东最早出现的蒸汽机缫丝厂。但是两年后又恢复足踏,直到 1937 年抗战前夕。恢复的原因,据说是女工较易掌握足踏。蒸汽缫丝机的费用较高,于是陈启沅与他的儿子合作发明了一种廉价的脚踏缫丝机。脚踏缫丝机用人力驱动,缫丝者用右脚踩机器的脚踏板,上下运动使轮子运转,水盆中的水用炭火加热,而不使用蒸汽。这种脚踏缫丝机的缫丝质量比手工缫丝好一些,但和蒸汽缫丝机相比仍差一些。这种脚踏缫丝机的发明促进了珠江三角洲地区小型缫丝厂的发展。因此,广东珠江三角洲地区的近代缫丝业中出现了两种类型,即较大型的蒸汽缫丝厂和相对较小的脚踏缫丝厂,前者至20 世纪初在珠江三角洲地区已雇用 7 万名工人,主要生产出口生丝,是广东近代缫丝业的主导。

上海最早出现的近代缫丝厂是一批外资丝厂,设备购自意大利等国,技术人员也聘用外籍人员担任。1861 年英商怡和洋行引进意大利坐缫机 100 台,建立了上海第一家近代机器缫丝厂即"纺丝局",后因原料供应等原因停办。到 1882 年,上海已有 4 家蒸汽动力丝厂,意大利式缫丝车约 700 台。其中,旗昌、公平两丝厂为美商所办,怡和丝厂为英商所办,另一家公和永丝厂由与外商有联系的浙江湖州丝商黄佐卿于 1881 年所办。与广东近代的早期丝厂不同,上海

丝厂不仅用蒸汽煮茧缫丝,而且用蒸汽运转丝车。早期,各种机械均购自意大利和法国。1890年左右,上海永昌机器厂开始制造意大利式缫丝车及丝厂用的小功率蒸汽机,这为上海和其他地区发展近代机器缫丝业提供了有利条件。到1890年,上海蒸汽动力丝厂已达12家,丝车4 076台。上海丝厂普遍采用意大利式直缫丝车,丝车的单位产量与质量均优于广东。此后,江苏的镇江、苏州、无锡、丹徒和浙江的杭州、萧山、湖州、绍兴等地,也陆续开办近代丝厂,设备和技术多取自上海。四川省也于1902年建立了第一家缫丝厂——禅农丝厂,设备完全采用意大利式直缫丝机。由于这些缫丝机为上海所产,故又称"上海式"。

意大利式直缫车是20世纪20年代以前中国缫丝业的主要设备。直缫车生产的厂丝在使用时切断较多。日本对意大利式直缫车进行了改造,成为再缫式坐缫车,性能优于意大利式。这种再缫式坐缫车又被称为日本式缫丝车。最早引进日本式缫丝车的是浙江杭州纬成公司。纬成公司以丝织起家,为保证原料质量,1914年增设制丝部,由留学日本东京蚕业讲习所回国的嵇侃主持,仿照日本丝厂,购置再缫式坐缫机100台。采用日本式缫丝机,与意大利式直缫车相比,产量能增加20%~30%,厂丝的品位提高,缫折也有所下降,因而各厂相继仿效。

广东地区的再缫式生产始于1918年。当时,日本三井洋行生丝部的两名职员在顺德县葛岸钿记丝厂进行试验,获得成功。1929年,江苏无锡永泰丝厂的薛寿萱前往日本考察,了解到日本丝厂与中国丝厂在设备上的差距,将永泰丝厂的意大利式直缫车全部改为日本式再缫坐缫车,减少了生丝切断,提高了生丝品质。四川从1915年中日合办又新丝厂起,也逐渐引入日本式缫丝车。又新丝厂附设大新铁工厂,专门制造日式缫丝机械,使当地的丝厂可就近购置设备。据1926年调查,四川共有丝厂18家,其中日本式丝厂7家。

20世纪20年代末,立缫机开始在中国出现。日本于20年代发展了多绪立缫机,四五年后,中国即引进和试制成功。1929年,由浙江省建设厅拨款,在杭州武林门外兴建杭州缫丝厂,引进群马式立缫机292台和千叶式煮茧机1台,作为浙江各丝厂技术改造的试点。此后,庆云、纬成、惠纶、东乡等厂家也设置立缫机。到1935年,浙江全省29家丝厂的7 588台丝车中,立缫机共846台,占11%;再缫车占27%;直缫车占62%。1936年秋季以后,随着国际丝市转旺,浙江省蚕丝统制委员会筹款16万元,拨借给各厂装置新式缫丝车,立缫机增至2 150台,占全省丝车总数的25%,其他如煮茧、复摇、检验等设备也有充实发展。在江苏,立缫机最早出现于无锡永泰丝厂。1929年,薛寿萱聘请从日本留学回国的一批技术专家,致力于丝车设备改革,设计并由无锡工艺铁工厂制造出1台32绪立缫车,后又修改完善为20绪立缫车,随即投入成批生产。1930年,薛寿萱投资建成新华制丝养成所,192台20绪立缫机均系自造。1932年,薛寿萱将永盛、永吉两厂的492台坐缫车全部改装为立缫机。浒墅关女子蚕校与永泰丝厂一起研究设计女蚕式立缫机,由无锡合众铁工厂与上海环球铁工厂合造。1933年8月,无锡玉祁瑞纶丝厂的吴申伯捐资装置了一个有32台女蚕式立缫机的车间。永泰丝厂在国内首创了集中复摇,较好地解决了生丝物理指标及丝色统一等问题,提高了生丝质量。新华制丝养成所在1931—1936年间举办了每期半年的新手养成工培训,训练立缫女工,每期招收300多人,对立缫技术的推广起了重要作用。抗日战争前夕,我国已有立缫机3 000台,其中大部分集中在浙江省。抗日战争期间,我国丝厂设备受到日军的严重破坏。抗战胜利后,江苏、浙江、上海的丝厂先后复业的约110家,丝车13 938台,其中立缫机2 726台。此外,四川丝业公司也设置了立缫机120台。全国范围内,主要缫丝业省市的丝车总数,1946年只有1936年的29%,但立缫机占丝车总数的比例上升至14%,1948—1949年间,这个比例达到18%左右。

从技术和设备方面,说明缫丝业有不小的发展和进步。

二、手工缫丝技术的改进

中国传统手工缫丝生产在近代并没有退出历史舞台,而是有所发展和改进。传统的手工缫丝设备在全国各地仍然为数众多,其中以江南地区最为发达。江南地区又以浙江省湖州为中心。鸦片战争以后,湖丝大量出口,刺激了江南手工缫丝的兴盛。但是,随着机器缫丝业的发展,手工缫制的土丝出口转滞,出口价格大大低于厂丝。在此情况下,从 19 世纪 70 年代开始,在湖州丝业中心南浔等地,以干经代替土丝,成为手工缫丝业的主要产品。清朝同治、光绪年间,辑里干经取代辑里丝成为主要产品。辑里干经又称辑里大经,就是利用辑里湖丝为原料,经再缫加工而成为织绸用的经丝。由于当时国内外缫丝、织绸的机器工业水平均不太高,辑里干经以其原料质量好、生产成本较厂丝低的优势,成为国外丝织业急需的产品,在南浔及江苏震泽一带盛行。当时农民用土丝纺制的干经约占土丝总量的 60%。光绪前期,全国各地的土丝生产,包括历史悠久的湖丝的生产,都在机器缫丝业的竞争下走向衰败,但是辑里干经的农家手工缫丝生产在厂丝的压迫下依然兴盛不衰。20 世纪 20 年代以后,由于国际市场对生丝需求的变化、日本生丝的兴起及机器缫丝业的不断进步,干经生产由盛转衰。到 1931 年,土丝出口降至 70 万公斤,只占生丝输出总量的 13.9%。不过,土丝质量虽不及厂丝,但成本和价格低于厂丝,国内丝织业仍长期应用江南所产土丝。江南手工缫丝技术的改良也在继续,有的甚至把分散于农家的土丝车适当加以集中,以工场的形式进行生产。

第三节 ▶▶ 纺 纱

中国近代的纺纱,就棉纺而言,在其形成过程中,经历了对西方动力纺纱机器设备从引进、推广到仿造、革新的过程。在动力机器纺纱技术的影响下,手工纺纱机具也有所革新。毛、麻、绢纺在整个近代只处于动力纺纱机器的引进、推广阶段。

中国在动力机器引进前夕,手工纺纱机器已经达到很高的水平。纺纱有多种形式的复锭脚踏纺车;合股捻线广泛采用的 20 锭转轮推车式捻线架和 56 锭退绕上行式竹轮大纺车,都适于相当规模的手工作坊使用。

上述这些与西欧产业革命时期所推广的机器相比,纺车上缺乏牵伸机构,因此牵伸是在人手和锭尖之间进行的,难以多锭化。而捻线方面,除了未使用蒸汽发动机,其技术并不落后。

一、动力纺纱机器的引进和推广

19 世纪 80—90 年代,中国开始引进西欧动力纺纱机器,如甘肃织呢局引进德国全套粗梳毛纺纺纱、织造和染整设备,上海机器织布局和湖北织布局引进英国和部分美国的全套棉纺和棉织机器。

当时,棉纺的工艺流程为:原棉经过松包、给棉、开棉,再经 3 道清棉,头道清棉成卷后,在第二、第三道均以 4 个棉卷合并,3 道棉卷经梳棉成生条,再经 3 道并条,每道均以 6 根并合,成为熟条,然后通过 3 道粗纱机纺成粗纱,最后上细纱机纺成细纱。本厂自用的纱送络筒或卷纬;销售的纱则经摇绞,打包后出厂。粗梳毛纺工艺流程几乎和现代一样。这些引进机器的技术水平,在当时为世界先进水平。但当时的中国没有自己的纺织技术人员,起初掌握不了其关键技术,对于原料选配、防火措施、工艺操作、生产调度等均一无所知,完全依赖聘请的外国技术人员,以致外国技术人员离开不久,便发生甘肃织呢局锅炉爆炸和上海机器织布局失火等重大事故,导致全厂停产。当时引进的设备多不能与国产原料相匹配,机器制造质量也完全不能与后来所造的相比。在这种技术条件下,我国棉纺厂生产棉纱以 41.5 特(14 英支)为主,用于织造 14 磅布。每锭每 24 小时约产 41.5 特(14 英支)纱 0.5 公斤(1 磅)。各工序用工,清棉每机 1 人,梳棉每 6 台 1 人,粗纱每台 2 人,细纱每台(400 锭)4 人,摇纱每台 1~2 人,此外还有出废花、收回花、送筒、捐纱、收管、摆管、帮接头等辅助工人,总计每万锭需用工约 650 人。

19 世纪末 20 世纪初,英国、日本等外资纺织厂在中国相继开办,英国、日本的技术和管理经验逐步传入中国。接着,民族资本纺织厂渐多。民资厂不但聘请归国留学生,特别是聘请曾在日资在华工厂工作过的技术骨干,而且开始自行培养不同层次的技术人才。这样,中国技术人员逐步掌握了动力机器纺纱技术,并进行局部的改进,使外国制造的机器能够适应中国的原料、市场和环境条件。在工艺和技术管理方面,也逐步掌握了随纱的粗细、用途、季节等条件选配适当长度、粗细、强力、转曲、色泽的原棉;在设备保全、保养方面,学会了平车、挡车、磨车以及定位、吊线、求水平等技术;运转方面则推行了分段、换筒、落纱、接头、生头以及加油、清扫等合理化工作法。为了交流研讨技术,出版了华商纱厂联合会季刊、恒丰纺织技师手册等书刊。

20 世纪初,西方先进国家对纺纱的牵伸机构进行了几次革新。1906 年发明的三罗拉双区牵伸只有 7~8 倍,1911 年出现的皮圈式便提高到 18~20 倍。1923 年卡氏皮圈式更有改进,牵伸可达 25 倍。这些新技术由英国人和日本人逐步传入中国。日本人在仿造中还有创新,如日东式、大阪机工式等在日资在华工厂中广泛使用,不久为中国人所掌握。

随着技术水平的提高,纺纱细度有所改变。36.5 特(16 英支)成为标准产品,用于织 12 磅细布。工人挡车能力也提高到梳棉每人 12 台、粗纱每 2 台 3 人、细纱每台 3 人、摇纱每台 1人,辅助工大多数被取消,每万锭用工减至 600 人。

二、动力纺纱机器的改进和革新

中国技术人员在掌握了引进的新型纺纱机器的技术之后,不断地改进和革新。早在 20 世纪 20 年代,因美国造清棉机的除尘效率差,就自行添置补充;英国造细纱机用锭绳传动,打滑较多,故改造成美国式的锭带传动;并条、粗纱、细纱各机的下罗拉进行淬火,以减少磨损,而上面的皮辊均改为活套,使其转动灵活。

从华商棉纺厂的设备来看,开棉部分的设备大都进行了改造更新。细纱机上主要更换牵伸机构、锭带盘等零部件,原来机架和大零部件仍继续使用;牵伸部分改用罗拉式或皮圈式大牵伸;各工序改用大卷装;粗纱由 3 道改为 2 道,有的甚至改为单程;梳棉机上添装连续抄针器;清棉 3 道改为 2 道;等等。工艺流程得到简化,机器效率提高。我国自行仿造纺纱机器的铁工厂、机修厂也纷纷出现。在这种技术基础上,所纺纱的细度变细,29 特(20 英支)纱成为标准商品。上海的纺纱水平较内地高。

在华日资纱厂则以纺 18 特(32 英支)为多。引进精梳机的工厂,有些能纺制 7~10 特(60~80 英支),可用于织造府绸、直贡呢、玻璃纱、麻纱、洋标、雨衣布等。工人的挡车能力进一步提高,清棉每人 2 台,梳棉每人 16~20 台,并条每人 18~21 尾,头道粗纱每人 1 台,二道粗纱每人 2 台,单程粗纱每人 2~4 台,细纱每台 1~2 人,每万锭用工减到 200 人以下。据

1932 年国际劳工局资料记载,每万锭需工人数,日本 61 人,英国 40 人,美国 34 人。与这些国家相比,中国还有不小的差距。

抗日战争期间,中国技术人员因地制宜,创造并推广了一些适于战时使用的短流程、轻小型的纺纱成套设备,其中比较成熟的有新农式和三步法。

新农式成套纺纱机是抗日战争初期由企业家荣尔仁和纺织专家张方佐等创议,由上海申新二厂技术人员所创制。此机在大西南后方推广使用。整套设备包括卧式锥形开棉机、末道清棉机、梳棉机、头二道兼用并条机、超大牵伸细纱机、摇纱机和打包机。每套 128 锭,占地面积仅 75 平方米,动力为 7.4 千瓦。全套设备可用两辆卡车载运。这套机器是对当时通用的动力机器加以简化、缩小,重新设计制造而成,全部采用钢铁材料。每台机器配小电动机,单独传动;开棉、清棉、梳棉机的机幅只有 750 毫米;并条机采用五罗拉大牵伸,每台配有头道、二道各三眼并列;省去了粗纱机,二道棉条直接上超大牵伸细纱机;细纱牵伸改为四罗拉双皮圈式,牵伸可达 40 倍;摇纱、打包也相应简化。

三步法成套纺纱机由邹春座等在无锡和嘉定同时创制,并投入生产。这套机器把原来的清棉、梳棉、并条、粗纱、细纱、摇纱和成包 7 道工序中的前 5 道合并成弹棉、并条和细纱 3 道,配上摇纱和成包,即为纺纱全过程。弹棉机用刺辊开松,出机净棉制成小条,以小卷喂入。细纱机为三罗拉双区双皮圈超大牵伸,由棉条直接成纱,牵伸可达 50~100 倍。这套机器结构简化,如牵伸机构设计成无需调节罗拉隔距;细纱卷绕成形改为花篮螺栓式,由后罗拉尾部的凸轮拨针拨动齿轮,使其回转形成级升,每台细纱机初造 48 锭,后改为 84 锭。全套机器均用铁木结构,除了最必要的关键零件(轴、轴承、齿轮、罗拉、锭子、锭座、钢领等)采用钢铁材料外,其余全部采用木条,由对销螺栓交叉连接,不用接榫,加工制造和安装极为方便,成纱质量可与大型机器相匹敌。

抗日战争结束后,技术人员对细纱牵伸机构也进行过改革,主要有纺建式和雷炳林式等。纺建式大牵伸由中纺公司上海第二纺织机械厂于 1947 年设计制造,主要是把日本仿造的改进型卡氏大牵伸的皮圈架改为上下分开,并把前中后弹簧加压改为可调,改后牵伸可达 30 倍。雷炳林大牵伸主要是把固定皮圈销改为上销用弹簧控制的活动式,这样,无论纱条粗细如何变化,上下皮圈销口始终能起夹持作用。

三、新型机台的利用和工艺改进

在引进新型纺纱设备的使用方面,我国技术人员摸索出了一套针对原料特性的不同工艺。如清棉工程,对 27 毫米以下的棉花须加大冲击力,采用单道喂棉和三翼斩刀打手,而且打手在给棉板嘴边直接把棉花打下;对 28 毫米以上的长绒棉等原料,则采用三根喂棉辊及豪猪式打手,其作用较柔;对于染色棉花,则采用梳针打手,可使棉卷光洁;在除尘方面,采用布袋滤尘器,大大改善了清棉、梳棉车间的劳动条件。

采用条卷、抽卷成条、精梳工艺的工厂逐步增多。条卷机将梳棉生条并成整齐的棉片,形成 6.4 公斤(14 磅)的小卷。抽卷成条机通过五列罗拉牵伸,将小卷抽长拉细成条,每个小卷正好装满一个棉条筒,中间没有接头。条卷、抽卷成条与精梳机配套使用,使纺纱细度变细,增加了不少轻薄优良的产品品种。

1. 粗纱机的改进

大牵伸粗纱机可由 230 毫米、250 毫米或 300 毫米直径的条筒喂入。棉条经横动喇叭口进入后罗拉。牵伸分前后两区,各有两对罗拉,牵伸都可达 5 倍,总牵伸达 25 倍。两牵伸区之间有横动集合器,用来收扼自后部进入前部的须条。前部两对罗拉中间插入束边器,以控制牵伸区内须条的宽度。

还有一种渐展式粗纱机,四列罗拉合为一个牵伸区,其总牵伸被分配在各对罗拉之间,自上游向下游渐次增大,总牵伸可达 12 倍。此机可与大牵伸粗纱机配合使用,使用熟条可直接纺成末道粗纱。

2. 细纱机的改进

细纱机的牵伸机构有三种形式:①罗拉式,以瑞士立达式为代表,分为三列式和四列式,三列式较为普及,但牵伸只有 7～8 倍,四列式的牵伸可达 12 倍;②单皮圈式,有三列罗拉,在第二排下罗拉上套有皮圈,牵伸可达 18～20 倍;③双皮圈式,以卡氏式为代表,有一对皮圈分别套在第二排的上、下罗拉上,牵伸可达 25 倍。日本人改进的日东式、大阪机工式等则均是在卡氏式基础上对结构进行改进,使其更便于装拆、保养。

细纱机的其他改进,如采用升降式导纱钩,锭子采用滚珠轴承,锭子传动全部改为锭带式,锭带盘配滚珠轴承并加张力调整装置,使全机锭子运转均一,所有纱管上的纱的捻度一致。锭带盘的位置还可以改变,以适应翻改细纱捻向的需要。隔纱板采用平面铸式,消除棱角与突起,减少飞花的积聚。此外,有的机台上加一些特别的附属装置,比如:在全机启动与关车时供给一额外的张力,从而减少"小辫子"纱;衬纱运动装置,可在直接纺纬纱用管纱时,先在空管上绕几圈衬纱,以适应自动换纬织机的需要;满管自停装置,能在管纱绕至一定高度时使全机自动关车,以保证每落纱的管纱绕纱长度一致。

3. 环锭捻线机的改进

环锭捻线机的供纱架采用多头纱管,使得纱管数量大减,构造得以简化而紧凑;罗拉装置有干式和湿式两种,下排罗拉装测长装置,能够到达预定长度并自动关机;锭速有较大提高,因为辊筒和锭带盘都采用了滚珠轴承;另外,每锭装上下两个气圈控制环,围在纱管的外面,挡车侧的环有缺口,以便穿头;钢领改用自动吸油或吸脂式。这些都有利于降低捻线张力。

4. 摇纱机的改进

摇纱机上试装着水槽,使摇纱与着水可以同时完成,保证成纱的适当回潮,免去专门的管纱着水工序,从而避免管纱内外层着水不匀以及因此而导致的纱线强力不匀,还可避免着水管纱络筒时对机器的锈蚀。

四、手工纺纱机的革新

受西方动力机器纺纱技术的影响,在中国近代,手工纺纱机曾出现不少革新,从而延长了手工纺纱与机器纺纱并存的时间。

20 世纪 20—30 年代,河北定县出现了能同时纺 80 根纱的大纺车;河北威县出现了每天产 36.5 特(16 英支)纱 0.5 公斤的改良纺车;江苏海门曾有人创制能够同时完成弹棉、并条、纺纱全过程的纺车。抗日战争开始后,由农产促进委员会主任穆藕初发起,综合各地的土纺车经验,创制成"七七"棉纺机,每套配弹棉机 1 台、纺纱机 20 台、摇纱机 4 台、打包机 1 台,每 10 小时可产 36.5 特(16 英支)棉纱 10 公斤,全部由人力发动,不用电力。纺纱机每台 32 锭,有 32 个白铁筒,装入事先开松搓好的棉条;顶部有 32 根卷纱轴,每轴上纱的头端与棉条的尖点相接,工人用脚踩踏板,即可使白铁筒回转,给纱条加捻,同时卷纱轴回转,将纱轴引转,其作用原理与1877年日本所创制的"大和纺"差不多。这种手工机器曾在后方的许多地区推广使用，但成纱均匀度比动力机器所纺的纱差得多，只供制造低档产品。

在浙江农村曾发现流传下来的多锭纺纱车，结构基本与"七七"棉纺机相同，其特色是在白铁筒和卷纱轴之间加装能利用纺纱张力自动控制纱条粗细的装置，使成纱质量大大提高，且制作十分简易。

<h1 style="text-align:center">第四节 ▶▶ 机 织</h1>

在近代纺织工业形成初期，我国的机织设备从西方全套引进所占的比例很小，大量利用的是经过不同程度改良的手工织机。除农村手工织户外，城镇则广泛存在手工织布作坊和小型织布厂。这些作坊和小布厂起先是移植西方的飞梭机构，后来移植曲轴打纬和踏盘提综机构，一步步地将原来以手投梭的木织机改造成产量、质量接近的力织机。直到20世纪30年代初，年产约40万吨的机纺棉纱中，供大型厂机织的只占20％左右，其余除少量出口外均为售纱，供小布厂、作坊和农村织户使用。纺织工业中，棉织规模远小于棉纺的情况，直到中华人民共和国成立，也没有发生根本性的变化；毛织、麻织、丝织也程度不同地存在类似情况。

一、动力机器引进前的机织技术

1840年以前，我国的手工机织技术在制造高档、精美产品的领域已经达到很高的水平。各地因地制宜，广泛使用传统的大花本花楼机、多综多蹑机、竹笼式提花机、绞综纱罗织机等多种织机，织造丰富多彩的丝、麻、棉、毛等织品。大花本花楼机传到欧洲后，法国人发明了回转打孔纹板和横针，以代替线编花本，后来加上动力驱动，1860年制成贾卡提花机；多综多蹑机，用纹链和转子取代蹑和丁桥，加上动力驱动，就成为近代多臂织机；绞综纱罗织机，更换综的材料，加上动力驱动，就成为近代纱罗织机。这些织机近代化的改造，虽都由欧洲人完成，但渊源关系是很明显的。

1840年之前，我国早已普及用于生产大宗织物的脚踏提综开口、手投梭的窄幅木织机。18世纪中期，欧洲人发明了手拉滑块打击梭子的飞梭机构，以后又发明了用踏盘（凸轮）压蹑代替足踏、曲轴推筘打纬代替手拉，再加上动力驱动，就演变成近代的力织机。

二、动力机织设备的引进和推广

我国引进动力机织设备始于19世纪80—90年代。甘肃织呢局引进的德国毛纺织染设备中，包括普通毛织机、提花（贾卡）毛织机、卷纬机、整经机、浆纱机。上海机器织布局从英国和美国引进的棉纺织设备中，包括络纱、整经、卷纬、浆纱、穿经和大量棉织机。当时的织机还是人工换梭、没有断经自停的力织机，用蒸汽作为动力，操作技术和工艺均由聘请的外国技术人员传授。

第一次世界大战前夕，我国有动力棉织机4 000余台，动力毛织机100余台，以及与之配套的络、整、浆、穿等准备机械。由于当时没有自己的技术人员和熟练工人，挡车能力很低，如棉织机每人1台，整经机2人1台，另外配备帮接头等工人。100台棉织机的车间，需用工280人，而且男工的比例很大。抗日战争前夕，所产棉布以16磅粗布和12磅细布为大宗，花色布很少。因此,棉织厂大都采用踏盘织机,很少采用有梭箱调换运动的多臂机。

三、动力机织设备的发展和织造技术的改进

动力织机在近代有许多进步。1895 年西方先进国家发明了自动换纡。接着,日本人仿造并加以改进。1926 年日本人发明了自动换梭的丰田式织机,逐渐推广到在华的日资厂。

20 世纪 20 年代起,我国技术人员逐渐增多,回国留学生纷纷把国外先进的机织技术和生产管理方法介绍到国内。织布工厂逐步推行合理化操作法,熟练工人渐多,看台能力提高,普通棉织机 2 人 3 台,整经机 3 人 2 台,辅助工也有所减少,100 台棉织机的车间用工减至 230 人。

抗日战争前后,各厂均推广自动织机,即在普通力织机上添加两个装置——经纱断头自停装置和纬纱自动补给装置,从而大大地提高了织机运转效率,减少了缺经疵布,提高了产品质量。为延长机器连续运转的时间,又推行大卷装,如加大梭子、加长纤管、增大络纱筒子等。自动织机的看台能力提高到每人 20 台,较同一时期的欧美和日本高。机器的传动逐步由天轴或地轴集体传动改为车头小电动机单独传动,运转效率和车间环境也有所改善。少数工厂开始采用改进的高速整经机,其筒子架经过改进,使经纱引出清晰,接头方便。棉布逐渐以 12 磅细布为主,平布幅宽增至 90 厘米、斜纹布为 75 厘米,并生产出府绸、哔叽、直贡呢、雨衣布、玻璃纱等特色棉织品。每台织机每 24 小时可产 12 磅细布 82 米,或 16 磅粗布 101 米。

20 世纪 40 年代,我国在棉织准备工程方面有不少进步。络经由竖锭式锭子回转改为槽筒式摩擦传动回转,无论卷绕直径多大,络纱张力均可保持稳定不变,而且可以络成圆柱形或宝塔形(截头圆锥形)筒子。整经机的筒子架过去使用圆柱形筒子,送出经纱需通过筒子的回转,这限制了速度的提高,先是在筒子锭轴上加装滚珠轴承,减小筒子的回转阻力,后来改用宝塔形筒子,通过自宝塔尖方向的轴向退绕使经纱放出,筒子则固定不动,整经张力大大降低,整经速度大大提高,操作时把工作筒子的纱尾和预备筒子的纱头接起来,又免去了停车成批换筒子的操作,大大提高了整经机的效率。浆纱机的张力和上浆率与回潮率控制方面也有改进,上海还探索过用双槽、分浆、分烘技术在棉纱上浆时同时进行纱线染色。穿经采用结经机,利用机上的余纱和综筘与新织轴上的纱,实现了自动结经。织格子布的工厂采用多梭箱自动纬纱换色的织机。在织坯整理方面,配备了验布机、刮布台、压光机、叠布机、打印机、成包机等,可以依次进行织坯检验定等、刮布压光、叠布印商标、打包,最后成品入库,以供销售或供印染。

毛、麻、丝的机织设备、技术情况与上述棉织情况大体近似。只是丝织采用提花织机较多;毛织坯呢不作为商品流通,直接在本厂转入染整车间,而且产品组织较复杂,一般采用多臂织机、提花织机。

四、手工机织技术的进步

在近代,我国手工机织业的设备技术进步很大,产品的产量、质量均有较大提高,与动力机织相比,其差距远小于手工纺纱与机器纺纱之间的差距。

我国手工织机原来一直沿用手投梭、脚踏开口的木机,织幅只有 50 厘米左右。19 世纪末 20 世纪初,我国吸收西方的飞梭机构,在木织机上加装木制滑车、梭箱、走梭板,使双手投接梭子改为一手拉绳击梭、另一手专司拉箱打纬,既加快了速度,又为加宽织幅创造了条件。这种

改进使织机的产量有大幅度提高,产品品种也有了发展。此后又有一些改良,如利用齿轮传动来完成送经、卷布动作,效率进一步提高。

20世纪20年代,上述手拉木织机经进一步改良成为铁木机。除了机架、提综踏板仍用木制以及仍利用人力脚踏作为动力以外,其余如飞轮、曲轴、齿轮等均利用钢铁零件,其结构除手拉、脚踏部分外,与近代动力织机基本相同,生产效率也和动力织机相近,虽然劳动生产率略低,但电力耗用少,在人力价廉而电力昂贵的年代,在经济上具备优势。因此,铁木机在手工织布作坊和小织布厂中一直被广泛使用,甚至到20世纪60年代,仍有相当数量存在。

与铁木机的推广相适应,整经工具也有了进步。整经虽然仍由人力操作,但已采用能容200个经纱筒子的大型筒子架,配备了分绞筘和粗竹定幅筘,还有直径达2.2 m的绕经纱大轮鼓,每台可配30~40台铁木机。

在提花织机方面,引入了欧洲纹板式(贾卡)提花龙头,以代替线编的花本,装配在改良手工织机上,成为纹板式手工提花机,在手工织绸厂中广泛使用。

受动力机器的影响,手工织机上逐步采用新的器材,如线综改为钢丝综、花楼机上的弓篷改为钢丝弹簧等。

随着手工机织的近代化改造,手工织品也发生了变化。手工棉布开始使用机纺纱作经纱(称为洋经),后来纬纱也用机纺纱,因机纺纱比手纺纱细而匀,织成的织物比原来的土布轻薄且匀整。手工织物的幅宽也随手工织机机幅的加宽而加宽,土布规格和洋布接近。随着黏胶人造丝的出现和化学染料的使用,织物的花色品种日趋增多。在丝绸织造中,动力机器缫得的厂丝逐步取代了手工缫的土丝,后来黏胶人造丝被大量利用,使丝绸产品增加了不少新品种。

第五节 ▶▷ 针　　织

1589年,英国人 W·李发明了第一台手工针织纬编机。1775年,英国人 J·克雷恩制成针织经编机。随着英国产业革命的发展,针织机逐渐从手工操作发展到电力拖动,不仅能织圆形织物,而且可织平面织物。

1850年左右,广州归侨带回德国制造的家庭式手摇袜机,这是国外针织技术设备传入中国的开端。1896年,中国第一家针织厂——云章袜衫厂在上海成立,该厂从美国、英国购进手摇袜机与纬编机,主要生产袜子、汗衫。中国近代针织业主要是从引进国外的针织机器设备开始的。

一、袜机

1908年起,茂盛、天祥两洋行发售西洋手摇袜机,恒泰公司发售日本手摇袜机,上海礼和洋行与利康洋行进口德国制造的手摇袜机。1908年,德国吉兴公司在湖北武昌销售蝴蝶牌104针手摇袜机,先是军界购买开设袜厂,后传入商界。1912年,英商在天津办捷足洋行,专售英制手摇袜机,亦有其他公司出售进口针织机。这些洋行公司在出售针织机的同时,还聘请一些留洋回国技术人员,负责传授织袜机等针织机的使用技术。1910年开始进口电力针织机,其生产效率高、劳动强度低。一台手摇袜机日产袜最多30双,而且一人一机;一台电力袜机日产70双以上,多的可达100双,一人可同时看管3~5台。当时所用的电力袜机受机械性能限制,只能织素身袜,又因电力袜机的售价较高,受供电影响,一般小厂、手工作坊不敢问津,推广速度不快,长期以来,电力袜机与手摇袜机并存。1910 年仅广东进步电机针织厂和上海景星针织厂使用电力针织机,直到 20 世纪 20 年代中期,使用电力袜机的厂家才开始增加,上海的发展速度最快,内地则相较缓慢。电力袜机问世后,手摇袜机向两个方向发展,一是转向浙江、辽宁、湖北、河北、山东等地区,二是向织花色袜、高档袜发展。手摇袜机的直径大约为 76 毫米(3 英寸),针数有 52、96、126、180、200、260、280 等数种,在一段时间内仍占有一定的市场。

1912 年,上海民族机械工业开始研究试制手摇袜机,家兴工厂试制成 104～160 针的手摇袜机,邓顺昌机器厂每月制造 500 台以上。第一次世界大战爆发后,德货及其他国家制造的针织机停止东入,使中国民族机器制造业有了一个发展的契机,除上海外,武汉、天津均出现了针织机制造厂。

1925 年后,美国制造的 B 字与 C 字电力袜机先后由美商慎昌洋行与海京洋行进口推销,上海不少针织厂纷纷采用电力袜机。上海的一些针织机制造厂家看准这一市场,继而研制电力织袜机,瑞昌袜机厂首先开始研制 B 字电力针织袜机,1930 年,华胜厂仿制专织长统袜的 K 字电力织机获得成功。此后,国产电力袜机逐渐打开国内市场。

1925—1927 年,国内针织生产技术发展迅速,全国各地陆续办起了针织厂与作坊,国产针织机产量也逐渐上升,浙江平湖有手摇袜机 1 万架,嘉兴有 3 000 余架,宁波有 3 000 架,杭州有近千架,无锡有 300 架,一些较偏僻的内地也办起了针织厂。针织厂和作坊的增多,促进了针织机的生产,其品种规格也越来越全。

二、横机

横机的编织原理是从手工编织毛衣而来的。1847 年,英国人发明了舌针织机,1863 年又将舌针应用于横机,1911 年横机传入我国,以后即有法国、日本、德国制造的横机进口。1918年,上海邓顺昌机器厂开始研制日本麒麟牌横机。不久,上海有义记、锦华等 10 家工厂研制进口横机。在日制新式横机进入中国市场 1～2 个月后,便有中国的研制品销售,售价比日本横机便宜 1/3。所以,国产横机在国内市场上始终能站住脚,同时也起到了推动我国针织业发展的作用。在此期间,仅上海就成立了 40 余家工厂与作坊,其中以光华、谦益、学昌等工厂的规模较大。

1929 年国产羊毛衫应市,受到消费者的欢迎,盛销于长江流域,但花色单调。同年,日本的七针花横机与开士米(即双股绒线)在中国出售,出现了开士米运动衫和开士米花球袜。部分厂随即购置进口花板横机,使针织衫裤的花色增多,抵制了这类产品的进口数额,同时也促使国产横机不断改进与发展。

三、圆筒针织机

圆筒针织机是纬编针织机的一种,可分为单针筒、双针筒两类。

1919 年,上海裕生机器厂开始仿制日本大筒子针织圆机,其时正值“五四”运动,国内强烈抵制日货。因此,日本大筒子针织圆机进口逐渐减少,国产圆机得以发展。

1925 年,针织内衣与毛织骆驼绒工业兴起,国内一些针织厂从美国、日本进口电动汤姆金织机(一种圆形针织机),生产汗衫、卫生衫、骆驼绒。但日本织机进入中国,往往以次充好,且各项技术保密,不传授给厂家,使生产厂家的产品质量受到影响。上海求兴机器厂购买了两台日本制造的汤姆金织机,发现针筒滚姆与传动齿轮均不符合技术要求,即拆机整修。1931年,求兴机器厂试制成功中国第一台汤姆金织机,1932—1936年畅销北平、天津、广州、汉口等各大城市。

20世纪20年代末,广东中山县人陈枝从美国学习了双头台车的制造技术,归国后在香港设厂研究制造。不久,广东针织业中有不少厂家使用双头台车,针织坯布的生产效率有所提高,并能进行简单的提花织造。与此同时,其他针织机也陆续研制成功,如铁车毛巾机、手摇花袜机、电动罗纹背心机、围巾机、手套机、罗宋帽机、领机等。因而,国内针织厂家使用国产针织机的比例越来越大。

中国的针织业起步虽晚,但发展较快,有不少针织产品如锦地衫、桂地衫、椒地衫、三枪牌棉针织衫裤等畅销海内外。

第六节 ▶▶染　　整

一、染料工业

1856年,18岁的英国青年珀金发明了第一种合成染料——苯胺紫,标志着合成染料的诞生;1884年,出现了以刚果红为代表的直接染料;1880年,发明了以合成靛蓝为代表的还原染料;1887年,合成染料传入我国,从此拉开了合成染料在染色业使用的序幕。合成染料以其色牢度高、色彩效果好、能批量生产等优点而逐渐取代了天然染料。合成染料的广泛使用,促进了中国近代染整料工业的发展。

1918年,日本人在大连兴办大和染料合资会社(大连染料厂的前身),1920年更名为大和染料株式会社,主要生产硫化黑,1938年达到最高年产量668吨。抗战胜利时,日本人将大批设备搬走,大批资料被烧毁或带走,工厂遭到严重破坏。解放后,大连染料厂得以恢复和发展。

青岛染料厂成立于1919年,开始生产膏状硫化黑,到1938年已增加到硫化蓝、硫化黄、硫化草绿G等品种,解放后进行扩建。

20世纪30年代是中国民族染料工业的初创阶段。在上海地区,先后成立了大中、中孚、华元、华安、美华、华生六家染料厂,但均生产硫化黑这一个品种,1933—1937年六厂共生产染料9 485吨,天津地区的染料工业发展比上海地区晚。最先在天津建厂的是日资的维新染料厂(天津染料厂的前身),开始生产的也是硫化黑,同时建厂的还有大清化工厂。天津东升染料厂(天津染化四厂)于20世纪40年代建立,曾研制并生产出双倍硫化黑、直接元青、直接墨绿、直接朱红等品种。

尽管中国近代的染料工业有所发展,但品种单一,质量不高,产量有限。因此,1949年之前,中国使用的合成染料大都依靠进口。

二、印染作坊的改良

中国的织物染整技术直到19世纪中期仍处于古老的手工作坊阶段。海禁开放以后,国外大批地向中国输入机器染色布、印花布,并逐步输入一些合成染料和漂染药品。漂亮的洋布深受民众喜爱,于是城市里的一些染坊业者开始采用合成染料,添置胶辊卷染机、烘干机和拉幅机等简单设备,对传统手工作坊进行改良。第一次世界大战前,改良印染作坊所用的方法和漂染药品分成新旧两派。

（一）练漂

旧法精练主要使用锅、缸、石砧、木砧和木杵等简单用具。练液原料是各种草木灰,也有采用猪胰、瓜蒌加入草木灰汤中作为练液,棉织物多用小麦粉洗面筋后的残液或小麦麸皮直接溶于水中经自然发酵的"黄浆水"作为练液,麻织物精练则采用草木灰与石灰配合的方法。漂白主要采用"露漂法",即半浸半晒漂白工艺,也有采用燃烧硫磺的方式以薰白麻织物。

西洋练漂药品(烧碱、漂白粉等)进入中国后逐渐被采用。退浆时先将布在大陶缸中浸透并湿置15小时左右,使织物上的麦粉浆料发酵分解,然后用冷水洗除去浆料,再进行精练。精练可用铁制圆锅,锅中放入配制好的纯碱溶液或烧碱溶液,沸煮织物数小时,洗涤后用稀酸液中和,直至洗净。拥有卷染机的改良作坊则在卷染机上进行退浆精练。退浆时,织物在卷染机上浸渍退浆,卷轴堆放数小时,然后洗净,接着在卷染机上进行精练。退浆后的布,卷在卷染机的辊轴上,染槽中放入烧碱液后转动,采用通蒸汽或在染机底下燃火焚烧的方式,使烧碱液煮沸,煮5～6小时后放去残液,在清水中反复卷动至洗净。

（二）染色

旧式染坊的设备包括染缸、染灶、染棒和拧绞砧,常温染色在染缸中进行,需较高温度的染色在染灶上用染锅进行,染棒和拧绞砧分别用来搅动染物和脱去染物上多余的液体。所用染料多为植物染料,用途最广的为靛青染料。1902年,染坊大量进口合成靛蓝,其配制方法简便,需时短,含杂量少,色彩鲜艳,受到染坊业者的喜爱。许多染坊改用合成靛蓝及其他合成染料,用卷染机和烘筒烘燥机进行生产。

（三）印花

旧式印花作坊分成两种,一种为灰浆作坊,印花浆由石灰及豆粉调成,印后染色,染色后刮去灰痕即得色地白花纹;另一种为彩印作坊,先制定图案,将调制好的色浆直接印制到织物上。印花的方式有木版印花、镂空版印花、木滚印花等。

（四）整理

旧式作坊中相传较久的主要有砑光整理,即利用元宝石踹布使布身紧密、布质光洁;用熨斗对丝绸织物进行熨烫或采用轴绸整理工艺使丝帛平挺;还有粉坊专门为织物上浆以及防雨用品的涂层整理,利用植物油涂层以制作雨衣、雨伞等防水用品。

20世纪初,有些规模稍大的改良作坊购置了进口辊筒轧光机和拉幅机。辊筒轧光机大大减轻了工人的劳动强度,该机由两根至数根质料不同的圆轴相叠而成,其中一轴用于加热,织物在高压及加热状态下受轧而产生光泽,质地趋于平滑、致密,轴间压力来自轴本身的质量及重锤、杠杆或水压机的压力。轧光整理逐渐淘汰了踹布整理。

三、动力机器染整技术及设备的引进和推广

新型的机器染整厂由英国人和日本人先后在中国创办。1912年,诸文绮在上海创办启明染织厂,用机器新法染纱线;1913年引进精练漂染机器,创设达丰染织厂,专产丝光线;后扩充资本添置机器,于1919年创设达丰机器染织厂,进行棉布染色上光整理,此为我国新法染棉布的开始。

20世纪20年代,机器染整技术及设备在国内推广,旧式染坊则转移到偏僻的山村。因为

印花需要较多的技术和更完备的设备,所以发展略晚。自英商纶昌纺织印染厂及日商内外棉公司在沪设厂后,1929年,集资创办的国内首家印染厂——上海印染厂成立,不久光中厂也增设了印花部。印染厂初创时主要聘用外国技师,后来,中国人通过出国研习、赴外国工厂实习等途径,渐渐掌握了工作方法和技巧,于是机械印花在我国渐渐风行。

(一) 练漂

棉织物的练漂处理有烧毛、退浆、精练、丝光、漂白等步骤。

1. 烧毛

烧毛一般采用铜板烧毛机。此机有数块紫铜板,经火烧红后,布匹快速在上面通过,毛绒便完全烧去,烧毛后的布进入装有冷水的木槽,经一对辊筒压榨而出。气体烧毛机发明后,其烧毛比铜板烧毛机均匀,大城市的染厂多采用此机。电阻烧毛机和圆筒式烧毛机也有较少采用。

2. 退浆

退浆用机械一般为普通绳状洗布机或单槽平幅洗布机。烧毛后的布用退浆剂润湿后堆放在堆布池中,经过若干小时,使浆料溶解或发酵后用水洗,再行精练。退浆剂可单用热水,或用烧碱或酸液,也可使用各类退浆粉。绳状洗布机以两个大木辊筒为主体,下有存水木箱一个、小木辊筒两个及冲水管一根,布成绳状后,经大木辊筒至小木辊筒运转多次,达到洗净的目的。平幅洗布机为木制或铁制的多格水箱,水箱每一格均装有橡皮嘴辊筒及胶木辊筒各一个,内有导布辊多根,连续工作。

3. 精练

练液原料先多用石灰,后改用进口的烧碱、纯碱。精练主要设备有开口煮布锅及高压煮布锅。开口煮布锅的锅身为铁制,中附假底,下部集积练液。开口煮布锅价廉,但耗汽低效,织物易生疵病。后来多用高压煮布锅。高压煮布锅为密闭锅,煮练效果较好。我国染厂普遍采用立式高压煮布锅,有些外商工厂及某些设备齐全的大厂还采用卧式高压煮布锅和卷轴平幅煮布锅,加工不适于绳状煮练的织物。

4. 漂白

棉织物用的漂白剂主要是漂白粉,漂白方法有两种,一为淋漂法,将布匹堆于木制或水泥制漂箱中,漂箱下有储漂液池,池中漂液由泵抽出,淋于箱中的织物上,循环往复;二为轧漂法,将布匹在洗布机中浸透漂液后,露天堆置若干小时,漂后经水洗、酸中和。早期以淋漂法用得较多,后来渐采用轧漂机漂白。轧漂机类似普通绳洗机,布成绳状浸轧数次,出机并堆至堆布池中,再用滚车从一池翻至另一积布池中,使织物与空气接触,激发漂白功效,翻头后即可经水洗处理。个别工厂采用连续漂白水洗烘布机,布匹在平幅状态下轧漂后,连续进行酸洗、水洗、烘干,既节省了人力,也增加了产量。丝织品的漂练仍未能采用机械方法,各厂都沿用"竿练法"操作。一般,桑蚕丝织物不需漂白,柞蚕丝织物多用过氧化钠漂白。

5. 丝光

我国于1912年开始仿制丝光纱线,后仿效国外进行布匹丝光。到20世纪30年代中期,我国染厂规模在中等以上者多有丝光机,丝光布匹已占染品中的主要位置。丝光机的最早式样为布铗式,后来发明弯辊式,主要由浸轧碱液装置、伸幅紧张装置、冲洗去碱装置、中和水洗装置等部分组成。两种机型除伸幅部分外,其余均相同。较薄的布可用弯辊丝光机,效率较高,两层织物可同时相叠进行;较厚的布多用布铗式加工。

（二）染色

合成靛蓝大量输入我国后，很快淘汰了国产植物靛蓝。合成靛蓝在染坊中应用很广，但机器染整厂不用这种染料，而采用直接染料、盐基染料、硫化染料、蒽醌还原染料等。卷染机器大量引进，成为各染厂的基本设备。

直接染料染棉简单方便，只需在卷染机上进行，织物染色后烘干，再经水洗去浮色即可，也可经后处理以增加牢度，如金属盐后处理等。但是，自从其他高牢度染料被发明并逐渐增多后，后处理逐渐被淘汰。

盐基染料对棉无上染能力，但是，棉经单宁媒染后，染料色素可与媒染体结合而固着，染色加工一般在卷染机上进行，织物先经单宁媒染，再用吐酒石固着，然后染色。

阴丹士林蓝色染料在我国20世纪20—30年代行销最广，被大多数染厂采用。阿尼林黑染色由于技术要求较高、设备特殊，且染色处方保密，20世纪30年代，除外商厂和个别大厂外，一般染厂不备有阿尼林染机。阿尼林染机为连续机械，浸轧、干燥、悬化连成一组。

我国染厂染黑色织物大都用硫化黑染料，染色一般在铁制卷染机上进行。1922年山东济南首办中国人自己的化学颜料厂后，于1924年和1933年分别在山东潍县和上海成立了几家染料厂，均出口硫化黑染料。硫化黑染黑色织物比阿尼林黑普遍，一方面是因为原料易得，另一方面是因为染色较简便。

棉布染藏青色大都用海昌蓝染料，属硫化还原染料，1909年发明后传入中国，成本较阴丹士林蓝低，故采用较普遍，染色可在一般卷染机或平幅染机上进行。

第一次世界大战前夕，商品名称为纳夫妥AS的不溶性偶氮染料出现在市场上，俗称纳夫妥染料。20世纪30年代初，一种名为安安蓝的纳夫妥蓝色布在我国风行一时，许多染厂纷纷购置纳夫妥染机。这种设备起初引自国外，后来国内几家较具实力的铁工厂可自行仿制生产。

1914—1915年间，出现了不溶性偶氮染料偶合所需的两种成分——色酚和色基的稳定混合物（名为快色素），使用方便。1922年，瑞士度伦岩颜料厂发行新型稳定的印地科素染料，是一种使用十分方便的可溶性还原染料。由于这两种染料的价格较高，在我国染厂中的应用并不多，印花厂中则普遍采用。

20世纪30年代中期，士林蓝、安安蓝与海昌蓝是当时风行一时的"三蓝"；30年代后期，我国染厂所用的染料中，黑色为阿尼林黑或硫化黑，藏青用海昌蓝，大红及深棕等深浓色泽用纳夫妥染料，其他仍以直接染料和盐基染料为主。

矿物染料染军衣黄是上海达丰厂早期引进的工艺，长期保密，20世纪30年代我国染厂仅用这一种矿物染料。这种染料实为各种金属氢氧化合物的混合体，主要为铬与铁，其次为铜与镍。铬与铁可染成灰黄至土黄色，铬与铜得绿色至橄榄色，铜与铁得棕色，铬与镍得灰色。矿物卡其染色一般在阿尼林染机上进行，也可用浸轧机和热风干机。除了阿尼林黑及纳夫妥染料用专门设备染色外，对于硫化还原染料，均采用卷染机染色。卷染机的类型增多，有压液卷染机，即在一般卷染机上装一个橡皮辊筒，以备染后轧液；另有适合于还原染料及海昌蓝染色的液下卷染机，布卷完全浸在槽内的染液中，避免布面暴露在空气中而氧化；还有等速自动易向交辊卷染机，可自动调节速度，自动换向，但此机结构较复杂，且设备费用高昂，故采用不多。

由于卷染机染色麻烦，浪费人工，机身占地面积大，生产效率低，而且布卷两端易产生皱痕色渍，故20世纪40年代后期逐渐开始采用轧染法连续染色机。连续染色机包括浸轧装置、透风装置、显色装置、皂洗装置和烘干装置。各染厂中，对于硫化染料、盐基性还原染料、印地科素染料等的染色加工,采用连续法的颇多。

20世纪40年代后期,阿尼林染机已能够全部国产。这时的机械以采用全部连续式为多,即浸轧染液、烘燥、悬化、氧化、皂洗、水洗等过程连续进行,再加上染色技术的提高,阿尼林黑染色得以在国内普遍应用,色牢度好、产量高,远胜于硫化黑染色。

对于染色用染料的选择,以不褪色染料为主,氨染料已成为当时使用最广的染料。此外,染色厂还重视其染色过程的科学合理性,以得到更理想的色泽和牢度。

丝绸织物的品种多、批量小,仍旧以手工操作染色为主,大都采用酸性染料、盐基染料和直接染料,但颜色的坚牢度不良。1937年,瑞士商号培亚洋行经销度伦颜料厂出品的媒介铬性染料与媒染剂,使丝绸织物的染色牢度大大提高。丝织物染色后需经处理,一方面增加织物光泽,改善手感,另一方面使丝绸具有丝鸣特性。

羊毛织物染色采用松式绳状染色机及酸性、盐基和直接染料。

(三) 印花

1. 棉布印花

我国引进的棉织物印花机械设备主要是辊筒印花机,由一个铁辊筒与刻花辊筒及浆盘等组合而成。大铁辊筒上卷有毡带以增加弹性,刻花辊筒供印花纹之用,浆盘在刻花辊筒的下方以供应色浆,当布匹通过刻花辊筒与大铁辊筒中间时即可印上花纹。辊筒印花机上一般有6～10个刻花辊筒,可印制多套色图案,速度快、质量好。

棉布印花有直接印花法、防染印花法和拔染印花法。

直接印花有直接染料和盐基染料直接印花,盐基染料直接印花的效果比直接染料鲜艳坚牢,但需经过单宁酸媒染及吐酒石固着两个步骤。20世纪30年代中后期,染色趋向使用不褪色染料,所以印花厂也注重采用不褪色染料进行印花。

防染印花有纳夫妥AS防染印花,织物通过色酚打底液后烘燥,印上防染糊,干后再经显色及水洗等后处理。阿尼林黑防染印花就是将白色防染糊或盐基染料防色糊印于织物上,烘干后再用阿尼林黑染液浸轧染色。

拔染印花有纳夫妥AS拔染印花,织物经纳夫妥染料染色后印制还原性拔白糊或还原染料色拔糊,再经汽蒸等后处理。阿尼林黑拔染印花法是将织物先染阿尼林黑,然后用拔白糊或盐基染料色拔糊印制图案。

深色印花布中,除黑色用阿尼林黑,大红、酱色用纳夫妥AS外,其他如绿色、雪青等大都用盐基染料、还原染料打底,并用还原染料印制花纹,采用单宁媒染后拔染及浸染法,印花手续比较复杂。

2. 丝绸印花

我国近代的丝绸印花法由日本传入。1912年,日本人在上海虹口开设永隆印染厂,用人工印染丝绸。1924年,上海成立了两家最早的中国人开办的丝绸印染厂——信德印染厂和宏祥印染厂。丝织物最古老的印花为木刻印花,因雕刻困难而且印制时不易得到均匀的色泽,逐渐被淘汰。

型纸印花先以纸版刻花置于所印织物之上,将染料调和于糯米粉浆内,再用桃木薄片刮色浆于型纸上,可任意套数种颜色;也有用胶皮镂空版代替型纸进行印花。由于此法工作简单,效果较好,故20世纪30年代国内丝绸印花大都应用型纸印花法。

采用喷印法对丝织物进行印花曾风行一时。此法中,将酒精溶解的染料稀薄液藉高气压喷成雾状,喷印后仅需使织物干燥,不必再进行处理,织物上喷有染液的部分呈不明显轮廓,花纹别具一格;也可在喷印时将型纸置于织物上,一般由懂得绘画的人喷成各种花纹。

3. 其他印花法

（1）绷花印花。此法于20世纪30年代后期兴起,为改良的型纸印花法。所用花版是以细丝织品代替型纸所用的纸版,故称绷纱。绷纱上,除花纹部分外,其余均涂以不溶性胶质。将制好的绷纱置于固定长桌上进行印花,所用色浆与型纸印花类似,略稀,但不可太稀,以防花纹扩散。

（2）金属印花。又称金银粉印花,所印的金属完全胶着在织物上,故不耐水洗和摩擦。

（3）炭化印花法。此法适用于动物纤维和植物纤维的交织织物,如20世纪30年代流行的乔其绒织物。当时,普通乔其绒织物的地经全为真丝,所起毛绒为人造丝,利用两者的化学性质不同,以炭化法去除无花纹之丝绒而剩出花纹部分。炭化法用浆一般由麦粉浆和酸性染料组成。

20世纪40年代后期,更加重视织物印花。棉布印花常用的直接染料直接印花和盐基染料单宁拔色印花已渐有淘汰之势,而纳夫妥染料、还原染料渐成为主要用品,尤其是还原染料直接印花,色泽多、操作方便,成为各棉布印花厂的主要工艺。

（四）整理

最早进入我国的整理设备属辊筒轴式轧光机,对漂染布匹进行轧光。另一种类似的整理为电光整理,该整理设备在国内各厂普及是在20世纪40年代后期。电光机上有一个刻有细纹的钢制辊筒,在高热强压下轧于布面上,使布面具有闪光效果。此外还有轧纹机,织物轧过后表面呈凹凸花纹;柔光轧光机专轧棉府绸,织物表面呈柔光而且经纬交叉点突出,风格独特,这种轧光机在我国极少;另有摩擦轧光机和通用轧光机等。

布铗拉幅机也是较早为我国所采用的设备,织物经处理后门幅一致。由于我国不能自制该拉幅机所用的皮带,使用不普遍。

上浆是用得较多的一种整理,浆料的主要成分为黏着剂、填充剂或增重剂、柔软剂、着色剂、防腐剂等,上浆机有浸轧上浆机、单面上浆机、摩擦上浆机及适用于丝织物的喷雾上浆机。20世纪40年代后期,除各种简单上浆机外,许多厂家备有热风上浆拉幅机,上浆和拉幅一次完成,全机包括上浆装置、烘布装置、布铗伸幅装置和热风装置。

柔软整理可改善织物的手感,除了用吸湿剂如甘油、葡萄糖外,多用油脂、蜡质。早期多将这类助剂搅入沸热浆中,使油蜡溶解后趁热处理织物。1936年,英国大英颜料公司化验室生产出使用方便的新型稳定的石蜡乳液和极浓的中性牛脂状乳液,可在低温下使用。1938年,英商卜内门洋碱有限公司生产出霪霖PF,耐久性好,但价格较贵,一般织物极少使用。

对特殊用途的织物进行防火整理,国外从18世纪开始研究,这种技术后来逐渐传入我国。20世纪30年代,对织物防火整理剂的选择视织物是否需水洗而定,不用水洗者,可用氧化金属类的混合物,如锡和铬化合物及明矾等;如需水洗者或需户外暴露者,则利用复反应法将金属氧化物沉淀于织物上。

防水整理剂主要使用油脂类、皂类、乳化肥皂及金属肥皂等,也有厂家用霪霖PF。20世纪40年代后期,防水整理多采用特制的防水剂,效率高,加工方便,对织物的柔软性无明显影响。这类防水剂均为洋行出品,价格十分昂贵,一般染厂不能负担,除特殊制品外,较少采用。

丝绸织物的整理可用柔布机。少数厂家早期曾采用槌布机对丝织物进行槌布整理,后来由于操作麻烦,生产量小,多以轧光机代替。

抗战前,上海章华毛绒厂从德国引入全套羊毛织物整理机。我国使用的毛织物整理设备主要有绳状洗呢机、煮呢机、吸水机、甩水机、烘呢机、上浆机、剪毛机、烫呢机、蒸呢机、电热压呢机、刺果拉毛机、钢丝拉毛机、折呢机和卷呢机等。

第四章　近代纺织产品的发展

第一节 ▶纱　　线

一、棉纱线

用纺车手工纺出的棉纱俗称"土纱"，由动力机器纺出的棉纱俗称"洋纱"。土纱较粗，常用纺车捻成线，以小绞出售，用于手工缝纫。洋纱的粗细范围较广，主要与用途和设备技术等有关。20世纪30年代，棉纺织品的纱线细度呈逐渐减小的趋势，表明棉纺织品向较高档次发展。

棉纱合股后成为合股线，即棉线。合股线有多种用途，比如，58.3特（10英支）的粗特合股线主要用于地毯底线和帆布，13.9～18.2特（42～32英支）双股线多用于呢和丝光袜，缝纫线用单纱18.2特（32英支）的三股线，线绨用9.7～18.2特（60～32英支）双股作纬线。早期棉纺织业较少生产股线，1931—1936年间，线绽增加率远高于纱锭增加率，股线和生产量增长率远高于单纱，这说明棉纺织品向高档方向发展。本色棉纱线经染整等后加工成为加工棉纱线，主要品种有丝光纱线、烧毛纱线、蜡光纱线和花色纱线。加工棉纱线以中细特纱为主，且多为合股线。

其他棉纱线有木轴线、棉绣线、编结线、棉绒线、棉绳、棉纱带等。

二、丝线

蚕丝根据去胶的多少，可分为熟丝（全练丝）、半练丝、匀胶丝等。这些丝多需加捻或合股加捻，以形成不同种类的丝线，如单捻丝、捻纬丝、捻经丝、绉丝、璧丝等。缝纫用丝线也是一种大宗商品，早期用纺车加工，后来改用纺机加捻。

清末民初，绣花盛极一时。当时的绣花丝线采用桑蚕丝经两次合股加捻、练染而制成，为使丝线的光泽良好，还常用"的丝"（用木锤轻轻拍打丝线绞）及加油的方法，以增进绣品的效果。绣花线的捻度小，用时可分股劈开，光泽柔和细腻。

其他丝线有医用缝线和乐器上的弦线。医用缝线常用15股丝复捻而成；弦线由丝线敷胶而成，用作琴弦，也可作钓丝。

三、毛线

毛线也叫绒线，我国早期的考古发现中就有毛织物，但在鸦片战争前，毛纺织仅限于盛产羊毛的地区，多为手工纺织和家用，没有形成规模。随着外国绒线的进口，我国毛纺业发展起来,从最初供女性扎头发的彩线逐渐推广到用绒线手工编结衣服、鞋、帽、围巾、手套等服饰品。

绒线有粗梳毛纺、精梳毛纺和半精梳毛纺三种。中国最早生产绒线的厂家是上海中国第一毛纺织厂。1919年,该厂所生产的产品是采用山东、西宁、湖州的羊毛,用日晖织呢商厂的机器纺出的粗纺纱合股而成。20世纪40年代,我国开始小批量生产花色绒线,如圈圈线等。

四、麻线等

麻线、麻绳多用手工纺制,用机器生产的少。

麻线球用苎麻纺成,一般为双股,有纯白色和彩色与白色合股两种,供普通包扎用。汉麻绳有鞋绳、包扎用绳、行李绳等,多为手工制造,随纺随售。

第二节 ▶ 织　　物

一、棉织物

近代棉织物有三大类:一种是手工棉织物,俗称"土布",采用手工纺制的土纱由手工织造而成;另一种为机制棉织物,俗称"洋布",采用动力织机织造而成;第三种是介于上述两者之间的改良土布和仿机制布,采用机纺纱在改良手工织机上织造而成。

1. 手工棉织物

各地生产的小土布品种繁多、规格不一、名称各异,但基本上质地粗厚、布幅较窄(约33厘米)。清末仅上海地区的土布就有72种之多,按用途又可分为官布、商品布和自用布,其中官布是指充赋税入官和官用的布匹;商品布是土布中的大宗,有少量是织造精细的高级品种,如番布、云布、斜纹布等,市场流通量少。市面上大量流通的有标布、扣布和稀布,标布也称大布或东套;扣布也称小布或中机,密而窄短;稀布也称阔布,疏而阔长。小土布多为本色,也有少量先织后染。鸦片战争以后,机纺洋纱的进口量增加,后来出现了洋经、洋纬的土布,由于洋纱较细,织成的土布在质量和厚度上都有改变。

改良土布是指用改良手拉机织出的土布。改良手拉机在结构上将投梭机的双手投梭改为一手拉绳投梭,也称拉梭机。改良土布可用土纱和洋纱为经纬,但以洋纱居多,多以双股线作经、单纱作纬,上机前多经染色或漂白,幅宽可达67厘米左右。用手拉机生产改良布始于20世纪初,在30年代达到高峰,之后逐渐发展为铁木机织造仿机制布。比较有代表性的改良土布是宁波的甬布和安徽的厂布。甬布幅宽73厘米,匹长27米,用18.2特(32英支)双股线作经、36.4特(16英支)纱作纬,常织成格子或条纹,轧光上浆。早期的厂布为白地蓝条布,以后发展出大灰条和小灰条等。

仿机制布是指用铁木机生产的棉织物。铁木机又称脚踏铁轮机,是一种高度完善的手工织机。使用这种织机,可以模仿动力织机生产出较高档的棉织物,如线呢、哔叽、直贡呢、府绸、条绒等。仿机制布的幅宽一般在67厘米以上,匹长为27~37米。

2. 机制棉织物

机制棉织物早期大都是仿制进口、销路好的品种,品名多为音译或冠以"洋"字,种类花色繁多,近代畅销于国内市场的机制棉织物主要有五类。

（1）平纹类棉织物。平纹类棉织物根据经纬纱粗细、织物密度和染整后加工的不同,分为本色布、漂布、染色市布、本色洋标、红洋标、花标、洋素绸、洋纱、华而纱（又称巴厘纱）、蝉翼纱、麻纱、绉地丝光洋纱、绉布、府绸、罗缎、棉帆布、自由布等品种。

（2）斜纹类棉织物。斜纹类棉织物的品种较多,最基本的是斜纹布,为二上一下的正则斜纹织物,其他还有各类卡其、哔叽、华达呢、线呢等。

（3）缎纹类棉织物。缎纹类棉织物有经面缎和纬面缎,根据经纬纱粗细、经纬密度和织纹的不同,又分成不同的品种,主要有棉直贡呢、棉横贡缎、羽绸与充西缎、宁绸、板绫、泰西缎、葵通布等。

（4）绒类棉织物。绒类棉织物是用拉绒或割绒方法在织物表面形成绒毛的棉织物,有单面和双面绒之分,主要品种有绒布、棉法兰绒、毯布、平绒等。

（5）纱罗类棉织物。纱罗类棉织物是用纱罗组织织制而成的棉织物,主要品种有洋罗和镂空洋纱。

二、丝织物

中国近代丝织物可分为土绸和洋绸两大类。土绸即用手工制的土丝在手工织机上织造的旧式绸缎;洋绸是在动力织机上织造的新式绸缎,所用原料主要是用动力机器制的厂丝和人造丝。

1. 传统绸缎

传统绸缎多指手工织造的土绸。根据织物组织和织造工艺的不同,近代土绸分为绸、缎、罗、纱、绒、绢、绫、锦八大类。

2. 近代绸缎

用动力织机织造的丝织品,种类繁多,多在丝织物类名前冠以国名、地名、厂号及"电机""铁机"等,如印度绸、巴黎缎、美亚缎、电机湖绉、铁机缎等。近代是丝织物由旧式向新式过渡的一个时期,开发了一大批新产品,使中国丝织业发展到了一个新阶段,这是原料丰富、设备改良及借鉴国外新技术和新产品的必然结果。

三、毛织物

近代纺织工业首先在毛纺织领域发端。在第一次世界大战前夕,我国已建立4家粗梳毛纺织厂,生产了一批粗纺毛织物。到抗战前,中国初步形成了能生产包括粗纺、精纺、驼绒、绒线等主要毛纺织品的生产体系,但产品主要模仿国外进口的毛呢,名称也多为音译,如麦尔登、哔叽、法兰绒等。

1. 粗纺毛织物

近代中国生产的粗纺产品多为低档的粗厚型织物,主要供作军用品。上海、北京、湖北等地曾仿制较高档的粗纺呢绒。近代粗纺毛织物的主要品种有平厚呢、绒毛大衣呢、春秋大衣呢、法兰绒、制服呢、军呢、细呢、骆驼绒等。

2. 精纺毛织物

20世纪20年代后期,国内毛纺织品市场上精纺呢绒增加,进口精纺呢绒的数量远远超过粗纺产品,国内出现了用进口毛纱织造精纺呢绒的单织厂。精纺呢绒种类繁多,适宜制作男女中、西式服装,主要品种有哗叽、华达呢、花呢、海林蒙(海力蒙)、板司呢、单面花呢、直贡呢、驼丝锦、马裤呢、派立司、凡立丁、啥维呢(啥味呢)等。

四、麻织物

除民用外,近代麻织物在运输、包装等方面开拓了新的应用领域。

近代的苎麻织物仍由农家自绩自织,所用工具及织法与土布相似,组织多为平纹,也有纱罗组织,布幅为33~43厘米。夏布是苎麻织物的主要品种,生产以江西、湖南、四川三省为最盛,山东、广东、福建、江苏次之,其他各省的产量不多,其品名多以产地命名,本色出售,染色或印花品较少。夏布质地粗糙,但其耐气候性能良好,能长期使用,深受农民的喜爱,除民间作为夏季服装外,还可以用作蚊帐布。

苎麻的另外一种代表产品是渔网。用纺绩而成的苎麻纱,以人力捻合成线,再用小梭子套结而成,为使其经久耐用,人们常将猪血涂在网上,经日晒凝固,形成保护层,可提高抗腐蚀性。

采用劈麻与绩麻的方法制成汉麻缕纱并织成粗布,即汉麻织物。由于汉麻中的胶质含量多,汉麻织物的手感僵硬,质地疏松,常用作包装袋,在农村广泛使用。

黄麻织物主要用作麻袋及包装材料,因黄麻织物的吸湿性好、散湿快、透气、断裂强度高,在近代有较大的发展。

五、针织物

中国的针织工业是从生产袜子开始的,之后逐步生产针织布及其缝制品。

1. 袜类

我国最初是以棉纱为原料,在没有挑针和掀针装置的手摇袜机上生产直筒无踵袜,即需将织出的直筒剪成斜片,然后手工缝制成袜,也称纱放袜。不久,开始生产男、女中腰、高腰直筒棉纱袜,脚尖用钩针或民用针缝合,但脚跟拐弯处不提针。1912年起,有了电力袜机后,袜子的产量不断上升,所用原料种类增多,但产品多为素色。

20世纪20年代起,袜机上有了挑针、掀针装置,有扎口边技术,可以织出有袜尖、袜跟和袜脚板的袜子,但还不能织出大袜跟,由于袜筒边的弹性差,穿着时容易下滑,需用宽紧带或线绳扎于袜口边;20年代中后期,袜子的花色品牌渐多,而且能生产橡皮筋口的袜子;30年代后,袜子种类更多,如单、双纱男女袜、丝光男女袜、童袜、夹底丝光袜、人造丝袜、粗绒袜、驼绒袜等;色彩方面,女袜以玉色为主,男袜以灰色为主。

2. 针织复制类

由台车、棉毛机等生产的针织坯布,经裁剪缝制,即成为成品内衣裤。

内衣的出现略晚于袜子。早期的内衣为半胸,分缝袖和宽袖两种,一般用缝袖,到20世纪30年代初,才出现圆领宽袖内衣。

汗布类针织内衣品种一般为汗背心、圆领短袖衫。1906年,上海景纶衫袜厂生产的质地厚实的锦地衫、小网椒地衫、大网眼桂地衫相继问世。1931年,上海五和织造厂生产的"鹅"牌麻纱汗衫风行全国。20世纪40年代,景福针织厂生产的"飞马牌"汗衫畅销汉口、重庆等城市和香港、东南亚等地区。

棉毛类针织物是指由棉毛机生产的双罗纹针织坯布,又称棉毛布或双面布,织物厚实、保暖,产品用作棉毛衫、裤及运动衫、裤,款式多为圆领、长袖,有印花和色织。

绒布类针织物由台车生产,坯布经染整、柔软、烘轧、拉毛起绒、裁剪等工序复制成厚绒运动衫、裤(俗称卫生衫、裤)和薄绒运动衫、裤(俗称春秋衫、裤)。20世纪30—40年代,上海公和针织厂生产的"僧帽牌"针织卫生衫、裤畅销国内各地及东南亚地区。

毛线类针织物,除手工棒针编结的毛衣、裤外,还有用横机编织后缝合的毛衣、裤,原料多为羊毛纱线,也可用棉纱或毛纱线织成手套、帽子、围巾等。

六、日用品和装饰用织物

1. 毛巾

19世纪70年代,我国已有毛巾生产。1875年,汉阳有4家织户生产毛巾,但毛巾上并无毛圈,而是类似斜纹布的织物。1894年,湖北织布局的产品中有毛巾,为蜂巢结构。起毛圈组织的毛巾大约在1910年开始生产。第一次世界大战期间,国内的毛巾生产发展很快,至20年代,上海及邻近各县已成为毛巾生产基地,并出口港、澳及南洋群岛。毛巾以面巾和浴巾为主,原料为36.4特(16英支)本色粗棉纱,织后漂白。毛巾两端的"档头",常用红、蓝等色的色纱织造,也有织后加印颜色的。上海邻近各地生产的毛巾,大都在上海进行整理,按组织和颜色分,有三纬毛巾、四纬毛巾、五纬毛巾、素毛巾、花色毛巾等。

2. 手帕

近代,英制棉手帕开始输入,一战期间,国内手帕业有了发展,主要集中于上海。手帕通常为方形,20~50厘米(8~20英寸)见方,帕边形式有缝边、抽丝边及锁边三种。20世纪30年代,市场上通销的手帕种类颇多,以夹边巾、充丝巾、麻纱巾、文明巾为主要品种。

3. 线毯、台毯

线毯是一种提花棉织物,多以棉纱与棉线交织,四边多有穗结或排须,又称珠被,主要作床上盖垫用。20世纪30年代后,由于印花被单行销,线毯渐趋衰落。台毯的品质与线毯相似,规格有所区别,多由线毯厂织造。

4. 棉毯

棉毯是一种用粗支纱或废棉纱织成的绒毯,规格一般为长2米(80英寸)、宽1.5米(60英寸),有红、灰、驼等素色和印花品种。棉毯价格低廉,用途广,可作被、垫、门帘等,以御寒保暖。

5. 毛毯

毛毯有两种,供床上用者为床毯,供旅行用的称为车毯或旅行毯,多为格子毯,两端有穗须。毛毯有毛经毛纬和棉经毛纬两种,行销的花色很多,如提花毯、驼绒毯、水浪毯等。国内最早生产提花毛毯的是哈尔滨毛毯厂,驼绒毯主要在北京和天津生产,其他大都由英国、德国进口。

6. 地毯

近代的地毯主要以北京、天津及新疆等地为集散地。地毯的织造基本采用框架整经、毛绒扣结、人工引纬、铁耙打纬的方式。北京、天津等地生产的地毯多为长方形,图案中带有边框,内四角有小花,中部有大型花纹,主要色调是蓝、棕等色。新疆的地毯主要产于和阗,图案和格局与北京等地有所不同,常织成满地花纹,色彩艳丽多变,以红、棕色居多,风格上受波斯地毯的影响。

7. 天鹅绒毯

天鹅绒毯是以天鹅绒组织构成的一种壁挂,清末在南京、苏州一带开始流行,起初为采用杆织法经起绒织成的提花丝织物,由于工艺繁琐和价格昂贵,后将彩经改为单色经丝,织成后再施彩并剖成绒面。20世纪30年代,一些织绸厂开始采用在双层组织中间剖割的方法生产天鹅绒。

8. 像景织物

20世纪30年代初,杭州丝织业主都锦生利用阴暗纹组织法,采用纬二重组织,以一根黑纬及一根白纬与厂丝经交织,在织物表面呈现黑白照片的效果,称为黑白像景。之后,又对黑白像景织物进行人工施彩,使其具有风景画的效果。

9. 绣品

近代绣品有传统丝绣和新式绣品两大类。传统丝绣包括苏绣、湘绣、粤绣、杭绣、蜀绣等,其中苏绣、湘绣最为著名。新式绣品不如传统丝绣精致,但用途广,既实用又可欣赏,多供出口。新式绣品中,最常见的是十字绣,多用作家纺小件如枕套。

10. 织带

织带包括花边、腿带、宽紧带等。

花边是晚清以来比较盛行的装饰。20世纪30年代,我国开始采用动力织带机生产花边,即在地经、地纬上用彩纬挖梭织成,花边的品种和产量很大,部分出口至欧美。

腿带用于扎裤管,两根为一副,宽3.3~6.7厘米,长67~100厘米。近代,棉制腿带逐渐取代传统的缝制腿带,主要产自营口、天津和山东,销于东北、华北等地。

宽紧带是含有橡皮丝的丝质或棉质带。窄者供镶饰衣服用,以10.97米为一板,12板为一罗;宽者供制吊袜带、吊裤带用,以10.97米为一卷,12卷为一罗。上海、苏州各地均有生产。

七、产业用品

近代产业用纺织品是指以丝、棉、麻、毛等为主要材料,经过特殊整理加工,用于专门领域的产品,主要有黄蜡绸、黑胶布、消防水龙带、造纸毛毯、浆纱毯、油布和油绸等。

第三节 纺织品艺术设计

由于中西方化的撞击和交融,近代中国的染织纹样发生了很大的变化,尤其在沿海地区的大城市,呈现古代向现代演进、传统与外来融合的趋势。

一、传统纹样

传统纹样的主要特征是花样繁复,由于人们生活方式的改变,有些纺织品的用途减少,在中国近代纺织品中日渐式微,但有些传统纹样仍占有重要地位。

近代中国传统纹样继承了明清的风格化和程式化的特征,以稳定的艺术表现手法表现吉祥主题。常用的植物母题有牡丹、莲花、梅花、兰花、菊花、桃花、芙蓉、玉兰、海棠、绣球花、百合花、虞美人、秋葵、水仙、灵芝、萱草、蔓草、芭蕉、长春藤、万年青、松树、竹、石榴、桃、柿蒂、葡萄、南瓜、葫芦、宝相花等,常用的动物母题有龙、蟒、夔龙、凤、鸾、麒麟、狮、仙鹤、鹿、象、天鹿、兔子、牛、羊、马、孔雀、鹭鸶、黄鹂、大雁、蝙蝠、鸳鸯、鱼、蝴蝶和蜜蜂等,人物母题有寿叟、仙女、财神、仙人、男孩、仕女和官员等。自然景物以及乐器文具和生活用品常用作染织母题,以篆、隶、行、草等形式的专语文字可以直接用于染织图案,这些母题常见的组合有"八吉祥""八合""八宝""七珍""五伦""博古""文房四宝""岁寒三友""四君子"等。在纹样组合构成时,多运用借物象征和取物谐音等方法,是明清以来形成的祈吉望祥的心理表现。

传统染织纹样的构图和色彩至晚清时达到繁复的顶峰,如在色彩搭配上引入云锦图案的"锦上添花"式,以求奢华。在辛亥革命以后逐渐趋于简化,出现了一批在纹样设计上颇具功力的图案艺人。清代在一些纹样的使用上曾有严格规制,但在近代逐渐松懈,最终无人执行。纹样图案在服饰上的应用更多的是遵循时尚及社会习俗的准则。

二、外来纹样的影响

近代中国染织纹样越来越多地受到西方的影响。早在清代前期,宫廷用的纺织品中就存在不少文艺复兴风格、巴洛克风格和洛可可风格的花卉纹样。鸦片战争以后,大量欧洲纺织品进入中国市场,其图案风格也影响了中国平民的日用纺织品和服装面料。流行于19世纪末至20世纪初的"新样式艺术"是一种欧美装饰艺术,在中国近代室内装饰物及服饰中有不少类似风格的印花图案。这种艺术以装潢优美的结构和多愁善感的情调为主要特点,多使用蜿蜒曲折的线条和铺天盖地的构图,常用的母题有藤本植物、盘绕的绦带、火舌、波纹、水草、摇曳的青草、麦浪、年轮木纹、升起的炊烟、随风飘动的头发、地面上的根须、水母、珊瑚虫、兰科植物、樱草类植物、菊花类植物、百合花、老虎、斑马和天鹅等。新样式艺术的这些母题虽然与中国人喜闻乐见的传统母题相去甚远,但其强调装饰的倾向却是中国人易于接受的。"迪考艺术"最早流行于20世纪初,是一种源于巴黎的装饰和建筑设计风格,曾对欧美时装和纺织品产生很大的影响。"迪考艺术"风格的染织纹样常以裸女、鹿、羚羊、卷叶、太阳、束花和彩虹等为母题,风格稚拙单纯,色彩鲜艳清新,构图多为对称,直线造型较多。"迪考艺术"纹样除了在印花织物中大量出现外,刺绣和镶纳中也很常见,但提花织物中运用较少。这种风格的染织品在上海等大城市有较为广泛的应用。一些运用欧美传统组织或织法的纺织品,纹样上也更多地体现西方风格,如玫瑰、草藤、野花和建筑风景等。西方风格的纹样在色彩上追求柔和、素雅,在表现技法上则更多地吸收欧洲写生变化和光影处理等方法。

近代生活节奏的加快使人们的审美趣味发生变化,条格纹成为最基本和最重要的纺织品,大大超过了古代的使用比例。条纹棉织物中的蚂蚁布(米通布)、柳条布、银丝条、金丝条,丝织物中的直条纱、金丝绉、银丝绉、经柳纺、月华缎、闪光条子纱等,柳条葛及毛织物中的牙签呢,都曾盛行一时。格子棉织物中的骰儿格子、银丝格、金丝格、芦扉花布、三二格、文武格子、桂花格和自由格,丝织物中的格子碧绉、格子纺、凤尾锦、方方锦和格子线地,以及毛织物中的法兰绒、苏格兰花呢等,有的脱胎于传统,如方方锦与宋代的格子锦、月华缎与唐代的晕缅都有明显的因袭关系;有的是仿制西方的同类产品,如牙签条花呢和苏格兰花呢。

西方纹样的传入对中国近代纺织品的分类和色彩体系也产生了重要影响,形成了按构成形式将纹样图案分为独立形和连续形,按色相、纯度和明度划分色彩体系。近代纺织印染业的工业化也对纹样风格、色彩产生了很大的影响,动力纺织机械的使用使织物组织和配色复杂化成为可能,化学染料的使用使织物颜色更加纯正鲜亮、色谱更为齐全,纺织品的用色从深沉色向浅淡色调发展,在民间和宫廷都有明确的体现。

第四节 ▶ 近代服饰

一、传统的颠覆

1840 年鸦片后,清政府被迫与英国签订《南京条约》,从此中国沦为半殖民地半封建社会,领土和主权不完整,西方文化的侵入致使中国服饰制度发生动摇,传统服饰受到影响,整个社会的服饰面貌发生改变。

由于清政府的无能和腐败的统治,服饰制度开始出现松懈,人们开始突破旧有的陈规,社会上出现不按制度着装的现象,如私自织造和使用皇室的团龙纹,官服中的僭越现象不断出现,民间也开始穿金绣、彩绣、狐皮等禁用的服饰,服饰制度不再具有神圣的权威性。上海是最先开埠的城市,最先接受西洋文化。光绪年间,原为一、二品所披的红色风兜,在上海等地随处可见。皇帝曾下令"国家制服,等秩分明。习用已久,从未轻易更张。除军服、警服因时制宜,业经各该衙门遵行外,所有政界、学界以及各色人等,均应恪遵守,不得轻听浮言,致滋误会",说明这一时期的服制已经动摇。官服逾制、民服失禁的现象,是服饰变革的先兆。

洋务运动时期,清政府曾派遣留学生到欧洲各国及美、日等国学习,这些留学生接受西方的教育,在思想和生活方式上有很大的变化,并纷纷剪去辫子,改穿洋装。他们回国后,对思想进步人群有很大的影响,甲午战争后,一批人纷纷剪去发辫,改穿西装,以表示对政府无能的反抗,在国内产生了强烈的影响。妇女中则出现了不缠足现象,直接影响了中国近代首服和足服的变化,并形成观念上的更新。

服饰的根本性改变是在辛亥革命以后,清朝统治被推翻,服饰制度从此不复存在,中国进入了中华民国时期,国务性的礼服被中山装所取代,民间的服饰传统也逐渐发生变化。

二、近代服饰的演变

1. 晚清时期

新军军服的产生是近代服饰的一个重要变革。晚清的军队中建立新军,军服采用外国军队的样式,官兵也剪去长辫。光绪三十一年,陆军新制服有了全面的改革,规定陆军服制分为军礼服和军常服两种,除大礼时仍需戴翎顶外,平时均戴军帽(图 2-4-1),之后又制定了陆、海军官服和巡警服。新的军服威严、简洁、庄重,在社会上逐渐形成了新的服饰审美观。

学生服也是这一时期服饰改革的重要表现,是新思想的象征。其中,日式学生服最为流行,上装为立领对襟,左胸有一暗袋,成为年青人的穿着典范。

这一时期的女装变化主要体现在大城市青年女性身上。传统的袄裙装经过改良,在领、袖、衣长和腰身上都发生了变化,如袖子变窄变短、领子加高、腰身变瘦,款式变得更加简洁,清代繁复的装饰也不再流行。

图 2-4-1 改革后的近代军服

2. 辛亥革命以后

中国近代，男子的中式礼服在很长一段时间内都为长衫马褂。长衫一般为蓝色，大襟右衽，长至踝以上6.6厘米（2寸），袖长与马褂平齐，两侧下摆各开0.33米（1尺）左右的长衩；马褂一般为深色丝棉麻质，对襟窄袖，下长至腹，前襟缀五粒纽绊，相搭配的有瓜皮帽、中式扎口裤和浅口布鞋。民国以后，瓜皮帽逐渐去掉，裤子也渐渐换成西裤，布鞋换成皮鞋，马褂也可有可无，形成了新的搭配。西式宽边礼帽、长围巾、长衫、西裤、皮鞋是典型的读书人的打扮，儒雅而有风度。

辛亥革命以后也是短装盛行的时期，西装、学生装、中山装、西式衬衫、秋衫、背带裤、运动衫等十分流行，与之相适应的是男子的短发和西式礼帽、列宁帽、鸭舌帽等新式帽子，服装改革进入高潮，呈现自由解放的曙光。中华民国成立时，孙中山先生为国务性场合的着装进行了慎重的思考，既不能选择清代礼服，因为它代表着腐败的政权，又不能直接采用西装，因为这有损民族形象。为此，他在日式学生服和西式军便服的基础上，结合中国人的审美风格创立了一套服装，上衣下裤式，具有含蓄、庄重、平衡的审美风格。1925年4月，广州革命政府为纪念孙中山先生将它命名为中山装。1905年，中山装的上衣为七纽、立领、上下四个暗袋，后来去掉肩上的襻带，改挖袋为贴袋，并在口袋上加褶，下翻立领，袖口外加三粒纽扣；1928年左右改为五粒纽扣，并去掉口袋上的褶。中山装直接影响了后来的军警服和红军军服，也是国际时装设计的母型。

1915年，激进民主主义者提倡"民主科学""新道德""新文学"，发动了一场思想解放运动，即新文化运动，其最大的受益者是女性，她们的思想发生了根本性变化，很多女性走出家门，走向学堂，走向社会，走向革命队伍。女性着装的改变是20世纪中国服装史上的第一次变革。文明新装是一套袄裙装，衣领较低，袖刚过肘，袖口加宽，下摆齐腹，裙长至踝。这种简单装饰的短袄长裙开始流行，体现了青春秀美、亭亭玉立的知性味道（图2-4-2）。此外，着西装短裙或西装长裤的打扮也很受青睐。20世纪30年代以后是时装盛行的时期，主要包括西式的各种连衣裙、礼服和中式的旗袍，旗袍则成为最大的亮点。旗袍中的"旗"可能理解为旗人的旗，旗袍的渊源与满族上流社会的袍服有一定关系，但它是满汉融合且受西方服饰文化影响的近代产物，旗袍在裁剪上已经突破中国传统的平面裁剪方式，造型上也表达了女性的曲线美，虽在襟口和领的装饰上保留着满汉女服的特点，但与满族传统袍服的审美风格相去甚远，它所呈现的独特美感为东西方女性广泛接受。

图2-4-2 近代女性的文明新装

旗袍在20世纪20年代普及，成为城镇女子普通的服装之一，之后受西方影响，其长度变短，收腰，领子变高，袖子也变得上收下散；30年代，旗袍又恢复长至足的形制，领子变低，出现短袖和无袖的款式，随后又出现了花边风、高开衩；40年代，旗袍衣身缩短，领和襟的式样更加丰富，穿法上也多变化；50年代以后，旗袍开始消沉，直到80年代才重新流行，并逐渐国际化。旗袍之所以成为中国经典的服饰之一，主要因为它裁制简单、衣料要求可高可低、领袖造型多样，可满足不同的审美要求，适用场合多，服饰搭配容易,纹饰自由,彰显个性,造型优美,具有独特的东方美,同时兼具的西方裁剪方法也为世界人民广泛接受。

　　总之,中国近代服饰经历了一个锐变的过程,在社会矛盾激化和战争的影响下,陈旧的观念逐一打破,新的形式建立起来,服饰从古代向现代跨进,其中西方文化起到一定的推动作用,但真正的动因是人们思想的彻底转变。

第三编 当代部分

第一章 当代纺织工业

第一节▶当代纺织工业的历程

1949年中华人民共和国成立,中国纺织工业步入动力机器纺织发展阶段。此阶段称为当代纺织技术发展时期,经过三年的恢复调整和生产关系改革,纺织生产能力得到充分发挥。从1953年第一个五年计划开始,国家统一规划,大力发展原料生产,并主要依靠自己的力量,进行大规模的新纺织基地的建设,迅速发展成套纺织机器制造和化学纤维生产。这样,纺织生产的地区布局渐趋合理,纺织品的产量急剧增长。到20世纪80年代,随着人民生活水平的提高和国际贸易的发展,纺织生产能力有了十分迅猛的增长。经过20世纪90年代初的治理整顿,纺织工业转向依靠科技进步和提高职工素质,中国纺织工业在世界总量中的所占份额持续增长,纺织生产逐步改变劳动密集的旧貌,换上了技术密集的新颜。当代中国纺织工业尽管在发展过程中遭受过"左"的错误思潮的干扰和影响,但总体上保持着发展的局面。当代纺织工业的发展经历了六个时期:国民经济恢复时期(1949—1952)、大规模建设时期(1953—1957)、"大跃进"时期(1958—1960)、国民经济调整时期(1961—1965)、"文化大革命"时期(1966—1976)和改革开放以后(1978—)。

一、国民经济恢复时期

1949年,随着各大中小城市的相继解放,各地军事管制委员会及时委派军事代表,顺利完成了对官僚资本纺织企业的接管,并把它们改造成为社会主义国家所有的纺织企业,对于稳定和发展国民经济,对于发展新中国的纺织工业,都具有十分重要的意义。在顺利接管官僚资本纺织企业的同时,对于民族资本家经营的数百家纺织企业严加保护,防止破坏。

当时,迅速恢复和发展纺织生产是经济工作中最紧迫的任务之一。中国共产党和人民政府为平抑物价、稳定经济、恢复纺织工业,采取了一系列重要措施。

一是建立中央一级和各大行政区领导的工业机构,加强对恢复生产的领导。1949年11月1日,成立中央人民政府纺织工业部。纺织工业部当时的职责是管理全国国营和中央公司合营的纺织厂及纺织机械厂,并对全国纺织工业统筹规划,进行方针政策和业务技术的具体领导。

二是控制和稳定纱布市场。1948年8月,陈云在上海主持召开了财经会议,决定成立花纱布公司,负责棉花的采购和进口外棉,并对纺织厂统一供应原料,统一收购纱布产品。这样,既使得有限的原棉通过合理分配以维持公营、私营纺织企业的生产,又可以依靠国营贸易部门将纱布等主要商品控制起来，使纱布市场保持稳定。

三是迅速发展棉花生产。全国解放以后，国内市场迫切需要增产纱布，而纺织原料的严重不足影响了纺织生产。1949年9月，中财委在北京召开全国棉花会议，建议政府扩大棉田种植面积，适当调整粮棉比价，改良棉种，成立棉花检验所开展棉花检验工作。这些建议很快得到了贯彻实施，使棉花供应紧张的情况得到了缓解。

四是实行民主管理，进行国有纺织企业的管理改革，增强职工的主人翁责任感。

五是扶植私营纺织企业全力恢复生产，使私营纺织企业的开工率达到80%以上，并逐步纳入国家计划轨道。同时，一些私营纺织企业实行了公私合营。

六是挤出资金，恢复和发展纺织工业。在财政困难的条件下，1950—1952年间，国家向纺织工业投资34 956万元，使其恢复生产和重点建设工作得以顺利进行。

在恢复纺织工业生产的同时，国家根据国民经济恢复与发展的需要，根据财力可能，开始安排纺织工业有重点地进行建设。1950年，纺织工业部决定在咸阳、邯郸、武汉三地新建三家棉纺织厂，并积极着手组建勘测设计、施工安装队伍和纺织机械制造力量，保证了这批新厂的顺利建成和投产，迈出了新中国成立后自力更生建设现代化棉纺织厂的第一步。在此期间，新建和扩建的还有哈尔滨亚麻纺织厂以及新疆七一、湘潭、石家庄、浙江等地的一批项目。

1950年起，我国着手建立由纺织工业部直接管理的纺织机械工业。一是对接管的纺织机械修配厂进行整顿改造和适当扩建，并将部分私营纺织机械厂组织起来，从事成套棉纺织设备的生产。二是陆续建设了一批规模较大的新企业，如1949年10月开始建设的郑州纺织机械厂和1951年5月开始建设的经纬纺织机械厂。1951年底，中国纺织机械工业成功设计并制造了第一批成套的棉纺织和麻纺织设备，为以后大规模建设时期提供成套设备奠定了基础。

二、大规模建设时期

国民经济经过三年恢复后，全国财政经济状况有了根本好转，人民群众的生活有了改善。1953年，我国开始实施第一个五年计划，进入大规模建设时期。纺织工业最基本的问题就是如何满足城乡人民日益增长的需要。国家在大力发展重工业的同时，投资16亿元，用于发展纺织工业。

由于棉纺织品是广大人民的必需品，是社会产品交换的主要物资，而且棉花是农业生产的主要原料，所以纺织工业部将棉纺织工业作为建设重点，集中80%的投资建设一批棉纺织厂和印染厂，首先组建了一支工种齐全的基本建设大军，高效成功地建成了北京、石家庄、邯郸、郑州、西安等五个棉纺织工业基地的19家棉纺织厂，总规模为156万锭，并配备了相应的织机和印染能力。

"一五"期间，纺织机械工业的壮大保证了纺织工业建设的需要，到1957年，每年已能生产棉纺设备70万锭，除用于装备国内纺织工业外，开始出口援外。纺织机械的品种和水平也不断发展和提高。

在大力建设新厂的同时，纺织工业部进一步在国营纺织企业开展技术革新运动和先进生产者运动，促进了全体职工学习科学技术的积极性，职工的科学技术水平不断提高，并与全国纺织工会共同总结推广了"郝建秀细纱工作法""一九五一织布工作法"和"一九五三保全工作法"，全面提高了企业的运转操作水平和设备维修水平。由于这些运动紧密结合生产，解决了生产上的关键问题，使生产水平逐步上升。与此同时，又进行了一系列基础性业务建设，使企业管理秩序井然,提高了纺织企业的各项经济技术指标。纺织系统的一些最重要的管理制度,都是在这个时期奠定了基础。

"一五"期间,纺织工业形成了比较完整的计划经济管理模式,完成了对私营纺织业和手工纺织业的社会主义改造,纺织生产全部纳入国家计划。1954年开始,对棉布实行统购统销,并实行按计划定量供应,主要纺织品的价格也均由国家制定。建国伊始,这种集中的计划管理模式对稳定当时的经济和社会秩序,保障人民的基本生活,迅速发展生产,都有明显的效果。

三、"大跃进"时期

20世纪50年代中期,我国经济形势呈现一派繁荣兴旺的景象。但是在"左"的思想指导下,1958—1960年,"大跃进"的浪潮席卷全国,纺织工业在高指标、浮夸风盛行的情况下,综合平衡受到破坏,生产、建设在一个时期内失去了控制,主要表现为:生产上不尊重科学,片面追求高产,盲目提高机器运转速度,使一些纺织厂的原材料、电力消耗剧增,设备磨损严重,工人劳动强度大,而生产效率下降,产品质量波动;各地区大搞土纺土织,进一步加重了原料短缺的困难;基本建设上则急于求成,布点很多,盲目建厂,远远超过当时能够提供的财力、物力,"二五"期间,棉纺织工业的建设规模高达502万锭、10万台布机,由于资金、材料、设备过于分散,到1959年只建成一家西北国棉七厂,大部分在建项目从1960年下半年开始被迫停建。

1960年,中国的经济已陷入极度困难的境地,当年棉花实产106.3万吨,比1957年减少35%以上。棉花减产直接影响纱布生产,造成市场商品匮乏。1960年冬,党中央提出"调整、巩固、充实、提高"的八字方针,国民经济进入了调整时期。

四、国民经济调整时期

1961—1965年为我国国民经济调整时期。1961年初,根据调整方针,纺织工业面对原料不足、市场供应困难的局面,在生产上认真执行"三统、一优先"的方针,在全国范围内,统一规划生产、统一调拨原材料、对产品进行统一分配;将生产任务,特别是生产出口产品和高档品的任务,优先安排给设备条件优、技术水平高和用料省的企业。这样,使有限的原料资源得到经济合理的使用,以增产质量优、价值高的纺织品,供应出口和国内市场。

从1961年到1963年,纺织品出口创汇达15.6亿多美元,在我国外贸出口商品中占第一位。三年间,每年换汇占国家外汇收入的30%～36%。由于增加了外汇收入,因而保证了国家能大量进口粮食,以解决城市供应,减轻农村负担,加速了国民经济的恢复。

为发展纺织品出口和增产高档纺织品,纺织生产反复强调"质量第一"的方针,既要巩固产品内在质量,也要大力改进外观质量,同时要大力增加新花色、新品种。部分企业进行了必要的改建、扩建工作,增添了大量的精梳机、捻线机、阔幅织机和树脂整理等设备,扩大了精梳、阔幅、高支、高密等中高档产品的生产能力,推动了纺织品从原来出口少数国家和地区扩大到110个国家和地区。

纺织工业基本建设的调整工作在1960年上半年已经开始。农业原料的大幅度减产,迫使纺织加工基本建设项目下马停缓建的同时,也迫使纺织工业部门必须加快发展化学纤维,以补充农业原料的不足。1961年1月,第一套国产的黏胶短纤维设备研制成功,在上海安达化学纤维厂安装试生产。在此基础上,从1961年开始,陆续在南京、新乡、杭州、吉林等地兴建了一批中等规模的黏胶纤维厂。

这一时期,中国合成纤维工业从准备阶段进入实际建设的新时期,纺织工业部根据国内的资源状况、技术条件、市场需要和人民消费水平,选择了先发展维纶和腈纶的途径。

五、"文化大革命"时期

20世纪60年代中期,根据当时的形势和国家经济工作的安排,国家在制定纺织工业"三五"计划时,提出的中心任务为:第一,按照农业原料与工业原料并举的方针,继续努力发展化学纤维工业,特别是加快合成纤维工业的建设;第二,大力解决生产能力不足的矛盾,加快棉、毛、麻、丝纺织工业的建设;第三,加快纺织工业科学研究的步伐,继续向世界先进水平进军,闯出一条中国式的科学技术发展道路。但是,连续"十年动乱"延缓了纺织工业发展的进程。

1966年开始的"文化大革命"导致全国出现了严重混乱的局面,政治上的动荡对纺织工业的生产和建设也造成了破坏和干扰。纺织工业系统多年积累的管理经验被否定,大批管理干部、技术干部"靠边站",许多企业的产品质量下降,劳动生产率低。纺织工业的基本建设在"文化大革命"开始的两三年内,基本处于停滞状态。纺织工业系统的科技、教育工作也受到了干扰,一些科研机构和纺织院校陷于停顿,工厂的科技、教育工作受到冲击,造成技术人才、管理人才严重不足、青黄不接的局面。1970年,纺织工业部与第一轻工业部、第二轻工业部合并为轻工业部。

在错综复杂的情况下,纺织工业的生产和建设也取得了一些成就。在20世纪60年代中期,随着整个经济形势的好转,一批停缓建的纺织工业项目恢复建设,根据国家的战备精神,在四川、湖北等三线地区安排了一批纺织工业建设项目;同时,集中力量建设化学纤维工业,先后建设了一批黏胶纤维厂、维尼纶厂。20世纪70年代初,化学纤维工业的建设逐步从黏胶纤维转向合成纤维。1973年,国家批准了从国外引进石油(天然气)化工化学纤维联合装置的方案,共建设了四家大型联合企业,即上海石油化工厂、辽阳石油化纤厂、天津石油化纤厂、四川维尼纶厂。这四家大化纤厂的建设规模之大、技术之复杂,为纺织工业建设史上前所未有。随着化学纤维工业的发展和化纤在纺织工业中的广泛应用,一些有关化纤生产和使用的科学技术得到了发展和提高。1971年联合国恢复中国的合法权利后,中国的国际威望越来越高,纺织工业承接了大批援外项目,于1972年达到高潮,这一年共承接11个国家的15个纺织项目。

六、改革开放以后的迅速发展时期

1976年10月,"十年动乱"结束,恢复了安定团结的局面,工业生产也得到了迅速的恢复和发展。特别是1978年中共召开"十一届三中全会",确定了改革开放的发展道路,中国从此进入新的发展时期,纺织工业也迎来了大发展的良好时机。

为了加强对全国纺织工业的领导,更好地发展纺织工业,1978年1月1日,中央将原轻工业部分为纺织工业部和轻工业部。

1979年4月,中央工作会议提出了"调整、改革、整顿、提高"的新八字方针,并按此制定了"六五"计划。由于国家扶持轻纺工业的发展,在加强农业后,纤维原料也增长很快,纺织生产持续几年高速发展,使长期困扰纺织工业和整个国民经济的纺织品供应短缺的矛盾逐步缓解。1983年12月,国家决定停止实施了29年的棉布限量供应方法,取消布票,实现了敞开供应。

纺织品由卖方市场逐步转变为买方市场,客观形势要求纺织企业"转轨变型",从"生产型"转变为"生产经营型"。纺织工业开始进行经济管理体制的改革,扩大地方和企业的自主权,增加活力。

随着纺织品市场形势的变化,为了使纺织工业持续发展,必须以市场为导向,调整产品结构,开发新的花色品种,开拓新的领域,寻找新的增长点。1984 年,纺织工业部提出重点开发"三大支柱"产品——服装用纺织品、装饰用纺织品和产业用纺织品。

"七五"期间,各地为开发"三大支柱"产品做了大量工作,到 1990 年,装饰用纺织品和产业用纺织品在纺织品总量中的比例分别提高到 19％和 7％。在国内市场相对饱和的情况下,这一时期,扩大出口成为纺织工业持续发展的战略措施。"七五"期间,纺织工业部大力推进技术进步,重点研究开发"四新技术"——新型化纤生产工艺、新型纺纱、新型织造和染整加工技术,集中力量对气流纺纱机、自动络筒机、新型染整工艺和设备、非织造布工艺与设备、服装加工新技术等 12 项重大课题进行科技攻关,取得了突破性的进展,一批新型化纤生产、针织印染等新技术、新工艺开发成功,在新材料方面,为国家重点工程及导弹、新型飞机、舰艇、火箭和卫生等尖端科技领域,提供了碳纤维、芳纶、水溶性纤维、分离膜等 40 多种新型纤维和新型织物,推动了中国纺织工业向高科技领域的发展。

20 世纪 90 年代,纺织工业发展进入社会主义市场经济新时期。从整个行业来看,90 年代是增长最快的时期,但是国有纺织企业的经济效益下降,出现了亏损。面对困境,全国纺织行业积极进行改革、改组和改造,控制总量、优化存量、调整结构、转换机制,以市场为导向,开拓国内外市场,在困难中求生存、求发展。

1997 年,国务院把纺织行业作为国企改革的突破口,纺织行业开始了三年压缩淘汰 1 000 万落后棉纺锭、分流 120 万职工、实现全行业扭亏为盈的攻坚战。在大力压缩落后的棉纺初加工能力的同时,努力发展供不应求、具有市场潜力的行业和产品,重点是化纤行业和服装行业,在化纤的发展中增加差别化纤维、功能化纤维的比例,在结构调整和产业重组中沿海地区的外向型经济得到了发展。

中国当代纺织工业经过几十年的建设和发展,虽然与世界先进水平还存在不少差距,但在总规模、总产量、总出口等方面已居世界前列,成为举世公认的纺织大国。

第二节▶▶当代纺织工业的整体概况

1949 年中华人民共和国成立,当代纺织工业逐渐步入蓬勃发展的阶段,总体上保持着发展的局面。

一、当代纺织工业的规模

1949 年新中国成立以来,纺织工业的发展在规模上、速度上是旧中国无法比拟的。全国纺织工业的职工规模,1952 年共 96.98 万人,1994 年达到历史最高(1 283.72 万人),到 1999 年末为 777.18 万人(1952 年的 8 倍)。1952—1999 年间主要年份全国纺织工业职工人数见表 3-1-1。1999 年的工业总产值为 742.5 亿元,比 1952 年的 9.4 亿元增长 78 倍。

表 3-1-1　1952—1999 年间主要年份全国纺织工业职工人数

年份	职工人数（万人）	占全国（%）
1952	96.98	18.20
1957	201.20	19.69
1965	217.78	12.49
1978	396.34	9.10
1980	501.51	10.53
1985	651.2	11.72
1990	1 203.75	16.09
1994	1 283.72	15.08
1999	777.18	13.39

当代纺织工业形成了涵盖多个关联行业的庞大工业部门，纺织加工各个行业的设备生产能力都有很大的发展。

棉纺织行业，在旧中国时期，规模最大、基础最好，但从 1890 年上海建成第一家机器纺织工厂起，到解放前只积累 500 万棉纺锭；到 1999 年，其设备规模发展到 3 382 万锭，棉布织机达 69.62 万台。

毛纺织行业从 1878 年创办甘肃织呢总局起，到 1952 年为止，建成 12.31 万锭；1999 年发展到 382.44 万锭，毛织机达 25 025 台。

具有悠久历史的丝绸行业，1952 年时桑蚕缫丝机的总规模为 16.72 万绪，1999 年达 377.63 万绪，扩大了 21.6 倍。

麻纺织行业，1952 年时中国只有麻袋织机 1 042 台，麻纺锭 4.8 万锭；到 1999 年，黄麻、苎麻、亚麻的纺织生产能力均有很快增长，共有麻袋织机 6 992 台，设备总规模已经发展到 65.7 万锭。

在纺织工业的各加工行业中，生产能力增长最快的是针织行业。1949 年，针织行业只能加工 13 万件棉纱；1999 年可加工棉纱 483.26 万件，增长了 36 倍。表 3-1-2 为 1952—1999 年全国纺织工业主要专业设备。

表 3-1-2　1952—1999 年全国纺织工业主要专业设备

	项目	单位	1952 年	1957 年	1994 年	1999 年
	棉纺锭	万锭	561.00	755.60	4 158	3 382.56
	棉布织机	万台	—	42.14	84.03	69.62
	毛纺锭	万锭	12.31	15.62	359.85	382.44
	毛织机	台	1 909	1 830	32 039	25 025
	麻袋织机	台	1 042	1 418	12 402	6 992
	麻纺锭合计	万锭	4.80	5.40	105.81	65.70
其中	亚麻纺锭	万锭	1.42	1.58	25.80	17.31
	苎麻纺锭	万锭	0.31	0.64	50.39	33.23

项目		单位	1952 年	1957 年	1994 年	1999 年
桑蚕缫丝机		万绪	16.72	20.56	370.79	377.63
丝织机		万台	4.42	3.09	20.68	19.69
化学纤维生产能力		万吨	—	0.03	323.86	657.41
其中	黏胶纤维	万吨	—	0.03	34.94	55.19
	合成纤维	万吨	—	—	288.92	600.98
棉印染生产能力		亿米	—	—	147.60	118.94

由于设备利用率和生产效率大大提高，一些主要纺织品的产量增长幅度比各个行业设备规模的增长幅度更大。

1949 年的棉纱产量为 180 万件，1999 年达 3 174 万件，增长 16.6 倍。1949 年的棉布产量为 18.9 亿米，1999 年达到 250 亿米，增长 12.2 倍。呢绒的产量从 1949 年的 544 万米上升到 1999 年的 27 548 万米，增长近 50 倍。丝织品的年产量从 1949 年的 0.5 亿米上升到 1999 年的 69.56 亿米，增长 138 倍。麻袋从 1949 年的 0.1 亿条上升到 1999 年的 1.84 亿条，增长 183 倍。表 3-1-3 为 1949—1999 年间主要年份纺织工业主要产品的产量。

表 3-1-3　1949—1999 年主要年份纺织工业主要产品的产量

年份	化学纤维（万吨）	其中		纱（万件）	纱（万吨）	布（亿米）
		黏胶纤维（万吨）	合成纤维（万吨）			
1949	—	—	—	180.3	32.7	18.9
1952	—	—	—	361.8	65.7	38.3
1957	0.02	0.02	—	465.3	84.4	50.5
1960	1.06	1.04	0.03	602.5	109.3	54.5
1970	10.09	6.47	3.62	1 131.0	205.2	91.5
1978	28.46	11.52	16.93	1 327.9	238.2	110.3
1980	45.03	13.62	31.41	1 628.7	292.6	134.8
1990	164.82	21.64	143.18	2 574.1	462.6	188.8
1994	280.33	33.61	246.72	2 721.7	489.5	211.3
1999	602.04	46.40	554.22	3 174.69	570.48	250

各类纺织品在产量大幅度增长的同时，产品质量不断提高，中高档产品的比例逐步增大，品种花色日益丰富多彩。这也是近代中国纺织品所不能相比的。

二、纺织工业的行业结构和地区布局

旧中国时期，纺织工业部门的各个行业中，只有棉纺织行业的规模比较大，基础比较好；毛纺织、麻纺织、丝绸和针织等行业的规模都很小，基础非常薄弱；化学纤维工业在 1949 年以前基本上是空白，几乎所有的纺织机器均购自国外。建国初期，我国工业基础薄弱，财力有限，用较少的投入获得最大的产出,是当时国家确定经济先导型产业的一个重要要求。纺织工业具有装备系数低、投资少、建设周期短、资金效益高、投资回收期短等特点,自然成为我国工业化过程中的先导型产业。同时,为了尽快解决广大城乡人民的穿衣问题,国家大力支持纺织工业的发展。在重点发展棉纺织行业的同时,积极发展毛、麻、丝、化纤生产、纺织机械行业。1983年,布票取消,标志着我国已基本解决国内人民的穿衣问题。其后,我国纺织工业的发展从满足国内人民消费为主转向以两个市场并举。在国家实行改革开放政策的大环境下,20世纪80年代中期,提出了纺织工业"出口导向型"发展战略,外向依存度不断提高。在我国由计划经济体制向市场经济体制的转变过程中,纺织产业日益膨胀,纺织产品由供不应求变为供大于求。1986年,服装行业归口纺织系统管理,形成了"大纺织"的格局。在20世纪80年代末90年代初,纺织行业总量过剩和结构不合理的矛盾日益突出,纺织工业进入艰难的结构调整时期。1997年,国务院把纺织行业作为国企改革的突破口,全面启动了中国纺织工业的战略大调整,使中国纺织工业朝着产业结构调整、技术改造、扩大市场、加速出口、实现全面进步的发展道路迈出了坚实的步伐。

当代中国的纺织工业经过50年的建设,虽历经坎坷,但是改变了旧中国遗留下来的不合理状况,建立了行业比较齐全、布局比较合理的生产体系。

在发展棉纺工业的同时,毛、麻、丝纺织和针织行业、服装行业获得了迅速的发展,纺织工业部门的行业结构发生了重大变化。1949年,棉纺织行业与毛纺织、麻纺织、丝绸和针织行业的产值比例为7.2:1,1982年两者的比例缩小为2.4:1,1999年两者的比例缩小为1.2:1。行业结构的变化,基本上适应了这个历史阶段城乡人民消费和出口的需要。表3-1-4为1999年纺织工业主要行业的总产值、职工人数及构成。

表 3-1-4　1999 年纺织工业主要行业的总产值、职工人数及构成

项目	总产值 (亿元)	比例 (%)	职工人数 (万人)	比例 (%)
纺织行业总计	7 424.78	100	777.18	100
纺织业	4 295.7	57.86	510.87	65.73
纤维原料初步加工业	229.05	3.08	22.93	2.95
棉纺织业	2 114.03	28.47	296.02	38.09
其中:印染业	436.94	5.88	27.8	3.58
毛纺织业	534.36	7.2	51.71	6.65
麻纺织业	74.25	1	16.12	2.07
丝绸纺织业	689.69	9.29	65.65	8.44
针织品业	509.68	6.86	50.21	6.46
其他纺织业	144.64	1.95	8.23	1.06
服装及其他纤维制品制造业	1 839.4	24.77	202.68	26.08
服装制造业	1 604.64	21.61	170.27	21.91
制帽业	29.87	0.4	3.6	0.46
制鞋业	126.18	1.7	22.32	2.87

项目	总产值 （亿元）	比例 （％）	职工人数 （万人）	比例 （％）
化学纤维制造业	1 142.14	15.38	46.24	5.95
黏胶纤维制造业	101.92	1.37	8.6	1.11
合成纤维制造业	974.47	13.12	31.9	4.1
化学纤维工业专业设备制造业	6.95	0.09	0.56	0.07
纺织、服装、皮革工业专业设备制造业	140.59	1.89	16.84	2.17

与此同时，纺织工业的布局也有变化。旧中国的纺织工业绝大部分集中在沿海少数城市及其附近地区，以主要生产设备计算，87％的棉纺和90％的毛纺集中在沿海地区，内地只分别占13％和10％，而且在内地17个省、市、自治区中，有10个没有一家纺织厂。20世纪50年代初期，我国开始大规模的经济建设，采取了充分利用沿海地区和加强内地建设的方针，在北京、河北、河南、陕西等内地的原料产区和广大消费地区，有计划地建设了一系列新兴纺织工业基地，地处边疆的新疆、宁夏、广西、内蒙古、西藏等少数民族聚居的自治区也因地制宜地建立和发展了现代纺织工业。在加强内地纺织工业建设的同时，沿海及长江两岸的老纺织工业基地也得到了充分利用和合理发展，发展成为具有先进技术水平和占有经营优势的综合性纺织工业生产基地。1999年，纺织工业中，沿海地区企业产值占83％，增加值占80.2％，利税占90.8％；中部地区产值占12.4％，增加值占14.6％，利税占8％；西部地区产值占4.6％，增加值占5.2％，利税占1.2％。可见，纺织工业仍集中在东部地区，特别是服装工业和化纤工业，更集中在江苏、浙江、广东、上海、山东五个省市，其服装工业和化纤工业产值分别占全国的76.4％和70.1％。表3-1-5为1999年各省、自治区、直辖市的纺织工业基本情况（不包含台湾、香港和澳门地区）。

表3-1-5　1999年各省、自治区、直辖市的纺织工业基本情况

地区	总产值 （1990年 不变价） （亿元）	化学纤 维产量 （万吨）	纱产量 （万吨）	布总产量 （亿米）	服装产量 （万件）	棉纺锭 （万锭）	毛纺锭 （万锭）	棉印染 生产能力 （亿米）	职工人数 （万人）
全国总计	7 424.78	602.04	570.48	250	1 609 011.81	3 382.56	382.44	118.94	777.18
北京	78.29	2.41	4.68	0.97	20 261.32	31.56	9.3	0.85	12.96
天津	141.9	11.16	8.05	1.66	29 536.07	61.42	8.95	2.55	17.45
河北	259.97	10.23	37.07	10.34	55 058.82	271.68	27.71	10.12	34.13
山西	35.09	1.97	7.43	2.97	4 267.81	53.09	2.12	2.82	9.27
内蒙古	58.9	—	1.83	0.61	3 322.69	14.95	4.93	0.05	7.51
辽宁	139.55	29.31	15.12	4.12	38 269.64	108.22	10.86	6.49	24.43
吉林	54.54	13.3	5.84	1.15	6 211.3	40.56	4.18	1.07	9.52
黑龙江	50.99	16.78	5.65	0.98	1 459.48	59.07	7.98	0.59	9.64
上海	489.59	49.27	12.57	1.64	82 414.44	127.06	27.34	5.45	38.28
江苏	1 639.23	170.03	103.8	12.86	201 970.9	440.83	119.83	16.09	130.88
浙江	1 406.24	116.28	31.66	1.7	251 682.97	135.26	20.11	8.83	84.09
安徽	129.25	8.67	24.14	5.93	17 438.16	157.26	7.07	3.77	23.77

地区	总产值 (1990年 不变价) (亿元)	化学纤 维产量 (万吨)	纱产量 (万吨)	布总产量 (亿米)	服装产量 (万件)	棉纺锭 (万锭)	毛纺锭 (万锭)	棉印染 生产能力 (亿米)	职工人数 (万人)
福建	235.56	36.56	11.16	2.02	96 647.52	47.21	2.58	3.07	19.54
江西	55.6	7.65	10.91	2.18	14 665.23	66.17	3.03	2.68	11.56
山东	678.31	38.4	79.4	13.96	128 979.92	472.48	42.12	13.06	83.96
河南	219.8	11.47	52.85	9.04	18 787.68	254.04	10.61	6.72	40.47
湖北	318.38	9.00	53.21	7.39	52 076.38	324.92	10.10	8.72	44.92
湖南	62.64	6.56	13.95	1.98	8 889.67	99.96	2.13	3.32	14.01
广东	1 072.7	39.17	14.28	1.94	514 359.73	72.92	21.79	5.84	93.80
海南	19.17	3.01	—	—	1 567.09	—	1.26	0.10	0.80
广西	28.39	2.68	8.50	0.84	27 186.98	56.21	0.71	0.74	6.06
重庆	33.91	2.17	4.51	1.55	3 346.62	37.19	1.75	7.04	
四川	80.84	6.87	13.46	4.98	14 726.36	94.22	1.30	3.04	17.73
贵州	6.18	0.22	1.79	0.62	2 208	20.93	0.62	0.65	2.69
云南	12.3	1.73	2.13	0.57	2 735.28	24.74	0.77	1.23	2.85
西藏	0.11	—	—	—	—	—	—	—	0.17
陕西	53.17	2.09	15.02	6.78	7 382.78	103.85	5.99	5.32	12.89
甘肃	13.59	1.51	1.45	0.17	810.52	17.81	7.92	3.98	
青海	2.88	—	0.53	0.24	346.75	5.81	3.00	—	1.14
宁夏	2.33	0.36	0.06	0.01	352.92	1.09	2.20	0.08	1.01
新疆	45.34	3.15	29.44	2.75	2 048.76	182.05	13.73	3.81	10.60

三、纺织原料

纺织工业是加工工业,要取得迅速的发展和壮大,必须有丰富的纤维原料的供应。我国是人口大国,纺织品的产量规模很大,纺织原料的供应有可能也有必要建立在发展本国资源的基础上。1949年以后,国家采取了一系列恢复和发展农牧业生产的经济政策和措施,调动了农牧民的积极性,使棉花、羊毛、黄麻等各种原料的生产获得了迅速增长。到1982年,在棉纺织用料比建国前增加5倍多的情况下,原料自给率已由解放前的50%左右提高到84%;在毛纺织用料比建国前增加11倍的情况下,原料自给率由20%提高到60%左右;黄、洋麻原料,建国前主要从南亚各国进口,在用量增加16倍的情况下,自给率达到90%以上;丝绸工业所用生丝增加15倍,不仅自给有余,每年还大量出口。纺织原料基本上实现了立足国内,虽然每年进口一部分棉花、羊毛、黄麻,但主要是为了调剂品种和发展出口纺织品的生产。表3-1-6为纺织工业主要农牧业原料产量。

在天然纤维原料生产立足国内的同时,国家积极提高纤维品质,大力引进优良细绒棉棉种,逐步推广,使棉花的亩产和棉纤维的长度等品质不断提高。由于棉农精收细拣,棉纤维含杂比以前显著减少,这为开清机械的简化提供了物质条件。从20世纪50年代起,新疆和内蒙古的大型国营牧场引进优良羊种,对绵羊进行杂交改良,大量生产改良细羊毛,质量接近美利奴羊毛。江苏、浙江和四川等省改良蚕种并加以推广,使蚕丝的质量和产量大幅度提高。苎麻、亚麻、柞蚕丝、山羊毛、羊绒等纤维原料也在不断改良,产量增加。特别是20世纪70年代以后,良种兔在农村推广饲养,使中国成为世界上兔毛资源最丰富的国家之一。

表 3-1-6　纺织工业主要农牧业原料产量

单位:万吨

原料种类	1952 年	1957 年	1995 年	1996 年	1998 年	1999 年
棉 花	130.35	164.00	476.8	423.3	450.1	382.9
黄洋麻	30.55	30.05	37.1	36.5	24.8	16.5
苎 麻	4.05	5.25	14.7	14.1	12.2	12.0
桑蚕茧	6.20	6.80	76	47.1	47.5	44.73
柞蚕茧	6.10	4.45	4	—	—	—
绵羊毛	—	—	—	29.8	27.7	28.32
山羊毛	—	—	—	3.5	3.1	3.18
羊 绒	—	—	—	0.96	0.98	1.02

在发展棉、毛、麻、丝等天然纤维资源的同时,我国从无到有,发展了化学纤维生产。化学纤维具有不同于天然纤维的性能,利用化纤进行纯纺、混纺、交织以及经过不同方法的处理,可适应多种用途的需要,制造出性能优良、品种繁多、绚丽多彩、物美价廉的各种衣着和装饰用品。同时,由于化学纤维特殊、优越的性能,越来越多地被用于工业、国防及土工材料等领域。由此可见,发展化学纤维生产,不仅弥补了天然纤维资源的不足,而且扩大了纺织品的用途,为高速发展纺织工业奠定了基础。

四、纺织设备

纺织装备业要适应纺织工业门类多、工序多、台机多的特点,为纺织工业提供多种多样的专用设备和器材,它的生产能力大小、技术水平高低,对于纺织工业的发展有着重要的影响。

近代纺织机械工业的发展十分缓慢。1950年以前,以从事修配业务为主,当时的纺织工业所使用的机器设备大都从国外进口。1950年以后,纺织工业的发展壮大,是靠着国内自力更生制造机械设备而实现的。

20世纪50年代,我国扩建和改组、改造原有的纺织机械厂,并且在山西、郑州、沈阳等地陆续建设了一批规模较大、具有较新技术装备的纺织机械制造厂,采取专业分工协作配套的措施,很快造出了成套的纺织专业设备。1988年,纺织机械产量高达66.86万吨。纺织机械工业不仅在设备数量上基本保证了纺织工业发展的需要,而且注重产品品种的发展,形成了种类比较齐全的产品系列,能够生产棉纺织、毛纺织、麻纺织、缫丝与丝织、针织、印染、整理、化学纤维纺丝、非织造等多种成套设备及其专、配件。纺织机械产品品种的发展和进步,对纺织工业各行业生产能力的发展和技术水平的提高以及纺织品花色品种的增加,起到了重要的作用。表3-1-7为纺织机械工业主要指标。

在发展纺织机械工业的同时,纺织器材工业也得到了相应发展。1949年以前,纺织器材大部分随纺织机械由国外输入。20世纪末,不仅绝大多数立足于国内制造,还有一定数量的出口。

表 3-1-7　纺织机械工业主要指标

项目	单位	1952 年	1994 年	1995 年	1996 年	1998 年	1999 年
企业单位数	个	8	301	293	243	219	193
总产值	万元	3 058	921 485	1 061 630	1 036 624	750 898	883 056
纺织机械产量	万吨	1.99	38.80	33.69	33.51	16.70	18.83
年末职工人数	万人	1.62	25.76	23.93	20.21	14.04	12.34
全员劳动生产率	元	4 543	35 643	12 886	12 926	13 395	15 733
金属切削机床	台	2 392	40 928	38 875	33 880	31 070	25 995
锻压设备	台	304	5 556	5 650	4 661	4 144	3 702
利润总额	万元	1 533	30 333	28 182	9 665	−27 939	258.8
税金	万元	—	56 252	55 730	45 073	38 589	39 407.5

五、纺织科技工作

近代的中国纺织工业,科学技术落后,设备陈旧,机型杂乱,生产效率低,原材料消耗大,劳动条件差。1950 年以后,纺织科学技术研究工作开始由国家统一规划组织。20 世纪 50 年代中期,组建了纺织科学研究院(北京)和上海分院以及纺织机械研究所等全国性纺织科学研究机构,以后陆续增设,到 80 年代初,毛纺织、丝绸、印染、化纤、针织等行业以及重点省市都建立了专业的科研机构,大的纺织高等院校内也建立了附属科研机构。除了专职科研队伍外,还充分依靠企业的技术队伍,在科研工作中实行内、外两个"三结合"。经过多年的发展,纺织科学技术的面貌发生了变化,在开发新技术、研制新设备、发展新产品等方面,都取得了显著成就。

20 世纪 50 年代初期,纺织工业部门针对生产中的一系列实际问题,首先开展了制定统一的经济技术指标、节约用棉和节约浆纱用粮、总结推广先进的技术操作经验和改善工厂劳动条件等基础性技术工作;同时,组织全国科研单位、纺织厂、机械制造厂和高等院校的技术骨干力量,分工协作,密切配合,进行纺纱、织布、染整的工艺、设备的系统研究;针对老设备存在的生产效率低、工艺流程长、手工操作比例大、产品水平不高等缺点,集中全国纺织工业的科研、革新成果,吸收国外新技术,设计制造出符合我国国情的成套棉纺织设备,以后逐年改进,不断发展和完善。

20 世纪 50 年代中期以后,纺织工业的科学技术突飞猛进,除纺纱、织布、染整的传统工艺技术得到不断改进以外,出现了许多新型工艺和技术。我国纺织工业系统对其中的大部分进行了研究,有些研究成果已在一定范围内推广应用。气流纺纱是世界上各种新型纺纱技术中发展最快的一种,我国于 1974 年有重大突破,北京、上海、天津等地在 70 年代建成棉气流纺纱中间试验车间,具备了推广应用的条件。其他如自捻纺纱、喷气织机、剑杆织机、圆网印花、转移印花等新型纺织染工艺,也取得了重要成果。在化学纤维的制造和加工方面,我国已经掌握生产涤纶、腈纶、锦纶、丙纶等主要化纤品种的工艺技术。电子计算机和激光、微波、红外线、同位素、电视监控等新技术,也开始应用于纺织行业。90 年代,在应用生物技术等先进技术改造传统纺织产业方面取得突破性进展。

纺织新产品的研究和开发上,取得了较快的进展,特别是 20 世纪 60 年代开始研究试制、70 年代得到大发展的化学纤维和天然纤维混纺、交织的一系列新产品,使国内纺织品市场的面貌发生了重大变化;90 年代,超细复合纤维、抗菌纤维、导电纤维、远红外等保健纤维已实现工业化生产,突破了蛹蛋白纤维、大豆蛋白纤维的纺丝技术。1999 年,《中国高新技术产品出口目录》将自动化纺织机械、纺织新型材料、特种纤维列入目录。

六、纺织教育

1949 年,全国各纺织行业的技术人员、管理人员仅 7 000 余人。在纺织工业系统的各行业中,棉纺织行业的技术力量和管理人员稍强,毛纺、麻纺、丝绸、印染和针织等行业的技术力量和管理力量都非常薄弱。20 世纪 50 年代初,我国一方面着手整顿原有纺织院校;另一方面,在国家资金很困难的情况下,投入较大的资金,在纺织工业比较发达的重点地区,在调整、合并原有院校的基础上,陆续建设了一批新型纺织院校。新中国第一所高等纺织工业学院——华东纺织工学院,于 1951 年建立,当时的校舍建筑面积为 6.5 万平方米,可容纳近 4 000 名学生,后来发展成中国纺织大学,现更名为东华大学;在北京、天津、西安、武汉、郑州、杭州、苏州等地,也设有高等纺织院校;同时,在郑州、上海、天津、咸阳、成都等地,建立了 10 多所中等纺织技术学校。

纺织工业系统除了依靠全日制纺织院校培养技术和管理人才外,还大力开展职工教育,不断提高职工的科学技术水平。

1949—1999 年,全国纺织院校为纺织工业战线各行业培养了大量的工程技术和管理人才,培养出了我国自己的博士、硕士,还为多个国家培养了留学生。纺织工业部门的技术人员队伍,在各个阶段的发展是不平衡的,但总的趋势是上升的。

七、当代纺织工业的地位

(一) 当代纺织工业在国民经济中的地位

纺织工业作为传统支柱产业,在我国国民经济中占有重要的地位,对积累建设资金、出口创汇以及保障人民衣着消费和解决劳动力就业等,都发挥着重要作用。

1. 保障全国人民的衣被供应

旧中国的经济十分落后,全国农村和城镇的劳动群众普遍是衣衫褴褛。经过发展,至1999 年,在中国这样一个人口众多的发展中国家,纺织工业基本上适应了城乡人民的购买力和消费水平,使人民的衣被供应有了可靠的保障。

表 3-1-8 为主要纺织品按人口的平均分得量。到 1999 年,在全国人口达 12 亿多、比解放初增加 1 倍多的情况下,全国人均分得布量(包括棉布、化纤混纺布和化纤布)为 19.86 米,人均分得服装量为 12.78 件,加上数量可观的呢绒、毛线、丝绸和针织品,当代纺织工业为繁荣城乡市场、丰富人民生活发挥了重要作用。

2. 纺织工业是国家财政收入和外汇收入的重要来源

1949 年以来,纺织工业在保障全国人民衣被供应的同时,对保证国民经济的高速度增长以及增加财政收入和外汇收入也发挥着重要作用。在国民经济发展的一定历史时期,纺织工业产值在全国工业总产值中所占的比例较大。

表 3-1-8　主要纺织品按人口的平均分得量

项目	单位	1952 年	1957 年	1994 年	1995 年	1996 年	1998 年	1999 年
化学纤维	千克/人	—	0.000 3	2.35	2.66	3.09	4.11	4.78
布	米/人	6.66	7.81	17.73	21.59	17.10	19.40	19.86
棉布	米/人	6.66	7.81	9.71	10.94	8.64	9.20	9.41
棉花化纤混纺布	米/人	—	—	5.37	6.08	5.61	6.57	6.38
化纤布	米/人	—	—	2.64	4.57	2.82	3.63	4.07
呢绒	米/人	0.007	0.028	0.35	0.54	0.38	0.22	0.22
毛线	千克/人	0.003	0.009	0.37	0.43	0.40	0.36	0.31
针织衣裤	件/人	0.12	0.33	1.33	6.85	4.11	5.04	5.16
丝织品	米/人	0.11	0.22	2.62	5.47	4.13	5.14	5.53
服装	件/人	—	—	6.56	8.04	10.43	12.10	12.78

　　表 3-1-9 为纺织工业总产值、利税总额和纺织品服装出口额。1952 年,纺织工业总产值在全国工业总产值中所占的比例高达 27.4%;此后,随着重工业的迅速发展,纺织工业的比例有所下降,但直到 20 世纪 80 年代末,纺织工业一直是国家积累建设资金的支柱产业,纺织工业总产值占全国工业总产值的 15% 左右,20 世纪 90 年代仍保持在 11% 以上。从纺织工业在工业总产值中所占的比例来看,它对国民经济的发展是举足轻重的。

表 3-1-9　纺织工业总产值、利税总额和纺织品服装出口额

年份	纺织工业总产值		纺织工业利税总额		纺织品服装出口额	
	10 亿元（分期不变价）	占全国(%)	10 亿元	占全国(%)	百万美元	占全国(%)
1952	9.4	27.4	0.72	19.3	—	—
1957	17.4	22.2	1.19	10.3	—	—
1962	15.4	18.1	2.22	16.4	—	—
1965	25.7	18.4	4.91	15.9	—	—
1970	32.4	13.4	7.05	14.9	495	21.9
1975	46.9	14.6	7.87	13.5	1 386	19.1
1978	72	17	11.04	14	2 431	25
1980	87.1	17.4	17.98	16.9	4 409	24.1
1981	100.3	19.4	20.92	19.4	4 544	20.7
1982	100.9	18.1	17.09	15.3	4 445	19.9
1983	110.9	18	15.33	12.7	4 966	22.3
1984	126.2	17.9	15.65	11.5	6 345	17.6
1985	145.7	17.6	19.26	11.6	6 440	23.5

年份	纺织工业总产值		纺织工业利税总额		纺织品服装出口额	
	10亿元（分期不变价）	占全国（%）	10亿元	占全国（%）	百万美元	占全国（%）
1986	156.1	17.4	19.2	11.5	8 570	27.7
1987	175.5	17	20.97	11.1	11 338	28.8
1988	199.2	16.4	25.74	11.3	13 085	27.5
1989	213.8	16.5	26	11.4	15 138	28.8
1990	332.5	16.1	21.93	11.3	16 786	27
1991	365.9	15.6	20.21	9.1	20 153	28
1992	439.9	15.6	22.94	8.2	25 335	29.8
1993	551.6	15.6	24.3	4.8	27 132	29.6
1994	665.9	15.6	35.3	6.8	35 548	29.4
1995	703.5	14.5	26.6	5.3	37 967	25.5
1996	660.6	13	21.9	4.3	37 095	24.6
1997	696.7	12.3	28.4	4.9	45 577	24.9
1998	684.4	11.7	24.3	4.4	42 889	23.3
1999	742.5	11.6	39.9	2.7	43 062	22.09

纺织工业在为国家创造外汇方面也具有重要作用。1995年以前,纺织工业一直是我国最大的出口创汇产业。1978—1999年,纺织品和服装出口年均增长14.7%,累计出口创汇4 200亿美元,净创汇2 000多亿美元。

3. 纺织工业为国民经济各部门提供大量生产用纺织品

纺织工业是生产消费资料的工业部门,但也有相当一部分纺织品是国民经济各部门不可缺少的生产用辅助材料。

1949年以来,纺织工业为其他工业、农业和交通等部门提供了大量产业用纺织品,如帆布、轮胎帘子布、工业用呢和用毡、过滤布、麻袋、麻包布以及卫生和劳保用布等。随着国家生产建设的迅猛发展,这些产品的需要量增长很快,一般都超过衣着用纺织品的增长速度。生产用纺织品产值占纺织品总产值的比例,20世纪50年代初期为2%～3%,60年代前期达5%;90年代以来,装饰用和产业用纺织品的比例有进一步的提高,1990年我国衣着用、装饰用和产业用纺织品的结构为77：15：8,1999年已变为65：25：10,但与发达国家相比,仍有相当的差距。

（二）当代中国纺织工业的国际地位

经过50年(1949—1999年)的建设,我国在主要纺织设备规模、纺织纤维加工总量和服装出口等方面,在国际上占有重要地位,已成为世界最大的纺织生产国。

20世纪50年代以来,在世界范围内,纺织工业设备规模的总趋势是持续增长的。以棉纺织行业为例,从1950年到1980年,棉纺总锭数共增加6 151万锭。其中,增加最多的国家是中国,净增1 270万锭,占世界净增棉纺总锭数的20.7%,居世界第一位。据《国际纺织展望》统计,1998年,中国棉纺锭安装数占世界总数的25.6%,毛纺锭安装数占世界总数的1.5%,有梭织机安装数占世界总数的43.6%。但纺织工业的技术装备与世界先进水平还有差距,1998年,中国转杯纺安装数为57.8万锭,占世界总数的7.6%;无梭织机安装数仅占世界总数的6.8%。

20世纪80年代,我国纺织纤维加工总量年均增长6.3%,由1980年的341万吨增长到1990年的630万吨,占世界的比例由11.4%提高到16.6%。20世纪90年代,我国纺织生产仍保持高于世界平均水平的发展速度,到1999年我国纤维加工总量已超过1 000万吨,占世界的1/5左右。在主要纺织产品中,我国棉纱、棉布、丝织品、针织品、服装、化纤等产品的产量均居世界第一位。

我国已成为影响国际纺织品和服装贸易的重要力量。1995年以前,纺织工业一直是我国最大的出口创汇产业。从1993年起,我国纺织品、服装出口位于世界各国之首;1998年,我国纺织品、服装出口占世界总额的13%,其中纺织品出口占世界的8.5%,服装出口占世界的16.7%。

经过半个世纪的发展,中国已成为举世公认的"纺织大国",但是纺织工业的整体素质还不够高,和一些发达国家相比,还存在差距。现已进入21世纪,中国纺织工业正在努力推进两个根本性转变,实现从"纺织大国"到"纺织强国"的飞跃。

第二章 当代纺织原料的发展

我国当代的天然纤维的发展奠定了我国纺织工业的基础,而化学纤维的发展为我国纺织工业增添了发展后劲。

棉花是传统纺织工业赖以生存的主体。新中国成立初期,全国棉花种植面积少,单位产量低,棉花等级低下,缺乏稳固的产棉基地。后来陆续引进美棉优良品种,采取集中种植、改善耕作制度等一系列科学种田措施,使得全国棉花总产量节节上升,已位居世界之首。当代羊毛、蚕丝、麻类纤维的生产也有大幅度增长。而化学纤维的发展是传统纺织工业向现代纺织工业转变的一个重要里程碑。我国化纤工业的起步较晚。新中国成立以前,虽然在辽宁建立了安东黏胶短纤维工厂,在上海建立了安乐人造丝厂,但是由于战乱和设备残缺不全,均未投入正式生产。1949 年之后,国家开始建设化纤工业,20 世纪 50 年代初着手恢复,重建解放前的两家黏胶纤维厂。此后陆续从国外引进化纤成套技术和装备,包括从当时的东德引进万吨级规模的黏胶纤维厂和小型锦纶合纤实验厂,从日本引进万吨规模的维纶生产线,从英国引进腈纶生产线。但是,由于国内政治环境和资金短缺等原因,化纤产量一直维持小步慢速的前进。20 世纪 70 年代,我国化纤工业在石油化工的基础上,真正走上高速发展的道路,先后在上海、辽阳、天津、四川以及仪征建起 5 万吨级以上的石油化纤基地,开创了我国化纤工业的新局面,大大改变了我国纺织纤维资源的结构状况,使我国纺织工业从单纯依托于天然纤维的"一元型加工业"转向以"农业原料+工业原料"为依托的"二元型工业"的轨道。

随着对绿色环保、健康、时尚的迫切要求,人们开始重新审视天然纤维的开发。随着化学纤维的天然化、功能化进程的加快,具有特殊结构、形态和性能的化学纤维已逐渐得到发展与普遍使用。这一类化学纤维主要有差别化纤维、功能纤维和高性能纤维三类。

第一节 新型天然纤维

一、天然彩色棉

天然彩色棉花简称"彩棉",是利用现代生物工程技术选育出的一种吐絮时棉纤维就具有红、黄、绿、棕、灰、紫等天然彩色的特殊类型的棉花。用这种棉织成的布不需染色,质地柔软而富有弹性,制成的服装经洗涤和风吹日晒也不变色,并且耐穿耐磨、穿着舒适,有利于人体健康。因不需要染色,可大大降低纺织成本,并防止了普通棉织品上色过程中对环境造成的污染。我国于 1994 年开始彩棉育种研究和开发,目前已有可供大面积种植的棕色、绿色、驼色几个品种。

二、改性羊毛

采用化学变性或物理方法,可以大大提高绵羊毛、山羊毛的使用价值,使这一丰富的自然资源得到有效的利用。

1. 经化学处理后的山羊毛

山羊毛的化学变性方法主要有氯化—氧化法、氯化—还原法、氯化—酶法、氧化法、还原法、氨—碱法等。经化学变性处理,山羊毛可变细、变软,卷曲度增加,伸长变形能力增大,定向摩擦效应提高,而纤维强力未受太大的影响,甚至有一定程度的提高,从而明显地提高其纺纱性能和成纱质量。经化学变性处理的山羊毛可与黏胶纤维、腈纶、级数毛、精短毛等混纺,用于生产地毯、提花毛毯、衬布、粗纺呢绒以及仿马海毛绒等产品,产品性能稳定、可靠,有一定的经济效益。

2. 经物理机械处理后的山羊毛

采用物理机械处理方法,利用毛纤维的热定形性能,可增加纤维的卷曲数,使纤维的卷曲程度得到明显的提高,产品中的混用比例可达到 50% 以上,最高可达 95%,成品的手感风格、覆盖性能和弹性等均有所改善。

3. 拉伸细化绵羊毛

澳大利亚联邦科学院(CSIRO)首先采用物理拉伸改性的方法获得了拉伸细化绵羊毛,因纤维直径变细、长度增加,可提高其可纺支数,生产高档轻薄型毛纺面料,具有布面光洁、手感柔软、悬垂性好、无刺痒感、滑爽挺括、穿着舒适等特点。但羊毛在物理拉伸过程中,其外层鳞片受到部分破坏,鳞片覆盖密度降低,且皮质层的分子间发生拆键和重排,在染色过程中染料上色快,从而产生色花现象。兰州三毛纺织集团公司和内蒙古鹿王集团合作,通过对拉细羊毛与新型纤维混纺产品的开发,使羊毛制品更具特色、品质更优、服用性能更佳。

4. 超卷曲羊毛

绵羊毛膨化改性技术起源于新西兰羊毛研究组织的研究成果。大量的杂种粗羊毛,原料丰富但卷曲度很少,甚至不卷曲。羊毛条经拉伸、加热、松弛后收缩,可使纤维外观卷曲,提高可纺性;线密度降低,改善成纱性能。采用膨化羊毛编织成衣,在同规格的情况下,可节省羊毛原料,而且手感更蓬松柔软、服用舒适、保暖性好。

5. 丝光羊毛和防缩羊毛

丝光羊毛和防缩羊毛都是通过化学处理将羊毛的鳞片进行不同程度的剥蚀而成。两种羊毛生产的毛纺产品均有防缩、可机洗效果,但丝光羊毛的产品有丝般的光泽且手感更滑糯,被誉为仿羊绒羊毛。两者的改性方法有两种:一是剥鳞片减量法,即采用腐蚀法将绵羊细(绒)毛表面的鳞片全部或部分剥除,以获得更好的性能和手感;二是增量法,即利用树脂在纤维表面交联覆盖一层连续薄膜,掩盖毛纤维的鳞片结构,降低其定向摩擦效应,减少纤维间的相互滑移,以防止缩绒。

第二节 化学纤维

一、黏胶纤维工业的建设

早在1664年，英国人R·胡克就在他所著的《微晶图案》一书中，首次提到人类可以模仿桑蚕吐丝，用人工方法生产纺织纤维。经过200多年的不断探索，终于在1891年首次用人工方法工业化生产了化学纤维，化学纤维工业的历史由此开始。1899年，以纤维素的铜氨溶液为纺丝液，经化学处理和机械加工制得的铜氨纤维实现工业生产。1905年黏胶纤维问世，因纤维素原料来源充分、辅助材料价廉、穿着性能优良，发展成为人造纤维的最主要品种。其间，1900年英国托珀姆开发了金属喷丝头、离心式纺丝罐、纺丝泵等，从而完善了黏胶纤维的加工设备。继黏胶纤维之后，又实现了醋酯纤维（1916年）、再生蛋白质纤维（1933年）等人造纤维的工业生产。1922年，人造纤维的产量超过了真丝的产量，成为重要的纺织原料。

中国最早的黏胶纤维生产厂是丹东化学纤维厂（当时称为安东化学纤维厂）。它的前身是日本侵华期间建立的东洋人造丝株式会社，始建于1939年，采用从日本拆迁过来的德国造老设备，设计能力为日产短纤维10吨，1941年3月竣工投产，但由于设备、技术陈旧等原因，实际日产水平只有2~6吨。该厂在抗战胜利前遭到日本人的破坏，到东北解放时已经无法生产。在纺织工业部和当地人民政府的领导下，抽调一部分人员组成筹建工作组，1956年5月完成了复工建厂的初步设计，能力为日产短纤维12吨；当年6月开始施工，次年5月投入试生产，1958年1月正式生产，达到了设计能力。

上海的黏胶纤维厂原名安乐人造丝厂，为旧中国遗留下来的由民族资本建立的一家试验厂，主机是从法国购买的老设备，生产能力仅为日产人造丝1吨，由于设备缺损，长期没有投入生产。上海解放后，该厂实行了公私合营，1956年开始恢复和改造，1958年5月1日正式投产。

在恢复和改扩建丹东、安乐两家破旧化纤厂期间，纺织工业部提出引进国外技术、加快化纤发展的报告。1956年，周恩来总理批准，从民主德国引进年产5 000吨黏胶长丝的成套设备，开始建设中国第一家大型黏胶纤维厂——保定化学纤维联合厂（现保定天鹅化纤集团有限公司）。该工程于1957年10月破土兴建，经过三年时间，至1960年7月，全厂四个纺丝区全部建成投产。但因该厂建设中受"大跃进""左"的思潮干扰，对施工质量和产品质量有所忽视，一度使生产受到影响，经过整顿后，生产才走上正轨。保定化纤联合厂的建设和投产，为中国化纤工业的发展培养了人才，积累了经验，在新中国的化纤工业发展史上具有重要意义。

三年经济困难时期，由于棉花连续减产，纺织原料不足的矛盾严重制约了纺织工业的发展，使大家认识到发展纺织原料的重要性。1960年5月，纺织工业部向党中央呈送的《关于纺织工业发展方针的请示报告》中，明确提出要实行发展天然纤维与化学纤维同时并举的方针；同年7月，纺织工业部向党中央呈送了《关于发展人造纤维工业的报告》，具体建议采用棉短绒、木材等浆粕为原料，继续建设一批黏胶纤维厂，所需设备由国内自行设计、自行制造。党中央很快批准了纺织工业部的报告，纺织工业部随即组织力量开展黏胶长丝、短纤维生产设备的设计和制造。1961年初,第一套国产黏胶短纤维设备研制成功,随即安装试生产。在此基础上,勘察设计单位组织工程设计人员结合南京化纤厂的建设,开展化纤工艺及其配套的土建和公用工程的设计,在工作十分艰难、生活条件极端困苦的情况下,如期完成了工程设计任务。随后总结"南化"经验,以点带面,陆续兴建了新乡、杭州、吉林等化纤厂。

在兴建上述新厂的同时,丹东化纤厂扩建了黏胶长丝车间,保定化纤联合厂扩建了浆粕车间,均顺利投产。这些项目的建成投产,大大提高了中国化学纤维的生产能力,奠定了中国黏胶纤维工业进一步发展的基础。

60年代中期,随着中国汽车轮胎等橡胶骨架材料需求的增长及质量要求的提高,强度低、耗胶量高的棉帘子布已显落后。纺织部在北京、上海、保定等有关厂家的试验基础上,于1967年在湖北省太平店兴建年产1万吨的黏胶强力丝帘子布厂——湖北化纤厂。这是与新建的第二汽车制造厂配套的"三线建设"项目。湖北化学纤维厂历尽艰辛,终于在70年代初期建成投产。该厂从工艺软件、设备制造、工厂设计直至生产所用油剂,完全采用中国自行研制开发的技术,其关键设备纺丝机吸收了国内外先进技术,达到了较高水平。该厂投产后,经不断调整和改进工艺条件,纤维质量达到了国际强力帘子线产品标准。这是中国黏胶纤维工业发展中的一个重大成就,标志着中国黏胶纤维的生产技术、科研、设计、设备制造及建设能力达到了一个新的水平。

70年代以后,伴随着石油化工的发展,中国化纤工业的建设重点转向发展合成纤维。黏胶纤维的发展壮大主要靠老厂革新、挖潜、改造和扩建。改革开放以来,中国扩大对外技术交流,成套引进黏胶纤维生产设备,缩小了中国黏胶装备与世界水平的差距。在广泛吸收国外先进技术与设备的基础上,进行研制、开发,使50—60年代兴建的一批老厂的产量翻番,原材料和能耗下降,产品质量提高。最早从国外引进的保定化纤厂,几经改造、扩建,黏胶长丝产量由原来的年产5 000吨提高到1996年的1万吨以上;第一批依靠自己的技术和设备兴建起来的南京、新乡化纤厂,当时的年生产能力均为3 400吨,到1996年,两家厂的黏胶纤维产量分别达到16 000吨和38 000吨;由地方投资建设的吉林化纤厂,1996年的产量达46 000吨。

1997年,中国黏胶纤维的产量已达45万吨,进入世界前列,不仅供应国内市场,还有相当数量的产品进入国际市场;产品品种也有所增加,除普通黏胶长丝和短纤维之外,开发了阻燃黏胶、中空黏胶、高湿模量黏胶、细旦黏胶、高卷曲黏胶等产品,成为中国棉纺工业、毛纺工业、丝绸工业不可缺少的原料。

二、合成纤维工业的建设

由于人造纤维的原料受自然条件的限制,人们试图以合成聚合物为原料,经过化学和机械加工,制得性能更好的纤维。1939年,杜邦公司首先在美国实现聚酰胺66纤维的工业化生产。随后,德国于1941年、1946年分别实现聚酰胺6纤维、聚氯乙烯纤维的工业化生产。20世纪50年代以后,聚乙烯醇缩甲醛纤维、聚丙烯腈纤维、聚酯纤维等合成纤维品种相继工业化。1953年由英国R·希尔博士主编的《合成纤维》一书出版,总结了合成纤维工业发展初期的研究成果和生产实践,对合成、加工工艺和理论进行了全面的阐述。

我国在积极发展黏胶纤维的同时,也着手进行发展合成纤维的准备。

1957年,我国从德国引进年产380吨锦纶丝的技术装置,建立了北京合成纤维试验厂。

同年,上海合成纤维研究所及其实验工厂掌握了锦纶的工业生产技术后,将实验工厂发展为上海第九化纤厂,生产锦纶 6 纤维。随后,我国自行设计、制造设备,建设了清江、岳阳等一批中小型锦纶厂。上海第十一化纤厂在生产锦纶民用丝的基础上,研制、设计了生产能力为 4 000 吨的锦纶 6 帘子布厂,于 1971 年 4 月正式投产。之后,北京合成纤维试验厂发展为可生产锦纶短纤维、长丝、帘子线等多种纤维,生产能力共约 8 000 吨的中型厂。上海第九化纤厂与上海燎原化工厂生产的尼龙 66 盐配套,建立了以大联聚为主体的锦纶 66 长丝生产线。到 80 年代初,相继建成一批与辽阳石油化纤总公司生产的尼龙 66 盐配套的项目,即辽化锦纶厂、营口锦纶厂和平顶山锦纶帘子布厂。平顶山帘子布厂采用从日本引进的 1.3 万吨的现代帘子布生产技术,于 1980 年动工兴建,仅用 18 个月即竣工投产。这几家新型锦纶厂的建成投产,使我国在锦纶生产能力和生产技术上有了较大的提高。到 1982 年,全国已拥有锦纶生产能力 5.6 万吨。

1963 年,国家决定从日本引进生产维纶及其原料——聚乙烯醇的成套设备和技术,兴建年产万吨的北京维纶厂和北京有机化工厂,1965 年 9 月试生产,取得一次投料成功。1965 年,从英国引进生产腈纶短纤维的成套技术,建设了兰州化学纤维厂,于 1969 年建成投产。同时,上海第二化纤厂以上海高桥化工厂生产的丙烯腈为原料,筹建了一条年产 2 000 吨的腈纶生产线,于 1969 年先于兰州化学纤维厂竣工投产。涤纶是合成纤维工业中后来居上的一个品种,它的起步较晚,但发展最快。60 年代初,上海合成纤维研究所引进了 1 台日产 1 吨涤纶短纤维的试验性设备,开始研究涤纶的生产工艺。1963 年,我国自行设计的 VD401 涤纶短纤维纺丝机问世。

为进一步加速发展合成纤维工业,以适应纺织工业发展的迫切需要,1972 年 1 月,国家计委向国务院报告,为利用国内石油(天然气)资源,迅速发展化学纤维和化肥,拟与轻工、燃化、商业、外贸等部门共同研究进口化纤、化肥技术和设备。1973 年,国家计委批准从国外引进石油(天然气)化工化学纤维联合装置的方案,共建设四家大型联合企业,总的生产规模为年产涤纶、腈纶、锦纶共 35 万吨、塑料 13 万吨,各厂自纺合成纤维共 23 万吨,基本建设总投资 73 亿多元。化工生产设备以引进成套设备为主,化纤设备以及配套的公用工程以国内生产的设备为主。1973 年初,开始筹建第一个大型石油化纤原料基地——上海石油化工总厂第一期工程,以石油为起始原料,采用烯烃为主的工艺路线,生产聚乙烯醇、丙烯腈以及少量聚酯三种化纤原料和醋酸、聚乙烯等部分化工产品,配以相应的纺丝生产线。1973 年 9 月,开始筹建生产维纶的大型化工化纤联合企业——四川维尼纶厂,以天然气为起始原料,生产乙炔,制成醋酸乙烯,再聚合为聚乙烯醇。1974 年 8 月,辽阳石油化纤总公司破土动工兴建,以石脑油为原料,采取提取芳烃为主的工艺路线,采用法国、德国、意大利等多家公司的技术装置。1977 年 6 月,天津石油化纤总厂正式动工兴建,由天津石油化工总厂供给石油,生产聚酯,年产聚酯 8.5 万吨,其中连续法工艺的生产能力为 5.8 万吨,用于熔体直接纺丝;间歇缩聚工艺的生成能力为 2.7 万吨;年产涤纶短纤维 6 万吨。

1978 年,中国进入以改革开改为鲜明特点的社会主义现代化建设的新时期,纺织工业系统着手组织建设第二批基地,包括江苏仪征化学纤维厂和上海石油化工总厂第二期工程等。这批大型石油化纤原料基地的建立,大大提高了我国化纤原料生产的技术水平和自给能力。在集中主要力量搞好大型原料基地建设的同时,我国抓紧配套纺丝工程的建设,注意先进技术的引进,以促进纺丝技术的进步。

在兴建大型石油化纤基地和"化纤城"的前后，一批大中型化纤骨干企业陆续兴建起来，代表性的厂家有济南化纤总公司、广东开平涤纶公司、黑龙江龙涤公司、新会美达锦纶公司、浙江涤纶厂、巴陵石化公司、福建翔鹭化纤公司、大庆石化总厂腈纶厂、安庆石化总厂腈纶厂、上海金阳腈纶厂、抚顺石化公司、烟台氨纶公司、中国金轮公司等等。这些企业中，就技术、装备而言，有的成套引进国外技术，有的引进技术与自主开发相结合，或采用技贸结合等方式进行新建和扩建；就企业性质分，有国营、乡镇、"三资"；从行业归口看，有纺织、石化、化工、军工、农林等。

经过多年的努力，我国的化学纤维工业不但在生产能力和产量上从无到有，有了巨大的发展，而且品种由少而多，质量由低而高。到1999年，全国化纤工业建设规模已达602万吨，其中黏胶纤维46.4万吨，合成纤维554.2万吨。化学纤维工业不仅在产量上有了大幅度的增长，而且主要品种齐全，同时发展了差别化纤维、特殊功能纤维、高性能纤维等新型化学纤维。

三、差别化纤维

差别化纤维是指经过化学或物理变化而不同于常规纤维的化学纤维，其主要目的是改进常规纤维的服用性能，主要用于服装和服饰。

20世纪60年代，国际石油化工业的发展促进了合成纤维工业的高速发展，合成纤维的产量于1962年超过羊毛，1967年超过人造纤维，在化学纤维中占主导地位，成为仅次于棉的主要纺织原料。70年代以后，合成纤维技术的开发重点从创制新的成纤聚合物转向通过改性或纺丝加工改进纤维的性能，通过化学和物理改性，纤维的使用性能，如染色、光热稳定、抗静电、防污、抗燃、抗起球、蓬松、手感、吸湿等，均有较大改进。各种仿棉、仿毛、仿丝、仿麻的差别化纤维品种逐步开发生产，并投入使用。

1998年，我国化学纤维的总产量突破500万吨，居世界第一位，但其中的差别化率仅为15%，与世界先进国家的纤维差别化率达40%的水平相去甚远。据不完全统计，1998年我国共进口合成纤维151.9万吨，其中涤纶占65.9%，腈纶占25.1%。在进口的涤纶长丝中，差别化涤纶长丝达39.9%，规格和品种多，主要有阳离子可染、色丝、网络丝及大量用于帘子线和缝纫线的高强丝，其价格大大高于常规品种，附加值很高；进口的涤纶短纤的差别化率为9.2%，以中空和三维卷曲为主；腈纶的差别化率达22.1%，以高收缩腈纶为主。显然，我国化纤行业的品种、规格与国际市场的需求存在较大的差距。

1999年7月14日，国家发展计划委员会、科学技术部联合发布了我国第一部引导高技术产业化发展的指导性文件《当前国家优先发展的高技术产业化重点领域指南》，在已确定的138个重点发展领域中，差别化、功能化纤维、超细复合纤维及系列化产品位居其中。由于发展差别化纤维有利于调整产品结构、提高产品档次、满足市场需求的变化、增加产品的附加值、提高化纤行业的产品和技术开发水平，国家出台了一系列的优惠政策和措施，为我国差别化纤维的新一轮开发创造了良好的外部环境。

1. 异形纤维

异形纤维是指截面不是圆形的纤维，通常采用特殊形状的喷丝孔来获得各种截面的异形纤维，如图3-2-1所示。由于纤维的截面形状直接影响最终产品的光泽、耐污、蓬松、耐磨、导湿等性能，因此人们可以通过选用不同截面来获得不同外观和性能的产品。

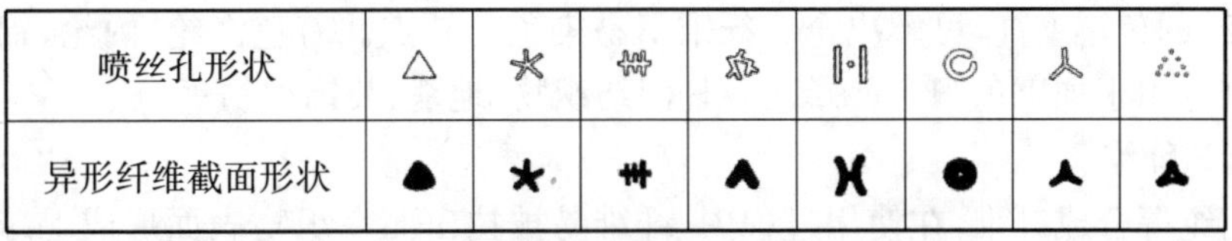

喷丝孔形状	△	✳	⚏	⚙	‖·‖	◖	⅄	⸪
异形纤维截面形状	♠	★	⚏	Λ	⋊⋉	◉	⅄	⸪

图 3-2-1　异形喷丝孔形状与纤维的截面形状

2. 复合纤维

复合纤维又称共轭纤维,是指在同一纤维截面上存在两种或两种以上的聚合物或者性能不同的同种聚合物的纤维。复合纤维按所含组分的多少分为双组分和多组分复合纤维。按各组分在纤维中的分布形式可分为并列型、皮芯型、多层型、放射型和海岛型等,如图 3-2-2 所示。由于构成复合纤维的各组分高聚物的性能差异,使复合纤维具有很多优良的性能,如利用不同组分的收缩性不同,形成具有稳定的三维立体卷曲的纤维;还可以通过不同的复合加工制成具有阻燃性、导电性、高吸水性等特殊功能的复合纤维。

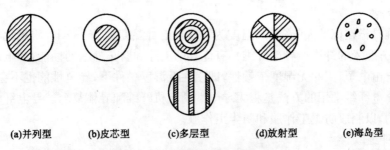

(a)并列型　　(b)皮芯型　　(c)多层型　　(d)放射型　　(e)海岛型

图 3-2-2　复合纤维截面结构图

3. 超细纤维

细特纤维的单丝线密度为 0.33~1.1 分特;单丝线密度在 0.33 分特以下的纤维称为超细特纤维(超细纤维)。超细纤维质地柔软,抱合力好,光泽柔和,纤维比表面积大,形成的织物悬垂性、保暖性和吸湿性能好。超细纤维用于生产仿真丝产品、桃皮绒织物、仿麂皮织物、防水防风防寒的高密织物,还广泛用于加工高性能的清洁布、合成皮革的基布等产品。

4. 易染纤维

易染纤维是指可用不同染料或无需高温染色且色泽鲜艳、色谱齐全、色调均匀、色牢度高、染色条件温和(常温、无载体)的纤维。对大多数不易染色的合成纤维,可以采用单体共聚、聚合物共混或嵌段共聚的方法得到易染合成纤维。现已开发的易染纤维有常温常压无载体可染涤纶、阳离子染料可染涤纶、酸性染料可染涤纶、酸性染料可染腈纶、可染深色的涤纶和易染丙纶等。

5. 亲水性合成纤维

合成纤维一般是疏水性的,在贴身衣服、床单等领域内的使用甚少。提高合成纤维的亲水性,主要强调的是液相水分的迁移能力及气相水分的放湿能力。亲水性合成纤维的研制途径有调整分子结构的亲水性、与亲水性的组分共混以及通过接枝、后加工或改变纤维的物理结构赋予纤维亲水性。

6. 着色纤维

在合成纤维的生产过程中,加入染料、颜料或荧光剂等进行原液染色的纤维称为着色纤维。着色纤维的色牢度高,可解决合成纤维不易染色的缺点。着色涤纶、丙纶、锦纶、腈纶、维纶、黏胶纤维等用于加工色织布、绒线、各种混纺织物、地毯、装饰织物等。

7. 抗起球纤维

涤纶、腈纶等合成纤维,在使用过程中,纤维易被拉出而在织物表面形成毛球。研制抗起球纤维的关键在于降低纤维的强度和伸度,使形成的小球脱落。生产方法大致有低黏度树脂直接纺丝法、普通树脂制备法、复合纺丝法、低黏度树脂共混增黏法、共缩聚法和织物表面处理法等。

四、功能性纤维

功能纤维是指在纤维现有的性能之外附加某些特殊功能的纤维,如导电纤维、光导纤维、陶瓷粒子纤维、调温保温纤维、生物活性纤维、阻燃纤维、高发射率远红外纤维、可产生负离子纤维、抗菌除臭纤维、香味纤维、变色纤维、防辐射纤维等。功能性纤维的获得及其应用涉及高水平的科学技术和边缘科学,工艺难度较大,成本较高,故产量少。

1. 导电纤维

导电纤维是指在标准大气条件(温度为20℃、相对湿度为65%)下,质量比电阻小于108欧姆·克/平方厘米的纤维。导电纤维具有优异的消除和防止静电的性能,导电的原理在于纤维内部含有自由电子,因此无湿度依赖性,即使在低湿度条件下,导电性能也不会改变。目前,国内外制备导电纤维常用的方法是将无导电性的有机纤维和导体复合。导电纤维通常用于织制抗静电织物,以制成防爆工作服和防尘工作服。

2. 光导纤维

光导纤维也称导光纤维、光学纤维,即能传导光的纤维。光导纤维是两种不同折射率的透明材料通过特殊复合技术制成的复合纤维。用光导纤维可以制成各种光导线、光导杆和光导纤维面板。这些制品广泛地应用于工业、国防、交通、医学、宇航等领域。光导纤维最广泛的应用为通信领域。

3. 含陶瓷粒子纤维

含陶瓷粒子纤维,是在合成纤维的纺丝液中加入超细的陶瓷粒子粉末,或将超细的陶瓷粉末、分散剂、黏合剂等配成涂层液,通过喷涂、浸渍和辊轧等方式均匀涂层在纤维表面而制得的。陶瓷粒子具有热效应,能辐射远红外线,使织物具有较好的保暖效果,因此常用于冬季保暖制品。

4. 相变纤维

相变纤维是指含有相变物质,能起到蓄热降温、放热调节作用的纤维。纤维中的相转变材料在一定温度范围内能从液态转变为固态或由固态转变为液态,在相转变过程中,使周围环境或物质的温度保持恒定,起到缓冲温度变化的作用。常用的相转变材料是石蜡烃类、带结晶水的无机盐、聚乙二醇以及无机/有机复合物等。用相变纤维制成的纺织品用途很广,可以制作空调鞋、空调服、空调手套、床上用品、窗帘、汽车内装饰、帐篷等。

5. 抗菌防臭纤维

抗菌防臭纤维是指具有除菌、抑菌作用的纤维。抗菌纤维有两类,一类是本身带有抗菌抑菌作用的纤维,如汉麻、罗布麻、甲壳素纤维及金属纤维等;另一类是借助螯合、纳米、粉末添加等技术,在纺丝或改性过程中将抗菌剂加入纤维中而制成,但其抗菌性较为有限,而且在使用过程和后续加工中会逐渐衰退或消失。

6. 变色纤维

变色纤维是指在光、热作用下颜色会发生变化的纤维。在不同波长、不同强度的光的作用下，颜色发生变化的纤维称为光敏变色纤维；在不同温度的作用下呈不同颜色的纤维称为热敏变色纤维。实际上，变色纤维与光和热的作用均有关。光敏变色纤维使用光致变色显色剂，热敏变色纤维使用热致变色显色剂。变色纤维多用于登山、滑雪、游泳、滑冰等运动服以及救生和军用隐身着装。

7. 阻燃纤维

阻燃是指降低纤维材料在火焰中的可燃性，减缓火焰的蔓延速度，使它在离开火焰后能很快地自熄，并且不再阴燃。赋予纤维阻燃性能的方法是将阻燃剂与成纤高聚物共混、共聚或对纤维进行后处理改性。现已开发的阻燃纤维有阻燃黏胶纤维、阻燃聚丙烯腈纤维、阻燃聚酯纤维、阻燃聚丙烯纤维、阻燃聚乙烯醇纤维。

8. 防紫外线纤维

防紫外线的方法一般是在织物表面涂层，但会影响织物的风格和手感。采用防紫外线纤维可克服这一缺陷。其方法是在纤维表面涂层、接枝或在纤维中掺入防紫外线或紫外线高吸收性物质，制得防紫外线纤维。目前的防紫外线纺织品包括衬衫、运动服、工作服、制服、窗帘以及遮阳伞等，其紫外线遮挡率可达95％以上。

五、高性能纤维

高性能纤维主要是指高强、高模、耐高温和耐化学作用的纤维，是高承载能力和高耐久性的功能纤维。高性能纤维的基本分类、构成与特性见表 3-2-1。

表 3-2-1 高性能纤维的基本分类、构成与特性

分类	高强高模纤维	耐高温纤维	耐化学作用纤维	无机类纤维
名称	对位芳纶（PPTA）纤维 芳香族聚酯（PHBA）纤维 聚苯并噁唑（PBO）纤维 高性能聚乙烯（HPPE）纤维	聚苯并咪唑（PBI）纤维 聚苯并噁唑（PBO）纤维 氧化 PAN 纤维 间位芳纶（MPIA）纤维	聚四氟纤维（PTFE） 聚醚醚酮（PEEK）纤维 聚醚酰亚胺（PEI）纤维	碳纤维（CF） 高性能玻璃纤维（HPGF） 陶瓷纤维（碳化硅、氧化铝等纤维） 高性能金属纤维
主要特征	高强（3～6 GPa），高模（50～600 GPa），耐较高的温度（120～300℃），柔性高聚物	高极限氧指数，耐高温，柔性高聚物	耐各种化学腐蚀，性能稳定，高极限氧指数耐较高的温度（200～300℃），高聚物	高强，高模，低伸长性，脆性，耐高温（＞600℃），无机物

高性能纤维是高技术纤维的主体，超高性能是这类纤维改进的目标。由于新的有机合成材料的出现及聚合、纺丝工艺的改进，将诞生比现有纤维的强度高几倍甚至几十倍的纤维，其超高模量、超耐高温性能也将大大提高。目前的主要代表是芳纶、超高强高模聚乙烯、高性能碳纤维、人工蜘蛛丝以及 PBO 纤维、碳化硅高性能陶瓷、碳纳米管纤维、聚苯硫醚（PPS）纤维等。

第三章　当代纺织技术与设备的发展

第一节 ▶▶ 新型纺纱技术

环锭纺纱自 1828 年问世以来，至今已有 180 多年的历史，其原料适应性强，适纺品种广泛，成纱结构紧密，强力较高。但是传统环锭纺纱属于卷绕端回转加捻，加捻与卷绕同时进行，限制了细纱机产量和卷装容量的大幅度提高。

为了摆脱环锭纺纱技术不能大幅度提高生产率的限制因素，早在 1907 年，森莫·威廉 (Samual Williams) 就曾提出过"将加捻作用和卷绕作用分开"的设想。1937 年，百赛尔森 (Berthelsen) 提出了转杯纺的雏形。直到 1965 年在波尔诺 (Brno) 展出了由捷克研制成功的 KS-200 型转杯纺纱机，才在实用上首次获得突破性的成就。KS-200 型转杯纺纱机采用罗拉双皮圈牵伸喂入，单位产量约为环锭纺的 1.5~2 倍，卷装容量约为环锭纺的 10 倍以上。捷克的专家们又将 KS-200 的罗拉牵伸装置改为分梳辊，利用分梳辊开松纤维，制成了较完善的 BD-200 型转杯纺纱机。该机于 1967 年在瑞士巴塞尔第五届国际纺织机械展览会上展出，引起了人们的重视。

转杯纺纱机的成功促进了新型纺纱技术的大力发展。1971 年，在巴黎展出了由澳大利亚研制的 MKI 型自捻纺纱机；1973 年，在格林威尔展出了由加拿大研制的 Bobtox 集聚纺纱机；1975 年，在米兰展出了由波兰研制的 PF-1x 型涡流纺纱机，同时展出了由奥地利研制的 DREF 摩擦纺纱机和荷兰研制的 Twilo 无捻纺纱机；1981 年，在大阪展出了由日本研制的 MJS 喷气纺纱机。以上所列的各种纺纱方法，都在机构上克服了高速高产和大卷装之间固有的矛盾，单位产量可比环锭纺提高 2~10 倍，卷装容量可比环锭纺增加数十倍。

在 20 世纪 60—70 年代，新型纺纱的研究重点主要是发明新的纺纱方法，研究新型纺纱的成纱原理，由新型纺纱方法研制出新型纺纱机；到 80 年代和 90 年代，则主要完善已发明的新型纺纱技术，提高各种新型纺纱机的运转性能，提高纺纱速度，实现自动化，利用各种纤维开发新产品。

新型纺纱的种类繁多，它们既有产量高、卷装大、工序短的共同特点，也有各自的特点。按纺纱原理分，新型纺纱可以分为自由端纺纱和非自由端纺纱两大类。

自由端纺纱指喂入点至加捻点之间的须条是断开的纺纱方法，如图 3-3-1 所示，纺出的纱为真捻结构，如转杯纺纱、摩擦纺纱、涡流纺纱、静电纺纱等。自由端纺纱中，喂入点和加捻点之间，须条并不是绝对断开、前后须条没有任何联系，只是不形成连续的纱条，而以纤维流的形式存在。

非自由端纺纱指在喂入点至加捻点之间的须条是连续的纺纱方法。由于整根须条是连续的,在须条的两端分别被给棉罗拉和引纱罗拉所握持,而在中间加捻,故形成假捻形式,纺出的纱不是真捻结构。喷气纺纱、自捻纺纱、平行纺纱等属于非自由端纺纱。

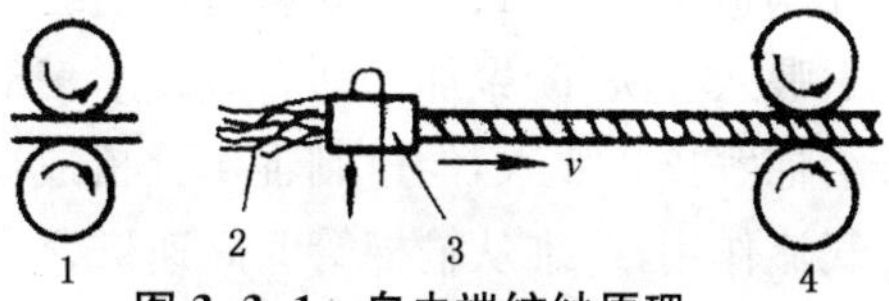

图 3-3-1　自由端纺纱原理

1—喂入端　2—须条(自由端)
3—加捻器　4—输出端

在各种新型纺纱中,技术最成熟并且应用最广泛的是转杯纺纱机。转杯纺纱技术在世界各国得到了推广应用,转杯纺纱机的数量迅速增加。

一、转杯纺纱

转杯纺过去在国内俗称为气流纺,国际上称为 Open-end Spinning(自由端纺纱,简称 OE 纱)。现在,国际上规范称为 Rotor Spinning(转杯纺纱)。我国大力推广转杯纺纱。1983 年,国内的转杯纺纱机数量大约有 7 万头;1997 年,我国转杯纺纱机的数量已有 60 多万头,全国有 550 多家纺织厂配备了转杯纺纱机。转杯纺纱机一般包括喂给、开松、凝聚、剥取、加捻和卷绕等机构,其工艺过程如图3-3-2 所示。喂入棉条 1 经喇叭口进入给棉罗拉 2 和给棉板 3,被握持输送至分梳辊 4,表面包有锯条的分梳辊将其分解成单纤维。单纤维随气流经输送管 5 进入高速回转的转杯 6 内。纤维沿转杯壁滑入凝聚槽内,形成凝聚须条。引纱经引纱管 7 被吸入转杯,纱尾在离心力的作用下紧贴于凝聚槽内,与凝聚槽内排列的须条相遇并一起回转加捻成纱。引纱罗拉 9 将纱从转杯内经假捻盘 8 和引纱管引出,依靠卷绕罗拉的回转卷绕成筒子。

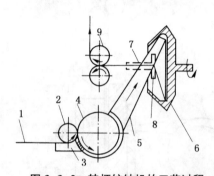

图 3-3-2　转杯纺纱机的工艺过程

1—喂入棉条　2—给棉罗拉　3—给棉板
4—分梳辊　5—输送管　6—转杯
7—引纱管　8—假捻盘　9—引纱罗拉

二、摩擦纺纱

摩擦纺纱又称尘笼纺纱,是 20 世纪 70 年代首先由奥地利费勒尔博士(Dr Ernst Fehrer)发明的一种自由端纺纱方法,国际上以发明人的姓名缩写(DREF)命名为德雷夫纺纱。我国从 1979 年开始着手研究摩擦纺,1980 年试制成第一台摩擦纺纱样机,并用该机所纺的纱试制了一些产品。摩擦纺纱机主要由开松、牵伸、加捻、卷绕等部分组成。如图 3-3-3 所示,经过开松的纤维 1 由气流输送到一个带孔的运动件(尘笼)表面 2,运动件表面的运动方向与成纱输出方向垂直。在运动件表面上,纤维被吸附凝聚成带状的纤维须条,由于须条与运动件表面接触且相互间有吸力 3,所以须条与运动件表面间产生摩擦,并随运动件表面绕自身轴线滚动而被加捻。被加捻的纱条 4 以一定的速度输出,纤维流在输送过程中并不连续,凝聚在运动件表面的须条就形成自由端纱尾,保证成纱上获得真捻,因而属于自由端纺纱。

三、涡流纺纱

自从 1975 年波兰在米兰展出 PF-1x 型涡流纺纱机以后,我国上海、天津、四川等地同时开始研究涡流纺纱机。经过几年的努力,上海自行设计制造了 WF-2 型涡流纺纱机;天津设计制造了 TW-4、TW-5 型涡流纺纱机,还研制了涡流纺纱机纺包芯纱装置。涡流纺纱机主要由喂入开松、凝聚加捻和卷绕成形三部分组成。涡流纺纱工艺过程如图 3-3-4 所示。棉条由给棉罗拉 3 喂入,经过刺辊 4 分梳成单纤维。涡流管 18 的一端装有风机 6,受风机回转产生气流作用,纤维从输棉管 5 高速进入涡流管内。涡流管是涡流纺的纺纱器,管壁上开有三个切向进风口,沿进风口高速补入的空气在管内形成涡流。涡流推动纱尾在顶塞中心孔的下端产生一个高速回转的纱尾环,该纱尾环所在的位置称为纺纱位置。经刺辊分梳后的纤维从管壁的开孔处不断喂入,靠气流送往纺纱位置,在纱尾环高速回转时,纤维不断凝聚,并被加捻成纱。纺成的纱从中心孔中连续地由引纱罗拉 13 引出,卷绕成筒子纱。

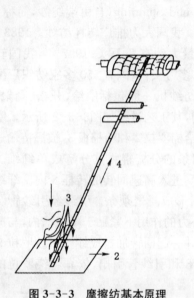

图 3-3-3　摩擦纺基本原理

1—纤维　2—运动件(尘笼)表面
3—吸力　4—纱条

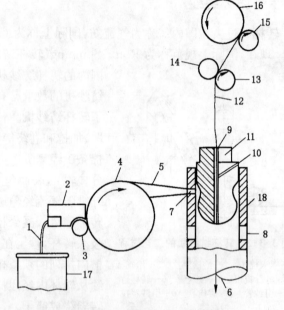

图 3-3-4　涡流纺纱工艺过程

1—棉条　2—给棉板　3—给棉罗拉　4—刺辊　5—输棉管
6—风机　7—输棉孔　8—进风孔　9—引纱孔　10—补气槽
11—纺纱器堵头　12—纱　13—引纱罗拉　14—胶辊
15—槽筒　16—筒子　17—棉条筒　18—涡流管

四、喷气纺纱

　　喷气纺纱属于非自由端纺纱,是 20 世纪 70 年代发展起来的一种纺纱方法。我国对喷气纺纱的研究始于 1978 年,由工厂、高等院校、研究院所等协作进行。1985 年丹阳棉纺织厂引进村田公司的喷气纺纱机,使用情况良好。80 年代后期,上海国棉六厂研制成功 SFA5802A 型喷气纺纱机。喷气纺纱机由喂入牵伸、加捻和卷绕三部分组成,利用压缩空气在喷嘴内产生螺旋气流对牵伸后的纱条进行假捻并包缠成纱。喷气纺纱的工艺流程如图 3-3-5 所示。棉条 1 从棉条筒中引出后,进入牵伸装置 2 进行牵伸。由于喷气纺纱由棉条直接牵伸成细纱,而且所纺纱的线密度小,所以牵伸倍数很大,一般在 150 倍左右。喂入熟条经一定牵伸,达到纱线所要求的细度后,被吸入喷嘴 3。喷嘴上通有压缩空气,由空气压缩机供给的压缩空气喷入喷嘴内。在喷入的旋转气流的作用下,自须条中分离出来的头端自由纤维紧紧包缠在芯纤维的外层,因而获得捻度。成纱后由引纱罗拉 5 引出,经清纱器 6 后卷绕到纱筒 7 上,直接绕成筒子纱。

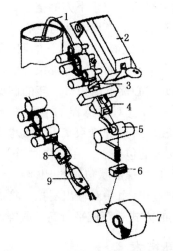

图 3-3-5　喷气纺纱的工艺过程

1—棉条　2—牵伸装置　3—喷嘴　4—喷嘴盒
5—引纱罗拉　6—电子清纱器　7—纱筒
8—第一喷嘴　9—第二喷嘴

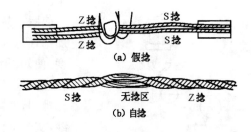

图 3-3-6　自捻纱的形成原理

五、自捻纺纱

自捻纺纱技术于 20 世纪 70 年代初期传入我国,上海纺织研究院与上海第五毛纺厂首先将其应用于毛精纺,后来,北京、上海、天津、辽宁、广西、江苏等地将自捻纺纱技术发展到中长化纤等领域。自捻纺纱的基本原理是将两根须条同时施加假捻(两端握持、中间加捻),形成两根 Z 捻、S 捻交替的单纱,再利用它们具有相同方向的退捻力矩,产生自捻作用,使两根单纱捻合成一根具有真捻的双股纱。

图 3-3-6(a)表示两根平行排列的须条,其两端被握持,中间以相同方向用力搓捻后,并握持假捻点,则假捻点两侧的须条上获得捻向相反的捻回,左侧为 Z 捻,右侧为 S 捻。此时,假捻点两侧具有相同方向的退捻力矩,但因假捻点受到握持约束,不能释放退捻。图 3-3-6(b)表示将上述两根有捻纱条沿全长紧贴,当手松开时,假捻点两侧纱条上的退捻力矩所受的约束消失,两根单纱条因退捻而产生自捻作用,互相捻合,形成一根具有 S 捻和 Z 捻交替、捻度稳定的双股纱。

六、平行纺纱

平行纺纱又称包覆纺纱或包缠纺纱,简称 PL 纱,是将一根或两根长丝包绕在短纤维束的外表面而形成的一种复合结构纱线。作为纱芯的短纤维,呈平行排列,不施加捻度;长丝则以螺旋状包绕在短纤维束的外表面,将短纤维束捆扎在一起,由于长丝对短纤维施加的径向压力,使短纤维之间产生必要的摩擦抱合力,从而使平行纱具有相应的强力。

平行纺纱采用条子或粗纱喂入,与传统环锭纺纱工艺相比,可以省去粗纱、络筒、并捻三道工序。平行纺纱的工艺过程如图 3-3-7 所示。首先,从条筒中引出的纤维条经过导条架及导

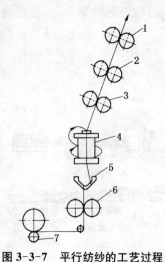

图 3-3-7　平行纺纱的工艺过程

1—后罗拉　2—中罗拉　3—前罗拉
4—空心锭子　5—假捻钩
6—输出罗拉　7—络筒装置

条喇叭口,进入垂直放置的高速牵伸系统(牵伸装置可根据短纤维的不同,配置三罗拉、四罗拉或五罗拉)。由前罗拉 3 吐出的须条以垂直方向直接引入位于下方的空心锭子 4 中。长丝筒管套在一个空心锭子上。当长丝从与空心锭子一起回转的纤管上退绕时,形成一个气圈,随着锭子的回转,在空心锭子的顶端将长丝包绕在平行排列的短纤维束外面。然后由装在前罗拉与锭端之间或空心锭下端积极回转的假捻器 5 进行加捻,假捻器每回转一周,就对假捻器的上下段须条施加捻度,使短纤维束不离散。当短纤维束离开假捻器后,假捻退释,这个退捻点即为长丝的包绕点。在包绕时,短纤维恢复平行排列,这样就形成了长丝螺旋状包缠的 PL 纱。纺成的平行纱,从中空锭子的下端输出,由一对输出罗拉 6 将成纱送往络筒装置 7,以交叉卷绕的方式卷绕成平行筒子或锥形筒子。

七、环锭纺纱新技术

在推广新型纺纱的同时,加快了传统环锭纺的技术创新与新技术的应用步伐。

1. 紧密纺

在传统环锭纺纱的牵伸系统中,纤维须条在主牵伸区经罗拉牵伸,形成扁平的带状纤维束,纤维束离开前钳口后,开始获得捻度并逐渐形成圆形的细纱,此时在圆形截面的细纱与前钳口握持点之间形成一个俯视为三角形的加捻三角区,如图 3-3-8(a)所示。处于加捻三角区中的纤维之间的联系力很小,几乎处于完全失控状态,给成纱质量带来一系列的问题。

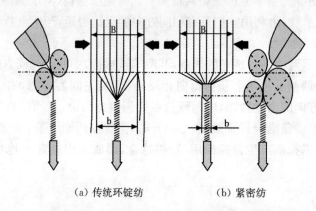

(a) 传统环锭纺　　　　　(b) 紧密纺

图 3-3-8　传统环锭纺与紧密纺纱线的形成

紧密纺是一种新型环锭纺纱技术。在环锭细纱机上,纤维须条经过主牵伸区进入加捻区时,利用气流或机械的作用,使输出比较松散的须条中的纤维向纱干中心集聚,减小甚至消除加捻三角区,如图 3-3-8(b)所示,使纤维进一步平行,且毛羽减少、纱条紧密。

2. 赛络纺

赛络纺是在环锭细纱机上直接纺出类似股线结构的纱的一种新型纺纱技术,1975—1976

年间由澳大利亚联邦科学与工业研究机构（CSIRO）发明，最初的目的是减少毛纱、毛羽。1978年，国际羊毛局将这项科研成果推向实用化，1980年正式向世界各国推荐，商品名称为Sirospun。

　　赛络纺的原理如图3-3-9所示。两根粗纱经后导纱器1喂入，在后牵伸区仍由中导纱器2保持两根须条的分离状态，由前罗拉3输出一定长度后并合，再经同一锭子6加捻，便形成有双股结构特征的赛络纱。赛络纱的结构类似股线，性能上表现为纱条光洁、毛羽少，而且耐磨性好。

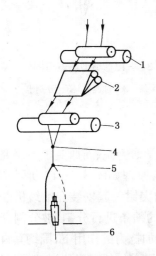

图 3-3-9　赛络纺纱原理

1—后导纱器　2—中导纱器　3—前罗拉
4—汇聚点　5—导纱钩　6—锭子

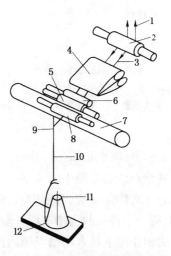

图 3-3-10　紧密赛络纺纱原理

1—双喇叭口　2—后罗拉　3—粗纱须条　4—牵伸胶圈
5—过桥齿轮　6—前罗拉　7—异形吸风管　8—输出上罗拉
9—汇集点　10—紧密赛络纱　11—锭子　12—钢丝圈

3. 紧密赛络纺

　　紧密赛络纺是在环锭纺纱机上将紧密纺与赛络纺相结合的一种新型纺纱技术，它结合了紧密纺与赛络纺的技术优势，相继完成集聚和单纱合股的过程，可直接纺制出毛羽极少、性能优良的纱线，其纱线结构和性能与普通赛络纱及传统环锭纱有显著的不同。

　　紧密赛络纺纱原理如图3-3-10所示。两根粗纱以一定的间距经过双喇叭口1，平行喂入环锭细纱机的同一牵伸机构，以平行状态同时被牵伸，从前罗拉6的夹持点出来后进入气动集聚区。在每个纺纱部位开有双槽，且内部处于负压状态的异形吸风管7的表面套有集聚圈，集聚圈受输出罗拉8摩擦传动。由前罗拉输出的两根须条受负压作用，吸附在集聚圈表面对应双槽的位置，须条在受集聚控制的同时随集聚圈向前运动，由输出钳口输出。集聚后的两束纤维获得较为紧密的结构，分别经轻度初次加捻后，在结合点处结合，然后被施加强捻，卷绕到纱管上，成为具有类似股线结构的紧密赛络纱。

4. 赛络菲尔纺

　　20世纪70年代，澳大利亚联邦工业研究院成功研制了赛络菲尔纺纱技术（Sirofil）。该技术是在赛络纺的基础上发展起来的，如图3-3-11所示。一根化纤长丝不经过牵伸，从前罗拉喂入，在前罗拉输出一定长度后与须条并合，两种组分直接加捻成纱。赛络菲尔纱主要应用于毛纺行业，用于开发细特轻薄产品。

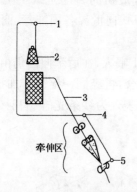

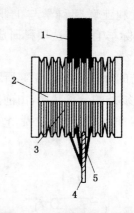

图 3-3-11　赛络菲尔纺流程示意图

1—长丝导纱器　2—次要成分　3—主要成分
4—张力装置　5—导纱器

图 3-3-12　缆型纺原理图

1—须条　2—过渡段　3—分割辊
4—纱线　5—分割后的纤维束

5. 缆型纺

　　缆型纺又称索罗纺(Solospun)，是澳大利亚联邦工业与科学研究院、新西兰羊毛研究所和国际羊毛局在赛络纺纱的基础上开发的一种新型纺纱技术，其原理如图 3-3-12 所示。缆型纺技术的基础是一对附加罗拉(分割辊)，该罗拉与一个简单的夹钳一起安装在细纱机的牵伸摇架上，罗拉上有一个特殊的沟槽表面，能对细纱前钳口输出的须条进行分割，被分割开的纤维束在纺纱张力的作用下进入沟槽罗拉的沟槽内，然后在纺纱加捻力的作用下，围绕其自身的捻芯回转，从而具有一定的捻度。这些带有一定捻度的纤维束随着纱线的卷绕运动向下移动，当纤维束脱离沟槽罗拉后，在并合点处并合，再加强捻，形成一根类似缆绳的单纱。

第二节 ▶▶新型织造技术

　　织布生产技术有着悠久的历史，其发展过程经历了原始手工织布、手工机器织布、普通织机织造、自动织机织造和无梭织机织造五个阶段。

　　普通织机和自动织机所采用的引纬原理，在本质上与手工机器织布相同，即都是用传统的梭子作载纬器。凡采用传统梭子引纬的织机，被称为有梭织机。有梭织机的引纬特征包括：引纬器的体积大、质量高，引纬器内有纬纱卷装(纡子)，引纬器被反复投射。

　　有梭织机的引纬特征使梭口尺寸特别大，以避免梭子进出梭口时与经纱产生过分挤压而损坏经纱。即使在较低的车速和入纬率下，投梭加速过程和制梭减速过程仍十分剧烈，使织机的零部件损耗多，机器振动大，噪声高达 100～105 分贝，工人劳动环境差，劳动强度大。有梭织机的这些缺陷限制了车速和入纬率的进一步提高。

　　从 20 世纪初开始，人们开始不再采用笨重梭子引纬的传统原理，提出了一系列由引纬器直接从固定筒子上将纬纱引入梭口的新型引纬原理，并陆续获得了成功。凡采用新型引纬原理形成机织物的织机，统称为无梭织机(也称新型织机)。当代得到广泛应用的无梭织机有片梭织机、剑杆织机、喷气织机和喷水织机四大类型。20 世纪 80 年代中期以来，我国无梭织机有较快的发展，但无梭织机在织机总数中所占比例和世界平均水平(30%)仍有差距。从棉织行业的无梭织机种类来看,喷气织机的发展更快,数量已超过剑杆织机。

一、片梭织机

1933 年,德国人罗斯曼(Rossman)获得了片梭引纬的第一个专利。1934 年,瑞士苏尔寿(Sulzer)公司开始研制片梭织机,经过长达近 20 年的努力,于 20 世纪 50 年代初投入商业化生产。1953 年,苏尔寿公司将第一批制造的 96 台片梭织机交给法国瓦尔巴市(Walbach)的一家棉织厂使用,标志着片梭织机正式进入工业生产领域。后来,前苏联也生产片梭织机,基本上仿照苏尔寿片梭织机的结构原理。20 世纪 80 年代,英国的哈特斯勒公司(Hattersley)和前捷克斯洛伐克的埃利特克斯公司研制了双侧引纬的新式片梭织机。

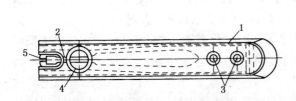

图 3-3-13 片梭
1—梭壳 2—梭夹 3—铆钉 4—圆孔 5—钳口

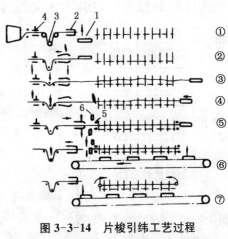

图 3-3-14 片梭引纬工艺过程
1—片梭 2—梭夹 3—张力杆
4—制动器 5—定中心片 6—剪刀

如图 3-3-13 所示,片梭由梭壳 1 和梭夹 2 经铆钉 3 铆合而成,钳口 5 起夹持纬纱的作用,张钳器插入圆孔 4 时,钳口张开,纬纱落入钳口,张钳器拔出后,钳口夹紧纬纱。

典型的片梭引纬工艺过程如图 3-3-14 所示。

① 从输送链上输送过来的片梭 1,由水平位置翻向垂直位置,同时片梭钳口逐渐张开,靠近递纬器的梭夹 2,准备交接纬纱。此时张力杆 3 位于最低位置,使纬纱张紧,制动器 4 则将纬纱压紧。

② 递纬器的纱夹张开,将纬纱交付给片梭纱夹,片梭准备飞行。

③ 握持纬纱的片梭从引纬侧经梭口到达接梭侧,制动器伸至最高,张力杆升至水平位置。

④ 片梭在接梭箱侧被制停后,要回到靠近布边处,以控制勾入布边的纬纱头的长度,同时制动器压紧纬纱,张力杆略下降,以保证纬纱的张力,递纬器由外侧伸到内侧布边处,准备夹纬纱。

⑤ 定中心片 5 向纬纱靠近,将纬纱推入张开的递纬夹和边纱夹中,将纬纱位置固定。

⑥ 剪刀 6 在引纬侧将纬纱剪断,接梭侧的片梭将纬纱释放,由边纱夹夹持,同时片梭被推入输送链的导槽中。

⑦ 送纬夹回复到向片梭交接纬纱的位置,制动器解除纬纱的制动,张力杆下降,以保持纬纱张力,边纱夹所夹持的纬纱头被钩边针折入梭口,形成布边。

二、剑杆织机

剑杆织机最早在 1846 年出现于英国。1927 年德国人 J·Gallers 发明了叉入式刚性剑杆引纬方法,纬纱以纱圈的形式引入。由于是双纬引入,使这一引纬形式的使用受到了一定的限制。1933 年,英国人 R·Dewas 发明了夹持式剑杆引纬,但当时没有应用在工业化生产中。直到 1945 年,美国德雷珀公司(Draper)才采用夹持式剑杆引纬制造出新型剑杆织机。此后,各种剑杆织机相继问世,形式多种多样,无论是在高速性能上,还是在品种质量、品种适应性、自动化程度方面,都得到了长足的发展。我国对剑杆织机的研究开始于 20 世纪 50 年代末 60 年代初,特别是帆布用刚性剑杆织机的研制成功和工业化应用,为我国纺织工业吸收和消化国外先进技术、研制适合我国国情的新型剑杆织机打下了良好的基础。

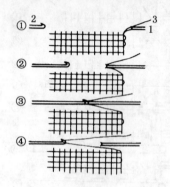

图 3-3-15 剑杆引纬工艺过程

1—送纬剑 2—接纬剑 3—纬纱

剑杆引纬利用剑杆的往复运动将纬纱引入梭口。剑杆引纬的特点是,不仅纬纱在引纬中受到剑杆的积极控制,而且携带纬纱的剑杆的运动受到引纬机构的积极控制。因此,剑杆织机引纬稳定可靠,对纬纱的要求较低,适用于各种纬纱。不同的剑杆织机,其引纬工艺过程有所不同,现以我国生产的 G234-J 型刚性剑杆织机的引纬过程为例进行说明,如图 3-3-15 所示。

① 送纬剑 1 和接纬剑 2 分别处于织机的两侧,送纬剑握持纬纱 3,纬纱 3 的一头在梭口内与上一纬相连,另一头在筒子上,准备将新纬引入梭口。

② 送纬剑将纬纱引入梭口,与此同时,接纬剑向梭口内运动,准备接过纬纱。

③ 两剑杆在梭口中央相遇,进行纬纱交接。

④ 接纬剑接住纬纱并后退,送纬剑同时后退,将纬纱引出梭口。

三、喷气织机

1911—1914 年,美国的勃洛克斯(Brooks)提出了用气流引纬代替梭子引纬的设想,并申请了专利。1928 年,美国的保罗(Ballow)采用喷气、吸嘴及特殊筘的引纬系统进行实验。1930 年,美国的海伍德(Heywood)公司在试验喷气引纬系统时采用多喷嘴,以减少主喷嘴,喷出气流的速度急剧下降。1955 年,前捷克斯洛伐克的斯瓦蒂(V·Svaty)设计、制造出第一台筘幅为 45 厘米的喷气织机样机。1959 年,在英国曼彻斯特国际纺织机械展览会上,展出了由瑞典马克思帕博(Maxpabo)设计制造的幅宽为 90 厘米的喷气织机。20 世纪 60 年代以后,随着机械加工技术、材料工业,特别是电子技术的发展,喷气织机得到了迅速发展,性能更加完善。1958 年以来,我国许多科研单位和纺织企业,在 1511 型有梭织机的基础上,采用喷气引纬进行了多种多样的研究试验,取得了一定的成果。

喷气引纬利用喷射气流对纬纱表面的摩擦力,牵引纬纱通过梭口,其特点是:喷气引纬的载纬体是经过压缩的空气,载纬体质量小且易于扩散,载纬体对纬纱没有直接的握持作用,引纬机构对载纬体也没有直接的握持控制作用。因而,喷气引纬既具有车速高、机构料消耗少的优点,也有对纬纱控制差、对纬纱要求高的缺点。

典型的喷气引纬工艺过程如图3-3-16所示。

① 纬纱2从筒子1上退解,经过张力装置3,由测长储纬装置4测量并储存一定长度的纬纱,经夹纱器5夹持引入喷嘴6中,准备引纬。

② 夹纱器打开释放纬纱,主喷嘴喷气,纬纱在气流作用下穿越梭口。

③ 夹纱器夹住纬纱,主喷嘴停止喷气,剪刀7剪断纬纱纱尾,测长储纬装置再次工作,准备下一次引纬。

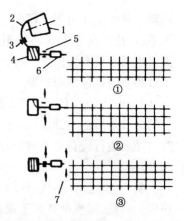

图3-3-16 喷气引纱工艺过程

1—筒子 2—纬纱 3—张力装置
4—测长储纬装置 5—夹纱器
6—喷嘴 7—剪刀

四、喷水织机

喷水织机的研究开始于20世纪40年代,为了解决喷气引纬的气流急剧下降而造成的纬缩等疵点,前捷克斯洛伐克的斯瓦蒂发明了采用喷射水滴引纬的方法。20世纪50年代初,喷水引纬技术进一步发展,前捷克斯洛伐克生产出柯沃(Kovo)型喷水织机样机,于1955年在布鲁塞尔国际纺织机械展览会上展出,当时只能制织人造纤维长丝织物。20世纪60年代,日本日产、津田驹公司相继研制了LW、ZW型喷水织机。与此同时,我国天津、上海、丹东、北京等地先后对喷水织机进行研究和试验,有在原丝织机上改型的,也有重新设计的,都取得了一定的进展。

喷水引纬是在喷气引纬的基础上发展起来的,两者的原理极为相似,只是引纬介质不同,以水代替了气流。引纬介质不同使喷水引纬具有不同于喷气引纬的一些特点,如:水流对纬纱的摩擦牵引力比气流大,能增加纱线的导电性能,喷水引纬的车速高,可织幅宽大、噪音低、动力消耗少,特别适合于织造合成纤维等疏水性材料,但不适用于亲水性纤维的纱线。

喷水引纬工艺过程如图3-3-17所示,纬纱1从筒子2上退绕,经测长装置3测长,并送到储纬器4中储存,再经夹纬器5进入喷嘴6。引纬用水流经稳压水箱,在水泵作用下变为压力水流,经喷嘴喷射,将纬纱引入梭口,完成引纬任务。

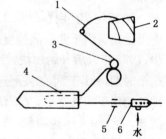

图3-3-17 喷水引纬纬纱
工艺路线

1—纬纱 2—筒子 3—测长装置
4—储纬器 5—夹纬器 6—喷嘴

第三节▶针织技术

针织工业是我国纺织加工各行业中起步较晚、基础较差的一个行业,从1896年第一家针织厂在上海建成投产,到1949年为止的半个多世纪中,一直发展缓慢。1949年,全国主要针织内衣设备不到1 000台,全部棉织品折合用纱量只有2.36万吨,最高历史年产量仅2.54万吨。旧中国针织工业的96%是100人以下的小厂和手工业工场,其中10人以下的占50%以上,千人以上的工厂只有8家。整个针织工业的设备简陋、技术落后、手工操作多、生产效率低、产品质量差、品种单调,发展极其困难。

新中国成立后,国内城乡市场上的针织品消费量迅速增加,为针织工业开辟了广阔的发展道路。针织工业由于工序少、流程短、投资少、收效快以及原料多样化、品种翻新快、穿着方便舒适、用途广泛等优点,生产建设发展很快。特别是改革开放以后,国内纺织品已能保障供给,人民生活水平有所提高,对纺织品的需求从保暖实用向美化装饰延伸,中国针织工业从此进入了量和质的迅速发展时期。

20 世纪 50 年代,针织工业的生产增长了 10 倍。在发展生产的同时,全国各地对数以千计的分散落后的小针织厂,在全行业实行公私合营的基础上,进行了生产改组,企业数减少近2/3;随后进行设备更新,初步改变了技术落后的状态,扩大了生产能力,为以后的发展奠定了基础。

到 20 世纪 60 年代,针织工业的原料结构开始发生变化,化学纤维长丝逐渐在生产中扩大应用。但是,就整个针织工业来说,棉纱仍是针织业的主要原料,所以这个时期针织工业的发展与棉纺织工业的发展密切相关。60 年代初期,随着棉纱连续三年减产,针织工业连续四年减产。当时,在解决人民的穿衣问题中,棉布比针织品更为重要,因而国家在综合平衡织布用纱和针织用纱时,适当提高了织布用纱的比例。针织工业生产于 1964 年开始回升,1965 年超过"一五"时期所达到的水平。这个时期的针织工业在提高产品质量、增加品种、改进管理和技术改造等方面做了大量的工作,特别是化学纤维日益广泛地应用于织袜,对织袜业的技术进步起了很大的促进作用,50 年代时用锦纶(尼龙)长丝制成的弹力尼龙袜和锦纶丝袜是城市中少数人穿着的中高档袜子,到 60 年代,化纤袜子已开始在全国城乡普及,后来基本取代了纯棉纱线袜。

20 世纪 70 年代,针织工业基本以棉纱和化学纤维混纺、纯纺纱为主要原料,在生产发展中仍受棉纺织工业发展速度的制约。70 年代前期,针织用纱量的增长同棉纱产量增长基本同步;1977 年以后开始加快,针织用纱比例由 60 年代末的 14.4% 增加到 70 年代末的 16.7%。这个时期,针织产品的发展速度快于梭织产品,针织工业有两个重要的发展变化,一是化学纤维普遍用于织袜之后,又广泛用于针织内衣,并扩展到针织外衣生产;二是适应国内外市场的需要,毛针织业迅速崛起,形成了一个新兴的小行业。这些对于针织工业的进一步发展和经济效益的提高,都有积极的作用。

20 世纪 80 年代,针织工业的发展速度进一步加快。1982 年的工业总产值比 1979 年增长66%,三年中平均每年递增 18.5%。各种针织品产量大幅度上升,除满足国内市场日益增长的需要以外,每年出口额达到 3 亿美元左右。在产品门类方面,除了传统的针织内衣和 70 年代兴起的针织外衣以外,随着体育事业的发展,各种运动衣生产日益专业化,出现了专门生产针织运动衣的企业。毛针织业除了继续发展羊毛衫和羊绒衫生产以外,大量发展了绒线帽、羊毛手套和围巾等日用商品,品种、花色、款式之多,远超过梭织产品,不少中高档针织品畅销国际市场。

进入 20 世纪 90 年代后,针织工业处于稳步发展阶段,生产技术更趋完善,特别是高新技术获得了广泛应用,产品水平显著提高,应用领域更为宽广,已从单一的服用领域迅速向产业用和装饰用领域发展。同时,随着人们对服装的舒适性、功能性的要求越来越高,随着新型针织原料的不断开发与应用以及电子计算机、信息技术的飞速发展,大大促进了针织工艺技术的不断创新。

一、技术装备

1997 年,全国针织工业的固定资产原值为 342.48 亿元,是 1978 年的 34.7 倍。纺织系统内,1997 年的针织主机数为 8.7 万台,是 1957 年的 8.5 倍,1978 年的 1.9 倍,其中大圆机为 7 068 台,是 1980 年的 12.2 倍;经编机为 2 541 台,是 1978 年的 2 倍。更重要的是,针织主机的性能、功能和生产能力远远超过 1980 年以前的水平,如宽幅(双幅)、高速经编机、大筒径(762 毫米以上)、多路数大圆机所占的比例明显增加。

20 世纪 80 年代以来,通过技术改造、补偿贸易等形式大量引进国外设备,改善了针织设备的状况。全国口径近 1 万台大圆机和 2 000 多台经编机是 20 世纪 80 年代以后引进的设备,其中较先进的有移圈罗纹、电脑提花、电子多梳、双轴向经编等设备。一些先进的后整理生产线,如绒类整理、丝光烧毛、磨毛轧光、涂层热复合以及印花设备在各地都有引进。值得一提的是,中国针织机械制造水平进步很快,为针织工业提高技术装备水平做出了贡献,如国产大圆机、经编机、横机、钩编机及溢流染色机、棉织品后整理设备,部分机型在性能上可以替代进口;各种国产棉毛机、罗纹机、袜机、台车的制造水平提高和规格种类的逐步齐全,为提高量大面广的传统针织产品质量、改善花色品种提供了保障。

与此同时,针织工程技术人员积极探索和开发新技术、新工艺,以适应市场的需求。一些地区特别是沿海地区的针织生产从小圆机、大批量、长流程向大圆机、多品种、短流程工艺过渡。各种机械和化学整理(如纤维素酶整理技术、免熨技术、丝光烧毛技术)、电子测色及电子服装设计和裁剪技术都取得了新进展,有的技术项目正向国际先进水平迈进。行业整体技术装备水平的提高,为自身发展奠定了物质和技术基础。

二、针织新技术

1. 圆型纬编针织机提高生产效率的方法

圆型纬编针织机的生产效率大大提高,相关措施包括:采用曲线三角;采用复合针,缩短针的动程;采用沉降片双向运动技术;增加机器路数;增加针筒直径;采用纱筒的大卷装和织物的大卷装;采用无舌织针松弛针织技术。

2. 高效袜机的主要特征

电脑化在袜机中日益普及;采用短舌针、槽针、曲线三角设计,简化了传动机构的设计,提高加工精度,使机速不断提高;袜机的路数增加,有的已经达到 6~8 路;单程式织袜机新工艺从技术上取得突破,减轻了工人缝头的劳动强度。

3. 无缝内衣编织技术

"无缝内衣"是采用新颖的无缝内衣针织机生产的一次成型内衣,使内衣的颈、腰、臀等部位无需接缝。无缝内衣完全将舒适、体贴、时尚、变化集于一身。

无缝内衣针织机由袜机演变发展而成,针筒筒径由 152 毫米(6 英寸)发展到 432 毫米(17 英寸),机号由 16 针/25.4 毫米发展为 34 针/25.4 毫米,适用范围广,能生产无缝内衣系列、游泳衣系列、运动服系列、医疗服装及外衣系列。

4. 横机提高生产效率的方法

采用轻质机头和紧凑的三角结构设计;机器宽度有所增加,可以同时生产多幅衣片,如 4 片袖子和 3 片大身;普遍采用双机头设计,可以使机器生产双幅自动成形产品;由链传动改为齿形带传动,由伺服电动机驱动,电脑控制,根据幅宽自动调节机头运行动程,从而最大限度地减少了编织空程;普遍采用电脑控制和计算机辅助程序设计系统,花型制作周期缩短,花型变换迅速,减少了花型变换所造成的停机时间。

随着针织服装与面料向轻薄化发展的趋势,横机向电脑化、高机号、多针距及紧凑型、集成化、小型化方向发展。

5. 经编机提高生产效率的方法

采用槽针取代钩针;采用曲柄式偏心连杆机构;采用曲线凸轮或链块横移机构;采用轻质运动部件;采用适应高速运转的润滑系统;采用新型电子送经和电子控制牵拉卷取系统以及其他辅助机构。这些都为机器的高速运转提供了可靠的保证。

除了提高机速以外,增加机器宽度、减少停机时间也是提高经编机效率的手段。电子控制在经编机上的应用不同程度地提高了经编机的生产效率,如采用电子梳栉横移机构,传动更加平稳,花型变换更加方便,减少了停机时间及机器的占地空间等。

采用钢丝绳导纱梳栉横移机构,扩大了花型范围;压电式贾卡导纱技术使贾卡经编机的提花部分的机构大大简化,提高了机速,加快了织物的设计,简化了上机工艺,可缩短产品更新周期。

第四节 ▶▶ 非织造技术

非织造技术是一门源于纺织、又超越纺织的材料加工技术。非织造材料简称非织布,又称无纺布、不织布、非织造物。我国国家标准 GB/T 5709—1997《纺织品非织造布术语》对非织造布的定义是:定向或随机排列的纤维,通过摩擦、抱合或黏合,或者这些方法的组合而相互结合制成的片状物、纤网或絮垫,不包括纸、机织物、针织物、簇绒织物、带有缝编纱线的缝编织物以及湿法缩绒的毡制品。所用纤维可以是天然纤维或化学纤维,也可以是短纤维、长丝或直接形成的纤维状物。

不同的非织造工艺技术具有其相应的工艺原理。非织造加工工艺一般可分为四个过程:纤维/原料的选择,成网,纤网加固(成形),后整理。

非织造材料生产技术综合了纺织、化工、造纸、塑料、化纤、染整等工业技术,充分利用了现代物理学、化学、力学等学科的有关理论的基础知识,根据最终产品的使用要求,经科学的、合理的结构设计和工艺设计,可加工出工业、农业、国防等行业所需的产品。

非织造布生产技术由于工艺流程短、产品原料来源广、成本低、产量高、产品品种多、应用范围广等优点,获得了飞速发展,并被誉为继机织、针织之后的第三领域。

一、非织造材料的分类

非织造材料的分类方法很多。图3-3-18为非织造材料基于成网方法和加固方法的分类。

1. 按成网方法分类

根据非织造学的工艺理论和产品的结构特征,非织造成网技术大体上可以分为干法成网、湿法成网和聚合物挤压成网。

(1)干法成网。在干法成网过程中,天然纤维或化学短纤维网通过机械成网或气流成网

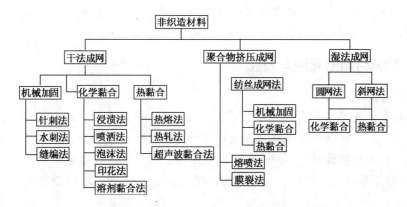

图 3-3-18　非织造材料基于成网方法和加固方法的分类

而制得。

① 机械成网。用锯齿开棉机或梳理机（如罗拉式梳理机、盖板式梳理机）梳理纤维，制成一定规格和面密度的薄网。这种纤网可以直接进入加固工序，也可经过平行铺叠或交叉折叠后再进入加固工序。

② 气流成网。利用空气动力学原理，让纤维在一定的流场中运动，并以一定的方式均匀地沉积在连续运动的多孔帘带或尘笼上，形成纤网。纤维长度相对较短，最长 80 毫米。纤网中纤维的取向通常很随机，因此纤网具有各向同性的特点。

梳理或气流成网的纤维网经过化学、机械、溶剂或者热黏合等方法，制得具有足够尺寸、稳定的非织造材料。纤网面密度可由 30 克/平方米到 3 000 克/平方米。

（2）湿法成网。以水为介质，使短纤维均匀地悬浮在水中，并借助水流的作用，使纤维沉积在透水的帘带或多孔滚筒上，形成湿的纤网。湿法成网利用造纸的原理和设备。在湿法成网过程中，天然或化学纤维首先与化学物质和水混合，得到均一的分散溶液，称为"浆液"；"浆液"在移动的凝网帘上沉积，然后，多余的水分被吸走，仅剩下纤维随机分布，形成均一的纤网。纤网可按要求进行加固和后处理。纤网面密度从 10 克/平方米到 540 克/平方米。

（3）聚合物挤压成网。聚合物挤压成网利用聚合物挤压的原理和设备，代表性的有熔融纺丝、干法纺丝和湿法纺丝成网工艺。首先采用高聚物的熔体、浓溶液或溶解液，通过喷丝孔形成长丝或短纤维。这些长丝或短纤维在移动的传送带上铺放，形成连续的纤网。纤网经过机械加固、化学加固或热黏合，形成非织造材料。大多数聚合物挤压成网的纤网中，纤维长度是连续的。纤网面密度范围可从 10 克/平方米到 1 000 克/平方米。

2. 按照纤网加固方式分类

纤网的加固工艺可以分为机械加固、化学黏合和热黏合三类。具体的加固方法的选择取决于材料的最终使用性能和纤网类型，有时也组合使用两种或多种加固方式以得到更理想的结构和性能。

（1）机械加固。在机械加固中，非织造纤网通过机械的方法，使纤维相互交缠得到加固，如针刺、水刺和缝编法等。

（2）化学黏合。在化学黏合剂的黏合过程中，黏合剂乳液或黏合剂溶液在纤网内或周围沉积，然后通过热处理得到黏合。黏合剂通常经过喷洒、浸渍或者印花方式附着于纤网表面或内部。

（3）热黏合。热黏合工艺是将纤网中的热熔纤维在交叉点或轧点受热熔融后固化,使纤网得到加固。热熔的工艺条件决定了纤网的性质,如手感和柔软性。

二、非织造材料的起源与发展

1. 非织造材料的起源

非织造材料的起源可追溯到几千年前,那时候还没有机织物和编织物,但已经出现毡制品。古代游牧民族在实践中发现并利用动物纤维的缩绒性,给动物毛发(如羊毛、骆驼毛)施加水、尿或乳清等,通过脚踩、棒打等机械作用,使纤维之间互相缠结而制作毛毡。以现代技术来衡量,这种毡就是最早的非织造材料,今天的短纤维针刺法非织造材料是古代毡制品的延伸和发展。

考古证实,人类在 7 000 多年前就已开始养蚕抽丝制帛,用于制作服饰和服装。马端临(公元 1254—1323 年)撰写的《文献通考》中记载有宋太祖"开宝七年(公元 973 年)5 月,开封府封丘县民程铎家,发蚕簇,有茧联属自成被"。宋代也曾记载利用"万蚕同结"制成平板茧。清代的《西吴蚕略》则更详细地介绍了这种平板茧的制作方法:"蚕老不登簇,置于平案上,即不成茧,吐丝,满案光明如砥,吴人效其法,以制团扇,胜于纨素,即古之蚕纸也。"从原理上讲,这种天然的平板茧类似于现代的纺丝成网法非织造材料。

公元前 2 世纪,我们的祖先受漂絮的启发发明了大麻造纸。这种漂絮和造纸的技术与现在的湿法非织造工艺原理是非常接近的。

2. 当代非织造工艺技术的发展

当代非织造工艺技术最早出现于 19 世纪 70 年代,1878 年英国的 Wilfiam Bywater 公司开始制造最早的针刺机,具有向上刺的传动结构,产品范围很窄。1892 年,有人在美国提出了气流成网机的设计专利。1930 年,汽车工业开始应用针刺法非织造材料。1942 年,美国某公司生产了几千码化学黏合的纤维材料,命名为"Nonwoven Fabrics"。1951 年,美国研制出熔喷法非织造材料。1959 年,美国和欧洲成功研制出纺丝成网法非织造材料。20 世纪 50 年代末,传统低速造纸机改造成湿法非织造成网机,开始生产湿法非织造材料。20 世纪 70 年代,美国开发出水刺法非织造材料。1972 年,出现了"U"型刺针和花式针刺机构,开始生产花纹起绒地毯。

非织造材料能得到迅速发展,主要原因有:传统纺织工艺与设备复杂化,生产成本不断上升,促使人们寻找新技术;石油和化纤工业的迅速发展,为非织造技术的发展提供了丰富的原料,拓宽了产品开发的领域;很多传统纺织品对最终应用场合的针对性差。

当代非织造材料工业的崛起得益于石油化工以及合成纤维的发展。由于新型非织造加工技术以及产品的需要,采用高科技手段,从聚合物分子结构研究入手,对聚合工艺、聚合物改性以及纺丝工艺与设备进行一系列研究,并取得突破性进展,研究开发了一系列适合非织造用的聚合物切片、差别化纤维、功能性纤维。此外,还开发了高性能的有机、无机纤维。形形色色的纤维,结合各种非织造加工技术,可生产出性能迥异、丰富多彩的非织造产品,特别是各种高性能的产业用非织造产品。

当代非织造加工技术的日臻完善是与高新技术的渗透、应用密切相关的,目前已形成干法成网、湿法成网和聚合物挤压成网三大成网工艺,与针刺、热熔黏合、化学黏合、水刺等纤网固结加工技术以及叠层、复合、模压、超声波或高频焊接等复合加工技术。

3. 世界非织造材料工业的发展概况

第一阶段:20世纪40年代初到50年代中期,为非织造工业的萌芽期。设备大都利用现成的纺织设备或进行适当的改造,使用的纤维原料以纺织厂下脚纤维、再生纤维等为主,产品多为厚型的絮垫类。在该阶段,非织造在整个纺织工业中的地位是微不足道的,仅美国、英国、德国等少数国家研究和生产非织造材料。

第二阶段:20世纪50年代末到60年代末,非织造工业从萌芽期向商业生产转化。1961年,全世界非织造材料的产量仅4万吨左右;60年代末,迅速增长到20万吨左右。非织造技术以干法为主,其次为湿法,并开始大量使用化学纤维。在该阶段,非织造作为纺织工业的新分支地位已被确认,进行非织造材料的研究和生产的主要有美国、西欧、日本等地。

第三阶段:20世纪70年代初到80年代末,是非织造工业发展的重要时期,其主要特征是产量持续增长,技术上取得许多突破,应用领域迅速扩大。在此期间,聚合物挤压成网法成套生产线诞生,水刺非织造产品的商业化生产获得成功,非织造工艺开始使用各类特种化纤,如低熔点纤维、热黏合纤维、双组分纤维、超细纤维等。在该阶段,非织造不再是从纺织工业派生出来的新分支的概念,开始成为一个建立在石油化工、化纤工业、塑料化工、精细化工、造纸工业等基础上的新兴产业,新的生产技术迅速从美国、欧洲、日本等地扩大至东亚、南美、东南亚等地。

第四阶段:20世纪90年代,为全球发展期。非织造企业通过兼并、联合、重组和发展,技术更加先进,设备更加精良,生产能力和产量均得到大幅提升。图3-3-19所示为世界非织造材料的总产量发展情况,图3-3-20所示为部分国家、地区的非织造材料的产量发展情况。

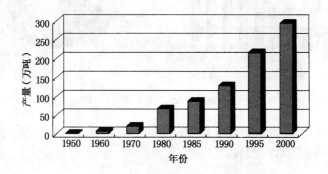

图3-3-19　世界非织造材料的产量发展情况

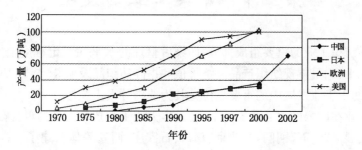

图3-3-20　部分国家、地区的非织造材料的产量发展情况

三、我国非织造材料工业的发展

1958 年,上海纺织研究院等单位开始从事非织造布的实验研究。1964 年,我国第一条浸渍黏合法生产线与第一条纤网型缝编布生产线诞生;1966 年,在我国第一家非织造材料生产企业——上海红卫棉织厂,两条黏合法生产线与两条缝编生产线正式开始生产。1978 年的年产量为 3 000 吨,到 20 世纪 70 年代末开始走上规模发展的道路。20 世纪 80 年代,分别从德国、意大利、奥地利、日本、美国、法国等地引进了 200 多条生产线,包括化学黏合法、热轧法、针刺法、缝编法、纺黏法等。1982 年,我国非织造布工业总产量约 1.5 万吨,1988 年达到 4.2 万吨,1990 年达到 6 万吨,1993 年达到 10 万吨,1995 年发展到 15.5 万吨。在 1982—1995 年的 13 年里,非织造布的产量翻了 10 番。1997 年,我国非织造布的总产量达到 29.27 万吨,与日本基本持平,成为亚洲第二大非织造布生产国。发展至 2001 年,我国非织造生产企业已超过 1 000 家,现有纺丝成网、熔喷、水刺、针刺、热黏合以及化学黏合法等非织造专业生产线。2002 年,非织造材料的产量达到 70 万吨。中国内地的非织造材料的产量发展情况如图 3-3-21 所示。2000 年中国内地的非织造加工工艺比例如图 3-3-22 所示。

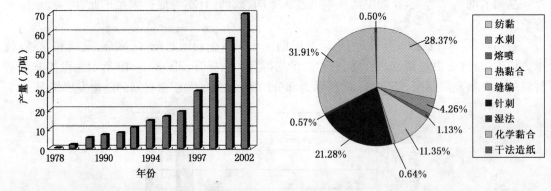

图 3-3-21　中国内地的非织造材料的产量发展情况　图 3-3-22　2000 年中国内地的非织造加工工艺比例

中国台湾地区的非织造材料发展情况:1999 年的产量为 12.56 万吨,2000 年的产量为 11.19 万吨,比上一年减少 10.92%。

第五节　印染工业的发展

印染工业是纺织工业的重要组成部分,印染后整理的水平在一定程度上反映了一个国家的纺织工业的水平,它是体现纺织产品经济价值和提高纺织品及服装、装饰织物附加值的重要因素,它在当代纺织工业发展中的重要地位尤其为业内外人士关注。

中国印染工业在国家的关心和支持下,经过广大职工和技术人员的艰苦奋斗及共同努力,得到了很大的发展。"一五"期间,在北京、郑州、石家庄、西安等地新建了一批大中型印染厂,成为行业中的骨干企业,在计划经济体制下发挥了很好的作用;"六五"期间,根据市场需要,提出了"色改花、棉改涤、窄改宽"的改造方向,也为出口奠定了基础;"七五"期间,由外延转向内涵,由扩大数量转向提高质量、增加品种、提高档次,为后来开发中高档出口服装所需面料、装饰用纺织品和产业用纺织品以及 1983 年取消纺织品按人定量供应的规定打下了基础。

到 20 世纪 90 年代,在企业结构上,已初步形成国有、集体、乡镇、三资和私营企业多种经济成分并存、多种经济结构互补的局面,通过改革、改组、改造和调整产业结构、产品结构,使印染行业得到了进一步的发展,浙江、江苏、广东、山东等沿海地区的发展更快。

一、生产能力与产品水平

中国的印染布产量在 1952 年为 19.2 亿米,1960 年为 32.2 亿米,1970 年为 53 亿米,改革开放初期的 1978 年为 65 亿米,1990 年为 91.6 亿米,1995 年的实际产量达到 136.5 亿米,比 1952 年增长 6 倍。从生产能力的布局上看,沿海地区相对集中,浙江、江苏、山东、广东、上海的产量约占全国总产量的 70%。

建国初期,中国印染行业只能单一加工窄幅纯棉织物。20 世纪 60 年代,随着人造纤维的批量化生产,印染行业出现了新的加工技术,可以对黏胶等人造纤维织物进行染整处理。20 世纪 70 年代以来,发展了以涤/棉混纺为主的各种混纺织物、中长织物和合纤长丝织物的加工工艺;改革开放以来,随着市场需求的不断变化和染整装备的发展,印染工业的生产技术水平得到了不断的提高,印染产品逐步向高支、高密、精细、宽幅、化纤仿真和多功能高级整理的方向发展。

二、工艺技术和装备

印染工业从 20 世纪 50 年代开始,着重解决印染布的"缩、脆、褪、萎"等质量问题,70—80 年代重点解决色差、纬斜等主要质量问题;随着国家大规模经济建设的开展,研制了成套印染设备,原来的间歇式生产改为连续化生产;60 年代,开始注意提高织物的服用性能,研究防缩整理和树脂整理;60 年代后期到 70 年代,着重研究开发合成纤维纯纺、混纺织物的染整工艺和设备,研制了亚氯酸钠、双氧水连续练漂、热熔染色、高温高压染色、分散和活性染料印花、热定形等设备。

在计划经济时期,印染加工的工艺和设备主要适用于大批量、中低档大路产品的生产,对中高档外销产品的小批量、多品种、快交货的加工工艺技术的研究不够,应变能力差。改革开放以来,随着步入市场经济,对产品加工的适应性和产品档次提出了新的和更高的要求,高效前处理—浴法、练漂冷轧堆、活性染料冷轧堆染色、生物酶技术、高档高支纯棉免烫整理、仿真产品、功能性整理等,均有了新的探索和推进。在新设备的采用上,2.8 米以上的特阔设备已有应用;除了辊筒印花机之外,圆网、平网印花设备国内均能制造,12 套色以上的印花设备也有企业添置,间隙式染色设备(如液流染色、巨型卷染机等)已普遍应用;各种功能性整理和特殊整理设备,如高压气流柔软机、涂层设备等也有应用;电脑测色配色得到推广,先进的制版、制网设备也有应用。印染技术向着积极开发多组分、多功能、多技术、多种加工方式、无(或少)公害、短流程、节能降耗的新产品、新技术推进,应用高新技术(如电脑、生物酶、激光、喷蜡、喷墨制版等),提高产品的技术含量,增加附加值,同时注重市场信息、产品信息、技术信息、经济信息等方面的沟通。

三、印染机械制造业

印染工业的发展促进了印染机械制造业的发展。建国前,印染设备主要依靠进口。建国以后,我国开始自主研究、设计、制造成套设备,先后四次组织选型、定型,制造了 54 型、65 型、71 型和 74 型成套印染设备。改革开放以来,通过自主开发、引进消化吸收、技贸结合等多种方式,生产了连续前处理设备、丝光、轧染、圆网印花、平网印花、定形、均匀轧车、间隙式染色机等国产设备,满足了印染工业发展的基本需要。

四、染料、助剂的生产

印染工业的发展也大大促进了染料、助剂的发展。建国初期,我国只能制造一些直接、硫化、还原染料,现在,染料的品种和数量有了大幅度的提高,产品居世界首位。目前,染料生产正在向多品种、高质量、提高配伍性和颗粒精细度、液体化、适合混纺织物的一浴法染色等方向发展。

第四章 当代纺织产品的发展

建国初期,纺织工业所要解决的首要问题是保障5亿多人民的衣被供应,而数量上供不应求的矛盾格外突出。1952年,我国城乡居民的衣着水平很低,平均每人用于衣着的年消费额仅为8.95元;衣着以纯棉布为主,平均每人消费纯棉布只有5.67米;其他纺织品的消费水平更低,如呢绒平均每52人0.33米,丝绸每6人0.33米,针织内衣裤每20人1件,毛巾平均每人1条,棉线袜每5人1双,毛线每174人0.5公斤。到1982年,在全国人口增长近一倍的情况下,平均每人用于衣着的年消费额提高到46.21元,为1952年的5倍多;平均每人购买纯棉布和化学纤维混纺布10米,为1952年的1.8倍;其他主要纺织品的平均每人年消费量也比1952年有很大的增长,如呢绒0.18米、绸缎0.5米、针织内衣裤1.16件。虽然消费水平还比较低,但是人民群众在衣被需要方面已无紧缺之感。1983年12月,国家停止了棉布限量供应方法,取消了布票,实现了敞开供应。

随着生产的发展、人民生活水平的不断提高,广大人民群众对纺织品的要求不仅仅满足于数量,并且不断地对产品的质量、品种、花色提出新的要求。建国以来,我国纺织产品结构的发展总趋势是:由低档向中高档方向发展,适当提高平均纱线细度,增加精梳、细薄织物;由品种单调向多品种、多花色方向发展,使用原料逐步多样化;产业用纺织品的生产发展加快。

第一节 ▶▶ 服装用纺织品

一、棉纺织产品

棉纱的平均细度在20世纪50年代初仅28特(21英支)左右;80年代初,提高到23特(26英支);90年代以来,精梳纱、高支纱的比例进一步增加。

20世纪50年代初,棉布以中低档平纹、斜纹织物为主,如龙头细布、五幅平布、花哗叽、凡拉明蓝布、纱卡其等;50年代中后期,上述品种的比例下降,而细纺、府绸、卡其、华达呢、色织物、起绒织物等产品的比例上升,其后的二十几年间,各类棉织物中均发展了许多新的品种,纯棉细布类发展了巴厘纱、绉纱,纯棉府绸类发展了高支纱、精梳织物,灯芯绒类发展了印花、提花、特阔条、特细条产品,卡其类发展了优级防缩产品等;60年代初,开始试制涤纶与棉花的混纺产品"的确良",产量增长迅速,品种、花色逐步丰富,除了涤/棉细纺、府绸、华达呢、卡其类产品外,还生产了麻纱、线绢、纬长丝、包芯纱等新品种,既有漂白、染色、印花布,也有色织、烂花、提花产品,在织物后整理方面则发展了树脂整理、防缩整理、轧光整理等;80年代,随着人民群众消费水平的提高,发展了多种家庭用装饰布,扩大了产品的领域。

进入 20 世纪 90 年代以来,棉纺织业采用苎麻、亚麻等农业原料与棉混纺,扩大品种和花色,提高服用性能,以适应国内外市场的需要,特别是色织产品,原料多样化,品种系列化、高档化,产品的总体水平、技术含量及附加值有较大提高;原料向棉、麻、丝、化纤等多种原料、多种比例的方向发展,纯棉色织产品发展了高支高密的牛津纺、府绸等,牛仔布系列有厚、中、薄型和花色牛仔布等,用于室内装饰和产业用品的色织布经过特种整理和功能性整理,具有阻燃、防静电、防紫外线、防尘、防污等多种功能。

二、毛纺织产品

20 世纪 50 年代,中国毛纺工业主要生产国内适销的大众呢绒与毛线,主要产品为精梳呢绒类(华达呢、哔叽)、粗梳呢绒类(制服呢、学生呢、海军呢、大衣呢)以及粗绒线(手编毛线),同时有部分毛织品向前苏联、东欧出口;60 年代,随着化纤工业的发展,毛型黏胶(人造毛)、涤纶、腈纶纤维应用于毛纺工业,丰富了毛纺产品的品种,这一时期开始出口至资本主义国家;70 年代后期,开始利用羊绒、兔毛等稀有动物纤维进行深加工,开发高档毛纺产品;80 年代,中国毛纺工业进入蓬勃发展的兴盛时期,产品的品种、质量都有很大的发展;90 年代,精纺呢绒开发了高纱支、轻薄型产品,粗纺呢绒开发了轻柔、蓬松的起毛织物,此外还开发了防蛀、防缩、防菌、防污、防水、阻燃的功能性毛纺产品。

1. 精梳呢绒

中国毛纺织工业自行开发的成功品种有七彩牙签呢、彩色华达呢、高密驼丝锦、毛条印花啥味呢、双经单纬派力司、单经单纬"麦司林"、马海毛薄花呢、颜色艳丽的女式呢等,细支纱牙签单面花呢在 20 世纪 80—90 年代热销了十几年。此外,开发了低比例羊毛与化纤混纺的精纺呢绒和纯化纤精纺呢绒。由于细支纱轻薄型毛纺产品的开发,使精纺呢绒在四季皆可穿着。

2. 粗梳呢绒

从 20 世纪 50—60 年代以制服呢、学生呢、海军呢等传统产品为主,发展到采用多种原料、各种颜色的毛纱或花色线生产花色性强的粗花呢、印花呢绒、精经粗纬麦尔登以及法兰绒、钢花呢、拷花大衣呢等呢面、纹面、绒面的各类产品;80 年代,充分利用羊绒、兔毛开发粗纺精品;90 年代,努力开发毛纱蓬松、织物密度小、手感柔软、丰厚、质轻的起毛织物。

3. 绒线、针织绒和羊毛绒

以颜色单调的手编粗绒线为起点,先后开发出结构多元化的品种,如异支、异质、精粗纱交捻以及圈圈、波纹、雪尼尔等花式线,其色泽也趋于多元化,重视采用国际流行色,同时兼顾内销市场要求的传统色。羊毛衫类毛针织品,其原料的花色品种趋向多样化,款式也适应市场需求,不断更新。

4. 毛毯

20 世纪 50—60 年代,流行传统的纯毛水波纹毛毯,其后,发展了人造毛毯、腈纶毯、绒面毯、旅游毯、苏格兰毯以及羊绒毯、驼绒毯等;70 年代末,经编拉舍尔毛毯在中国问世,很快发展成为毛毯的主导产品,并逐步代替了腈纶机织毯,七套色的仿貂超柔软拉舍尔毛毯属华贵的床上装饰品。

5. 人造毛皮

人造毛皮是中国于 20 世纪 70 年代开发的产品,从长毛绒、割圈绒发展到平剪绒、仿兽毛皮,花型、颜色丰富多彩,除了穿用还可作挂毯等装饰用品。

三、丝绸产品

中国的蚕丝品种长期以来比较单一，经过半个世纪的发展，已有新的突破。山东省丝绸公司于20世纪90年代开发的特细桑蚕丝，其单丝线密度是一般蚕丝的2/3，可以织造特薄、特精密的高档丝绸。江苏、浙江研制的包覆丝和包缠丝，以棉纱、涤纶、氨纶为芯，外边包覆或包缠蚕丝，可以织造较厚重的外衣用料，使真丝绸的应用从内衣向外衣发展，开拓了新的服用领域。四川、广东等地的企业将丝纤维与麻、兔毛、羊绒等纤维混纺、交织，产品具有各类纤维的特性，有更好的服用性能。

随着原料供应和市场需求的变化，合纤丝织品是中国丝绸工业在20世纪70年代试制的产品。上海、江苏、浙江等地先后开发了尼丝纺、涤丝纺、弹涤绸等品种，后来又试制了涤纶仿真丝绸系列产品。

丝织品的用途，除主要用于衣着外，正在向装饰品、日用品和产业用品发展。投入生产的产品有保暖性好、透气性强的高级真丝立绒线毯，有组织紧密、柔软舒适的羽绒被用绸，有质地柔和、保健护肤的真丝毛巾、浴巾、浴袍系列产品，有大幅真丝印花装饰画、真丝挂毯、真丝壁布，还有用于医药卫生、军事工业、印刷工业的高孔目过滤绸（筛绢）、电力工业用的绝缘绸等，不少产品大量出口。

中国丝绸工业在大力开发新产品的同时，对老产品进行了整理和补充，对双绉、电力纺、斜纹绸、绉缎、丝绒、绢纺绸等传统品种，在档次、规格、质量、花色等方面进行系列配套，便于客户选择。

20世纪80年代还开发了丝针织品和编织品，从平纹织物到罗纹织物、珠地织物、毛圈织物、提花织物等。所用原料亦从单一的真丝、人造丝发展到膨松丝、复合丝、混纺丝等。丝针织服装也从内衣发展到睡衣、外衣等。

蚕丝副产品的综合利用有了很大的进展。早在20世纪50年代，就开始利用缫丝过程中剩余的蚕蛹提取蛹油，用于制造肥皂、壬二酸、亚油酸等；提油后的脱脂蛹中，还可提取多种氨基酸，用于食品添加剂和营养保健品。缫丝及丝织生产中产生的废丝，经过水解、过滤、中和、浓缩，可制成蚕丝多肽，用于配制成高级化妆品、美容水、洗发液等。用废丝研制的丝素膜，可制成蚕丝蛋白人工皮，用于覆盖烧伤、烫伤创面，无毒性和过敏性反应，透气透湿，且与创面的黏附性良好。

四、麻纺织产品

黄麻、洋麻、亚麻、苎麻原料的迅速发展，为麻纺织工业提供了丰富的原料资源，促进了麻纺织工业的发展。黄麻新产品有黄麻地毯底布、黄麻土工布等。哈尔滨亚麻绸织厂研究成功粗纱煮练和氯氧漂白两项新工艺，使亚麻细布有较大的改进。亚麻纺织品的品种不断增加，如阔幅亚麻细布、涤/麻细布、染色细布、亚麻提花布、亚麻凉席以及亚麻水龙带等。曾经是我国人民主要衣料的手工织制的苎麻夏布，到20世纪50年代已趋于淘汰。苎麻业成功研制了高支单纱细薄纯麻布的纺织工艺、苎麻织物树脂整理、涂料印花技术等，出现了很多新品种。

汉麻、罗布麻、剑麻等麻类资源，经研究开发和利用，取得了较好的成绩。山东省东平、泰安麻纺厂研究汉麻化学脱胶工艺并获成功，制成了多种汉麻纺织品，如42特纯汉麻布、汉麻帆布等，汉麻产品有衬衫、凉席和床单等；广东省东方红农场开发了剑麻地毯及装饰用品；中国纺织总会服装技术开发中心与浙江大乐制衣有限公司共同开发了罗布麻免烫保健衬衫;等等。

五、化学纤维纺织品

20 世纪 50 年代,国内还只能生产少量的黏胶纤维(人造棉、人造丝),城乡市场销售的纺织品,绝大部分是天然纤维纺织品,其中主要是纯棉纺织品;到 60 年代,合成纤维织物逐步发展起来,锦纶、维纶、涤纶、腈纶的纯纺、混纺产品开始进入消费领域;70 年代中期,涤/棉混纺织物已很普及;70 年代中后期,开始发展涤纶/黏胶纤维或涤纶/腈纶混纺的中长纤维织物和涤纶长丝织物。随着化学纤维工业的发展和化学纤维的普遍使用,我国纺织工业的产品结构发生了巨大的变化。棉型化纤布(主要指涤/棉布、维/棉布、人棉布和涤/黏中长纤维织物)的社会零售量,1963 年时仅 1 亿米,1982 年时已激增到 33.8 亿米;在毛型、丝绸型产品中,化学纤维的比例更大;针棉织品中,化学纤维原料的比例在 80 年代初已占全部原料消费的 25%左右。

纺织工业中化学纤维的应用比例不断增长,品种不断增加,为城乡市场提供了一系列新的纺织品。化学纤维纺织品具有经久耐穿、挺括免烫等优点,特别是它与天然纤维混纺或交织可相互取长补短,大大提高纺织品的质量,并丰富纺织品的品种和花色。同样的一件卡其布上衣,涤/棉卡其不但比纯棉卡其挺括,而且使用寿命可以延长 2~3 倍。20 世纪 70 年代以来,我国国内市场的纺织品供求关系由紧张趋向缓和,数量上基本能适应需要,和纺织品原料结构的重大调整有着密切的关系。

20 世纪 90 年代,随着世界经济的一体化,中国化纤工业面临国际市场的严重挑战。现有的化纤品种较单一,产品档次较低,高档和特殊化纤品种靠进口,差别化纤维的比例小。

六、针织产品

建国初期,针织用纱的比例较小。20 世纪 50 年代初期,每年用于针棉织品的棉纱仅 5 万吨,约占全国棉纱年产量的 10%。产品品种也较少,主要是汗衫、背心、棉毛衫裤、厚绒衣裤及袜子。到 1982 年,针棉织品的用纱增长到 63.5 万吨,占同年棉纱产品的 19%左右。针织内衣衫裤的国内市场销售量,1952 年到 1982 年间,从 2 900 万件增加到 11.7 亿件。在保证内衣消费需要的情况下,70 年代,针织产品逐步向外衣化发展,一是"内衣外衣化",如衬衫、套衫、运动服等;二是发展各种针织外衣服装,如两用衫、夹克衫、连衣裙、裙子等;针织面料向粗厚、轻薄两个极端发展,并从素色向色织、提花、印花、烂花、绒面、轧花等多种花色发展;最终成品款式也有所改进,各类童装和男女外衣的领、袖、口袋有很多变化,并注意镶条、嵌条、拼色、花边、胸饰、腰带等辅料的合理选择。80 年代以后,针织服装、针织衣料的市场销售量继续保持发展势头,反映出我国城乡人民的消费水平有了很大提高。

第二节 产业用纺织品

建国初期,棉型纺织品实行统购、统销,产业用的棉型纺织品按工业用布、公共用布及劳保用布三大类由商业部门按计划供应。随着国民经济各部门的迅速发展,产业用纺织品的用量不断增多。与此同时,与一般穿着用纺织品的结构性能不同、专用于某种产业用途的纺织品,如麻袋、篷盖布、水龙带、渔网、滤布以及军事工业用的特种纺织品等逐步发展起来。到1984年，工业用的棉型纱已达到84万件，棉型布达到18亿米，加上麻袋等产品，工业用纺织品总量约占纺织品供应总量的13％。

1984年，纺织工业部明确提出要发展服装、装饰用纺织品和产业用纺织品"三大支柱产品"。1985年，纺织工业部将产业用纺织品划分为16大类。同时，中国化纤工业迅速发展，非织造布等新的加工技术也取得长足进步，促进了产业用纺织品生产的面貌发生根本性变化，其突出表现为应用领域逐步扩大、新的产品不断涌现。据不完全统计，产业用纺织品的用量（不包括麻袋），1988年为53万吨，1993年为86万吨，1997年提高到122.7万吨，分别占当年纺织纤维消耗总量的8％、11％和13.6％。

一、农业栽培用品

包括丰收布、寒冷纱、遮阳网等，都在逐步推广应用。由于非织造布工业的发展，为"保护地栽培"提供了一种比塑料地膜效果更理想的新材料，适用面包括蔬菜、花卉、药材、茶叶、油菜、人参以及部分粮食、果树等，能起到保温、遮光、防霜、防雨、防雪、防风、防病虫害、防鼠、防鸟等作用，能较大幅度地提高作物产量及提前或延后成熟时间。

二、医疗卫生保健纺织品

20世纪90年代以来，医疗卫生保健纺织品得到迅速的推广和采用，老人失禁垫、尿布的用量发展很快，一次性被褥、帷幕、手术衣帽等逐步采用，病房用品的用量很大，各种揩布面巾也发展很快，一些保健用产品在国内深受欢迎。

三、其他织品

1. 篷盖布

化纤帆布已逐步替代棉帆布。"七五"期间，研究成功维纶PVC涂塑篷布，后来又推广涤纶帆布。目前，各种帆布已广泛在全国推广、应用，包括铁路、船舶、汽车、港口、码头、仓库、油井塔衣、飞机、汽车罩衣、大炮炮衣以及建筑施工帆篷等。

2. 涂层人造革合成革基布

在基布上进行PVC涂层或层压，或进行PU涂层，主要用途为鞋用、箱包用、灯箱标志牌、遮阳材料、游艇、升空气球、土工材料、蓄水池、游乐设施等。

3. 土工织物

土工织物已在很多工程中得到应用，特别是在水利工程中，铁路、公路、环保、机场建设中使用土工布也在迅速增加，机织和非织造土工织物都有应用。

4. 屋顶材料

以非织造布为基材的屋顶防水材料逐步得到应用。一些企业从国外引进了纺黏法涤纶非织造布生产线，建筑部门也引进了10多条改性沥青防水材料生产线，使得以涤纶非织造布为胎基的防水材料逐步在国内的城市建设中得到应用。

5. 骨架材料

由于汽车工业发展的带动，轮胎帘子线的产量迅速增加，各种传动带、运输带、水龙带、橡胶软管输（吸）油管、进出水管的支撑骨架材料的增长较快。原料以锦纶6、锦纶66为主，涤纶用量逐步增多,黏胶强力丝、棉纤维等也有使用。

6. 交通车厢内饰材料

汽车和火车车厢内的装饰材料的发展很快,特别是汽车工业的发展,使汽车地毯、行李箱、车顶篷、模压车门侧板、隔音隔热材料等内饰材料得以发展。

7. 过滤材料

中国烟嘴过滤丝束年产10～12万吨,主要采用醋酯纤维及丙纶纤维为原料。另外,各种气体过滤和液体过滤材料的发展很快,主要采用涤纶、丙纶、玻璃纤维,少量采用Nomex、芳砜纶、聚酰亚胺、聚苯硫醚等纤维,用于燃煤锅炉、垃圾焚烧炉、炭黑、涂料、油漆、化工、食品以及空气过滤等方面。

其他如包装材料、渔业和水产养殖用品、产业用毡及毡瓦基布、绳带、线缆、文体用品、防护用品等均有一定的发展。

第五章　与时俱进的当代服饰

第一节▶▶当代服饰的发展

新中国成立以后,我国服饰发生了很大的变化,根据发展进程,当代服饰的发展可分为四个阶段。

一、1949—1966 年

从总体上看,这一时期的基本特征是服装的种类和款式逐步趋向单一。

随着解放战争的节节胜利,在全国各大城市获得解放的同时,身穿洗得发白的灰色四兜中山装的解放区男女干部进驻各大城市。人民民主革命胜利后,人们的价值取向和审美观念发生了深刻的变化。崇尚革命精神,满怀革命激情的青年学生,为了表示拥护革命,首先纷纷穿起了象征革命的"干部服"。灰色的"干部服"在城市中流行起来,逐渐占据城市服装的主导地位。旗袍不知不觉地失去了市场,具有"小资产阶级情调"的长衫礼服和带有"崇洋"倾向的西装逐渐被淘汰。

这次服饰的演变不是由行政的强制命令完成的,而是人们在对革命的向往中,在灰色"干部服"的不断渗透中,在革命意识逐渐升温的过程中,顺理成章地自然形成的。新中国成立前夕,各个领域受前苏联的强烈影响,服装自然也不例外,这也是列宁装(图 3-5-1)和布拉吉在当时的中国流行的原因。

列宁装对中国服装的影响主要是两个方面,一是对传统中山装的影响,二是新中国女性因崇拜世界革命领袖而以身穿列宁装为荣。列宁装本来是男性服装,却被新中国女性所青睐,当时喜欢穿列宁装的女性有两类,一类是向往革命的女学生,另一类是新中国各行各业的女干部。

"布拉吉"是俄语连衣裙的音译。20 世纪 50 年代,当时苏联的领导人到中国访问,看到中国女性一律灰蓝黑色的服装,几乎男女不分,建议中国女性人人穿花衣,以体现社会主义欣欣向荣的面貌。"布拉吉"在当时较为流行,一时间,妇女穿花色"布拉吉"成为时尚。但后来,由于"布拉吉"宽松肥大,布料颜色和花样的变化太少,主要是碎花、格子和条纹,质料也太粗糙低劣,到 20 世纪 50 年代末,花布裙子在中国便少有人穿了。

20 世纪 50 年代讲求勤俭,个性化的美丽服装大都是家庭制作,巧手的姑娘和母亲模仿画报剪裁式样,自己动手,使服装变得合身,棉布衬衫变得漂亮。

20 世纪 60 年代是新中国历史上异常艰苦的时期,粮食和棉花大量减产,衣服只能"新三

图 3-5-1　列宁服

年,旧三年,缝缝补补又三年",着装千篇一律,只剩下蓝、灰、黑三种单调的颜色。"飒爽英姿五尺枪,曙光初照演兵场,中华儿女多奇志,不爱红装爱武装"(毛泽东,《为女民兵题照》,1961)这首诗不胫而走,并深入年轻女性的心中,她们纷纷穿起军装式样的衣衫,"不爱红装"成了青年女性革命化的标志之一。

建国以来 17 年的经济建设,使我国的服装行业发生了令人瞩目的变化,尽管在设计和制作上仍然受"大一统"观念的垄断,但我们与世界的距离在逐步缩小。

二、1966—1976 年

20 世纪 60 年代初期,三年困难时期结束以后,人民的生活开始有所好转,精神面貌随之焕发。同时,随着我国国际地位的提高,中国与世界各国、各地区之间的交往日益频繁。为了体现中国的大国地位和尊重其他国家的风俗习惯,中国领导人在外事活动中改变了一律穿毛式制服的习惯,开始穿着西装活跃在国际舞台上。女性的服饰也有了生机和活力,上海出现了西装和烫发。爱美的天性使得一些"爱花哨"的男女青年慢慢地越过雷池,有了追求服饰美的倾向。男青年中出现了梳背头、留小胡子、擦头油的现象,女青年中出现了用火钳子烫发、裁小裤脚、做尖鞋头的现象,但是他们很快遭到青年干部和好心长辈的指责与批评,甚至引起舆论界的批判。

随着"文化大革命"的到来,一夜之间,稍显与众不同的服装被贴上资产阶级"旧思想、旧文化、旧风俗、旧习惯"的标签,被扫进了"历史垃圾堆"。1966 年秋,北京二中的红卫兵贴出"向旧世界宣战"的大字报——"我们要求在最短的时间内改掉港式衣裙,剃去怪式发样。……'牛仔裤'可以改成短裤,余下部分,可以补钉。'火箭鞋'可以削平,改为凉鞋。高跟鞋改为平底鞋""我们要管,还要管到底"。于是,小将们雄赳赳、气昂昂地走上街头,京、津、沪等各大城市的街头到处立起"红卫兵检查哨",砍鞋跟、剁尖头、割裤腿、剪头发……

在"灭资兴无"的汹涌浪潮下,人们的服装急剧单纯化、简约化,用闪电般的速度浓缩为两大色系,首先是代表"无产阶级专政坚强柱石"的绿军装独领风骚,接着是显示"工人阶级领导一切"的蓝工装潇洒登场,服装的模式最终被固定为军便衣、中山装和工作服这"老三样"以及国防绿、战备黑、工装蓝、干部灰和卫生白这"五色谱"。

被这种统一模式包裹起来的芸芸众生的态势也是统一的,个个行为板正服帖、严肃拘谨,人人表情不卑不亢、不冷不热,件件服装不新不旧、不土不洋。中华民族大一统的思想在这里得到了最充分的体现。

在军便装流行的日子里,年轻人想方设法地找一身军装穿。没有新的,旧的也行;没有全套,穿一件上衣或穿一条军裤也可以;没有上装和军裤,戴一顶军帽也很神气;实在找不到军装,就买绿布,自己制作。"革命小将"的军装穿法大都是长袖挽起、露出小臂,显得斗劲十足;穿军装还必须扎腰带,没有军用武装腰带,就用其他皮带代替;冬季最好穿军用棉大衣。草绿军装流行于整个"文革"时期,但"文革"前后期的穿着风格略有不同:"文革"前期以"破四旧"和武斗为主,所以军装的穿着注重勇武好斗;"文革"后期以抓革命、促生产为主,军装的穿着范围扩大,注重整洁美观。以军装和军便服为主的服装统治了中国服装潮流 10 余年,直到 20 世纪

80年代才消退。

另外,20世纪70年代中期,农村曾流行"大干部小干部,个个都穿尼龙裤,前面日本产,后面是尿素"。当时,中国从日本进口化肥尿素,用过的袋子是由尼龙制成的,可以制成裤子,流行一时。这种特色服装是普通百姓享受不到的。

图3-5-2　红卫兵装

"文革"期间到过中国的"老外"们,几乎众口一辞地贬低我们的服装。高鼻梁的西洋人讥讽我们是一群"蓝蚂蚁",低鼻梁的东洋人挖苦我们"不分男女"。我们自己则自我解嘲地称通行10年的"一字领"制服的设计者应该获"最长流行款式奖"。百人一体、千人一面、多季一衣、十年一贯的着装原则,成了无数人自发产生和小心维系的通行法则。

实际上,人民群众的审美要求从来没有中止过。在"文革"后期,从女青年的头巾、手套、袜子、提包和仿佛不经心露出的棉袄边、衬衣领、袖口处,无不显露出一丝丝美的光采,甚至内衣比外衣长、两块头巾叠起来戴,都成了一种时髦。美,期待着冲出樊笼的一天。

三、1976—20世纪末

随着经济的复苏和20多年的发展,我国的服装不再以"年"为单位呈现新旧迭变,而是以"日新月异"的面貌展示其发展和变化。变化的根本在于经济的发展,经济的发展带动了服装企业的设备、材料、管理等方面的更新。服装企业逐步添置了许多工业用缝纫机、锁眼机、钉纽机、包缝机、裁布机、整烫机等先进设备大批量地投入使用,电熨斗、电动裁剪刀的使用也十分普及,服装生产的机械化程度提高到50%左右。到1978年,全国许多大中城市的服装行业机械化程度基本上达到70%。

20世纪80年代后,逐步由机械化进入半自动化,并引进了许多国外新设备、新工艺,90年代初又陆续引进服装的计算机辅助设计与制造技术(CAM/CAD),大大提高了我国服装制造业的速度与水平。老字号、新品牌纷纷树立起良好的形象,成衣业飞速发展,服装出口量日益增长,整个服装行业呈现一片勃勃生机。改革开放带来了新的着装观念,也开启了中西方沟通的大门,西方流行的各种款式纷纷涌入我国。从喇叭裤、牛仔服、运动装、夹克到职业装,无不附带着西方的色彩;蝙蝠衫、健美裤、高跟鞋、牛仔裤、吊带裙、迷你裙、婚纱等,风起云涌;T恤、牛仔裤、运动鞋、旅游鞋,逐渐成为男女认同的时尚。西方成熟的品牌也逐渐进入中国的市场,它们以高端的材料、最新的设计、先进的经营理念迅速抢占我国服装市场的上位空间。人们越来越关注时尚,穿着打扮不再盲从,品牌的观念逐渐建立,国内服装行业也认识到了这一点,从单纯加工向品牌路线发展。20世纪80—90年代,外国服装设计师不断被介绍到中国,并被邀请访华。中国也出现了职业的本土服装设计师,在各类服装设计大赛中,一批批服装设计师脱颖而出。

到20世纪90年代,数以百计的优秀服装设计师推出了成千上万的各种款式的服装,以满足不同阶层、不同人物的着装需求。与此同时,为了宣传服装设计师的新款服饰,职业服装模特产生了,她们在T台上展示服装的美,并逐渐与国际接轨,使得国人的服饰审美层次逐渐提高。服装的发展也带动了服装教育的发展,最先开设服装设计专业的高校是清华大学美术学院(原中央工艺美术学院),在培养优秀设计师的同时,打造出了中国服装教育的专家。其后,各地美术院校、纺织院校等纷纷建立服装设计专业,每年为社会输送大量服装设计人才和管理人才。服装科学研究也在不断深入,全国性的理论研讨会从80年代后期开始,在各地不断召开,国际化的交流大大促进了我国的服装理论建设,开阔了视野,也指引着中国服装发展的方向。

第二节 高科技功能服装

现代科技的高速发展使人类的活动空间迅速扩大,这必然要求人体能够在某种条件下和限度内冲破自身的生理禁区。在诸如空中飞行、太空旅行、海底探测、高温作业等活动中,环境对操作人员的防护措施有严格要求。利用现代科技成果,以服装的形式完成或部分达成这些要求,可获得灵活、轻量化设计的效果。在日常生活中,通过强化功能设计和扩展功能设计,则可为穿着者提供更舒适、更丰富、更有趣的生活体验。

现代高科技功能服装及其所涉及的功能材料、功能整理和相应的精度制造等技术,一直处于高速发展和变化的状态,各领域的更新速度并不一致,因此难以完整地对其进行系统归纳和总结。以下文字并非力图涵盖所有的功能服装产品和技术,而是以现存技术的总体样貌和高定形程度具体技术形态的摘选和展开论述的方式,阶段性地总结和介绍这些新的技术成果和产品,以资未来的相关研究。

从人—机—环境关系的角度观察,功能服装主要在针对特定环境的功能适应性和针对一般地表环境的功能性设计等方面与普通服装发生区别,为了较好地总结和描述这一高速发展、不断完善的服装品种,可将其归结为工作—环境与人居—环境两个大类。

一、工作—环境功能服装

工作—环境功能服装可以理解为在特定条件下进行特定操作时能起到隔绝、调节、辅助、增强、扩展等功能的服装,可纳入工作服的范畴。

1. 一般工作服

在符合或接近人体正常适应能力的环境下,人体直接参与操作的功能性服装,一般以不舒适环境要素缓冲或隔绝、特殊操作及环境要求等方面进行设计。

(1)水上救生衣。水上救生衣简称救生衣,又称救生背心,是一种救护生命的服装。作为一种由落水者独立操作的水面救生装备,其起源时间至少可上溯100年。"泰坦尼克号"上出现的棉/麻面料的背心式救生衣式样给人印象深刻。1928年,彼得·马库斯注册了救生衣的专利,他的设计与二战军用救生衣极为相似。此后,救生衣的设计和制造技术处于不断的发展和改良过程中,比如,面料的选择由最初的棉、麻类天然纤维材料发展到今天常用的尼龙面料,浮力材料的选择分成固体浮力材料和气体材料两个大类,20世纪20—30年代甚至出现过使用充气的橡胶自行车内胎制作的捆绑式样的救生衣。

目前,救生衣的款式多为背心式,采用尼龙面料或氯丁橡胶、浮力材料或可充气的材料和反光材料等制成,一般使用年限为5~7年。救生衣按用途可分为海用救生衣和航空救生衣,海用救生衣一般包括船用救生衣、船用儿童救生衣、船用工作救生衣、休闲救生衣等;按浮力原理,则可分为浮力材料填充式救生衣和充气式救生衣。

(2)高清洁环境功能服。高清洁环境功能服主要用于医疗、电子等行业中对工作环境的洁净程度(细菌、微尘颗粒)有严格要求的特殊部门,如常见的用于手术室的无菌衣和用于电子晶片制造业的无尘功能服。这类服装一般要求尽量少地吸附环境微尘或杀灭来自环境或人体的菌体,同时保证良好的密闭状态,防止来自人体的微尘或菌体污染外部环境。因此,这类服装的材料要求高,技术难度大。最初的医用防菌技术是对医用织物进行简单的高温蒸煮处理或盐水浸泡处理;1900年前后,人们开始开发织物防霉技术;20世纪20—40年代,美国开始出现个人卫生整理用品,能起到切断致病菌传播的传统纺织品媒介链段的作用,改变了人类的生活方式。

同样,随着电子技术的飞速发展,20世纪50年代后期,人类开始织物抗静电技术的研究。随后的20年,是以日本、德国、美国等为代表的发达国家广泛开展对抗静电织物及其服装制造技术进行研究并迅速发展的时期。到20世纪80年代,已经从低档、简单的防静电产品发展成为质优、高效和多功能的产品。我国从20世纪60年代开始介入这一领域的研究与开发工作,已生产出我国第一代防静电工作服,但目前为止,自主研发的力度有限,产品的开发停留在借鉴国外先进国家的研究成果的阶段。目前,抗菌织物的开发有后整理、微胶囊等技术路线,可满足不同程度的需求。纺织材料防吸附的问题一般与抗静电技术结合在一起,因此多利用金属长丝混纺、开发导电聚合物和纤维、碳复合纺丝等技术,微损导电缝合技术也是重点开发课题。

(3)警示功能服。警示功能服装的最初形态可上溯至原始部落战士的彩色纹身或体绘,后来出现的如身体烙印、囚犯服装等,都可明确地体现其警示作用。随着现代工业技术的高速发展,在野外、夜间道路、救灾、强电等环境下进行的作业,要求操作人员容易被识别并对其进行监控,一般通过附加并强化操作人员的服装的视觉识别功能来满足实际的需求。目前,警示功能服以高能见度材料的开发和应用为主要设计手段,一般包括荧光材料、高反光材料和变色染料等技术。由荧光材料和高反光材料制作的警示功能服,常见于夜晚或雨雾等低能见度环境下的道路交通管理、施工等场合,也有报道用于上述条件下的野外团队行进。美国马萨诸塞州的一家公司于1997年11月制成一种白天看起来和普通服装无异、但在夜间闪闪发光的服装,这种夜光服的外观和手感与普通纤维织物很相似,不同的是用来制造这种闪光服的纤维中嵌入了大量形似碟形卫星天线的微型碟,这些微型碟在黑暗中具有很强的反射光的能力,使服装看起来闪闪发光。目前,这类产品已经广泛用于野外工作服和各类户外体育用品。

2. 功能运动服

古罗马角斗士的专用比赛服是功能性运动服装的典型初级设计,新古典主义时期的及地篷裙样式的女子自行车运动服、骑马服和网球服,在当时是多么轻便、舒适、时尚的功能设计,现在看上去却毫无运动功能性可言。1960年,以人体测量学、生物力学、劳动生理学、环境生理学、工程心理学、时间与工作研究为基础并共同构建的人体工程学成为一门独立的学科,功能性运动服的研究与开发也进入了高速发展的轨道。

大多数体育运动具有人体或人体的某些部位进行较剧烈且多次反复的规律性动作的特点,对于运动服装的要求首先是良好的动静态的舒适性,即不阻碍原则,进一步可利用材料和结构的针对性设计来实现保护或辅助人体完成这些动作的功能。不同种类的体育运动所要求的运动技术具有各自鲜明的特点,因此,功能运动服一般根据运动的种类进行分类设计。

（1）鲨鱼皮泳衣。不论从哪个方面讲，鲨鱼皮都可称为现代高科技服装的典范，全新的材料与最先进的超声波缝合技术完美结合，为运动员创造辉煌成绩提供了重要帮助，也取得了少见的商业成功。

科学研究表明，水的阻力大约是空气阻力的 800 倍。据测算，两名体形、推进力相同的选手，在 100 米自由泳竞赛中，如果其中一名选手的阻力能减低 1%，其成绩可提高 0.15 秒，也就是说，这名选手能够领先 30 厘米。因此，科研人员对游泳衣所追求的最大功能是减少游泳者与水的摩擦作用。水中的阻力与水的密度、游泳者的表面面积、摩擦系数以及游泳者的速度的平方成正比，也就是说，为了减少游泳者的阻力，必须设法减少表面面积和摩擦系数。由此，功能泳衣设计的要点可以概括为：游泳衣的拉力强度要大，流线型设计，使泳衣束紧全身，减少正面面积，因为丰满的胸部及凸出的臀部会减缓游泳速度；游泳衣要有适度的伸缩性，既要使选手的肢体能随意伸展，又不妨碍肌肉的运动；不会使水从泳衣表面进入，因为水进入泳衣内停留在选手的腰部及臀部，会使身体膨胀，加大正面面积，从而增加阻力；进入游泳衣的水能顺利流出，由于肌肉的激烈运动，泳衣和皮肤之间必然有缝隙，水流入衣内是无法绝对避免的；使用质料轻薄、表面光滑的材料，以减少阻力；使用薄面料，给人以接近肌肤之感。

在 20 世纪 50 年代，尼龙泳衣以其可以伸缩的优点而风靡世界。在蒙特利尔奥运会上，日本首次推出了不含胶层的游泳衣。这种泳衣的反面使用了美国生产的特种纤维原料，据说它能防止衣服伸长时从衣缝流入过多的水。在巴塞罗那奥运会上，美国金牌得主埃文斯首次穿上了可使水的摩擦阻力降低 20% 的泳衣，它是用 80% 的聚酯纤维和 20% 的尼龙的混纺材料制成的。

鲨鱼皮泳衣是人们根据其外形特征起的绰号，它还有个名字——快皮。该款泳衣的核心技术在于使用了模仿鲨鱼的皮肤表面的粗糙的 V 形皱褶的超伸展纤维，实验表明，鲨鱼皮使用的纤维可以减少 3% 的水的阻力，这在 0.01 秒就能决定胜负的游泳比赛中有着非凡的意义。此外，这款泳衣充分融合了仿生学原理：在接缝处模仿人类的肌腱，为运动员向后划水时提供动力；在布料上模仿人类的皮肤，富有弹性，而且使用能增加浮力的聚氨酯纤维材料。1999 年 10 月，国际泳联正式允许运动员穿"快皮"参赛。

目前，鲨鱼皮共有四代产品。第一代鲨鱼皮：2000 年 FASTSKIN，采用模仿鲨鱼皮肤结构的纤维，能引导周围的水流，减少水阻力并提高游泳速度 3%～7.5%；作为鲨鱼皮的代表，这款泳衣在悉尼奥运会上风靡全球，有 83% 的参赛选手选择身穿鲨鱼皮参加比赛。第二代鲨鱼皮：2004 年 FASTSKIN 2，在第一代的基础上，在面料的表面加上颗粒状的小点，目的是减少 30% 的水阻，整体功能比第一代提升 7.5%；2004 年的雅典奥运会上，获得奖牌的运动员中，有 47 人是穿着这款泳衣登上领奖台的。第三代鲨鱼皮：2007 年 FASTSKIN FS-PRO，由防氧弹性纱和特细尼龙纱组成，它的弹性比同类产品高 15%，可以减少肌肉振动和能量损耗；在 2007 年这一年的时间里，协助世界各国运动员先后 21 次打破世界纪录。第四代鲨鱼皮：2008 年 FASTSKIN LZR RACER，由极轻、低阻、防水和快干的 LZR PULSE 面料组成，是全球首套以高科技熔接技术生产的无皱褶比赛泳装；在近一个月内产生的 16 项新的世界纪录中，有 14 项是由选手穿着这款泳衣创造的。

（2）球类运动装备。以足球、篮球为代表的球类运动的共同特点是要求全身协调的剧烈动作，因而球类运动装备的设计主要集中在大量休热和体表汗液条件下的舒适性和爆发力以及冲击动作的辅助和保护功能等方面。

目前，具有上述功能和某些特殊功能的高科技产品已经广泛用于各类赛事，甚至已渗入日常的体育活动当中。如运动员经常会在运动短裤内另外穿一条紧身齐膝短裤，以保护大腿肌肉。紧身齐膝短裤一般在夜晚、冷天或运动员的肌肉轻伤的情况下穿用，其原料为莱卡与棉，在特别寒冷的天气条件下，可加入羊毛。类似的产品还有可保护上身肌肉的紧身内衣，常为袖长及肘的款式，由双层纤维制成，内层为纯棉，外层为合成纤维，使表面富有光泽。

高科技的应用同样体现在各类球类运动的用具和用品方面。如利用高科技并结合人体运动力学原理研制出来的新一代跑鞋，是运动员提高成绩的最好帮手。一般而言，高科技跑鞋必须具有三大特色：一是极佳的避震功能，穿着时倍感舒服和安全；二是具备回输功能，能释放吸震时储蓄的能量，使运动员感到省力轻松；三是附着力强，运动员易于控制，保持正确姿势，避免滑倒。新一代跑鞋的鞋底由马蹄形的气垫后跟和各种适应脚的不同部位和不同运动的花纹组成。所谓的气垫后跟，是在鞋跟中央位置装一个小巧的风琴形气垫，利用气垫吸震，同时吸收能量从而产生反弹力，压力愈大，反弹力相对增强。新型气垫后跟内的气垫可以更换，根据运动员的自身质量、脚型和运动项目的差异，气垫有不同的密度和型基。还有一种跑鞋，用陶瓷鞋钉代替了传统的铁钉，由于陶瓷耐磨且钉子周围无任何附黏物，因而可使鞋的质量减轻至少 20 克。另外，各大公司针对一些顶尖运动员的个人生理特点和动作特点及运动场地的环境特点进行设计，力求达到最好的使用效果。在当今的足球比赛中，比赛用球也是完美的科技产品，采用合成材料制成，质量为 430 克至 450 克，不会变形，具有皮革球的一切优点，但没有皮革球的任何缺点（如完全不吸水），即使在下雨天，球的质量也保持不变，而皮革足球浸水后其质量会增加 250 克左右；守门员戴的是特制的橡胶手套，即使球潮湿或场地泥泞不堪，也不会对他们产生多大影响；足球运动员还使用一种新型护腿板，这种护腿板除了比常规护腿板轻 2 倍以外，还能保护踝骨，无需再戴传统的妨碍踝部活动的护踝；球鞋则使用极轻的皮革制成，鞋尖没有妨碍控制球的横槽，而鞋掌部的横槽数目增多，更利于在泥泞的场地上保持平衡。德国佩哈—哈夫特公司还生产出一种新的护脚巾，替代了过去的绑带。这种护脚巾带有一种特殊的胶黏剂，能够牢牢地黏在球员脚上，在整场比赛中都不会晃动，使球员始终感到舒适、平稳。阿迪达斯公司为足球运动员及中长跑运动员生产的长及膝盖的运动袜，能促进肌肉的微循环，加速血液的流通，提高肌肉的运动效率并保持热量。

（3）运动数据服。20 世纪 90 年代，英国科学家推出了一种看起来有点稀奇古怪的全身缀满电极的橡胶服装，运动员利用它能够提高运动技能，理疗医生用它可以检测病人的康复状况，聋哑人穿上它能够通过电话线发送手语的视频信号。这种"数据服"的特点，是在人体各关节部位分布许多传感器，先由它们把人体运动的信息传送给电脑，经电脑处理后绘出各关节的信息变化图。通过分析这些图表，人体各部位的一举一动可以清楚地记录和显示。英国的一些研究人员已将其用于显示并比较顶尖运动员与新手之间的运动技能和生理状态的差别，从而寻找两者之间的差距所在，以帮助新手改进动作。运用"数据服"测量人体运动的原理是在各关节部位的传感器向两个附加传感器传输电流，当关节弯曲时，两个附加传感器之间会产生一个电流差，关节弯曲得越厉害，其电流差就越大。这些电流变化能按时标绘在图表上，分析人员据此可知，人在运动时，在某一特殊时刻，每个关节点是如何动作的。

3. 军用功能服

军队是执行特殊任务的武装集团，战斗和训练动作要求军用服装具有良好的保护功能，另外，轻便和适体的结构、更强的气候适应性及良好的伪装功能，也是多数军用服装的普遍要求。

（1）迷彩服。迷彩服是作战服的一种，起源于二次大战末期。当时，迷彩服仅有两三种颜色，今天已发展出多种颜色。现代战争中的高科技侦察技术越来越先进，如电子影像增强器、红外夜视仪、激光侦视仪等，对迷彩服的伪装功能要求越来越高。科学家们巧妙地在迷彩服颜料中掺进一种特殊的化学物质，使军服反射红外线的能力和所处环境的反射特性大体相等，这样便可躲过侦视仪扫描。迷彩服上的彩色块斑是经过周密科学设计的，不能随意涂画，比如斑块边缘的线条设计成不规则曲线，因为自然界不可能有方方正正的花草树木。在一件迷彩服上，不能有形状大小和颜色完全相同、对称的图案，军服上的一个单独部位也不能使用一种彩斑。在战场上，用肉眼可观察到人的距离一般为 50～250 米，而穿上迷彩服后，在同样的距离上，就难以被发现。由于作战环境复杂，迷彩服的彩斑色彩还需随作战环境进行科学的组合设计。为适应全天候、全方位的作战需要，提高迷彩服对自然环境的适应性，科学家设计了多种色调的迷彩服，以适应不同季节、不同地区。有适应春夏两季山地丛林地区的多色迷彩服，如越战中，美国曾设计了五色迷彩服，其中沙土色占 37.9%，褐土色占 14.9%，黑土色占21.4%，黄褐色占13.3%，深绿色占 12.5%，这种"林地型"迷彩服，与地面上零星的石块、杂草、灌木丛的阴影十分相似；有适应冬季山丘丛林地区、以灰色为主的五色迷彩服，这种"荒漠型"迷彩服模仿的是荒漠中的荒草、骆驼刺等矮小灌木的色斑，颜色以黑土色和褐土色为主；有适应冬季半积雪地带、以灰白为主的双色迷彩服以及适应冬季积雪区域的全白色迷彩服。海军常穿以蓝色为主的四色迷彩服。国外军装设计师还运用仿生学的科技成果，研制出像变色龙自动变色一样能自动变色的纤维。这种纤维采用光色性染料，使新一代的迷彩服能随着所处自然环境色调的不同而随时变换色调，若在沙漠中作战，服装为沙土黄色；进入草原，自动变成黄绿色。这种变色服在高度机动化的现代化战争中具有重要作用。

（2）防弹衣。防弹衣是防枪弹和炮弹碎片伤害的作战服。在第一次世界大战中，英国军队调查表明，死亡总数的 80% 是由中速流弹和碎弹片造成的。他们运用钢盔的原理研制出胸甲或防弹衣，质量约 9 公斤，可有效地阻挡流弹和碎弹片，伤亡率降低 58%；胸部受伤造成的死亡率从 36% 降到 8%，腹部受伤的死亡率从 39% 降到 7%，受保护部位的负伤率降低 74%。由于这种防弹衣笨重，仅适宜哨兵、机枪射手等非机动情况下穿用。在二次世界大战中，军工厂使用优质钢、合金钢制成的防弹衣的质量已减轻 50%，虽然攻击性武器的杀伤能力不断增强，但防弹衣的防弹效果呈上升趋势，特别是在飞机轰炸时，地面作战人员穿着改进的防弹衣可减少伤亡 30% 以上。朝鲜战争期间，美国开始试验用合成纤维制造防弹衣，当时用酰胺纤维制成的防弹背心能抵挡 67.9% 的各类子弹和弹片，使胸部和腹部受伤明显地减少了 60%～70%。为使防弹衣穿着更加舒适和轻便，1965 年，杜邦公司发明了一种称为"凯芙拉（KAV-LAR）"的有机聚合纤维，这是身体防护领域的一次革命，使防弹衣由"硬碰硬"进入"以韧克坚"的软式和软硬式的新领域。凯芙拉纤维的抗弹能力远远高于其他纤维，纤维强度比同样粗细的钢丝高出 5～6 倍，质量只有钢丝的 1/6。该纤维对环境的适应性也很强，热稳定性和抗化学性良好，同时具有很高的耐腐蚀性，几乎与所有的化学物质都不起反应，不燃烧、不熔化，在约 500℃时才逐渐炭化。这种纤维具有特别优越的柔韧性，当弹片袭来时，能把弹片的冲击力量分散，使弹片还没有接触到皮肤就已经耗尽其冲击力而停留在防弹衣上。军事专家们在防弹衣外面附加一种质轻的特殊陶瓷材料，发展成为"软硬式防弹衣"，后来又试验将陶瓷片黏合在玻璃钢上，研制出陶瓷、玻璃钢复合材料，当子弹击中陶瓷片的瞬间，玻璃钢材料可成功地把子弹的撞击力量传遍整件防弹衣，以避免陶瓷片破碎，即便陶瓷片被击碎，也不会散落。

（3）航空服。在飞行器执行激烈的战斗动作或高速运行时，运动状态的改变和外部环境的综合作用，可能在一段时间内形成超出人体生理负荷极限的特殊环境。如过高的加速度会对人体产生致命的作用力，这种反作用力会造成脑缺血，从而出现黑视和昏厥现象。因此，有必要对航空服进行这方面的补偿和调节功能设计，这就是所谓的抗荷功能，一般利用人体局部加压的方法来提高人体的加速度耐受力。抗荷系统一般由压力调节器和侧管组成，当加速度产生时，调节器把压缩空气释放到抗荷服内，压迫下肢及腹部，以对抗血液的惯性下涌，防止内脏器官移位，并能使迅速涌向下肢的血液返回心脏，确保大脑的血液供应。另外，可能出现的致命的低气压可能造成呼吸困难和血液汽化沸腾，因而航空服一般需设计高空代偿功能。此种代偿服采用以机械力平衡大气压力的原理，当高空压力突然降低时，加压供氧系统开始向头盔和服装内加压，保持人体的内外压力平衡，避免"炸肺"。

初始的代偿服为背心样式，20世纪50年代开始，逐步形成现在的结构和功能。而抗荷服多为覆下体的样式，因此也叫抗荷裤。20世纪70年代，在传统的尼龙面料的基础上引入阻燃功能面料，在原有功能强化的研究任务之外增添了复合功能化的研究发展方向。目前，航空服多采用供氧系统、舱压系统、代偿抗荷系统的组合功能性设计。此外，航空服向自控化和智能化发展，如有一款全封闭设计的加压航空服，服装内的压力可随高度变化随时调节，自动补偿外界压力，使人感觉不到气压变化。

（4）数字化单兵作战服。美国目前在研制一种被称为"超人战斗服"的数字化单兵作战平台。该军服几乎囊括了目前在服装上所能应用的所有科技成果，具有防护、隐形、治疗及通讯等多项功能。超人战斗服内置个人局域网络，可接入多个装置。届时，美国士兵所戴的激光保护头盔将成为信息中枢，这种头盔由纳米粒子制成，备有微型电脑显示器、昼夜激光瞄准感应仪、化学及生物呼吸面罩等。军服材料中使用的纳米太阳能传导电池可与超微存储器相连，确保整个系统的能源供应。军服的胸前装有一个香烟盒大小、能接收卫星信号的导航包，通过该装置，士兵能轻松地辨别自己和战友的位置。此外，这种以纳米材料制成的军服中嵌有生化感应仪和超佩感应仪，用于监视士兵的身体状况。前者可监视着装者的心率、血压、体温等多项重要指标，后者则可辨识体表流血部位，在需要的时候，周边的军服可迅速收缩，起到止血带的作用。军服研究者还希望利用纳米材料，最终使新军服的面料具有较高的弹性、较轻的质地以及极高的强度和韧性，并能发挥防弹服的功用。另外，一项被称为"增强人体机能的外骨骼"的研究项目已取得重要成果，目前样品的设计和制作已经完成。项目涉及的机器骨骼系统以提高士兵的作战能力，可以让人在负荷几百斤的情况下一路小跑，最大载荷可达465公斤。这意味着一个士兵可穿戴100余公斤的装甲和求生保护系统以及装备以往一个班或整个排的武器和弹药。

二、极端环境功能服装

这里的极端环境指非人类常规生产、生活活动地域及其气候要素，如地球南北极环境、水下环境和太空环境等。这些极端环境具有完全不同的特征参数，但其共同点是某个或某几个要素的指标明显超出人体承受极限，因而需要针对各自特点，设计具有保护、缓冲或隔绝功能的工作服。

1. 航天服（宇宙服）

人类在太空中活动，除了缺少氧气和失去地球重力外，还会遇到很多不利于生存的环境，比如冷热变化剧烈、宇宙微尘和辐射袭击、降落时的气流冲击和水中溅落等。为了解决一系列的航天防护问题，科学家在航空密闭服的基础上设计出了航天服。航天服是在大气层外的宇宙航天时穿着的服装总称，按功能分为舱内用应急航天服、舱外用航天服以及舱内外共用型航天服。舱内航天服用于飞船座舱发生泄漏、压力突然降低时，航天员及时穿上它，接通舱内与之配套的供氧、供气系统，服装内就会立即充压供气，并能提供一定的温度保障和通信功能，让航天员在飞船发生故障时能安全返回。出舱活动航天服的功能和作用相当于一个微型载人航天器，将航天员的身体与太空恶劣环境隔离开来，并向航天员提供氧气，保持大气压力，排除二氧化碳，维持舒适的温度和防止宇宙辐射的危害。宇航服能构成适于宇航员生活的人体小气候，在结构上分为6层，从内到外依次为衣舒适层、保暖层、通风服和水冷服（液冷服）、气密限制层、隔热层、外罩防护层。

在航天服的发展过程中，美国和俄罗斯（包括前苏联时期）共同扮演了重要的角色。美国海军于1959年改进、研制的MKⅣ型密闭服（美国称全压服），用于第一艘载人飞船水星计划；接着改进X-15试验飞机用密闭服，用于第二系列的载人飞船双子星座；经过进一步改进，提高性能，用于第三系列的阿波罗计划与天空实验室；目前致力于研制用于航天飞机的性能较完善的航天服与性能完善的高压全活动型航天服。前苏联初期的飞船东方号（1961年）航天服和航空用密闭服无大差异，为适应出舱活动的人体力学需要，在活动性能方面稍有改进，上升二号的航天员里昂诺夫于1965年3月出舱活动时，在空间仅停留10分钟。上升号航天服的层次与防护性能较全面，后来的联盟号航天服在结构上有新的改进，改为软胎与硬胎结合的联合服，并与头盔和背包生命保证系统连成一体，背部设有大开口，供身体进出，衣袖与裤子仍为由织物制成的软胎结构。中国神七飞船使用的飞天系列航天服居于当时的世界先进水平，其总质量约120公斤，白色，彩软胎与硬胎结合的结构设计，从上到下依次包括头盔、上肢、躯干、下肢、压力手套、靴子等部件，总价值达3 000万人民币；除了上述重要的防护功能外，其采用四肢可调节式设计，身高1.60米到1.80米的人穿着，都有较好的舒适性，关节部位使用的仿生设计技术保证了灵活的运动能力，其耐力也达到良好水平，可独立支持4个小时的舱外活动，并可重复使用5次。

2. 水下服

对于水下活动的预期和探索，较早就出现了明确记载。1617年，凯斯勒曾设计出一种水下服装和空气皮袋，但没有实际使用。1679年，意大利人博雷利创制了世界上第一套与现代潜水服相似的密封性潜水服。1715年，莱思布里奇制成一种皮制潜水服，但只能在3.5米以内的水深位置使用。1797年，克林盖特设计制造了用锡制圆筒帽罩在头部、以皮革制成的救生衣潜水服，并获得潜水试验的成功。1819年，英国人西贝发明了水面气泵式潜水服，使下潜深度达到75米。1857年，法国人卡比罗尔发明了橡胶制潜水服，这种潜水服历经改进，至今仍在使用。1865年，鲁凯罗尔的德奈鲁里制成了自由式潜水服。1924年，美国海军研制成氦氧混合气体送气装置，使用这种设备可使潜水深度达到150米。1943年，法国海军少校库斯陶设计出一种具有150～200大气压的背负式压缩氧气瓶水中呼吸器，从而使潜水员可以远离母船而潜入水下40米深处，使得潜水员不再受母船送气的限制，潜水作业领域不断扩展。

随着科技的发展，水下工作的内容逐渐增多，层面不断深入。水下是一个高压低温的世界，人类在水下工作主要解决的问题包括三个方面：呼吸、压力和温度。人类能在水中屏住呼吸的时间很短，身体承受的压力也有一定限度，而且随着潜水深度的增加，温度降低，在200米深处,海水温度终年保持在 3～5℃,由于水的导热系数和对流散热系数都比空气大,冷水会很快把体温带走。特殊潜水服装解决了自由呼吸、维持均匀压力、防寒保暖的问题。按潜水服的密闭程度,可分为干式和湿式两类,但潜水深度一般不应超过 60 米。潜水深度较大时,考虑高压低温的环境特点,一般使用全身密闭设计,按保持人体代谢的方式,包括管道式和循环式两种。

(1) 管道式潜水服。管道式潜水服的特点是通过软管和水上供应装置相连,服装由头盔、领盘、潜水衣和潜水鞋四个部件组成。头盔是潜水服的主要部件,既能保护头部又能自由呼吸,而且是水上压缩空气注入和废气排出的部位。领盘的用途是连接头盔和潜水衣,它可以对头盔起固定作用,又与潜水衣组成一个密闭的服装系统。潜水衣由防水材料制成,衣袖由橡胶制成,袖口可保证气密和水密,起保暖作用。潜水鞋的底垫铅板用来抵消水的浮力,一般每双鞋的质量为 15～16 公斤。

(2) 循环式潜水服。循环式潜水服是自身携带氧气装置的水中服装,主要装备有氧气瓶、减压调节器。此种潜水服和潜水帽、鞋连在一起,穿脱时依靠潜水衣前的套筒状开口,衣服穿好后再将开口折卷并扎紧密封。

3. 极地服

极地服以防寒设计为主要功能目标。一般而言,极地服应满足在 −50℃ 环境下正常使用的要求。防寒服装往往以质量来体现防寒程度,但过于沉重的服装必然会妨碍并限制人体的活动能力,实验表明,负荷量每增加相当于人体质量的 10%,活动时心率每分钟增加 15 次,呼吸加快为平时的 2 倍。各国科学家都在致力于减轻防寒服的质量,使防寒功能更优越,从质量达数十公斤的北极圈原住民的动物毛皮(如鹿皮、熊皮)民族服装,到 19 世纪末第一次南极探险时的专业户外装备,一直到现代英国科学家发明的只有 0.9 公斤的北极服。人类的第一次南极探险的极地装备与世界著名品牌巴宝莉(Burberry)有关,1879 年,巴宝莉研发出一种组织结实、防水透气的斜纹布——Gabardine(华达呢),于 1888 年取得专利,是为当时的英国军官设计的,用于制造雨衣。1911 年,挪威探险家罗阿尔·阿蒙森(Ronald Amunden)带领的 5 人小分队来到南极,使用的就是由巴宝莉提供的户外用品及服饰,他在南极点留下的斜纹布帐篷成为历史的标志,也使得巴宝莉名扬于世。在阿蒙森到达南极后,爱尔兰人欧内斯特·沙克尔顿决定首先横穿南极大陆,他的探险队使用的也是由巴宝莉生产的户外产品。

极地服的发展是围绕防高寒、抗强风和轻量化的技术主线不断发展的。最新的北极服可保证人体在极寒地带安然无恙。这种服装从里到外为多层次:棉内衣、法兰绒衬衣、针织羊毛套衫、聚酯絮料衣裤、外罩衣裤和风衣。最外的风衣为特殊的尼龙布,可两面穿,

图 3-5-3 第一次南极探险的照片

一面绿色,一面白色,可防风、防雨和伪装;风衣和风帽连成一体,保护头部和面部。

4. 生化服

在异常辐射、高活跃或高浓度毒素和微生物环境条件下,人体需要在维持正常生理活动的前提下,保证健康和健全,达到有效工作的目标。其中的三防服较具代表性,为具备防核武器、化学武器和生物武器的综合性能的作战服,由上衣、裤、护目镜、防毒面具等组成。早在 20 世

纪 40 年代,丁基胶等材料的战地防护服就已研制成功,但由于不透气,阻碍了皮肤表面的水气弥散,严重地影响了穿着舒适性,只能供化学、生物、放射性污染较严重区域工作的人员使用,不适应机动性作战;50 年代末期,开始采用氯胺浸渍工艺,提高了服装的透气散热性能,不足之处是对毒剂的防护有选择性,对糜烂性毒剂和 V 类毒剂具有防护能力,但对 G 类毒剂的防护能力很弱,而且氯胺本身对人体皮肤有一定的刺激性;到了 60 年代,由于纺织材料的突破,研制出含氟、防水、防油表面处理剂和耐高温纤维,从而研制出新材料、新工艺与新技术相结合的新型三防服。这种三防服分为内外两层,外层由特殊的耐火材料制成,内层是在轻薄的无纺布上浸以活性炭,再经防水、防油、防火等防护剂处理,可防毒剂液体和蒸汽、细菌和放射性污染,在一定程度上可防光辐射。海湾战争中,为应对伊拉克可能的化学武器,多国部队很重视三防服的装备和使用。联军中,英军的三防服的功能最强,其包括防护罩衫和裤子,还有一副密闭固定的弹性面具,外层用阻燃尼龙和丙烯酸纤维制成,内层填充活性炭,可在 10 分钟内更换填充物,更换一次可防护 24 小时。法国为驻海湾部队研制的连体式作战服的颜色和沙漠同色,其外层是经防油处理的涤/棉织物,毒气碰在衣服上即变成油滴流下来,涤/棉织物下面是浸满活性炭的泡沫层,可以把渗透至服装内的毒气吸附住,有效作用时间至少 24 小时,总质量不到 2 公斤。美军的三防服分为上衣和裤子两节式,外层是经防油防水、阻燃处理的棉/尼龙混纺斜纹布,内层是黏胶活性炭织物,对毒剂蒸汽和液滴的防毒时间可达 24 小时。

5. 热防护服

热防护服是指在高温环境中穿用,能促使人体热量散发,防止热中暑、烧伤和灼伤等危害的防护服装,因此它必须具备阻燃性、拒液性、燃烧时无熔滴产生、遇热时能够保持服装的完整性和穿着舒适性等性能。

热防护服根据使用温度不同可分为高温防护服($<200℃$)、消防员灭火服($<200℃$)、工业隔热服($<800℃$)、消防隔热服($>800℃$)和消防避火服($>1\,000℃$),根据降温方式可分为防热服、通风服、水冷服等。

热防护服技术从最初的单纯通过织物厚度(如废纺棉高温工作服)来满足热隔绝要求的形式,从 20 世纪 50 年代开始,进入以消防服为主的技术改进时期,近年来,高性能化、轻量化、综合功能化和通用化发展的方向已经逐步形成。如德、日研制成功的高温防护服,由不锈钢纤维织成,当外界环境为 $1\,300℃$ 时,衣内温度不到 $5℃$。美国的一家技术开发公司制成一种轻型防热服,类似一个人体冰箱,上有一个小小的制冷装置和一些细细的管子,冷水通过这些管子被抽送到防热服的不同部位,从而吸走身体的热量,起到降温作用。目前,这种防热服已经投放市场,其主要穿着对象为消防员、有毒废物处理人员和核电站维修工人。美国的另一家公司也研制出了新型防热服。在服装衬里内充入水和乙二醇混合物制成的制冷剂,并使之循环,能降低人体体表的温度。在运动员的球衣夹层内装入由微型电池供电的微型空调机,可制成凉爽球衣。另外,美国还开发设计了一种调温服,可随气候变化自行调节温度,当气温突然下降时能自动升温,当穿着者感到炎热时能自动降温。该调温服由热反应纤维制成,纤维中含有许多微小液滴。天冷时,液滴分散放出气体,可使纤维膨胀,孔眼关闭,增加保暖性;天热时,气泡化作液体,可使纤维收缩,孔眼张开,很快散热。

三、人居—环境功能服装

人居—环境功能服装的构思一般为在不影响或较小影响原有外观和功能的条件下,对某种日常生活服装的某种功能和特性进行超常规设计，以达到在正常使用服装的同时，取得更简便、更舒适、更健康、更有效的效果。由于这类服装多与现代生活方式和科学技术成果有关，因而目前为止，这类服装的发展过程不超过 20 年。

1. 娱乐功能时装

现代时尚娱乐技术与时装的结合，不仅创造了新的时尚，更创造并引导了新的时尚生活方式。如美国设计研发的一款电子娱乐比基尼，装有 40 个小巧的光伏电池，可产生 5 伏的输出电量，通过附带的 USB 接口，可以给 iPod 播放器这样的小配件充电，着装者只需在沙滩上享受 2 个小时的日光浴，就可以为一台 iPod 充满电量。澳大利亚的研究人员正在设计一种可从人体收集能量的服装，在服装中安装一种能将振动转化为电能的装置，由导电纤维织成的衣物能将电能储存在柔性电池中。与澳大利亚的科学家不同，德国科学家则希望通过利用太阳能纤维织成"电池布料"，以达到同样的目的，据说这种布料能承受 100℃ 的高温。摩托罗拉也推出了一款电子滑雪外套，不仅配备了全套娱乐设备，还具有完备的通信系统，通过内置的蓝牙立体声系统，消费者可将下载的音乐从移动电话无线传输到外套上，按一下袖子上的按钮，就能够收听音乐和拨打电话，而帽子上的两个独立扬声器则能制造出专业的 3D 环绕效果。美国的 DADA 公司也推出了一款具有 MP3 功能的篮球鞋，具有完整的音频播放功能，鞋身中部内置了高性能扬声器，同时通过无线耳机可进行收听，据介绍，充满电的球鞋可以持续播放 6 个小时。还有一款"能唱歌"的衣服，配备了各式各样的运动传感器，可通过内置蓝牙系统，将穿衣者的移动信息由传感器传递到电脑上，通过电脑的处理，这些移动信息就可以转化为动听的音乐。那些经常漏接电话的人士可选择穿着具有来电提示功能的 T 恤。该 T 恤面料中被加入了能与手机等电子设备互通信息的传感器，它对穿着者周围的电子设备非常敏感，只要有外界信息进来，它马上会紧紧地"拥抱"你一下，这个时候你就知道该看看自己的手机了。

2. 保健服装

保健服装的发生和发展有较长的历史，在我国古代的社会生活中，多见于利用某种特定的天然材料（如中药）制作服饰品和家居用品的案例，如古人广泛使用的香囊就是其代表性产品。现代意义的保健服装一般应用新型功能材料或对传统材料进行新型功能整理来实现服装的功能化设计。根据物理学原理研制成的医疗用合成纤维具有广泛的医用效果，比如用磁疗性合成纤维制成的衣裤、鞋袜，可促进人体血液循环，对治疗血栓塞性脉管炎、风湿性关节炎、扭挫伤、高血压等有奇效。世界各国的科学家纷纷采用这种高新技术创出新一代的疗效服装，意大利发明了一种名叫"安宁纱"的针织物，穿上这种织物制成的服装可驱散疲劳，还能免去电磁波的影响。

20 世纪 90 年代以来，各国各地都有大量关于新型保健服装及相关技术研究成果的报道。法国研制的杀菌织物采用物理和化学相结合的方法，在异型结构的合成纤维中加入化学物质，从而达到杀菌的目的。美国研制出一种离子杀菌衣，织物底面的合成纤维带有负电荷，上面喷涂一层带正电荷的离子增白剂，当病菌落在服装上接触到这种合成纤维时，则引起放电，将细菌电击致死。美、日两国的学者共同研制成"金属纤维袜"，是通过在腈纶纤维和聚酯上镀镍、铜而制成，纤维中的镍离子能有效地治愈脚癣。日本专家认为，每个人本身都带有易致病的静电，金属纤维袜可除去静电，并使袜内呈干燥状态，完全不含湿气，免去脚臭。这项发明已获得专利。

由于天然纤维穿着舒适，各国科学家又把目光转向对天然纤维的药物处理。日本钟纺公司研制出百余种中成药有效成分，用于染织衣服，比如从薄荷、啤酒花、肉桂和迷迭香等植物的花茎中提取天然染料。这种服装所用织物的纤维是经高技术处理的纯棉和纯毛天然纤维，可经受50次洗涤而不褪色，其香味可保持两年以上，可抗菌、防臭、吸汗。大阪的一家公司推出了一系列健康衣服，是把海草的提取液密封在小胶囊内，附着在织物上，并制成妇女紧身裤，在穿着时，这些提取液会慢慢释放。穿着这些紧身裤活动时，会感到羊毛似的柔软，若在小胶囊中充入芳香剂，会使穿着者的精力更加充沛。英国的科学家还把酵母细胞这些小微生物当作胶囊使用，在其中"装"入香水等物质，香水经过酵母细胞壁慢慢渗透，可以持续多年。美国科学家把抗菌剂直接黏合到棉织物内衣上，能长期抑制细菌生长。德国科学家用氯和氨水派生的四元铵化合物浸渍棉花制成内衣，也可以抑制微生物的生长。美国纺织技术集团已成功地把香水、防菌元素和除电剂放置于小胶囊内，然后将小胶囊以多种方式附着在衣服上，使化学物质慢慢地从胶囊内释放。

还有一种抵御污染的护身衣服，它是硅、锌、钼等衍生物为基础原料的混合物，将其加入布料中制成衣服，具有不沾染灰尘与油污的特点，还能起杀菌作用。有的国家专门制造出供医院与食堂工作人员穿用的工作衣，它有一道含化学制剂的蓝条，用水洗涤时，化学制剂便渗透至纤维中，可实现自我消毒。前苏联研制出药用针织内衣，它由特殊的空心纤维组成，空心纤维中充入浓度为4%的双三氧酚，能有效地灭菌和抗感染。穿用这种药用内衣15～30天后，患有脓包疮、脂溢性皮炎和细菌感染的人，绝大多数可治愈，健康人穿着可预防皮肤病。最近，国内的科研单位也成功地研制出具有抗菌、导电、导热性能及电波反射的金属纤维，与天然纤维或化学纤维混纺后所制成的服装能抑菌、抗菌。它的抗菌原理比传统的药物处理高出一筹，混纺织物中的金属纤维呈阳离子性、带正电荷，而细菌生存繁殖的最佳介质是中性或弱碱性，细菌呈阴离子性、带负电荷，正、负电荷相吸引，束缚了细菌的自由活动，破坏了细菌的生存和繁殖环境。此外，该金属纤维含有人体必需的多种微量元素，且容易被人体吸收，因此可以预防由此引起的某种疾病。

野外露营时，只需穿上一件含有特殊化学成分的纤维制成的"防蚊服"，便可以避免叮咬。无论什么样的蚊虫，只要接触到这件衣服，便会晕死；而人和小动物与它接触时，它和一件普通衣服没有什么不同。一家美国公司把陶瓷纤维与合成纤维结合制成了防晒服，夏天的防晒效率是普通衣服的两倍，另外，在把有害紫外线反射出去的同时，陶瓷纤维能阻止保温的红外线逃逸。

3. 空调服

冬暖夏凉是服装及服装材料的服用性能设计的重要目标。美国科学家利用微胶囊技术，成功地研制出一种名为"outlast"的空调纤维，附着在纤维上的微小球状薄膜胶囊中含有特殊的相变材料，在正常温度条件下能储藏大量的热能，在气温降低时则可大量地释放热能，从而达到保持体表微环境温度稳定的目的。与之类似的还有合成纤维塑料晶体植入或者在天然纤维的外表附着塑料晶体的技术，当外界温度上升时，晶体呈现立方体的状态，吸收身体的热量；当气温降低时，晶体又恢复原来的四边形结构，释放出热量。

韩国发明了一种冬暖夏凉的魔巾，在织物中施加一种特殊颗粒物质，即一种具有特殊分子结构的聚合小晶体，它一沾到汗水就会吸收相当于自身体积100倍的水分而瞬间膨胀，通过水分的蒸发带走热量；若小晶体吸收的是热水，在冬天则是一条保暖性很好的围巾。还有一种调温服的原理，是在织物中插入一层特殊胶片，像一个温度屏障，只允许适合人体的气温透过，既可御寒又可防热。有的调节服是模拟人体的血液循环制成的,在织物内埋设管道,管内通水,根据气温变化调节水的温度,达到调温的目的。

4. 其他功能服装

(1)自动变色服装。自动变色服装一般采用光致变色材料或温致变色材料等新型技术,如运用生物工程技术,根据热带环境中生存的一种蝴蝶的变色原理研制的光感纤维服装,能使光反射的强弱程度发生相应变化。日本的一家公司研制出能与环境颜色同步变化的服装,其面料采用光色性染料染色,在一般情况下,染料处于比较稳定的状态,颜色不发生变化,但环境变换时,环境反射的光照在服装上,光色染料受到这种反射光的作用,能变成与新的环境相适应的颜色,比如,军队在树林里,此种服装会变成绿色,在草原上则变成草绿色,迷惑敌人,保护自己。

日本的服装科技界推出了一种称为"智能服装"的新产品,能根据穿着者皮肤的温度改变颜色,并能根据气候变化改变保暖程度。依此设计的滑雪服,在不同的气温下可变换不同的颜色,当气温为零下时,衣服颜色变深变黑,以利于吸收更多的日光,提高温度;当气候转暖,气温上升时,滑雪服可呈现白色,反射阳光,降低温度;气温再上升,则全变成红色,警告穿着者气温变化已经超过范围。英国研制的内衣可依据体温变化颜色,内衣材料是一种空心的合成纤维织物,纤维中注入能根据温度改变色泽的温敏液晶颜料,身体不同部位的体温能使衣服变成五颜六色。另有一种可变色的 T 恤,可从基本色调转换为绚烂的色彩。

(2)自清洁服装。自清洁服装属服装易洗护功能技术的成果。美国空军的科学家利用微波,将纳米尺寸的离子附着在纤维上,不仅防水、防油,还能抗菌。

(3)可食服装。可食服装由特殊的蛋白质、氨基酸和多种维生素合成,既能吃又能穿,一件上衣可保证一名士兵 6 天所需要的营养和能量,但衣服质量仅为 2.5 公斤。

结 束 语

纵观我国纺织技术从古至今的发展过程,可以看到纺织技术由最原始到先进、由最简单到复杂的漫长发展阶段。在这个阶段中,贯穿着一些共性的东西,其演变、变革符合一定的规律。研究纺织科学技术发展历程的目的,就在于努力发现并归纳这些共性和规律,以利于"古为今用""推陈出新"。纺织科技史的研究也是这样。

一、纺织原料的推陈出新

服装伊始,就是包裹、点缀并依附人体的软雕塑之物。那么可以想见,在先民们无所依傍、无所参照的岁月里,对服装原料的想象、搜寻、研制与探索,使之从无到有,从一到多,从花草树木到葛麻丝毛等,都成为一个个历史难题的艰难确立与逐步解决的过程。最原始的服装应该是当时易取的植物叶片,这些就是最早的服装原料。随着人类的发展,用于服装的原料更多地被发现和利用。

葛、麻是最早用于纺织的原料,它们都经历了由原始自然生长到人工栽培的发展过程。葛和麻在早期应该具有同等重要的地位,但是由于麻的种植、初加工、纺绩和织造技术较葛更先进、更方便,使得葛纤维在唐代以后逐渐失去作为主要原料的地位。毛纤维起初被利用是人们自然择取动物挂在丛林树枝上的掉毛,发展到后来的人工养殖、定期剪取的规律性行为。蚕丝也是由野蚕到家蚕的变化,桑和蚕本是矛盾的两个方面,人们取蚕入室,适度采桑,蚕桑两旺,体现出中庸之道的中国哲学思想。宋代以后,棉花大发展,而且以其耐用和易加工被广泛接受。

人造纤维和合成纤维的发明和应用,更使纺织原料发生了重大革命。由于能够工业化大批量生产,使得纺织原料取得历史性的突飞猛进。工业化生产消除了天然纤维受季节性和动物生长周期的限制,合成纤维量大质优,因此被广泛利用。正由于此,使得新中国成立以后一直被使用的布票,于1983年被宣布取消。

二、纺、织、染整工艺的发展变化

纺、织、染整工艺的任务,是把纤维原料加工成为衣料,要满足合用(服用性)和美观(艺术性)两方面的要求。

纺和织主要解决纤维的"取向"(即按一定方向排列)问题,以达到合用的基本要求;染整则要变革纤维的某些微观结构,以达到美观的效果。某些纺织品如缂丝、织锦,其艺术性更高,它们的生产不仅是技术性的劳动,而且带有艺术创作的因素。这些产品,除了具有使用价值之外,还具有艺术欣赏价值。

纺纱是完成纤维的"一维取向"过程。在纺纱之前,纤维原料经过初步加工,去除了杂质,但内部纤维还是杂乱的,各根纤维之间并无任何排列的规律,每根纤维本身,既不是伸直的,又没有一定的"取向"。要说纤维之间存在某些联系的话,那么棉花、羊毛、麻等有小范围的成束、成丛状态,即存在一定的横向(左右并列)联系。纺成纱线后,其中的纤维必须基本上伸直平行,而且大都按纱线的轴芯取向,也就是"一维取向"。

经、纬两组纱线构成织物后,其中的纤维分别按织物的长度和宽度两个方向取向,也就是形成"二维取向"。织造除取向之外,同时带有艺术加工的因素。

所以,纺织工艺最本质的方面就是将"无取向"的纤维聚集体逐步改造,经过"一维取向"达到"二维取向",使织物具有合用性质,同时具备一定的美观性质;经过染整,则充分发挥衣料的美观特性,同时改变某些服用性。

1. 纺纱

无论是古代原始的手工方法,还是现代的机械化方法,都要经过打散纤维原料中纤维之间原来无取向的杂乱联系和局部的横向联系(这个过程为"松解")以及建立纤维间"一维取向"的有规律的联系(这个过程为"集合")。

松解在古代用手扯或用弓弦弹,现代则用开松、梳理机器。集合要经过牵伸和加捻,在古代用纺坠和纺车,现代则用纺纱机。

2. 织造

通过经、纬交织,形成纤维"二维取向"的结构,无论在古代还是现代,都要经过整经、穿综、开口、引纬和打纬五个步骤。在古代,这五个步骤不太连续,但开口、引纬、打纬工序自始至终都存在。现代还有成圈串套为特征的针织,而且自动化、机械化程度不断增加。

3. 染整

染整是赋予纺织材料色彩与形态效果的过程。色彩方面包括去色(练漂)和上色(染、印)。整理过程是改善纺织材料的外观形态,赋予纺织材料特殊的表面性质和手感。

染整加工一般安排在纺织加工之后,但也可以与纺、织交叉穿插进行。就其性质来说,染整是属于"锦上添花"一类的,如果只要求服用性,有时可以不经过染整加工。染整从最早的涂抹,到防染以及后来的印染技术,使得织品丰富多彩。特别是合成染料的广泛应用和自动化染整技术的提高,更使得服饰五彩缤纷。

三、纺、织、染整工具的辩证发展

1. 纺纱工具

最原始的搓绩,基本上不用工具。以后采用弓弦松解,纺坠集合成纱,利用弦的震荡和坠的回转体的惯性,大大提高了工效。但纺坠存在捻度不易控制和卷绕时必须停转的缺点。手摇纺车具备原动、传动和执行机构,形成完整的机械体系,成为人类所利用的最早的机械之一。纺车上的锭子是连续回转的,纱上的捻度可以随意由人控制,因此产品质量和劳动生产率比纺坠大大提高。

纺车的演进由单锭到复锭,由手摇到脚踏,人体参与操作的程度加强,劳动生产率成倍提高。但纺车上的加捻、卷绕由同一个零件(锭子)承担,因此,这两种作用必须交替进行。这样,比两者同时进行所占用的劳动时间多一倍,潜力没有完全发挥出来。后来人们把卷绕动作改由纱框来承担,而让锭子专管加捻,采用退绕加捻法的纺车,使每锭的生产率提高了一倍。

在 20 世纪 60—70 年代,发明了新的纺纱方法,研究新型纺纱的成纱原理,由新型纺纱方法研制出新型纺纱机。到近当代，进一步完善已发明的新型纺纱技术，提高各种新型纺纱机的运转性能，提高纺纱速度，实现自动化。新型纺纱的种类繁多，它们既有产量高、卷装大、工序短的共同特点，也有各自的特点。

纵观从古至今的纺纱技术，从用手搓绩到新型纺纱，纺纱技术的发展经历了从创造锭子到消灭锭子的过程，其变化规律归纳为表 4-1 和图 4-1 所示。

表 4-1　纺纱机具的发展

机具	原始工具纺专	手工机器纺车			动力机器纺车			
		手摇	脚踏	多锭	走锭	环锭	气流纺	喷气纺
每单元锭子数	1	1～4	3～5	30～40	300	400	200	400
锭子状态	立	立	卧	立	立	立	立	无
加捻与卷绕　机构	合	合	合	分	合	合	分	分
加捻与卷绕　动作	交替	交替	交替	同时	交替	同时	同时	同时

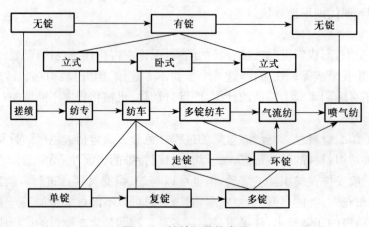

图 4-1　纺纱机具的发展

2. 交织工具

原始编织很少使用工具，后来出现了以人腰和双足绷紧经纱、手提综开口、纤子直接引纬、竹（木）刀打纬的原始腰机，工效比"手经指挂"大大提高，但全身参与操作，既劳累又缓慢。所以，交织工具在发展中陆续进行了改革。

最大的改革是使用机架，从而把人的双足解脱出来，为以后的脚踏提综创造了条件。其次，是把纤子装在打纬刀上，形成复合工具"刀杼"，这样，在打纬时已自动完成引纬的一半，而且免去了取换纤、刀的动作，使工效大为提高。在这个基础上形成梭子，同时定幅筘演变成为打纬筘。在这些演变过程中，"一物多用"的原则得到反复运用。

为了织出花纹，综的片数愈来愈多，出现了多综多蹑机。多蹑密集，为了踏蹑方便，出现了"丁桥"法，后来又出现了马钧的"组合提综法"，采用两蹑控一综的办法，从而大大减少了蹑数，简化了织机。为了织出更大的花纹，经线须分成几百组，片综已不可能胜任，于是束综花本提花机获得了推广。花本是人类最早采用程序控制原理的技术之一。

20 世纪初开始，人们不再采用笨重梭子引纬的传统原理，提出了一系列由引纬器直接从

中国纺织科技史

260

固定筒子上将纬纱引入梭口的新型引纬原理,出现了无梭织机(也称新型织机)。当代得到广泛应用的无梭织机有片梭织机、剑杆织机、喷气织机和喷水织机四大类型。从棉织行业无梭织机的机种来看,喷气织机的发展更快,数量已超过剑杆织机。

　　纵观从古至今的织造技术,从手经指挂、原始腰机到新型织造,织造技术的发展经历了从创造梭子到消灭梭子的过程,其变化规律见表4-2和图4-2所示。

表4-2　织造机具的发展

机具		原始工具腰机	手工织机			动力织机			
			斜机	多综多蹑机	提花机	平机	多臂机	提花机	喷射机剑杆机
开口机构	综	综杆 单→多	综框 单→多	综框 →多	花本 竖→环 单→多	综框 复→多	综框 →多	纹板链	综框 复
	蹑	无	单→多	→多 →组合	结合多综多蹑	→踏盘	纹链	无	踏盘
持纬机构打纬机构		纤管 ↘ 打纬刀 刀杆		梭 筘	梭 打纬刀	梭筘	梭筘	梭筘	气流管道筘 或变形筘

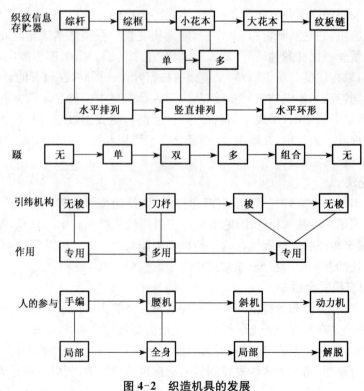

图4-2　织造机具的发展

3. 印花工具

衣料的艺术化最早是用人工彩绘方法达到的,后来出现了版印,大大提高了工效。但版印有接版的麻烦。印花木辊的出现,克服了这个缺点。镂空版刷色浆是另一种印花方法,在此基础上,发展出夹缬防染印花技术。绞缬则是使用简单工具染出别具风格花纹的另一种技术。

印染技术从20世纪50年代开始,着重解决印染布的"缩、脆、褪、萎"等质量问题,后来重点解决了色差、纬斜等主要质量问题,并且,随着国家大规模经济建设的开展,研制了成套印染设备,将原来的间歇式生产改为连续化生产;20世纪60年代开始注意提高织物的服用性能,研究防缩整理和树脂整理;70年代,着重研究开发合成纤维纯纺、混纺织物的染整工艺和设备,研制了亚氯酸钠、双氧水连续炼漂、热熔染色、高温高压染色、分散性活性染料印花、热定形等设备。

每一种新工具在历史上的出现,都是在否定旧工具的不合理的基础上,肯定(继承)旧工具的有用之处,这便是批判地继承。但在新的条件下,以前曾被一度否定的工具,有可能以另外一种状态加以利用。跳出旧框架的新型纺、织、染、整方法,不可能是凭空发明创造出来的,它们只能是在几千年的演变过程中"推陈出新"逐步形成的。

四、我国古代纺织技术在世界上的优势

我国古代的纺、织、染整有不少与西方技术不同的独到之处,总结这些经验,继承和发扬这种创造精神,对我国的纺织工业现代化有积极的作用。

1. 育蚕取丝

我国祖先在发展纺织原料方面勇于实践,体现了杰出的科学思想,突出的例子便是育蚕。蚕本是桑树上的害虫,它吃其叶,在其上作茧,使桑树受损。蚕和桑本来是互相矛盾的。但我们的祖先在发现蚕丝有优良的性质后,就大胆采集,用来纺织。后来逐步推广,并且发展到人工饲养桑蚕,既可取得优良的纺织原料,又使桑树枝繁叶茂。同时,在原有的葛、麻纺织技术的基础上发展了我国特殊的丝织技艺,使丝织品成为古代衣料中的珍品。西方各国为了求得丝绸,其商队不远万里来到中国,形成了闻名世界的"丝路",给我国以"丝国"的称号。另一例是南宋时广西人采枫叶上的丝虫,在醋中"浸而擘之",就可以从醋中抽出丝来,其取丝方式与现代醋酸纤维的纺丝极其相似。

2. 振荡开松法

西方近代技术对于纤维开松,不是用刀片打击,就是用梳针梳理,免不了大量损伤纤维。我们的祖先则发明了用弓弦弹松纤维块,利用各根纤维固有振荡频率的差异,可以既不损伤纤维,又能彻底开松至单根状态的程度。这个原理如果能与现代电磁振荡等技术相结合,则有可能打开松解纤维块的新局面,设计出非常独特的松解机械。

3. 锭杯张力自控式大纺车

手摇脚踏纺车上,加捻和卷绕由同一个零件承担。竖锭式大纺车上,这两个动作则分别由两个零件完成,办法是在竖式锭子上装锭杯,从开松的纤维卷中抽出头来,当锭子回转时便加捻成纱;加捻后的纱经过张力式纱支控制器,再绕到回转的纱框上。这种上行式纺纱路线与现代气流纺纱机十分相似,而张力式纱支控制器的原理也是独特的,所以又可称为锭杯张力自控式大纺车。

4. 以缩判捻

我国民间祖传的"打线车"和轮转式捻线桁架,运用捻缩来衡量加捻程度。这和现代化捻

回角定加捻程度的原理相一致。采用这种方法,可以消去纱线细度和纤维原料品种差异的影响,而且使长片段上的加捻程度均匀,比现代捻线机上用捻度法定加捻程度有其优越之处。这说明我们的祖先对加捻原理在实践中有理解的深刻。

5. 人工程序控制织机

我国祖传的提花机由两人合作,一人提经、一人织锦,事先编好的"花本"用现代语来讲就是程序储存器,挽花的人只要依次序拉即可织花。广西壮族有祖传的竹笼机,用130根细竹竿编花本,由一人兼管提花和织锦。这些在原理上都非常先进。

6. 染色印花的多种技艺

我们的祖先很早就掌握了多种植物染料的性质,并且发明了多种媒染和称为"缬"的防染印花技术,例如,用镂空版夹缬、蜡缬、绞缬(包括扎经和扎帛)等。直至今天,不少少数民族还保留了祖传的技艺,其制品受人喜爱。苗族的蜡缬,利用蜡的自然爆裂,画面上有"冰纹",具有特殊风格;维吾尔族的扎经缬,由于染时有若干渗透,使染出的花纹带有无级层次的色晕,织品十分漂亮;传统的蓝印花布,色牢度特别好;捻金(金银线)也是我国传统的特殊技艺。

7. 特种织物整理技术

我国祖传的织物整理技术也有许多独特之处。如广东用薯莨汁涂在丝织物上,用含铁河泥处理,经日晒得乌黑晶亮表面的香云纱。这种产品不怕水、不贴身、易洗、易干、挺括、凉爽,是夏天和水上作业人员的极好衣料。如果能够采用化学提纯或人工合成处理剂、机械自动涂布、红外和紫外加氧处理等新技术,使其生产率提高、劳动强度降低,则这种传统产品有其优越性。

8. 大规模集中性的国家经营管理

我国从奴隶社会起即以国家经营的方式办起了集中性规模相当大的工厂纺织生产,制造供皇室和公用的织物,工厂内部进行有组织的分工。与西方国家相比,这种管理生产方式在我国的出现早得多。

9. 组合提综

一般织机上,是一块踏板控制一片综。随着织物组织的复杂化,综框数越来越多,最多时达到120片。这样就很难用一踏一综的方法进行控制。人们就发明了利用两块踏板共同控制一片综,即用12块踏板控制66片综框各自运动的方法,实际上是采用了数学中的排列组合原理,即 $C_{12}^2 = \dfrac{12 \times 11}{2 \times 1} = 66$。

10. 公定标准

我国在周代时已对布帛的幅宽和匹长制定了公定标准,当时规定:匹长44尺,合今9.24米;幅宽2.2尺,合今0.508米。不符合标准,不准上市。这显然开启了工业、农业用品标准化的先河。

五、织物丰富和服饰多彩

最早时期,由于原料和技术都处于低级状态,使得织物谈不上质的要求,松散的编织纹印已经是织物的较高状态。随着纺和织的技术的提高,织物组织除平纹外,有了平纹变化组织、斜纹组织、变化组织和复杂组织;缎纹组织和显花、挑花技术的出现和发展,使织物更加丰富多彩,如绮、锦、缎、绫、缣、纱、縠、罗等重要丝织物。

自古以来,我国生产的织品即体现了服用性和艺术性的结合。锦便是以绚丽多彩而著称的织物之一,蜀锦、宋锦和近代云锦是著名的三大名锦,织金锦更是富丽堂皇,出土的西汉素纱禅衣重 49 克,南宋的更轻,只有 16.7 克,穿在身上,看上去似云雾一般。厚重的毛织地毯一条有重几十斤的,上面亦织出多色的图案。还有一种用通经回纬织法织出的缂丝,织出的画面优美,甚至可以超过画家的原作。南宋朱克柔的莲塘乳鸭图缂丝便是其中杰出的代表。采用稀有的特种动物纤维如孔雀毛、山羊绒、兔毛等的织制品,更是极其优美而名贵。

　　麻、葛织品和毛织品也是品种繁多。宋代棉花的大普及,使得棉布被广泛使用,尽管没有丝织物品种繁多、色彩鲜艳,但以其耐用和适用而受到普遍重视,及至近代都是如此。到了近代,由于合成纤维和合成染料的出现,织物和服饰呈现五彩缤纷的景象。总体来看,其发展经历了由简单到复杂、由低级到高级、由单一到丰富的漫长阶段。

　　近代以来,特别是合成纤维新的纺织原料和合成染料诞生以来,使得织物种类繁多,不仅有用于日常服饰用的织物,而且各种应用于农业、医疗、工业等的纺织品层出不穷。服饰更是丰富多彩,人们不再以保暖和遮羞等为基本目的,不是以"新三年旧三年,缝缝补补又三年"为生活的美德,在这个温饱得以解决的时代,更多的是崇尚时尚、追求个性。

　　而且,随着科学技术的迅猛发展,各种功能性服饰应用于各行各业,突破了服饰的基本功能。相信在不远的将来,服饰会发挥更为奇特的作用。

后　记

　　纺织是一门历史久远的学科,中国纺织科技在历史上辉煌灿烂,对世界纺织科技的发展贡献巨大,对其研究和学习的意义重大。《中国纺织科技史》的出版是在前人研究的基础上,经过几位从事纺织科技史研究和教学的同志总结、整理而形成的一项成果。

　　关于纺织科技史方面的书籍并不多,仅有的几本成为纺织史类的研究精华。《中国纺织科技史(古代部分)》,由原纺织工业部副部长陈维稷老先生带领诸位同志于1977年开始研究,并于1984年出版。这本专著一直是纺织科技史专业的硕士和博士学习的重要参考书,也是纺织科技史研究者的重要参考资料。另外,还有《中国近代纺织史(上、下)》《当代中国的纺织工业》《辉煌的二十世纪大纪录·纺织卷》等,其中《中国近代纺织史(上、下)》对我国近代的纺织生产发展进行了系统研究,内容丰富。在日常教学中,这些都是重要的参考书籍,教师整理后向学生进行讲授,然而至今学生未能拥有一本系统的教材。特别是《中国纺织科技史(古代部分)》,市场上已难觅其踪迹,而且近代的内容比较庞杂。所以,我们深深感到,目前需要一本比较系统的纺织科技史的简明教材。上述书籍是本书资源的重要参考来源,在此对这些书籍的作者表示由衷的感谢。

　　本书由曹振宇同志策划拟列提纲,执笔结束语,并对全书进行通稿审阅,由王盛枝同志协助曹振宇共同完成古代部分的写作;曹秋玲和王琳同志执笔近代和当代部分,王业宏同志执笔本教材的织品和服装部分。

　　感谢周启澄老师的支持和鼓励,给我们开始此项工作的勇气和力量。周老对本书进行了认真的审阅,并为本书作序。感谢赵丰、张顺爱、王华、刘辉等老师和同行对我们的指导和帮助。

　　在编写过程中,尽管我们做了很大的努力,由于这门学科涉猎多学科领域,加之编者知识水平所限,书中难免出现这样或那样的不足和纰漏,敬请各位专家学者和读者批评指正。

编　者
2012 年 8 月

主要参考文献

［1］陈维稷主编. 中国纺织科技史(古代部分). 北京:科学出版社,1984.

［2］陈维稷主编. 中国大百科全书(纺织卷). 北京:中国大百科全书出版社,1984.

［3］中国近代纺织史编辑委员会. 中国近代纺织史(上,下). 北京:中国纺织出版社,1997.

［4］吴文英主编. 辉煌的二十世纪大纪录·纺织卷. 北京:红旗出版社,1999.

［5］钱之光主编. 当代中国的纺织工业. 北京:中国社会科学出版社,1984.

［6］周启澄,屠恒贤,程文红编著. 纺织科技史导论. 上海:东华大学出版社,2003.

［7］赵丰著. 中国丝绸艺术史. 北京:文物出版社,2005.

［8］张志春编著. 中国服饰文化. 北京:中国纺织出版社,2009.

［9］周启澄,王璐,程文红编著. 纺织染概说. 上海:东华大学出版社,2004.

［10］黄能馥,陈娟娟. 中国历代服饰艺术. 北京:中国旅游出版社,1999.

［11］张琼主编. 清代宫廷服饰. 上海:上海科技音像出版社,2005.

［12］冯泽民,刘海青. 中西服装发展史. 北京:中国纺织出版社,2008.

［13］金琳主编. 云想衣裳/六位女子衣厨的故事. 香港:香港艺纱堂服饰出版社,2007.

［14］杨建忠主编. 新型纺织材料及应用. 上海:东华大学出版社,2005.

［15］姜怀,邬福麟,梁洁等. 纺织材料学(第二版). 北京:中国纺织出版社,1996.

［16］肖丰主编. 新型纺纱与花式纱线. 北京:中国纺织出版社,2008.

［17］郁崇文主编. 纺纱系统与设备. 北京:中国纺织出版社,2005.

［18］朱苏康,高卫东主编. 机织学. 北京:中国纺织出版社,2007.

［19］毛新华编. 新型织造设备与工艺. 北京:中国纺织出版社,2005.

［20］郭秉臣主编. 非织造布学. 北京:中国纺织出版社,2002.

［21］柯勤飞,靳向煜. 非织造学. 上海:东华大学出版社,2004.

［22］袁仄. 中国服装史. 北京:中国纺织出版社,2005.

［23］曹振宇编. 中国近代合成染料染色史. 西安:西安地图出版社,2009.

［24］中国纺织工业年鉴编辑委员会. 中国纺织工业年鉴(2000). 北京:中国纺织出版社,2001.

［25］中国纺织工业年鉴编辑委员会. 中国纺织工业年鉴(1996). 北京:中国纺织出版社,1997.

［26］中国纺织工业年鉴编辑委员会. 中国纺织工业年鉴(1982). 北京:纺织工业出版社,1983.

［27］郑永东. 浅谈纺轮与原始纺织. 平顶山学院学报,1998(5).

［28］赵丰. 纺织品考古新发现. 香港:香港艺纱堂服饰出版社,2002.

［29］王华. 非洲经典染织与印花设计. 上海:东华大学出版社,2012.

［30］郑巨欣. 中国传统纺织品印花研究. 杭州:中国美术学院出版社,2008.

［31］冯盈之. 汉字与服饰文化. 上海:东华大学出版社,2008.

［32］周锡保著. 中国古代服饰史. 北京:中国戏剧出版社,1984.

［33］万依,王树卿,陆燕贞. 清代宫廷生活. 北京:生活·读书·新知三联书店,2006.